미래를 여행하는 회의주의자를 위한 안내서

오늘의 과학으로 내일을 상상하는 법

스티븐 노벨라, 밥 노벨라, 제이 노벨라

과학소설을 사랑하고,

과학과 기술의 세계에 깊은 매력을 느끼며,

미래의 기적을 갈망하도록 우리에게 귀중한 선물을 남긴

아버지께 이 책을 바친다.

미래를 여행하는 회의주의자를 위한 안내서

오늘의 과학으로 내일을 상상하는 법

스티븐 노벨라, 밥 노벨라, 제이 노벨라 지음 | 서미나 옮김

상상스퀘어

목차

미래 엿보기
010

1부. 미래를 소개하다

1장. 미래주의 – 예측한 날들은 지나갔다 | 016

2장. 미래에 관한 간략한 역사 | 023

3장. 미래주의의 과학 | 046

퓨처 픽션: 서기 2063년 | 053

2부. 내일을 만들 오늘의 기술

4장. 유전자 조작 | 059

5장. 줄기세포 기술 | 083

6장. 뇌-기계 인터페이스 | 099

7장. 로봇 공학 | 117

8장. 양자 컴퓨팅 | 140

9장. 인공지능 | 156

10장. 자율 주행 자동차와 다른 교통수단 | 174

11장. 이차원 소재 그리고 미래를 만들 재료 | 207

12장. 가상현실/증강현실/혼합현실 | 226

13장. 웨어러블 기술 | 246

14상. 적증 제조 | 258

15장. 미래의 동력 공급원 | 273

퓨처 픽션: 서기 2209년 | 294

3부. (아직은) 존재하지 않는 미래 기술

16장. 핵융합 | 301

17장. 원숙한 나노기술 | 316

18장. 합성 생명체 | 330

19장. 상온 초전도체 | 342

20장. 우주 엘리베이터 | 350

퓨처 픽션: 서기 2511년 | 364

4부. 우주여행의 미래

21장. 핵열추진과 여러 최첨단 로켓 | 371

22장. 솔라 세일과 레이저 추진 | 383

23장. 우주 정착 | 398

24장. 다른 세계의 지구화 | 414

퓨처 픽션: 서기 23,744년 | 425

5부. SF의 기술, 가능한 것과 불가능한 것은?

25장. 상온 핵융합과 자유 에너지 | 434

26장. 초광속 여행/소통 | 439

27장. 인공중력/반중력 | 450

28장. 트랜스포터, 트랙터 빔, 광선검, SF의 다양한 장비 | 458

29장. 재생/불멸 | 491

30장. 의식 업로드/매트릭스 | 503

결론 | 513

참고문헌 | 521

미래 엿보기

클릭, 클릭.

제럴드는 옷장 벽감에 서서 작동 버튼을 눌러댔지만 돌아오는 반응은 붉은빛과 성가신 클릭 소리뿐이었다. 지각해서는 안 돼, 오늘처럼 중요한 날에는 더더욱. 의상 종류를 설정하지 않았다는 사실을 알아차리고 비즈니스 정장을 선택하니 마침내 빛이 초록색으로 바뀌었다. 다음 버튼을 누르니 로봇 팔이 나와 제럴드에게 제일 근사한 정장을 입히고 넥타이도 매주며 머리까지 단정하게 빗겼다. 환하게 웃는 표정을 취하자 자외선 빔이 쏘아지며 깨끗하게 이를 닦아주었다. 완벽하군.

준비를 마치고 자신감 있는 모습으로 거실에 나오자 공기압 관으로 아이들을 학교에 보내느라 분주한 아내가 아침 인사를 건넸다. 아이들은 아빠에게 잘 다녀오겠다는 인사를 하지 못하고 출발했다.

"기분이 어때요? 긴장돼?" 우려하는 마음을 최대한 숨기고 아내가 밝은 목소리로 물었다.

"잘될 거야." 그도 걱정을 추스르고 활짝 웃어 보였다. "이번에 새로 개발된 가정용 자동 로봇은 모델 2보다 훨씬 성능이 뛰어나니까. 아주 잘 팔릴 거야."

제럴드의 말을 입증이라도 하려는 듯, 모델 2인 가정용 로봇 자일스가 철거덩 소리를 내며 모자를 들고 다가와 아주 작은 목소리로 "안녕하세요, 주인님. 자동차를 대기시킬까요?"라고 물었다.

"자일스, 말이라고 하니. 시간을 좀 봐. 출발하고도 남았겠다."

금속으로 된 무표정한 자일스의 '얼굴'에 불이 들어오는 것을 보니 집의 중앙 컴퓨터에 접속한 모양이었다. 제럴드는 답답하는 듯 강철 손가락이 들고 있는 모자를 낚아챘다.

"아침 식사 거르지 마요. 힘이 있어야 회의를 하니까." 아내가 작은 캡슐 두 알이 놓인 접시를 가리켰다.

캡슐을 삼키고 조심스레 모자를 쓴 제럴드는 집 현관문인 일렁이는 사각형 빛으로 성큼성큼 걸어갔다. 토륨 자동차가 기분 좋게 부르릉 소리를 냈다. 눈앞에 둥둥 떠 있는 자동차 가까이 가자 문이 자동으로 열렸다.

비행하는 자동차로 출근하는 20분 동안 그는 발표할 내용을 점검했다. 이번 프로젝트의 책임 기술자로서 모델 3 시제품을 여러 번 꼼꼼하게 살폈으니 발표만 완벽하게 한다면 분명 윗사람들에게 자금을 지원받을 것이다.

가상현실VR 안경을 벗자 복고풍 미래가 사라지며 에즈라는 다소 황량한 사무실로 돌아왔다.

"도저히 못 봐주겠다. 과거에 상상한 미래가 정말 이렇다는 말이야? 더군다나 1950년대의 기분 나쁜 분위기는 대체 뭐야?"

나노로봇으로 이루어진 브라이어의 아바타가 웃음을 터뜨렸다. 에즈라의 반응이 예상에서 빗나가지 않았기 때문이다. "그러니까 말이야. 참 대단하지? 로봇 집사는 어떻고. 정말 구식이야."

웃음소리가 조금 늦게 들렸기 때문에 에즈라는 실제 사람이 아닌 복제한 인공지능과 이야기하고 있다는 사실을 알아차렸다. 브라이어가 말했다. "잘 들어. 미래 박물관은 이번 전시 준비를 이틀 안에 끝내고 싶어 해. 프로젝트 마무리해서 내일까지 업로드해야 한다고. 당신 피드백이 정말 필요해."

"글쎄…" 에즈라는 말하기를 망설였다. "재미있는 걸 원했다면 로봇 집사는 나쁘지 않았어. 그런데 왜 … 이렇게 구식이니? 내장형 인공지능과 가상현실 오버레이Virtual Overlay는 안 넣을 거야? 전반적으로 우스꽝스러워 보인다고."

브라이어가 다시 웃었다. "나는 그저 당시의 미래상을 재구성하는 것뿐이야. 내가 만든 작품이 아니야. 나머지 모두 보고 피드백 보내줘. 다시 말하지만 옛날 사람들의 미래주의를 비난하자는 게 아니야. 다만 가상현실이 어떻게 보이는지, 어떤 느낌인지만 말해 줘."

미래를 여행하는 회의주의자를 위한 안내서

에즈라는 퉁명스럽게 고개를 까딱하고 손짓 한 번으로 아바타를 껐다. 그러고는 가상현실 안경에 손을 뻗어 한 번도 존재하지 않은 세상, 앞으로도 존재하지 않을 세상에 다시 들어가려고 준비했다. 오래전 세상을 떠난 자들의 엉뚱한 상상 속으로.

1부.

미래를 소개하다

1장. 미래주의 - 예측한 날들은 지나갔다

미래는 과거에서 시작된다

　　　　　미래는 무궁무진한 공상이다. 희망, 두려움, 편견, 무지, 상상력이 열광적으로 만들어낸 산물이기에 실제로 다가올 일보다는 우리 민낯을 드러내고야 만다. 미래 예측은 사실 현재를 반영할 뿐이기에 적중도가 낮을 수밖에 없다. 그런데도 그만두기에는 너무나도 매력적이므로 끊임없이 반복하는 것이다.

　하지만 과거의 미래주의자들이 범한 오류를 찾아내고 수정해 조금 나아질 수는 있다. 그 과정에서 세상을 지배하는 기술의 과거와 현재를 배우고, 과학기술 역사의 발자취를 따라가면 적중도를 조금이나마 높일지도 모른다. 동생들과 나는 지금껏 그런 일을 하며 살아가고 있다.

　1960~70년대에 어린 시절을 보낸 우리는 과학, 기술, 과학소설 그리고 미래에 펼쳐질 가능성에 빠져 있었다. 그 가능성이 거듭 실패함으로써 오는 실망을 경험하지 못했기에, 순진하게 과학의 진보를 굳게 믿었다. 오늘날에는 날아다니는 자동차, 제트팩(1인승 비행장비–옮긴이), 달 탐사와 개척, 일하는 로봇이 상투적으로 들리

겠지만 그때만 하더라도 이런 미래를 간절하게 기대하곤 했다.

우리가 좋아한 SF도 도움이 되지 않았다. 당시에 즐겨 본 영화나 텔레비전 프로그램은 가까운 미래에 나타날 것처럼 그려냈지만, 한 세기 정도 더 지나야 가능할 것으로 보인다. 드라마 〈6백만 불의 사나이The Six Million Dollar Man〉에서 스티브 오스틴은 최첨단 인공 팔과 다리를 뽐냈으나 50년이 지난 현재 기술은 그 수준 근처에도 도달하지 못한 상태다. 영화 〈2001: 스페이스 오디세이2001: A Space Odyssey〉에서 인류는 이미 우주정거장을 설치하고 감정이 있는 컴퓨터를 만들어냈다. 게다가 영화에 나오는 연구자들은 우리 뇌에 직접적으로 생생한 경험을 집어넣는 실험까지 하지 않았는가? 어두운 미래를 그린 1982년 작 영화 〈블레이드 러너Blade Runner〉에서마저 2019년에는 차가 날아다니고 유전자 변형으로 만들어진 인간 안드로이드들이 다니는 모습을 보여주었다. 공상과학물이 보여주는 미래 사회와 환경은 황폐했지만 내 눈을 사로잡는 것은 오로지 발전된 기술이었다. 날아다니는 자동차만 있다면 다른 문제는 해결할 수 있으리라 생각했다.

우리 삼형제는 아폴로 계획으로 전 세계가 떠들썩한 시대에 성장했기에 그 영향을 깊이 받아 기술에 낙관적이었다. 약간의 문제는 있었지만 '발전된' 컴퓨터를 사용해 달 착륙도 성공하지 않았는가. 1972년 달에 착륙한 아폴로 17호에서 내리는 진 서넌Gene Cernan의 모습을 보고, 어린 나는 앞으로 50년 동안 달 개척은커녕 달에 다시 가지도 못하리라고는 생각도 못했다. 문베이스 알파(미국 항공우주국이 달 남쪽에 지은 작은 기지이자 달 탐사 게임의 이름—옮긴이)는 대체 어디에 있다는 말인가?

이렇게 지켜지지 못한 약속과 실망이 있는가 하면, 지난 반세기 동안 성취한 대단한 기술 발전도 있다. 미래 예측이나 공상 과학물에서 보지 못한, 우리 삶을 완전히 바꾼 기술들이다. 이 글을 쓰는 내 주머니에는 전 세계 어디에 있든, 거의 모든 사람과 영상, 음성, 문자메시지로 소통하게 해주는 슈퍼컴퓨터(어린 시절의 내가 본다면 스마트폰은 슈퍼컴퓨터다)가 있다. 게다가 이 기계는 무한대로 음악을 보관하고, 필름 없이도 마음껏 사진을 찍고, 가고 싶은 곳의 위치를 알려주기도 한다. 인터넷이라는 공간 안에서 인간 지식의 총집합에 접근할 수도 있다. 지루할 때면 영화를 볼 수도 있고 어린 내 눈이 휘둥그레질 수많은 비디오 게임도 들어 있다.

스마트폰과 월드와이드웹World Wide Web은 소셜 미디어, 온라인 쇼핑, 수많은 애플리케이션과 더불어 미래 기술의 엄청난 기적이다. 내가 3~40년 전에 상상했을 법한 기술 발전을 뛰어넘었으며, 공상 과학물 대부분도 이런 미래를 예상하지 못했다. 기술 발전을 낙관적으로 보고 유토피아적인 미래를 나타낸, 엄청난 인기를 끈 드라마이자 영화 〈스타트렉Star Trek〉에서조차도 이 디지털 혁명을 보여주지는 못했다.

어쨌거나 인류는 지난 50년간 대단한 기술 발전을 이뤄냈다. 다만 과거 예상대로 흐르지 않았을 뿐이다. 왜 우리는 미래를 예측하는 데 자꾸만 실패할까? 그 이유를 이해한다면 조금 더 나아질까? 어쩌면 미래를 만들어내는 작용력은 극히 무질서하므로 특정 수준을 넘어서면 정확한 예측이 힘들지도 모른다. 기후의 전반적인 변화는 예상할 수 있어도 세세하게 맞추기는 힘든 날씨처럼.

이와 같이 미래의 구체적인 이동 수단을 맞추는 것은 어려워도 이동 시간이 더 단축되리라는 사실은 상대적으로 예측하기 쉽다. 그러므로 적중도를 높이기 위해서는 세부 모습을 상상하기보다 전반적인 동향에 집중하는 편이 낫다. 그럼에도 맞추지 못할 때가 많으므로.

예를 들어 영화 〈마이너리티 리포트Minority Report〉는 비교적 가까운 미래인 2054년을 정교하게 구현해냈다. 앞으로 30년간은 이 영화의 예측에 관해 평가할 수 없겠지만, 한 가지 요소가 유독 눈에 띄었다. 바로 영화 속 사람들이 아주 작은 전화기를 사용했다는 점이다. 영화는 스마트폰이 보급되기 전인 2002년에 만들어졌다. 당시에는 핸드폰 크기가 점점 작아지는 추세였기에 작가들이 이를 기반으로 50년 후의 핸드폰을 상상했을 것이다.

하지만 2007년에 아이폰이 출시돼 개개인이 핸드폰 사용 방식을 근본적으로 바꿈으로써 아쉽게도 그들의 예상은 빗나갔다. 순식간에 핸드폰 화면이 중요해지면서 크기도 함께 커졌다. 아이폰은 산업 전체의 그림과 우리 삶을 완전히 바꾸는 혁신 기술이었다. 취향과 상황에 따라 다르겠지만 우리는 휴대성과 사용성을 모두 갖춘 최적의 화면 크기를 찾았을까, 그렇지 않으면 새로운 혁신이 다시 나타날까.

실제로 기업들은 아이폰 이전의 시대를 연상케 하는, 접이식 핸드폰을 개발하며 시장을 다시 뒤흔들 새로운 기술에 도전하고 있다. 이 기술은 인기를 얻을까, 틈새시장에라도 남을까, 그렇지 않으면 완전히 실패할까? 만일 한 가지 기술이라도 다음 발전 단계를 확실하게 예측하는 사람이 있다면 굉장한 부자가 될 것이다. 과학자와 기술계의 선도자들조차 자신들이 개발하는 기술을 비롯해 미래에 관해 전적으로 어긋난 예측을 한 유명한 예시가 많다. 1880년대에 토머스 에디슨은 "축음기는 상업적 가치가 전혀 없다"라고 말했고, 1977년 켄 올슨은 "집집이 컴퓨터를 둘 이유가 전혀 없다"라고 주장했다. 특정 기술의 바로 다음 걸음은 예상한다손 치더라도 수백, 수천 가지 기술이 나아갈 오십 보 앞을 봐야 한다고 생각해보라. 그것이 바로 미래다.

물론 지금 이 문장을 읽고 난 1초 뒤도, 우주 종말 이론 중 한 가지인 열적 죽음Heat Death(어떤 이론은 피할 길이 없다)이 일어날 10^{100}년 뒤도 모두 "미래"다. 우리가 예측하려는 시점이 얼마나 먼 미래인지에 따라 다른 요인이 적용된다. 10~20년 후인 가까운 미래라면 현재 추세와 이미 진행 중인 기술을 살펴봄으로써 예측 가능성을 높일 수 있다. 상대적으로 먼 미래인 20~100년 후를 생각한다면 조금 더 복잡하겠지만, 큰 그림에 집중하고 해석의 여지를 둔다면 한 세기 후의 삶을 엿볼 수는 있다.

100년 이상의 아주 먼 미래야말로 본격적으로 흥미진진해지는 시기로, 우리가 현재 막 탐구하는 기술들이 그때가 되면 꽃을 피울 것이다. 특정 기술들이 결국 실현될 것이라고 말하기는 쉽겠지만, 얼마나 걸릴지 추정할 때는 여지를 남겨둬야 한다. 뇌와 기계의 완전한 연결이 가능한 날을 정확하게 예측할 수는 없지만 그 장면을 상상해볼 수는 있다. 지금은 새롭게 발견되어 물리학 논문에 아주 짧게 등장하는 자연법칙이 혁신적인 기술이 될 것이라는, 재미있는 상상을 할 수 있는 시기가 바로 먼 미래다.

우리는 현재 존재하는 기술의 발전 양상, 새로 떠오르는 기술, 미래에 나올 법한 상상 속의 기술까지 모두 살펴보겠지만, 최대한 과학을 길잡이로 삼을 것이다. 또한 역할에 걸맞게 매우 회의주의적인 태도를 유지할 것이다. 우리 삼 형제는 과학과 신기술에 열광하는 동시에 과학적 회의주의자로서 지난 25년간 비판적 사고와 과학적 지식을 공부하고 알리는 일을 해왔다. 〈우주를 여행하는 회의주의자를 위한 안내서The Skeptics' Guide to the Universe〉라는 팟캐스트를 진행해 상을 받았고 같은 이름으로 비판적 사고와 과학에 관한 입문서를 내기도 했다.

다시 말해, 우리는 날카롭게 비판하고 과거의 실패와 실망을 살펴봄으로써 미래를 향해 흥분된 마음을 가라앉히려고 부단히 노력한다. 단순히 냉소적인 태도를 보이는 것이 아니다. 회의주의자는 탄탄한 증거와 논리로 개연성 높은 경우와 그렇지 않은 경우를 분별해야 한다.

들뜬 마음을 못 이길 때도 더러 있지만 우리는 늘 정신을 차리고 현실로 돌아온다. 어쨌든 미래를 여행하는 회의주의자를 위한 안내서를 집필하고 있으니.

역설적이게도 미래는 과거에서 시작한다. 지금부터 미래주의의 역사를 보며 배울 점을 찾아보자.

2장. 미래에 관한 간략한 역사

미래주의의 함정

야구선수였던 고(故) 요기 베라Yogi Berra는 "과거의 미래는 더 이상 미래가 아니다"라는 명언을 남긴 것으로 유명하다(그가 최초로 한 말은 아니지만 이 명언이 나오리라 예상한 독자도 있을 것이다). 그는 이치에 맞는 개념을 자가당착인 말로 만들어내는 데 아주 기발한 사람이었다. 바뀐 것은 미래 자체가 아니라 미래를 바라보는 생각이다. 오늘날의 미래주의는 과거의 미래주의와 다르다.

미래를 상상한 과거를 여행함으로써 우리는 과거의 미래상을 알 수 있다. 사람들이 제대로 예측한 점은 무엇이고 완전히 틀린 점은 무엇일까? 과거 미래주의자들의 실수에서 발견된 공통된 사항(나는 '미래주의의 오류들'이라는 이름을 붙였다)을 살펴보면 우리가 미래상을 그리는 데 도움이 될 것이다.

미래주의 오류 #1 – 단기 발전은 과대평가하지만
장기 발전의 가능성은 과소평가한다.

미래를 예측하는데 핵심 난제는 발전할 기술 분야뿐 아니라 그 기술이 완성되기까지의 시간을 생각해야 한다는 점이다. 지적 판단이 완벽히 가능한 인공 일반 지능Artificial General Intelligence이 종국에는 만들어질 것이지만 완성 시점을 예측하기는 극도로 어렵다. 또한 단기 발전은 과대평가하는 반면 장기 발전은 과소평가하는 경향이 있다. 공상과학영화에서도 자주 보는 현상이다. 웃기든 심각하든 어둡든 어떤 영화든 분위기와는 상관없이, 현실적으로 가능한 점진적 발전이 아니라 20~30년 후의 모습을 완전히 다른 세상으로 그릴 때가 많다. 〈백 투 더 퓨처Back to the Future〉부터 〈블레이드 러너〉까지, 2015년의 모습에는 날아다니는 자동차가 빠진 적이 없다.

단기적 성과를 과대평가하는 경향은 '과거'를 모호하게 통틀어 묶어 보듯, '미래'를 하나의 균일한 시대로 보기 때문이기도 하다. 내가 가장 즐겨 드는 예시는 클레오파트라(기원전 69~30년)가 살던 시대가 기자의 피라미드가 건설된 시대(기원전 2550~2490년)보다 우주왕복선이 처음 발사된 1981년과 시간상으로 더 가깝다는 사실이다.

다시 미래 이야기로 돌아가보자. 우리는 '미래'에 모든 기술이 발전되어 있다고 상상하곤 한다. 일반 전화기가 아닌 화상 전화기를, 일반 자동차가 아닌 전기자동차, 자율 주행 자동차 또는 날아다니는 자동차를 상상한다. 이제 여객기로 다른 대륙에 갈 수 있으니 훗날에는 로켓을 타야 한다고 여긴다. 그 '미래'가 고작 20년 후라고 할지라도 이 모든 기술이 완벽하게 이루어진다고 생각하므로 단기적 성과를 과대평가해버린다.

장기적 성과를 과소평가하는 경향은 선형적이 아닌, 기하급수적인 형태로 발전하는 기술 진보를 염두에 두지 않은 단순한 계산 착오에서 비롯될 때가 많다. 기하급수적인 발전은 등비수열과 같이 2, 4, 8, 16, 32처럼 곱으로 이루어지는 것을 의미하며 선형적 발전은 등차수열과 같이 매번 두 일정한 수를 더한 1, 2, 3, 4, 5의 모습과 같다. 특히 먼 미래를 생각한다면 기하급수적인 발전의 속도가 선형적 발전보다 얼마나 빠른지 확연히 보일 것이다. 가장 좋은 예시는 컴퓨터 하드 드라이브 성능이나 프로세서 속도다. 프로세서 속도는 18개월마다 거의 두 배로 빨라지므로 지난 45년간 서너 배가 아니라 수백만 배 이상 빨라졌다. 또한 획기적인 새로운 기술을 간과하여 발전을 과소평가할 때도 있다.

단기 발전은 과대평가하고, 장기 발전은 과소평가하는 분위기가 일반적이라고는 하지만 모든 기술에는 각각 발전하는 양식이 있으므로 기술적 승자와 패자를 가리기는 쉽지 않다. 또한 우리가 해결하려는 문제가 발전과 같은 속도로 급격하게 어려워지는 비선형적인 형태를 띨 수도 있다. 우선 가장 쉬운 분야를 선택해 빠른 속도로 발전시킬 수는 있지만 일정 수준에 도달하면 더 나아가는 것이 힘들어져 점점 성과가 줄고 장애물이 가로막기도 한다. 따라서 초기 발전의 속도가 늘 지속되리라 예상하면 앞으로의 진전을 과대평가할 것이며, 갑자기 기하급수적인 발전과 획기적인 혁신이 나타나 엄청난 발전을 이룬다면 새로운 기술의 방향성을 모르는 우리는 장기적 진보를 과소평가하게 될 것이다.

이 오류를 보여주는 재미있는 예시가 1956년 제너럴 모터스사가 가스터빈엔진을 홍보하려고 제작한, 20년 후인 1976년의 '현대 사회의 운전자'를 보여주는 짧은 영상이다. 공교롭게도 제대로 예측한 장면은 하나도 없었다. 가스터빈엔진을 혹시 기억하는 독자가 있을까? 널리 사용되지 않았으므로 아마 없을 것이다. 가장 주도적이었던 크라이슬러를 비롯해 여러 자동차 회사가 내연 기관을 대체하려고 가스터빈엔진 개발에 힘썼지만 누구도 성공하지 못했다.

또 이 영상에서는 거의 반세기나 더 걸려 지금에서야 소개되고 있는, 자동차의 '자동 제어' 기능을 보여주기도 했다. 운전자가 먼저 '전자 제어 차선'에 진입해 외부 통제 기관과 자동차의 속도 및 방향을 맞춘다. 그러고는 라디오로 소통하며 고속도로 관제탑에 있는 사람의 도움을 받아 목적지로 가는 방식이다.

SF가 그린 미래 역시 오류투성이였다. 1968년 개봉된 〈2001: 스페이스 오디세이〉는 저온 수면 상태Cryosleep(이것도 불가능한 일이다)로 목성으로 향하는 과학자들과 완전한 인공지능 컴퓨터인 HAL 9000이 등장하는 영화다. 이 기술이 실현되기 위해서는 적어도 50년에서 100년 이상 더 걸릴 것이다.

미래학자 아이작 아시모프Isaac Asimov도 이 오류에 자주 빠졌다. 그는 1964년 세계박람회에서 50년 후인 2014년을 예측했고, 정확하게 말하자면 그도 '추측'일 뿐이라고 인정한 내용이 〈뉴욕타임스〉에 다음과 같이 실렸다.

로봇의 '뇌' 역할을 하는 아주 소형화된 컴퓨터가 생길 것이다. 2014년 세계박람회가 열리는 I.B.M. 건물에서는 엉성하고 느리지만 물건 줍기, 정리 정돈 및 청소하기, 가정용 기기 작동하기를 비롯해 기본적인 기능이 가능한 큰 로봇 가사도우미도 볼 수 있다. 박람회에 온 사람들은 버려진 쓰레기를 '치우기'와 '버리기'로 분류하는, 덜거덩거리는 로봇을 보고 감격한다. 정원 일을 하는 로봇도 보인다.

그렇다면 에너지에 관해서는 어떻게 예측했을까?

2014년에는 실험적인 핵융합 발전소가 이미 지어졌을 것이다. (현재 1964년 세계박람회에서도 제너럴 일렉트릭 사가 규모는 매우 작지만 잦은 간격으로 완전한 핵융합 반응을 선보이고 있다.) 애리조나주, 네게브 사막, 카자흐스탄과 같은 사막이나 반사막지대에 대형 태양열 발전소가 가동할 것이다. 인구가 많고 날씨가 흐리거나 스모그 현상이 빈번한 지역에서는 태양열이 실용적이지 않다. 2014년 세계박람회에서는 우주에서 가동하는 발전소 모델을 선보일 것이다. 이는 커다란 파라볼라 안테나 같은 수단으로 에너지를 일정한 방향으로 집중시키고 방사해 지구로 태양열을 보낼 것이다.

이번에도 최소 반세기는 이른 예측이다. 일반적으로 단기적 성과를 추정할 때 미래학자들은 훨씬 더 보수적으로 볼 필요가 있다. 그들이 제시한 시간에서 두 배나 세 배를 곱해야 적당한 듯하다. 여러 난관과 정체기를 계산에 넣어야 정확도가 높아질 것이다.

**미래주의 오류 #2 – 과거와 현재의 기술이 미래에 사용되는 정도를
과소평가한다. 단지 가능하다는 이유만으로 앞으로의 방식이
바뀔 것이라는 결론에 도달할 수밖에 없다.**

미래를 유독 야심 차게 바라본 예시는 1967년 필코-포드사Phil-co-Ford Corporation가 제작한 단편 영화로 어린 윙크 마틴데일Wink Martindale이 출연한, 1999년을 상상한 이야기다. 그 32년간 세상은 개인 컴퓨터와 인터넷을 만들어내고 디지털 기술로 전환하는 대단한 발전을 이룩해냈다.

영화를 쓴 작가들은 이런 기술적 혁신을 미리 보지 못했기에 자신들이 지닌 상상과 가정에 의존하며 여러 미래주의 오류에 빠졌다. 그들은 기술이 발전하기에 일상생활마저 상당 부분 바뀔 것이

라 가정했다. 32년 후에는 모든 것이 달라져 있어야 할 테니. 하지만 역사를 살펴보면 과거 기술이 미래까지 살아남는 정도는 상상을 뛰어넘는다.

1999년의 일상을 그린 이 영화는 심지어 집에서 손을 닦는 단순한 행위까지도 가장 발전된 적외선 광과 송풍기를 쓰는 모습으로 그려냈다. 수건으로 손을 닦는 '미래'는 너무 구식이라고 생각한 모양이다. 옆방에 있는 사람과도 영상으로 소통한다. 1인분씩 냉동된 모든 음식은 전자레인지로 몇 분 만에 데울 수 있으며 특별한 날을 제외하고는 요리할 필요가 없다. 중앙 컴퓨터는 필요한 영양소와 열량을 확인하고 알맞은 메뉴까지 제시한다.

아시모프는 1964년 세계박람회에서 미래의 요리에 관해 비슷하게 예측했었다.

기기는 앞으로도 인류를 따분한 노동에서 벗어나게 해줄 것이다. 물을 끓이면 자동으로 커피가 되고 빵과 베이컨을 굽고 달걀을 요리하는, '자동제공식사'를 준비하는 기구가 생긴다. 원하는 시간에 아침 식사가 준비되도록 전날 밤 '주문'한다. 이미 만들어진 점심과 저녁은 냉동실에 두고 식사 때 데우기만 하면 된다. 하지만 2014년에도 부엌에 음식을 직접 만들 작은 공간이 있는 편이 바람직할 것이다. 특히나 손님이 올 때는 더욱 유용할 것이다.

인간이 천 년간 불을 사용해 요리하고 있다는 사실을 알고서도 미래학자들은 기술이 발전하면 다른 방식이 도입될 것이라 생각한 모양이다. 그러나 우리는 여전히 생채소를 사서 나무 도마와 칼을 사용해 썰어 냄비에다 데치거나 끓인다. 조리법에 따라 다르겠지만 50년, 심지어 100년 전 사람도 내가 요리하는 방식을 보면 이해할 수 있을 것이다. 사실 최근에 나는 수제 식칼 몇 자루를 구입했다. 물론 주방 가전제품이 더 효율적이고 기능도 점차 개선되고 있지만 대부분은 비슷한 수준이다. 가장 혁신적인 제품인 전자레인지도 나를 비롯해 다수의 사람은 음식을 데우는 데 사용할 뿐 이것으로 요리하지는 않는다.

때때로 우리는 전통적인 방식을 그대로 따른다. 예전의 단순한 방식이 이미 가장 최선에 가깝든 아니면 이를 지키고 싶어서든 이유는 다양하다. 편리함이 가장 중요한 요소가 아닐 때도 있기 때문이다(모든 것이 편리해져야 한다는 생각은 미래에 관한 또 다른 성의 없는 가정이다). 한동안 가까운 사람 몇 명이 자동 커피머신을 샀었다. 낱개로 포장된 캡슐로 커피 한 잔이 뚝딱 만들어지는 기계였다. 편리함과 속도를 우선해 만들어진 이 기계는 매우 인기가 많아졌다. 하지만 시간이 조금 지나면서 어쩌다 아주 정성껏 잘 끓인 커피 한 잔을 마신 사람들의 마음이 돌아서기 시작했다. 게다가 낱개 포장에 사용된 플라스틱 쓰레기로 환경을 걱정하는 마음마저 더해지자 편리해서 마신 자동 커피가 더는 좋아 보이지 않게 되었다.

이제 그들은(커피를 마시지 않는 나는 일련의 변화를 옆에서 지켜봤다) 스펙트럼의 정반대로 옮겨가 편리함보다는 질을 중요하게 여긴다. 맛 좋은 커피를 마시기 위해 원두를 직접 갈고, 잘 갈아진 커피 가루 위에 뜨거운 물을 천천히 붓는 세심한 과정을 거치기도 한다. 맛있는 커피를 기대하게 하는 그 과정 자체를 즐긴다.

전통적인 기술이 놀랍게도 오래 지속될 때가 많다. 에너지를 생산하기 위해 아직 석탄을 태우기도 하고, 수천 년간 목재, 돌, 강철, 흙과 모래, 콘크리트로 이 세상이 대부분 만들어져왔다. 현대 사회에 큰 영향을 미친 새로운 재료로 플라스틱을 들 수 있겠지만 단지 가능하다고 해서 모든 것이 플라스틱으로 만들어지지는 않는다.

현대 사회를 일궈내고 우리 삶을 바꾼 혁신적인 기술을 경시하려는 의도는 아니다. 다만 미래는 새로운 것과 옛것의 복잡한 조합이므로 결국 무엇이 변하고 지속할지를 예측하는 것이 관건이다.

미래주의 오류 #3 – 기술적 변화와 취사선택에 한 가지 양식만 있을 것이라 가정한다. 우리 생각과 달리 미래는 복잡하고 다면적이다.

(가스 터빈 엔진처럼) 새로운 기술이 참패해 사라지기도 하고 (전자레인지처럼) 선택되긴 하지만 처음 예상보다 적은 소비자들에게만 사용될 때도 있으며, (말과 마차를 대신한 자동차처럼) 역사와 옛

모습을 재연하는 상황을 제외하고는 예전 방식을 완전히 대체할 때도 있다. 즉, 절대적인 한 가지 양식은 존재하지 않는다.

상충하는 이해관계가 많다는 사실을 인정해야 한다. 새로운 기술이 미칠 영향을 예측하기가 매우 힘든 이유도 바로 이 때문이다. 편리함이 전부도 아닐뿐더러 우리는 그저 새롭다는 이유로 신기술을 모두 받아들이지도 않는다. 게다가 환경에 미치는 영향, 안전성, 비용, 질, 내구성, 미적 요소, 유행, 문화를 비롯해 다양한 요소를 모두 고려해야 한다. 심지어 편리성이라는 개념조차 다면적이다.

결과적으로 많은 기술이 각자 가장 적합한 곳을 찾아 자리 잡음으로써 동시에 존재하는 경우가 많다. 나는 컴퓨터로 이 책을 쓰고 있지만 종이에 메모할 때도 있다. 용도에 따라 편리한 방법이 다르기 때문이다. 오디오북으로 책을 들을 때도, 전자책으로 책을 읽을 때도, 종이책의 책장을 넘기고 싶을 때도 있지 않은가.

오늘날에도 우리는 집을 지을 때 비용 문제, 사용의 용이함 또는 미적인 이유로 여전히 원목을 사용한다. 목재로 된 앤티크 양식은 집을 장식할 때 투박하거나 예스러운 분위기를 연출하기에 가치가 있기도 하다. 역으로 테라스를 지을 때라면 날씨의 영향을 덜 받고 관리가 쉬운 인공 판재를 선택하는 사람도 있을 것이다.

나는 1950년대 자동차와 외관상으로 거의 비슷해 보이는 자가용으로 출근한다. 하지만 당시 운전자가 GPS와 차 내부에 장착된 오락적 기능을 본다면 눈이 휘둥그레질 것이다. 그런데도 나는 뉴스나 라디오를 듣는 것 이외의 다른 기능은 별로 사용하지 않는다.

미래주의 오류 #4 – 역사의 종착점을 예상한다.

《미래 예측Predicting the Future》에서 니컬러스 레셔Nicholas Rescher는 '역사의 종착점'을 가정하는 경향을 지적했다. 사회가 평형점에 달하면 영원한 평화와 번영을 얻게 될 것이라는 개념이다. 이런 유토피아적 미래에는 편리함과 여가생활이 중심을 차지한다. 하지만 역사는 멈추지 않는다. 적어도 지금까지는 그렇다.

이 오류의 좋은 예시는 1920년대에 제작된 〈미래를 기대한다Looking Forward to the Future〉라는 영상으로, 여가 생활이 늘어나고 평화와 번영만이 있는 '모든 전쟁을 끝내기 위한 전쟁(제1차 세계대전)' 이후를 상상한 모습을 보여준다. 사람들은 몸의 온도를 조절하는 전자 벨트를 차고, 남자들(여자들은 아니다)은 '전화와 라디오, 동전, 열쇠, 예쁜 여자들에게 줄 사탕을 담는 용기'를 모두 장착한 다용도 벨트를 찬다. 호화 유람선처럼 설계된 어마어마한 크기의 비행기에는 라운지, 식당, 다양한 활동을 즐길 공간도 있다. 과거로 가면 갈수록 그들이 상상한 '미래'는 기이하기 그지없다.

이 오류는 대체로 상상력 부족의 결과다. 기술 발전이 현재의 모든 문제를 해결하면 그 이후에는 안정적인 유토피아가 도래할 것이라는 생각 때문이다. 하지만 한 가지 문제를 해결하면 새로운 문제들이 생겨난다. 지금껏 늘 그래왔다. 삶의 질을 향상하기 위해 개발된 기술조차 여러 문제점을 달고 오기 마련이다. 특정 자원이 귀해지기도 국제 정세가 바뀌기도 새로운 긴장감이 형성되기도 한다. 과거의 미래학자들이 내연 기관의 출연을 볼 때만 하더라도 이 기술이 중동 국가들의 세력을 강화하게 할지, 지구 온난화를 야기할지는 예측하지 못했다.

역사는 종착점이 없이 그저 거세게 돌 뿐이다.

미래주의 오류 #5 – 현재의 우선순위와 욕구를 미래에 대입한다. 그러므로 아직 우리는 여가생활과 편리함을 중심으로 미래를 예측하지 않는다.

산업혁명 덕분에 선진국들이 힘들고 고된 일에서 해방된 사실은 참이므로, 한 세기 전 관점에서 보면 여가 시간이 증가할 것이라는 가정은 터무니없는 소리가 아니다. 기계가 단조롭고 위험하고 시간 낭비가 큰 작업 대부분을 대체했다는 점은 그 시대를 대표하는 중요한 특징이기도 하다. 따라서 당시 추세를 미래에도 대입하는 것이 타당해 보였으리라. 하지만 현재 동향이 영원히 지속되는 경우는 매우 드물다.

예를 들어, 미국에서 주 40시간 근무제는 기술 발전 덕택에 도입된 법이 아니다. 사실 산업 공장 체계는 근로자들을 더 생산적으로 일하도록 만들었으므로 근무 시간은 아주 귀중했다. 이 제도는 100년 이상 행해진 노동 운동의 결과로, 1940년 연방법으로 제정되며 마침내 결실을 보아 근무 시간이 안정되었다. 그러나 최근이 제도의 범위 밖에 있는 계약직 형태가 나타나며 근무 시간이 다시 증가하고 있다.

2014년 갤럽 여론조사에 따르면 미국의 주당 근무 시간은 47시간이라고 한다. 사회적으로 인정받는 산업의 종사자는 이보다도 더 오래 일하며, 우버 기사 같은 긱 근로자Gig Worker(프리랜서처럼 소속된 곳이 없는 독립 근로자를 의미한다–옮긴이)들은 주당 100시간씩 일하기도 한다. 역설적이게도 계약직 형태를 가능케 한 현대 기술이 근무 시간을 증가하게 했지만, 100년 전에는 이런 일이 생기리라 예측하기 어려웠을 것이다. 주당 근무 시간을 줄이고 재택근무를 늘리자는 의견이 높아지는 현상 또한 컴퓨터 사용과 원격화상회의가 가능해졌기 때문이다. 이런 추세는 한 세기에 한 번 발생할까 말까 하는, 예측이 거의 불가능한 팬데믹으로 더욱 박차가 가해졌다.

이 오류의 주된 문제는 우리가 잘 알아차리지 못하는 섣부른 가정에서 비롯된다. 발전과 편리함이 동일시된 과거의 색안경으로 미래를 바라본 결과다. 오늘날에는 어떤 색안경이 미래를 예측하는 우리의 관점을 흐리게 할까?

미래주의 오류 #6 – 동시대 사람과 문화를 미래의 그림에 집어넣는다.

"과거는 외국이다. 그곳은 현재와 삶의 방식이 다르다." L. P 하틀리L. P. Hartley의 소설 《중재자The Go-Between》의 첫대목이다. 같은 원리로 미래 또한 외국이다. 미래를 상상하면서 우리는 자연스럽게 현재 인물들을 그곳에 집어넣는다. 하지만 이는 중세 시대에 사람이 21세기에 산다고 생각하는 꼴이다. 한 가지는 확실하다. 미래에 사는 사람은 그저 더 발전된 기술을 누리는 현재의 우리가 아니다. 사람과 문화는 바뀌기 마련이고 이를 예측하기란 매우 어렵다.

미래 사회에 사는 사람은 우선순위, 도덕관념, 기술과 맺는 관계가 지금의 우리와는 사뭇 다를 것이다. 오늘날 자녀들이 최신 소셜 미디어 애플리케이션을 사용하는 방식을 이해하지 못하는 부모님들을 자주 본다. 우리는 시간이 흐름에 따라 기술적 변화를 받아들이고, 결국에는 상상하지도 못했던 기술이 일상이 된다. 이를테면 우리는 유전자 조작에 민감하게 반응하지만 100년 후의 사람들은 아무것도 아닌 일로 생각할지도 모른다. 미래 세대는 인공지능 로봇과 어떤 모습으로 살아갈까?

이런 오류는 SF에서 자주 보인다. 1956년 제작된 영화 〈금지된 행성Forbidden Planet〉에서 23세기 우주선을 그렸음에도 제2차 세계대전 전함에서 튀어나온 듯한 사람들이 타고 있는 장면이 대표적인 예시다. 상상력을 더 발휘하지 않은 미래상은 쓸모가 없다. 게다가 이 오류는 너무나 흔해진 나머지 레트로 미래주의Retro-Futurism와 거의 뗄 수 없는 짝이 되었다. 이를테면 〈폴아웃Fallout〉이라는 비디오 게임을 디자인한 분위기를 보라. 1950년대 미래주의자들이 상상한 2071년을 구현했기에, 당시의 문화, 패션, 사고방식을 전혀 바꾸지 않았다. 1950년대 모습을 한 사람들이 로봇, 원자력으로 움직이는 자동차가 있는 레트로 미래주의 세계에 사는 셈이다.

사람과 기술은 역동적인 체계로 함께 진화하는데도 미래주의자들은 기술 이외의 모든 것이 멈출 것이라 생각하는 경향이 있다.

미래주의 오류 #7 – 미래에 일어나는 모든 일은 정교하게 계획될 것이다.

과거 미래상에서 드러나는 또 한 가지 흔한 실수는 사회와 기술이 구체적으로 계획되고 통제될 것이라 가정한다는 점이다. 1935년에 만들어진 영상인 〈미래의 도시City of the Future〉를 보면 미래에는 세세한 것 하나까지 계획적으로 돌아갈 것이라고 노골적으로 드러낸다. 이런 철저함은 디스토피아적 미래보다 유토피아적 미래와 더 어울리며, 당국이 우리의 필요에 맞게 가장 좋은 세상을 만들어준다는 가정을 전제로 한다.

윙크 마틴데일이 출연하는, 1999년을 예측해 제작한 포드사의 영상은 집 가운데에 중앙 컴퓨터가 자리 잡은 모습을 보여준다. 1950년대에 만들어진 영상이니만큼 컴퓨터에 여러 스위치, 깜빡이는 불, 진공관이 붙어있어 크기도 거대하지만, 식사부터 자녀의 홈스쿨링까지 가정생활의 모든 면을 관리하는 통제자로 컴퓨터를 상상했다는 점이 눈여겨 볼만하다.

그러나 현실은 여전히 어지럽다. 불운한 일은 일어나기 마련이라는 심오한 철학적 진리 역시 아직 유효하다. 세상은 기이하고 우연적인 방식으로 무질서하게 진화하기에, 미래를 정확히 예측하지 못하도록 또 한 번 우리를 가로막는다.

한때 세그웨이Segway라는 전동이륜평행차가 사람들의 이동 방식을 바꿀 줄 알았다. 서서 탈 수 있는 이 이동 수단은 쇼핑몰처럼 규모가 큰 실내 공간이나 도시에서 더 빨리 이동하게 해주므로 여전히 흥미로운 기술임은 분명하다. 스티브 잡스가 "개인 컴퓨터처럼 널리 사용될 것"이라고 말하기도 한 세그웨이는 실용성과 경제적인 이유로 결국 널리 보급되지 못했다. 아마 기술에 관해 가장 예측하기 어려운 점은 사람들의 반응과 사용 여부일 것이다. 사람들이 도시에서 전동이륜평행차를 탈 마음이 있을까? 비용을 정당화할 만큼 다른 선택지보다 더 나을까?

이와 비슷하게 미래주의자들은 영상 전화가 과연 주된 소통 수단이 될 것인지 질문하지 않은 실수를 저질렀다. 놀랍게도 대답은 '아니다'였다. 사람들은 다른 여러 수단 대신 문자를 선택했는데 아마 이를 정확하게 예측한 사람은 없었을 것이다. 영상 전화기는 미래상에서 늘 묘사된 모습이었고 오늘날에는 기술력도 충분하지만, 막상 우리가 영상으로 소통하는 비율은 매우 낮다.

앞으로 어떤 기술을 사용할지는 미지수다. 사람은 예측할 수 없는 존재이기 때문이다.

미래주의 오류 #8 (스팀펑크(과학소설의 한 장르로, 증기기관과 같은 과거 기술이 발달한 가상의 시대를 배경으로 한다_옮긴이)의 오류) - 새롭고 혁신적인 기술을 고려하지 않은 채 현재 존재하는 기술을 미래상에 등장시킨다.

과거 미래상에서 볼 수 있는 공통점은 미래주의자들이 전혀 예측하지 못한 기술이 나타났다는 사실이다. 2020년대의 관점으로 최근 몇십 년을 보면 미래주의자들이 놓친 가장 큰 기술 발전은 디지털 혁명이다. 오늘날을 상상한 과거 시점의 그림은 여전히 아날로그식이다. 그들은 당시 기술을 기반으로 한, 발전된 형태를 추론했지만 획기적인 기술이 등장할 가능성은 미처 보지 못했다.

한 가지 극적인 예시로 1940~50년대 아이작 아시모프Isaac Asimov가 저술한 과학소설인 《파운데이션Foundation》 3부작을 들 수 있다. 그가 수천 년이 지난 먼 미래를 상상한 내용들은 완전히 아날로그적이다. 1부와 2부에서는 컴퓨터가 언급되지도 않는다. 게다가 모자를 쓰고 시가를 피우고 남성 중심 사회였던 1950년대와 머나먼 미래를 별반 다르지 않게 그렸다는 점도 매우 놀랍다.

이 오류를 보면 증기기관 기술이 더욱 복잡한 기계와 도구로 계속해서 발전하는 세상을 아름답게 그리는 스팀펑크 소설이 떠오른다. 소설 속 가상의 세상에서는 증기기관이 전기나 디지털 기술로 절대 대체되지 않는다.

하지만 우리는 아직도 스팀펑크식 미래를 꿈꾼다. 19세기 초반에는 전자 기기의 발전을 놓쳤고 20세기 초·중반에는 컴퓨터의 발전을 놓쳤으며 그 이후에는 컴퓨터의 소형화와 대중화를 놓쳤다. 미래를 그린 소설에서 현재 존재하지 않는 기술을 보기란 어려운 일이다.

어쩌다 기술을 어느 정도 예측했다고 할지라도 어떤 기술이 흥하고 쇠할지를 맞히는 데는 형편없다. 한때 전망이 좋다던 수소 경제Hydrogen Economy를 기억하는가? 2000년대 초반, 내연 기관이 수소 연료 전지로 대체될 것이고 이것이 수소를 기반으로 운영되는 경제체제의 초석이 되리라고 거의 장담하다시피 했다. 수소 연료 전지는 아직 사라지지는 않았으나, 휘발유 엔진을 빠르게 대체하고 있는 전기자동차와 더는 상대하기가 힘들다(게다가 전기는 수소보다 훨씬 에너지 효율이 뛰어나다).

1999년의 윙크 마틴데일로 돌아가보자. 사람들이 집에서 쇼핑할 것이라는 사실은 맞혔지만 모두 아날로그식이다. 컴퓨터 화면을 보면 카메라가 물건을 죽 보여준다. 아내가 물건을 구매하면 옆방에서 남편이 자판이나 다른 인터페이스 없이 손잡이와 버튼 따위가 달린 은행 계기반을 작동해 물건값을 치른다. 새로운 방식을 상상하긴 했지만 당시 기술 이상의 수준을 예측하지는 못했다.

미래주의의 가장 큰 어려운 점은 어떤 기술이 판도를 바꿀지 아니면 사라 없어질지를 예측하는 것이다. 혁신적인 기술의 등장(또는 부재)으로 미래를 보는 관점이 완전히 바뀌기도 하므로 이 오류는 가장 큰 실패를 맛보기도 한다.

미래를 여행하는 회의주의자를 위한 안내서

미래주의 오류 #9 – 객관적으로 더 우월한 기술이 늘 살아남으리라 예상한다.

여러 유망 기술이 경쟁할 때 미래 예측은 매우 어렵다. 20세기로 들어설 무렵 증기력, 전기, 휘발유 자동차가 치열하게 경쟁했다. 이 경쟁에서 이기는 기술이 다음 세기에 지대한 영향을 미칠 것이었다. 물론 돌이켜보면 휘발유 엔진이 이길 수밖에 없었지만, 각각의 기술에는 장단점이 있으므로 당시에는 그리 간단한 문제가 아니었다.

복잡한 이야기지만 결국 기반 시설 문제로 요약할 수 있다. 도시 간에 전기차로 움직일 수 있을 만큼 전력화가 되지 않은 상황이었고, 증기 엔진에 자주 물을 채워 넣지 못하는 점도 제한적 요소였다. 중요한 기반 시설을 개발하는 데서 휘발유가 다른 기술을 가뿐히 넘어섰고 그 때문에 더욱 강화되는 결과를 낳았다. 휘발유를 채택해 기반 시설에 더 많이 투자함으로써 사용 비율도 높아졌기 때문이다. 포드가 처음으로 대량 생산하는 자동차에 휘발유 엔진을 사용하기로 한 사실도 큰 영향을 끼쳤다. 그 한 사람이 달리 선택했다면 전체 산업의 모습이 바뀌었을지도 모른다.

역사에서 필연적이지 않은 이유로 승자와 패자가 나뉜 경우는 자동차뿐만이 아니다. 오늘날 장거리 여행을 할 때는 당연히 비행기를 타지만, 한때 로켓을 심각하게 고려한 적도 있다. 사실 일론 머스크Elon Musk가 이끄는 민간 우주탐사 기업인 스페이스 엑스SpaceX는 장거리 여행에 로켓을 도입하는 아이디어를 재고하려고 계획하고 있다. 로켓을 타면 목적지에 더 빨리 도착하리라는 사실은 분명하다.

제너럴 모터스사의 가스 터빈 엔진을 기억하는가? 가스 터빈 엔진은 내연 기관보다 조용하고 크기가 작을뿐더러 열 발생률과 오염물질을 내보내는 양도 훨씬 낮다. 또한 당시의 다른 자동차보다 낮은 기온에도 시동을 걸기가 수월했다. 하지만 연료 효율성이 낮았고 생산하는 데 비용이 많이 들었다. 가격 경쟁력에서 떨어졌기에 인기를 얻는 데도 실패하고 말았다.

이 현상의 전형적인 예시로 가정용 영상 기기 시장에서 베타맥스Betamax를 패배시킨 VHS를 꼽을 때가 많다. 해상도, 음질, 화질을 비롯해 기술력이 훨씬 뛰어난 베타맥스가 초기 시장의 눈길을 끌었지만 한 가지 결정으로 패자가 되고 말았다. VHS는 두 시간 이상 녹화가 가능했지만 베타맥스는 한 시간밖에 가능하지 않았다는 점이다. VHS 테이프에 영화 한 편을 온전히 담을 수 있다는 단 한 가지 편리함이 베타맥스를 역사 속으로 사라지게 한 것으로 보인다.

결국 '우월한' 기술을 결정하는 요소는 주관적일 수도 있다.

미래주의 오류 #10 – 기술이 사람들, 선택권, 우리가 내리는 결정에 미치는 영향을 제대로 고려하지 못한다.

빌 게이츠가 1981년 "개인 컴퓨터를 사용할 때 637kb 이상의 메모리가 필요한 사람은 없을 것이다. 640kb면 충분하다"라고 말했다는 이야기가 회자된다. 확인된 기록이 없는 말이긴 해도, 이 말은 미래 예측이 얼마나 어긋날 수 있는지를 보여준다. 이 책을 집필하는 데 사용하는 내 컴퓨터만 하더라도 메모리가 3천 2백만 배는 된다. 다수의 명석한 사람들이 이 장에서 자세히 다루고 있는 미래주의 오류에 빠진 적이 있다. 그렇다 하더라도 이 말은 오늘날 돌이켜봐도 충격적이다. 개인 컴퓨터가 흔해졌을 때 사람들이 이 기기로 무언가를 더 하고 싶어 할 것이라는 욕구를 읽지 못한 듯하다. 더 큰 메모리와 고성능은 그 욕구를 채워줄 것이고, 결과적으로 더 고성능과 큰 메모리가 있어야 하는 여러 애플리케이션이 개발된다. 고성능 컴퓨터가 필수인 게임 산업이 기술을 이끌고 있다고 해도 과언은 아니다. 어쩌면 이는 게이츠도 예측하지 못했을 수도 있다.

현재 우리가 당연시하는 기술들은 정말 필연적인 결과였을까? 우리는 직류 전기를 쓰고 원자력 발전소에서 대부분 연료를 공급받고 전기 자동차를 일상적으로 타고 멀리 있는 도시는 로켓으로 여행하며 동위원소 배터리로 가정용 가전제품을 사용하는, 그런 미래에 살 수도 있었다. 개인용 컴퓨터가 정말 꼭 필요한 기기였을까? 만약 기업이나 기관을 대상으로만 계속해서 판매되었다면 어땠을까? 월드와이드웹World Wide Web도 소셜 미디어도 스마트폰도 없었을 것이다. 그렇다면 우리는 완전히 다른 세상에 살고 있지 않을까?

역사는 기술의 향로를 바꾼 한 가지 사건들로 가득하다. 힌덴부르크Hindenburg 대참사가 일어나지 않았다면 아직도 체펠린 비행선을 타고 다녔을까? 결국 여객기로 대체되긴 했겠지만, 목적지로 가는 이동 수단보다는 유람선과 같이 호화스러운 여행 수단으로 남았을지도 모른다.

우주선 내에서 일어난 작은 폭발로 대원들의 목숨을 위협하고, 달에 착륙하지 못한 채 지구로 돌아와야 했던 아폴로 13호의 실패 이후, 18호와 19호는 발사 자체가 취소되었다. 다른 요인도 있었겠지만 만약 13호가 성공했다면 미국은 아폴로 계획을 완수하고, 달에 대원들을 계속 보내거나 심지어 화성으로 갈 계획을 실행했을 수도 있다. 그 한 번의 실패가 아니었다면 오늘날 미국의 우주 프로젝트의 모습은 상당히 달라져 있었을 것이다.

만일 현재가 필연적 결과가 아니라면, 여러 선택과 사건으로 만들어진 엉뚱하고 기발한 창조물이라면, 미래 또한 필연적이지는 않을 것이다. 개인의 구매 결정부터 대기업 CEO의 판단까지 현재의 모든 선택이 미래를 좌우할 것이다. 또한 우리가 투자하는 기반 시설 역시 매우 중요하다. 어마어마한 자본을 초고속 정보통신망에 투자할 것인가? 전기차나 수소차 충전소에 투자할 것인가?

개인으로 그리고 집단으로 내리는 다양하고 우연한 결정들이 예측 불가능한 방식으로 미래를 만들어낸다. 이에 더해 또 다른 요소가 존재한다. 바로 문화와 사회다. 다음 장에서는 미래 사회가 달라질 방향을 살펴보고, 그 변화가 미래 기술 예측에 미치는 영향을 알아볼 것이다.

3장. 미래주의의 과학

미래의 그들은 현재의 우리와 다르다

　　　　미래를 탐험할 때 진정 회의주의적인 관점으로 바라보고 싶다면 최대한 과학, 실증적 증거, 논리를 근거로 사색해야 한다. 앞서 언급한 아이작 아시모프의 대작 《파운데이션》에서 그는 문화적 동향을 과학적으로 조사한 연구를 이용해 미래 지도를 설계하는 '역사 심리학'에 관해 이야기했다. 아시모프의 낙관적인 소설에서조차 이 과정은 끊임없이 관찰, 수정되었고 그런데도 예측 불가능한 변수가 등장해 참패를 경험했다.

　'역사 심리학'이 이론적으로 가능하기나 할까?

　미래 예측에서 과학적인 접근이 가능한지에 관한 의견은 제각각이다. 웬델 벨Wendell Bell은 2003년 출간된 《미래연구의 기초Foundations of Future Studies》에서 학문 분야로서 미래주의가 "견실하고 일관성 있는 사고와 실증주의적 결과들"을 나타낸다고 주장하며, 정당한 학문 분야라고 판단했다. 하지만 이런 낙관적인 관점이 있음에도 불구하고 미래주의는 학계에서 점점 시들해지는 분위기다.

　미래주의는 수많은 반대주의자의 부정적 태도 때문에 학계에서 인정받는데 어려움을 겪고 있는지도 모른다. 긍정적 의견의 반대 편에는 미래주의를 점성술에 비유한, 1998년에 출간된 윌리엄 서든William Sherden의 《차라리 동전을 던져라The Fortune Seller》가 있다. 미래의 과학, 기술, 사회의 모습을 보여주기 위해 합리적인 방법으로 진행하는 연구를 고대 미신과 비교하다니 다소 가혹하긴 하다. 그러나 상대적인 적중률을 본다면 서든의 주장을 무시할 수는 없다.

그렇다면 미래를 예측할 때 사용할 만한 과학적 분석 방법이 있기는 할까? 앞으로 이 책에서도 보겠지만 과거 미래주의자들이 잘못 예측한 부분을 분석하고 수정하는 것도 분명 적절한 접근 방법이다. 그렇다면 역사를 통해 기술의 발전을 살펴보는 방법은 어떨까? 미래에도 적용해볼 수 있는, 공통된 큰 뼈대가 있지 않을까?

레이 커즈와일Ray Kurzweil은 1999년, 저서 《21세기 호모 사피엔스The Age of Spiritual Machines》에서 '수확가속의 법칙'을 제시했다. 기술적 진보를 비롯해 진화 체계에서는 시간이 흐를수록 발전율이 기하급수적으로 증가할 것이라는 주장이다. 효율성, 속도, 성능은 일정 시간이 지나면 배로 커지는데, 이것을 보여주는 가장 분명한 최근 예시는 무어의 법칙Moore's law이다. 컴퓨터 공학자인 고든 무어는 1965년 반도체 칩에 저장할 수 있는 트랜지스터의 수가 18~24개월마다 두 배로 증가한다는 사실을 발견했다. 이 추세는 그때부터 비교적 꾸준히 지속되고 있으며, 우리는 컴퓨터 드라이브 용량과 처리 속도가 급격하게 증가하는 데서 오는 결과물을 즐긴다. 이것이 과연 일반적인 양식일까?

커즈와일은 우리가 진화 과정을 넓게 본다면 이것이 사실이라고 명쾌하게 답한다.

기술의 역사를 분석한 결과를 살펴보면 기술은 상식적이고 '직관적인 선형적' 관점과 달리 기하급수적인 방식으로 변한다는 사실을 알 수 있다. 따라서 우리는 21세기를 살아가는 동안 100년의 발전이 아닌, 거의 2만 년의 발전을 경험할 것이다(특히나 오늘날의 속도라면 더욱 그렇다).

하지만 이 주장은 일반적으로 받아들여지는 관점은 아니다. 기술이 극복하지 못하는 장애물도 있기 때문이다. 비행하는 자동차가 아직 없는 이유도 바로 이것이다. 사람을 실을 수 있는 무거운 기계를 공중에 띄우기 위해서는 많은 에너지가 필요하기에 땅에서 굴러다니도록 하는 편이 훨씬 에너지 효율성이 높다.

모든 종류의 기술을 이런 식으로 예측할 수는 없지만 기술 발전이 가속화되고 있고 앞으로도 이 추세로 흘러간다고 분석하는 것은 합당해 보인다. 그렇다고 해서 현재 동향을 보고 먼 미래를 단정 지을 수는 없다. 전반적인 기술 발전을 지연하도록 하는 기술적 한계에 부딪혀 장기간 제자리걸음 할 가능성도 배제하지 못한다. 또한 새로운 법칙을 발견하거나 혁신적인 기술을 개발하지 않으면 뛰어넘기 힘든 까다로운 물리의 법칙이 버티고 있을 때는 시간을 예상하기조차 어렵다.

미래 예측의 도전 과제는 여전히 기술 발전의 과정에 있는 우리가 그곳에서 빠져나와 기술의 큰 흐름을 보려고 한다는 점이다. 게다가 우리는 인간 사회라는 단 한 가지 기준점밖에 없다. 다른 문명의 기술 역사를 분석하고 비교해 패턴을 찾을 수 있도록 은하의 데이터베이스가 있으면 좋겠지만, 당장 이루어질 사항은 아니니 일단은 구할 수 있는 자료로 최선을 다해야 한다.

미래주의자 다수는 진화론의 관점으로 기술 발전에 접근하지만 커즈와일과는 다른 결론을 도출한다. 2019년 논문에서 마리오 코치오Mario Coccio는 기술의 진보는 복잡한 문제를 해결하려는 기술적 선택과 필요 조건, 과학의 발전을 수반하는 복잡한 체계라고 기술했다. 그는 또한 두 근본적인 이론을 인용했다. 하나는 더 나은 기술이 오래된 기술을 대체한다는 경쟁 대체 이론이며, 다른 하나는 기술들의 복잡한 상호작용 체계로 바라보는 기술적 기생주의다.

예를 들면 자동차 엔진의 성능이 좋아질수록 타이어, 서스펜션, 조종 장치도 더 발전한다. 이런 전반적인 향상은 주거지나 여행 방법을 비롯해 예상치 못한 방향으로 사회를 바꾸며, 사람들이 자동차를 사용하는 방식에 영향을 미친다. 결과적으로 이런 변화들은 자동차뿐만 아니라 다른 기술까지 더욱 발전시킨다.

물론 복잡한 상호작용 체계가 흐르는 방향을 예측하기란 극히 어렵다. 하지만 과거의 예측이 터무니없이 틀렸다고 할 수는 없다. 큰 그림을 고려한다면 적중한 예측도 제법 있다. 어떻게 보면 마크 트웨인은 인터넷을 예측한 사람이다. 다음은 그가 1898년에 발표한 단편소설인 〈1904년의 '런던 타임스'From the 'London Times' in 1904〉의 일부다.

파리 계약으로 통신 검전기가 방출되자마자 이것은 대중에 전해졌고 머지않아 전 세계의 전화 체계로 연결되었다. 그 이후 더 개선된 '무제한 거리' 전화가 소개되어, 전 세계에서 일어나는 일들이 모두에게 보이고, 멀리 떨어져 사는 사람들도 시사 문제에 관해 서로 논할 수 있게 되었다.

1900년, 기술자 존 엘프레스 왓킨스John Elfreth Watkins는 디지털 컬러 사진, 휴대전화, 탱크, 텔레비전을 예측했다. 그는 "어떤 거리라도 사진을 전송할 수 있을 것이다. 100년 후 중국에서 전투가 벌어지면 그 사건은 한 시간 후에 바로 사진으로 신문에 보도될 것이며, 사진들은 자연 색을 그대로 보여줄 것이다." 물론 빗나간 예측도 많았다. 그는 알파벳 C, X, Q가 없어질 것이라고도 했다. 하지만 기술에 관해서만큼은 예언처럼 들어맞았다.

미래주의자들은 식품을 수송하기 위해 냉장 시설이 갖춰진 자동차를 보편적으로 사용할 것이라고 예상하기도 했는데, 이는 현대인의 식생활에 엄청난 영향을 주었다. 이동 주택, 산아 제한, 의료 영상 기술 역시 적어도 개념 정도는 모두 예측되었다.

1967년 월터 크롱카이트Walter Cronkite는 시청자들에게 2001년의 현대식 주택 모습을 엿보게 해주었다. 그는 집에서 일할 수 있도록 사무실 공간이 있으리라 예측했다. 그 공간에는 뉴스, 날씨, 주식 시장을 각각 볼 수 있는 여러 대의 컴퓨터가 놓여 있다. 여전히 일반 전화기를 사용하지만 영상 전화를 걸 수도 있다. 시기를 조금 이르게 잡긴 했으나 이런 예측은 놀라울 정도로 정확했다.

세부 사항은 다소 빗나갔다. 크롱카이트는 손잡이를 돌려 작동하는 컴퓨터를 사용하고 뉴스 전용 화면으로 뉴스를 읽거나 출력할 수 있을 것이라 설명했다. 또한 가장인 남자를 위한 사무실 공간에는 집안 곳곳과 소통할 수 있는 CCTV가 있을 것이라고 했다. CCTV 화면에는 침대를 정리하는 아내와 딸이 보인다.

이따금 나타나는 성공 사례와 더불어 이런 여러 예측을 공부하며 많은 점을 배울 수 있다. 성공적인 미래주의로 향하는 도중에 맞닥뜨리는 여러 도전을 이해함으로써 우리 자신, 역사 속에 있는 우리 위치를 깨닫고 현재가 어떻게 미래를 형성하는지 알 수 있다. 이제 우리는 과거 사람들이 기술과 맺은 관계, 그들의 심리와 문화를 엿보는 창으로써 미래 예측을 살펴보아야 한다.

이제부터 과학과 기술의 미래를 직접 예측하는 작업을 하면서 빗나가는 화살보다는 적중하는 화살이 더 많기를 소망해본다. 아무리 못해도 미래주의 타임캡슐에는 들어가리라. 미래의 미래주의자들이 과거를 돌아보며 우리의 현재를 조금이나마 알게 되길.

퓨처 픽션: 서기 2063년

       주말 사흘 동안 푹 쉬었는데도 아얀시는 월요일이 별로 달갑지 않았다. 월요일은 대개 집에서 근무했지만 이번 주는 아니었다. 일흔두 살이라는 나이, 오늘이야말로 그의 경력이 정점에 다다르는 날이 될 것이다. ITER(국제핵융합실험로) 핵융합로가 드디어 유럽대륙 동기화 전력망과 연결되었기 때문이다.

  생폴레뒤랑스로 이동하기 위해 드론 자동차에 타며 시간, 목적지의 날씨, 여행 일정을 보여주는 팔뚝을 확인했다. 종류와 중요도에 따라 분류된 11개의 읽지 않은 메시지가 있었지만 나중에 확인하면 될 일이었다.

  발표할 내용을 검토하느라 자동차가 하늘로 떠오르는데도 그는 거의 알아차리지 못했다. 엔진 소리도 바깥소리에 묻혀 서서히 줄어들었다. ITER 프로젝트는 반복되는 연기와 어마어마한 비용에 반대하는 항의에도 불구하고 끈질기게 살아남았다. 오늘도 시위자들이 분명히 있을 것이다. 유럽의 에너지 기반 시설은 이제 풍력과 태양 에너지가 73퍼센트를 차지한다. 전력망 저장 장치를 충분히 구축하려면 몇십 년이 더 걸리는데도 순수주의자들은 어떻게 해서든 100퍼센트가 되게 하길 원했다. 동시에 첫 번째 4세대 원자력 발전소가 곧 수명을 다할 것이고, 앞으로 몇십 년간 발전소들은 문을 닫거나 연장하거나 대체될 것이다.

발전소들을 계속 운영하게 하거나 융합으로 대체하기 위해서 바로 이 시점에 ITER이 필요하다. 이것이 ITER이 끝까지 살아남은 이유다. 태양 에너지와 전지 기술의 비용이 급속도로 하락하고 있기에 다음 세대로 넘긴다면 너무 늦을 것이다.

세라에게서 메시지가 왔다. 달 ITER 소속인 세라는 앞으로 달 원자로를 짓는데 필요한 탐사를 진행 중이었다. 그녀는 지구에서 아얀시 바로 밑의 이인자였지만, 미국 항공우주국NASA-유럽우주국ESA 공동이사회의 임무를 받고 마리우스 우주정거장 가까이에서 ITER 프로젝트를 지휘하게 되었다. 가상현실로 전송된 메시지를 보기 위해 안경을 쓰고 "재생"이라고 말하자 어느새 마리우스 우주정거장에 있는 세라와 대면하고 있었다.

"중요한 날이니까 잘하라고 응원차 연락했어요. 잘 끝나길 바랄게요. 일이 잘못되면 우리 프로젝트는 오래 못 가요." 세라는 낮의 달 표면을 보여주는 커다란 창문을 가리켰다. "바로 저거예요. 지난달에 3D 프린터가 도착했어요. 기획이 승인되고 실험이 끝나면 봉쇄시설을 지을 수 있을 거예요. 20년 후에는 완공되길 바랄 뿐이에요."

웃으며 손을 흔드는 세라가 없어지자 다시 드론 자동차 내부의 모습이 눈에 들어왔다. 안경을 계속 쓰고 있는 동안 그는 증강현실 모드로 바꿔 아래에 보이는 풍경 위에 지도기 겹치도록 했다. ITER이 멀리 보였다. 그리고 넓게 퍼져 있는 시설, 전력망으로 연결된 송전선, 주변 동네들, 자기부상열차와 차도도 보였다. 바로 건너편에는 나중에 원자로로 에너지를 공급받을 30단짜리 수경재배 정원 열두어 군데가 윤곽을 드러냈다. 등을 뒤로 젖히고 시선을 돌리자 그 주변을 메우고 있는 수 십 대의 드론 자동차가 보였다.

뉴스 드론이 옆으로 다가오자 그는 건성으로 손을 흔들었다. 사생활을 되찾으면 좋으련만.

드론 자동차가 착륙장으로 들어서자 아얀시는 안경을 벗었다. 오늘은 힘들고 고된 날이 되겠지만 다음 주부터는 다시 한가한 월요일이 되리라.

2부.

내일을 만들 오늘의 기술

미래는 예측될 수 없다. 다만 만들어질 뿐이다.

- 노벨 물리학상 수상자, 데니스 가보르Dennis Gabor

우리는 지금 이 순간에도 미래를 만들어내고 있다. 2부에서는 미래에 가장 영향을 미칠만한 현재의 최첨단 기술을 살펴보고자 한다. 또한 포물선을 그리며 날아가는 물체를 눈길로 따라가듯, 각 기술의 역사도 따라가 살펴볼 것이다. 미래 창조는 수많은 피드백 고리가 복잡하게 얽히고설켜 영향을 주고받는 끝없는 과정이다. 이 여정에서 떠오르는 큰 줄기가 미래 기술의 모습을 부분적으로나마 비춰줄지도 모른다.

그게 아니라면 적어도 현재를 만들어내는 멋진 기술에 관해 알아볼 기회가 되길.

4장. 유전자 조작

아직은 초기 단계에 머물러 있다

1984년 미국 정부는 세계에서 가장 규모가 큰 협동 생물학 연구인 인간 유전체 프로젝트Human Genome Project에 착수했다. 인간의 유전체를 이루는 모든 유전자, 즉 단세포에서 인간으로 발전한 과정을 보여줄 DNA를 밝혀내는 것이 목표였다. 이 프로젝트는 공식적으로 1990년에 시작해 2005년에 완료할 계획이었으나 예정보다 2년 앞선 2003년 4월, 예산보다 적은 비용으로 마무리되었다. 대략 10억 달러가 들긴 했지만.

이 프로젝트가 진행되는 동안 DNA를 배열하는 기술은 대단한 성과를 거두었고 그 이후로도 계속 발전을 거듭하고 있다. 오늘날 과학자들은 수백 가지의 식물과 동물의 유전체 서열을 밝혀냈고, 인간 유전체도 3,000~5,000달러로 이틀 만에 분석이 가능해졌다. 2000년대 초반보다 2372배 빠르고 25만 배 저렴해진 결과다.

속도가 빨라지고 비용도 절감되었기에 이제는 유전병이나 변이를 알아내고자 개인의 진유전체 분석도 할 수 있다. 진유전체Exome는 쓸모없는 DNA(정크 DNA)나 조절 부위와는 달리, 단백질을 생산하는 유전자(엑손)의 중요한 부분이다. 또한 몇백 달러면 조상을 알아낼 수 있는 유전 표지자를 찾을 수 있다(다만 상업적 실험실은 정확도를 보장하지는 못한다).

점진적 발전이 아닌, 기하급수적 발전이 보여준 성과는 유전학과 유전공학의 미래를 향한 두려움과 희망을 모두 불러일으켰다.

더 나아가 과학자들은 인간과 다른 종들을 구성하는 모든 단백질의 목록인 단백질체(프로테옴)도 밝혀내기 위해 연구 중이다. 유전자와 단백질은 생명의 중요한 요소이므로 이를 알아내고 변형하는 능력은 본질적으로 생명체의 열쇠를 얻는 셈이다. 심각한 문화적 반발만 일어나지 않는다면 유전 공학이 나아가는 방향이 미래를 완전히 바꾸리라 예측해도 좋을 것이다.

유전자 변형

인간은 수천 년간 생존에 중요한 식물과 동물의 유전자를 변형해왔다. 이는 생물학적으로 우리가 환경에 적응하기보다는 환경을 우리에게 맞추는 방법이다. 유전자를 변형하는 전통적인 방법으로는 경작과 이종교배가 있다. 원하는 특징을 지닌 식물들을 선택해 새 품종을 만들어 냄으로 어느 정도 더 나은 농작물을 개발해낸다.

사실 우리가 먹는 대부분은 이런 방식으로 유전자 변형이 된 식품으로, 현대의 농작물은 오래전의 야생 먹거리와 매우 다른 모습을 띤다. 지난 세기에 인간은 이 과정을 가속하는 기술을 개발해냈다. 원하는 식물을 만들기 위해서는 가까운 종들을 교배하는 방법이 아마 가장 중요할 것이다. 이를테면 메이어 레몬Meyer Lemon 은 전통적인 레몬과 귤Mandarin Orange의 교배로 만들어졌고, 미국에서 생산하는 사탕옥수수 대부분도 여러 품종이 교배된 결과다.

1930년부터 농부들은 '돌연변이 육종Mutation Breeding'이라는 기술을 사용하고 있다. 이는 화학물질이나 방사선을 이용해 육종 기간을 단축하는 기술로, 우수한 형질만을 선택해 새로운 품종을 만들어낸다. 1930년부터 2014년까지 밀, 배, 땅콩, 자몽(그레이프프루트)을 비롯해 3,200가지의 돌연변이 품종이 소개되었다.

20세기 후반에 들어서 우리는 음식으로 사용되는 식물과 동물(그리고 의약품과 연료 같은 것들까지도)을 변형하는 과정을 더욱 가속했다. 이는 제거하거나 조작하는 것 그리고 심지어 동종Cisgenic 또는 이종Transgenic 품종의 유전자를 이식함으로써 생명체 유전자를 직접적으로 변형하는 것을 모두 포함한다. 이 기술들로 병충해에 강한 옥수수, 갈변 현상이 생기지 않는 사과, 곰팡이 저항성을 가진 밤나무를 비롯해 많은 품종이 만들어졌었다. 다소 임의적인 분류이긴 하지만 유전자를 직접 변형하는 기술이 보통 '유전자 변형'으로 간주된다.

이 기술의 결과로 태어난, 우리가 보통 '유전자 변형 물질GMO' 이라 일컫는 품종들은 문화와 기술의 상호작용을 보여주는 좋은 사례다. 현재와 미래에 실현할 수 있는 사항들을 논의함과 더불어 사회적 반응과 미래 사회에 끼칠 영향도 반드시 검토해야 한다.

현재 생명의 유전체를 정확하게 변형하는 기술이 몇 있으며, 모두 완벽하지는 않지만 발전의 속도는 매우 빠르다. 유전자 재조합은 1972년 처음으로 실행되었다. 정상적인 DNA 조절에 사용되는 효소를 이용해 두 가지 이상의 종에서 추출한 DNA를 하나의 가닥과 결합하고, 숙주세포(보통은 박테리아다)에 삽입해 기능을 변형하기 위한 이 기술은 제조하기 힘든 몇몇 의약품 생산에 변혁을 일으켰다.

유전자 재조합 기술을 적용한 가장 중요한 초기 사례는 인슐린일 것이다. 동물의 췌장에서 채취한 인슐린은 생산하는 데 시간이 걸리고 가격이 높았으므로 당뇨병 환자를 치료하는데 제한이 컸다. 마침내 과학자들은 사람 인슐린을 분비하는 유전자를 제빵사들이 사용하는 효모에 넣어 대량으로 생산해내게 되었다. 당뇨병 치료에 혁신을 불러온 이 미래 기술의 탄생은 아직도 과학의 엄청난 성과로 간주된다.

효모균은 한번 만들어지면 자가 증식하는 능력이 있지만, 애초에 유전자를 변형하는 과정이 쉽지 않으며 시간과 비용이 많이 든다. 그러므로 재원이 충분하고 장비가 잘 갖춰진 실험실이나 대기업에서나 생산이 가능했다. 따라서 DNA의 특정 서열을 조작하기 위해 프로그램화할 수 있는 플랫폼이 필요했고, 1985년 아연 집게 뉴클레아제ZFN, Zinc Finger Nucleases(유전자가위라고 부르기도 한다~옮긴이)를 시작으로 세 플랫폼이 발견되어 시행되었다. 시험관이나 유기체에 있는 특정 DNA를 인식하고 겨냥할 수 있는 아연 집게 효소는 그 DNA를 접합하는 표적 효소까지 안내해, 필요한 유전 정보를 지우거나 삽입할 수 있도록 해 준다.

아연 집게 뉴클레아제는 엄청난 성과였지만 유전적 목표물을 개발하는 데는 몇 달이 걸렸고 드는 비용도 적지 않았다. 그러다 2011년, 탈렌TALEN, Transcription Activator-like Effector Nucleases이라는 더 빠르고 저렴한 방법이 발견되었고, 얼마 지나지 않아 연구자들은 크리스퍼CRISPR, Clustered Regularly Interspersed Short Palindromic Repeats라는, 또 다른 유전자 편집 체계를 세상에 소개했다. 박테리아의 면역체계를 사용하는 이 방법은 공식적으로 가장 많이 발표되었다. 독자 여러분도 이미 들어봤으리라.

크리스퍼는 DNA 사슬에서 특정 위치를 겨냥하는 방법으로, 캐스9Cas9와 같은 DNA를 자르는 효소인 단백질 가위가 올바른 표적을 찾을 수 있도록 안내한다. 물론 다른 종류의 가위도 사용될 수 있다. 탈렌과 크리스퍼 모두 DNA에서 정확한 위치를 자르도록 프로그래밍하는, 상대적으로 빠르고 저렴한 방법이다. DNA가 유전적 데이터의 방대한 도서관이라면 이런 기술은 원하는 책에서 정확한 쪽수와 문장을 찾게끔 도와주는 검색 기능이라고 보면 된다. 그렇게 찾은 문장은 편집하거나 제거하거나 대체할 수 있다. 크리스퍼가 훨씬 빠르고 저렴하지만, 용도에 따라 탈렌이 더 정확하게 작용하기도 한다. 이런 기술 덕분에 특정 DNA의 염기서열을 찾는 데 걸리는 시간이 몇 달에서 며칠로 단축되었고 이제 전 세계 거의 모든 연구실에서 이 작업이 가능하게 되었다.

지금 우리는 유전자 변형 기술에서 가파르게 성장하는 과정에 있으며, 그 속도가 너무나 빠른 나머지 기하급수적 발전을 경험하고 있다. 물론 완벽하지는 않다. 크리스퍼는 DNA 분자 중 표적에서 벗어난 부분까지 변화를 가하는 오프타깃Off Target 변이 문제를 일으키기도 한다(도서관 검색 기능이 여러 책에서 비슷한 문장을 수십 개 찾아내 모두 표적으로 인지해버리는 상황이다). 따라서 과학자들은 사용된 효소와 크리스퍼의 구조를 변형해 속도와 오류를 모두 줄이고, 속도와 정확도 사이에서 균형 잡는 방법을 연구하고 있다.

또한 유전자를 변형할 수 있는 새로운 방법도 개발되고 있다. 예를 들어 크리스퍼 온·오프On-Off라는 기술은 표적 유전자를 변형하지 않고도 전사Transcription(유전자로 단백질이 형성되는 과정)를 꺼버릴 수 있다. 이제 우리는 마음대로 유전자를 끄고 켤 수 있게 되었다. 신체 움직임을 저해하고 치매를 일으키는 헌팅턴 무도병 같은 어떤 유전병은 단백질이 정상적인 기능을 하지 못하는데 원인이 있다. 또 돌연변이 단백질 자체가 엄청난 악영향을 미치기도 하므로 이런 유전자를 꺼버리면 손상을 줄일 수 있다.

이 방법은 이미 효과를 보고 있으며 앞으로 점진적으로든 기하급수적이든 발전할 수밖에 없을 듯하다. 저렴하고 빠르며 엄청난 힘이 있는 이 기술은 과연 장·단기적으로 어떤 결과를 초래할까?

먼저, 우리는 이 기술이 유전자 연구 자체에 미칠 영향을 고려해야 한다. 이는 유전자 연구에서 가장 우선되고 중요한 도구로, 이미 가속하는 발전에 기여하고 있으며, 앞으로도 유전자 지식과 조작을 이용하는 능력을 확장할 것이다. 이를테면 유전자를 끄고 켠 결과를 볼 수 있다면 단백질의 기능을 알아내기가 쉬울 것이다. 우리는 유전자를 변형하는 도구도 필요하지만 유전자가 무엇을 하는지, 유전자 변형이 건강과 기능에 어떤 영향을 미치는지도 알아야 한다.

단기적으로는 유전자 변형 물질 개발 속도가 더 빨라진다고 봐도 좋다. 이미 해충에 저항력이 있고 가뭄과 추위에도 강하며 제초제에도 잘 버티고 유통기한도 더 긴, 유전자변형생물체는 개발되었다. 대부분은 생산성과 이윤을 더 높이려는 농부를 겨냥한 결과이지만, 다른 여러 용도에 사용될 생물체들도 개발되고 있다.

유전자 변형 작물 중 특히 흥미로운 종류는 황금쌀Golden Rice 같이 영양소를 강화한 작물이다. 황금쌀은 비타민A의 전구체인 베타카로틴을 만들어내는 유전자를 삽입해 만들어낸 작물이다. 이는 개발도상국에서 나타나는 심각한 문제인 비타민A 결핍을 다루기 위한 한 가지 전략으로서 이 영양소를 함유한 주요 작물을 발전시키려는 의도에서 개발되었다. 다양한 황금쌀 품종은 이미 생산되고 있으며 승인 절차를 거치고 있다.

아프리카에서는 바나나 품종(우리가 잘 아는 달콤한 맛의 캐번디시Cavendish 품종이 아닌, 녹말이 많은 요리용 바나나 플랜테인Plantain에 가깝다)이 주된 작물로, 일부 지역에서는 바나나가 식사 열량의 약 40퍼센트를 차지하기도 한다. 그러나 캐번디시 바나나와 마찬가지로, 현재 곰팡이균의 위협을 받고 있으므로 결국 지금의 형태가 사라질 것이라고 한다. 따라서 저항 능력이 있는 유전자를 삽입한 유전자 변형 바나나를 개발하기 위해 노력을 가하고 있다.

유전자변형은 링스팟Ring Spot 바이러스에 취약한 본래 파파야를 변형해, 하와이의 파파야 산업도 지켜냈다. 플로리다산 오렌지도 감귤녹화병(황룡병)과 다른 해충에서 살려낼 희망이 있다.

수억 인구를 먹이기 위해서는 더 많은 식품을 생산해야 한다는 것이 전반적인 현실이지만 대부분 작물은 수백, 수천 년간 경작되어 오며 방어체계가 약화했다. 식물은 스스로 보호하기 위해 독을 만들어내는데, 독이 쓴 이유는 이를 구분하는 동물의 능력이 점차 진화한 데 있다. 인간은 안전하고 덜 쓴 식물들을 재배해 식물의 자연적인 억제력을 제거했고, 유전적으로 비슷한 식물들을 넓은 땅에 심음으로써 해충을 불러들였다. 간단히 말해 이런 체계는 지속 가능한 방법이 아니므로, 문제 해결을 위해 격렬한 논쟁이 벌어지고 있으며 그 결론이 미래에 지대한 영향을 미칠 것이다. 결국 통합적인 해충 관리, 작물의 유전적 다양성 증가, 간작과 윤작, 농약을 포함해 다양한 방법을 고루 사용해야 할 가능성이 높다. 해충에 저항성이 있으면서 먹기도 좋고 안전한, 유전자 변형 작물 개발도 좋은 해결책이다.

그렇다고 오로지 발전만을 위해 가장 최첨단 기술을 사용해야 한다는 의미는 아니다. 아직은 전통적인 품종 개량 기술이나 이종 교배가 저렴하면서도 쉬운 최고의 방법이다. 하지만 주요 작물 전체가 위협을 받는다면 지금껏 그래왔듯, 유전자 변형 기술을 동원할 필요가 있다. 앞으로 40~50년간 우리는 앞서 말한 유전자 변형 바나나, 오렌지 그리고 여러 품종을 지켜내기 위해 사용될 유전자 변형 작물을 보게 될 확률이 높다. 물론 정치적 반대가 너무 거세지만 않다면 말이다.

그러나 신념을 지킨다는 이유로 굶주리지는 않을 것으로 보인다. 처음 체외수정 시술이 실행되었을 때 일어난 결과와 비슷하지 않을까. 인구가 폭발적으로 증가할 것이라는 두려움으로 비정상적이라고 호되게 비난받은 첫 '시험관' 아기도 반대 의견이 거셌다. 하지만 결국엔 빠르게 보편화되었고, 현실이 된 끔찍한 예측은 없었다. 자연스럽게 임신하지 못하는 부부에게 선택권이 하나 더 생겼을 뿐이다.

마찬가지로 유전자 변형 기술도 무대 뒤에서 거듭 발전하고 있으며 이것이 주는 혜택을 세상이 누리지 못하도록 막기란 쉽지 않다. 정치적으로 유전자 변형 작물을 가장 극심하게 반대하는 곳인 하와이주마저도 자신들의 가장 중요한 특산물인 파파야가 사라지지 않도록 하기 위해 말없이 유전자 변형 파파야를 받아들였다.

더 효과적으로 광합성을 사용하는 유전자 변형 작물을 개발하려는 연구도 활발하게 진행하고 있다. 이는 같은 크기의 농경지에서 생산량 20퍼센트 정도 늘릴 수 있다. 또한 화학반응을 일으키는 혼합물과 결합함으로써, 대기에서 얻은 질소를 고정하는 능력을 지닌 작물도 개발하고 있다. 뿌리에 있는 공생 박테리아로 질소를 얻는 식물의 수는 한정되어 있으므로, 만약 주요 작물이 필요한 질소를 대기에서 얻는다면(대기의 78퍼센트가 질소다) 사용하는 질소비료를 대폭 줄이고 나아가 생산성을 높일 수 있다.

식량 제공 이외에도 유전자 변형 물질은 여러 일을 할 수 있다. 유전자 변형 박테리아와 효모는 의약품을 제조하는 데 이미 사용되고 있다. 또한 연구자들은 유출된 기름을 먹는 유전자 변형 박테리아를 개발하고 있는데, 이는 다른 유해 물질을 먹거나 독성 물질을 감지하면 위험을 알리도록 빛을 내게끔 만들어질 수도 있으며, 쓰레기를 분해하기도 하고 그 과정에서 바이오 연료를 생산할 수도 있다.

영화 〈슬리퍼Sleeper〉에 등장하는 것 같은 거대한 작물이 나타난다고 생각하지는 않지만, 분명 병충해에 강하고 더 효과적으로 광합성을 하고 직접 질소를 고정하고 수명이 더 길고 맛과 영양이 더 개선된 작물은 개발될 것이다. 이와 동시에 전통적인 방식과 기술로 경작하고, 대대로 내려오는 작물을 심기도 할 것이다.

기술이 발전한다고 해서 농업에 관한 고민이 금방 사라질 것이라 생각하지도 않는다. 생태발자국을 최대한 덜 남기면서 농산물을 충분히 생산하는 동시에, 우리 음식을 탐내는 해충을 미리 예방하는 것은 장기간 고심해야 할 문제다.

질병 치료

2018년 중국 선전(심천)에 있는 남방과학기술대학의 허젠쿠이He Jiankui 교수는 체외수정 과정에서 여자 쌍둥이의 유전자를 변형함으로써, 크리스퍼를 사용해 인간의 질병을 치료한 최초의 과학자가 되었다. 쌍둥이의 아버지가 HIV(인간면역결핍바이러스) 감염자였기에 태아에 전염될 가능성을 줄이려는 시도였다.

이 시술은 거센 비난을 받았다. 검토도, 승인도 되지 않은(따라서 비윤리적인) 이 새로운 기술을 사람에게 직접 시술하는 것도 시기상조인 데다, 이미 아기가 HIV에 걸리지 않도록 하는 안정적인 방법이 있었기 때문이다. 그가 내린 결정은 최첨단 유전자 변형 기술로 인간의 병을 치료하고픈 유혹이 얼마나 큰지 여실히 보여준다.

물론 이런 치료의 가장 분명한 대상은 유전 질환이다. 과학자들은 1990년대부터 유전자 치료법을 개선하기 위해 노력해왔다. 초기에는 유전적 결함을 치료하고자 환자의 DNA에 삽입하기 위해 레트로바이러스Retrovirus(역전사 효소를 지닌 RNA 바이러스-옮긴이)를 해보기도 했다. 한 예로 농후한 점액이 폐와 여러 기관을 침범해 결국 조기 사망을 일으키는 낭성 섬유증이라는 유전적 질환이 있다. 안타깝게도 이 병을 치료하려 한 초기 시도가 치명적인 바이러스 감염이라는 결과를 불러왔기에 이 문제를 해결할 수십 년 동안 기술은 밖으로 밀려나 있었다.

유전자 치료는 유전자 변형 기술을 표적 세포로 데려다 줄, 바이러스와 같은 매개체가 필요하다. 다시 말해 크리스퍼가 DNA의 정확한 구간에 도달해야 하고, 크리스퍼-캐스9 단백질도 변형하고자 하는 세포에 정확히 도달해야 한다.

허젠쿠이 교수가 진행했듯, 페트리 접시에서 단세포에 유전자 변형 기술을 적용하는 것도 한 가지 방법이다. 착상하기 전에 배아를 변형할 수 있으면 이론상 원하는 대로 모든 세포를 다시 쓸 수 있다. 혈액이나 골수에서 세포를 추출해 유전자를 변형하고 다시 몸에 집어넣는 방법도 있다.

살아있는 생물체의 세포를 변형하기란 더욱 까다롭다. 변형 플랫폼이 몸속으로 들어와 바꿔야 할 세포까지 도달해야 하므로, 이 경우 바이러스 매개체가 가장 흔하게 사용된다. 바이러스는 숙주의 특정 세포에 들어가도록 수백만 년 이상 진화됐으므로 매우 효과적이다. RNA 바이러스를 비롯한 비바이러스성 매개체는 더 큰 플랫폼을 전달할 수 있고 더 안전하기에 주목받고 있지만 아직은 시작 단계에 머물러 있다.

바이러스 도입뿐 아니라 안전 문제도 있다. 유전자 변형 플랫폼 자체가 정확도 문제가 있어 애초에 계획한 목표물이 아닌 유전자를 변형하기도 한다. 게다가 사용하는 매개체가 무엇이 되었든 우리가 겨냥하지 않은 세포까지 영향을 줄 수도 있다.

지금까지 유전 공학 기술의 성과와 발전 속도를 보았을 때, 이런 기술적 장애물은 극복된다고 간주해도 무방해 보인다. 점진적으로 발전한다고 할지라도 유전자 치료는 결국 보편화될 것이다. 실제로 유전자 치료는 벌써 행해지고 있어, 크리스퍼 기술로 치료받아 겸상 적혈구 빈혈과 같은 유전병이 나은 환자가 몇이나 있다.

그러므로 향후 20~50년간 흔한 유전병을 하나씩 퇴치하는데 여러 종류의 유전자 치료법이 사용될 것이다. 완치하지 못하는 사례도 있을 것이고 유전자 변형도 일부만 실행될 가능성이 높지만, 심각한 증상은 눈에 띄게 줄일 것이다. 또 유전자 변형은 돌연변이 유전자를 완전히 고칠 수는 없어도 그 악영향을 감소하기 위해 사용될 수 있다. 예를 들어 우리는 성상 지지세포를 변형해 신경세포가 죽지 않도록 막고, 알츠하이머 같은 신경 변성 질환의 진행을 늦출 수 있다.

또 체외 수정 기술과 결합하면 착상이 가능한 시점 전에 몇몇 유전병을 완전히 막는 데 사용될 수 있다. 이는 허젠쿠이 교수가 사용한 기술과 비슷하지만, 치명적인 질병을 지닌 돌연변이 유전자를 건강한 유전자로 바꾼다는 데서 조금 다르다. 그러나 이 기술이 유전병을 완전히 종식하지는 못한다. 유전병 다수는 열성이므로 부모에게서 물려받은 무작위 배열이 스스로 드러날 때까지 발견하지 못하기 때문이다. 또한 체외 수정이 이미 되고 나서 태아가 자라는 중에 자연 발생하는 돌연변이 유전자도 있다. 그렇다 하더라도 유전자 변형 은 유전병의 위험을 상당히 낮추고 어느 정도 관리가 되게끔 한다.

끔찍한 질병으로 고통 받는 어린아이가 효과적인 치료를 받지 못하도록 또는 완치하지 못하도록 막을 수 있을까? 학자들이 윤리적이고 과학적인 규약을 따른다는 전제하에, 나는 이 기술을 반대할 타당한 이유가 있을 것이라 보지 않는다. 문제는 우리가 이 기술을 어느 정도로 사용할지, 어느 수준에서 선을 그을지다.

유전병 외에도 크리스퍼를 활용해 치료할 질병은 많다. 이미 암 치료에 적용할 연구가 진행되고 있다. 크리스퍼는 세포를 악성으로 발전시키는 돌연변이를 비롯해 구체적 DNA에 겨냥할 수 있으므로, 목표물로 잡은 이런 세포들을 죽이도록 DNA를 잇기만 하면 된다. 이 실험의 초기 결과는 매우 고무적이다.

암은 종류가 많고 치료가 쉽지 않다는 사실은 분명하므로, 섣불리 특정 기술이 '암을 퇴치한다'라고 예측하지는 않겠다. 하지만 새로운 치료법들이 추가되어 암을 조금씩 이겨냄으로써 생존율은 꾸준히 증가하고 있다. 유전자 치료법도 마찬가지로 암 치료에 도움이 되리라. 지금껏 여러모로 아주 강력한 효과를 증명하고 있으므로 점진적인 발전보다 훨씬 더 혁신적인 결과가 있기를 기대해본다.

특정 돌연변이가 특정 질병을 유발하는 유전병 이외에 유전적 소인Genetic Predisposition도 있다. 예를 들어, 심근경색을 일으킬 확률이 높은 사람이 있기에 의사들은 일반적 질병의 위험을 추정하려고 가족력을 본다. 이런 흔한 질병의 위험을 줄이기 위해서도 의학적 유전자 변형을 고려할 필요가 있다. 당뇨병, 높은 콜레스테롤 수치, 고혈압, 알츠하이머 등 유전적 요소가 큰 질병의 발병 확률을 대폭 낮출 수 있다고 상상해보시라.

물론 최신 유전자 변형 기술이 건강한 습관을 대체하지는 못한다. 좋은 음식을 먹고 규칙적으로 운동하고 숙면을 취하며 술과 담배를 피하는 것은 예나 지금이나 중요하다. 이에 유전자 치료가 더해진다면 우리가 회복력을 강화하고 나아가 건강한 생활을 영위하도록 도와줄 것이다.

미래주의의 기본 원칙, 즉 새 기술이 기존의 기술을 늘 대체하지는 않으나 두 가지가 함께 존재할 수는 있다는 사실을 기억하자. 미래에는 다양한 종류의 유전자 치료가 질병을 예방하고 치료하는 강력한 수단이 될 것이다. 이미 존재하는 기성 방법 그리고 미래의 다른 기술들과 공존할 가능성이 높다.

유전자 강화

미래에는 분명 질병을 예방하고 치료할 뿐 아니라 작물, 심지어 동물의 유전자를 강화하기 위해서도 더욱 빈번히 유전자 변형 기술을 사용할 것이다. 그러나 인간 유전자를 강화하는 데는 어느 정도로 사용할지 예측이 쉽지 않다. 윤리적 반발이 가장 극심하리라 예상되는 분야이기도 할뿐더러 이미 인간에게 적용하지 못하도록 법으로 제정되고 있다. 미국에서는 물려주거나 물려받을 수 있는 유전자를 변형하는 것은 명백하게 금지되어 있다. 따라서 인간 유전자 변형은 모두 개별적으로 승인받아야 하며 미국 식품의약청은 병을 치료할 목적으로 고안된 사례만 승인한다.

질병 예방이나 치료, 유전자 강화 사이에 명확한 경계선을 그리기는 매우 어렵다. 이는 정상과 비정상인 유전자 그리고 유전적 다양성 사이의 경계선이 모호하기 때문이기도 하다. 예를 들어 키가 얼마나 작아야 장애라고 간주할 수 있을까? 일반적으로 장애라고 여기는 유전적 청각 장애, 다운 증후군, 심지어 자폐증마저 정상적 인간의 차이 정도로 보는 사람들이 있다. 그저 이례적일 뿐이라는 것이다. 일부 청각 장애 공동체에서는 농인 문화가 사라질 가능성을 우려한 반발이 벌써 일어나고 있다.

유전자 변형으로 사람의 특징을 바꿈으로써 우리는 장애를 치료하고 있을까, 강화된 인간을 만들고 있을까? 이 변화를 수평적 이동이라고 본다면 개인적인 선택, 문화적 요인, 편견, 심지어 유행을 고려해 원하는 특징으로만 만들어진 '디자인된' 인간이라 생각해야 할지도 모른다. 눈의 색을 비롯해 일부 특징은 분명 미적인 기준으로 내린 선택일 테고 키, 체형, 힘 같은 특징은 치료와 강화 사이의 모호한 경계에 머무를 것이다.

기술적 관점에서 보자면 우리는 원하는 결과를 내기 위해 유전체 변형 능력을 점진적으로 개선하고 있다고 할 수 있다. 이 기술을 계속해서 개발한다면 50년에서 100년 뒤에는 유전학적으로 사람을 디자인할 수 있을 것이라는 데 의문의 여지가 없으며, 기술이 정점에 이른 모습은 완전히 프로그램화된 사람과 다름없으리라.

따라서 미래를 예측할 때는 얼마나 받아들여질지, 어느 정도 규제될지 반드시 질문해야 한다. 우리는 어디쯤 선을 그어야 할까? 유전자 변형을 규제하려는 시도는 과연 성공할까, 그렇지 않으면 암시장을 낳고야 말까?

질병을 치료하거나 특정 질병을 예방하기 위해 사용되는 유전자 변형은 일반적으로 수용될 것이다. 신기술을 두려워하는 사람은 늘 있기 마련이지만 유전자 치료에서만큼은 그들이 소수가 될 가능성이 높다. 어쩌면 의료비 예산을 줄이기 위해, 발병률을 줄이는 유전자 변형을 오히려 장려할 수도, 권위주의적 성향의 국가들은 심지어 의무화할 수도 있다. 그러나 '슈퍼 군인'이 만들어질 가능성이나 영화 〈가타카Gattaca〉에서처럼 부유하고 힘 있는 사람들만 유전적으로도 우월해지는 현상을 우려하는 목소리도 높아질 것이므로, 유전자 강화는 논란이 많은 회색 지대에 남을 것이다. 가장 불거질 문제는 강화된 지능이 아닐까 한다. 우리는 뛰어난 운동선수나 예술가들은 너그러운 시선으로 바라보는 반면에 뛰어난 지식인을 향해서는 의심의 눈초리로 보는 경향이 있기 때문이다.

눈이나 머리카락 색처럼 외모의 변화가 크게 뚜렷하지 않은, 다소 모호한 미적 선택은 열띤 논쟁을 불러일으키지는 않겠으나, 문화적인 논쟁은 생길 수 있다. 이를테면 몇몇 아시아 국가에서는 백인과 비슷한 눈을 갖고 싶어서 이른바 쌍꺼풀을 만드는 성형 수술을 하는 젊은이들이 이미 아주 많다. 이런 현상은 흔하면서도 논쟁거리가 되는 문제다. 일부는 서구의 치우친 미적 기준에 굴복하는 행동이라 느끼기도 한다.

자녀의 유전자를 조금 바꿔 문화적으로 유행하는 특징들을 모두 줄 수 있다고 상상해보자. 인기가 많은 나라는 그들의 문화뿐 아니라 유전자까지 수출할 수도 있으므로 이는 아마 (어쩌면 실제로도) 문화적 패권, 심지어는 문화를 지우는 행동으로 보일지도 모른다. 이런 현상이 일으킬 사회적 물의는 또 어떨까? 아프리카계 미국인이 줄어들 줄 모르는 인종차별을 피하고자 자녀의 유전자를 백인으로 변형하는 일이 흔해진다면? 반대로 백인 부부가 다양한 인종의 자녀를 원한다면? 과연 이것이 궁극적인 문화적 전유Cultural Appropriation(한 집단의 구성원이 다른 집단의 문화나 정체성을 사용하는 현상을 일컫는다–옮긴이)일까?

우리는 결국 닥터 수스 동화에 나오는 스니치(외모와 인종 차별을 반대하는 메시지를 담은 동화 〈스니치The Sneetches〉에 등장하는 캐릭터들이다. 배에 별이 있는 스니치가 다른 스니치를 차별하면서부터, 결국 모든 스니치들이 별을 그리고 지우고를 반복해 누가 별이 있었는지 없었는지 구분하지 못하는 상황에 이른다–옮긴이)가 될까? 유전자 변형이 너무나 흔해져 문화적 유산도 분간하지 못하게 될지도 모른다(우리도 별이 있는 스니치가 누구였는지조차 기억하지 못하게 될까). 이것을 좋은 결과라고 해야 할까, 나쁜 결과라고 해야 할까? 둘 다일까?

만약 인간 유전자 변형이 자유롭게 가능해진다면 사람들이 전통과 유산에서 점차 멀어질 것이라는 이론도 있다. 부모에게 물려받은 유전자에 더는 갇힐 필요가 없기 때문이다. 이런 현상은 인종, 문화, 역사를 둘러싼 오늘날의 논쟁에 더욱 혼란을 일으킬 것이다.

더 극단적으로 생각한다면 인간의 정의에 도전장을 내밀 가능성도 있다. 인간이 다른 종 유전자와 섞일 수 있을까? 혹은 그런 실험이 허용될까? 완전히 새로운 유전자가 만들어진다면? 꼬리, 동물의 이빨, 날개, 비늘, 또는 인간이 아닌 특징을 지닌 인간이 나타나게 될까?

비인간적으로 특별히 강화된 인간이 나타날 수도 있다. 눈에서 레이저빔이 나오는 엑스맨 같은 종류가 아닌, 생물학적으로 슈퍼

인간의 특징을 지닌 존재가 만들어진다면? 이를테면 두 개의 심장, 강화된 인대와 힘줄, 넉넉한 동맥 수, 뇌의 보호막, 다양한 독성분에 면역력이 있는 슈퍼 간, 감염이나 암을 물리칠 강한 면역력이 있는 인간을 만들어내 인체를 새로 설계할 수도 있다. 또한 유전자를 변형해 조직이 재생되도록 만들 수도 있다. 개선할 목록은 끝이 없다.

또한 달이나 우주정거장, 사막이나 혹한의 기후에도 살아남도록 환경 적응력이 높은 인간을 만들어낼 수도 있다.

그렇다면 우리 몸에 사는 박테리아의 DNA를 변형하는 건 어떨까? 우리 장내 미생물의 유전자를 변형해 치아 부패를 막거나, 달콤한 입 냄새나 고소한 방귀 냄새가 나도록 하거나, 최적의 몸무게를 유지하면서도 음식을 더 잘 소화하도록 하거나, 감염에 저항력이 강하거나, 유용한 생화학 물질을 분비하도록 할 수도 있다.

인간 유전자 변형에는 개별 DNA가 아니라 전체 구조를 바꾸는 또 다른 극단적인 가능성이 있다. 우리 DNA 다수는 단백질을 암호화하지 않는 '쓸모없는 정크'로, 심지어 98.5퍼센트가 필요하지 않다고 추정하는 학자도 있다. 아직 DNA의 어느 정도가 조절 유전자인지, 암호 지정 외에 다른 기능을 하는지 알 수 없으므로 이 수치를 두고는 의견이 갈린다. 적어도 75퍼센트는 쓸모가 없다는데 확실한 증거가 있으며 실제 수치는 90퍼센트에 가까울 확률이 높다.

쓸모없는 정크를 제거하고 필요한 DNA만 남기도록 유전자를 변형할 수 있을까? 세포를 증식하는데 드는 생물학적 노력과 복잡함을 눈에 띄게 줄일 것이다. 세포는 불필요한 정크를 만들어내기 위해 에너지를 낭비하지 않고 복제 과정에서 생기는 오류도 줄일 것이다.

이 책에서 언급한 내용 중에는 아직 미지수가 많지만, 수를 대폭 줄이고 최적화된 유전체는 논리적으로 가능한 이야기다. 이것이 현실로 이뤄진다면 일반적인 인간 DNA와 공존하지 못할 가능성이 높으므로, 최적화된 새 유전체를 지닌 사람은 일반 사람과는 자녀를 낳지 못할 수도 있다.

고의의 결과이든 부작용이든, 변형된 유전체는 기존의 인간종과 이종교배 되지 못하는, 다른 인간종을 만들어낼 것이다. SF에 등장하는, 종족 차별의 극치인 엘로이족과 멀록족(소설 《타임머신》에서 소개된, 지금부터 80만 년 후 지상 세계와 지하 세계로 갈라져서 존재하는 인간의 두 종족을 의미한다-옮긴이)이 태어나리라.

지성화 전쟁

유전자 변형은 인간은 물론이고 동물에 적용될 수도 있다. 우리는 앞서 농업, 의약품 제조, 환경 오염물질 제거에 사용하는 기술을 주제로 살펴보았다. 드디어 인간만큼 또는 인간보다 지능이 높은, 유전자 변형 동물의 극치를 이야기할 차례다.

작가 데이비드 브린David Brin은 여러 소설에서 '지성화된' 동물들의 수준이 현 인류에까지 미치는 상상력을 보여준다. 그의 소설 세계에서 지능이 높은 종족 대부분은 그전 종족(그들의 주인 종족)에 의해 대대로 끊임없이 지성화되는 과정을 거쳤다. 인간 문명이 처음으로 여러 은하를 오가는 문명과 접했을 때 우리는 주인 종족에게서 버림받은 '늑대 새끼' 즉, 일탈적인 존재로 생각되었다. 다른 종족들은 우리가 자연스럽게 지성화되었다는 사실을 받아들이지 않는다.

이 연작의 연대표에 따르면 인간은 이미 침팬지와 돌고래를 지성화했고 지금은 고릴라 단계에 있다. 지금은 과학소설일 뿐이라 치부될지 몰라도 허무맹랑한 이야기는 아니다. 신경세포 밀도가 높아 대단한 유전적 변형을 하지 않아도 인간 수준의 지능에 도달할 수 있는 종이 많다. 개, 너구리, 곰, 대부분 영장류를 시작으로 나열하자면 매우 길다.

이런 종들을 인간 수준의 지능까지 지성화하지 못한다는 과학적, 기술적 근거는 없다. 다소 어려운 과제이기에 정확한 시기를 예측하기는 쉽지 않다. 하지만 우리가 이루기를 원하는 기술이라면, 훗날 유인원이 돌아다니는 행성에 살거나 짓궂은 너구리들이 우리 우주선을 타고 날아다니는 시대가 오지 않을까.

물론 가능성도, 일어날 수 있는 결과도 헤아릴 수 없이 무한하기에 예측 가능성은 매우 낮다. 윤리적인 영향 또한 머리가 지끈

할 정도로 복잡하다. 이런 실험을 애초에 하는 것 자체를 우려하는 사람이 많을 것이고, 실행한다고 하더라도 지성화한 동물들을 대체 누가 책임질 수 있단 말인가? 이 동물들은 자동으로 인간 권리를 보장받아야 할까? 인간 사회에 어떻게 통합될 것이며 우리는 그들에게 공간을 내주기나 할까?

더 발전된 유전 공학이 있는 미래를 상상할수록 미래주의의 한계점은 명확해진다. 하지만 가까운 미래나 머지않은 미래에 관해서는 가능성이 높은 추론을 할 수 있으리라 본다. 유전자 변형이 더욱 강력해지고 접근도 용이해져 이 기술에 바탕을 둔 의술이 점점 증가할 것이다. 반발은 있겠지만 유전자 변형 작물과 동물도 농업 문제를 다루는 해결책의 한 가지로 포함될 것이며, 의약품 제조나 환경 문제를 다루는 데도 사용될 것이다. 또한 제한된 형태라도 활용해 삶을 개선하려는 가능성을 살펴보기 시작할 것이다.

먼 미래는 불투명하다. 문화와 개인의 도덕관념이 변화하는 방향에 따라 달라질 것이기 때문이다. 언젠가 인간에 관한 좁은 정의가 진기한 구시대적 생각으로 취급되는 날이 올지도 모른다. 마찬가지로 유전자 조작 가능성을 반대하며, 인간의 자연스러운 상태를 받아들이고 이에 관련된 어떤 시도도 '자연을 거스르는' 행위라고 비난하는 사람이 많아질 수도 있다. 분명 '프랑켄슈타인'이라는 단어가 미래의 논쟁에 자주 나타날 테지.

이 모든 일이 일어날 가능성이 높고 사람들의 반응도 천차만별일 것이다. 정말 중요한 점은 각 의견이 차지하는 비율이다. 극단적인 의견이 주가 될까, 그렇지 않으면 소수로 그칠까? 영화 〈닥터 모로의 DNAThe Island Of Dr.Moreau〉처럼 고립된 섬이 생길까, 지성화된 침팬지들이 길거리에서 아무렇지도 않게 우리 옆을 걸어 다닐까?

이번 장을 읽으면서 고개를 갸우뚱 한 독자가 있었는지 모르겠다. 따로 한 장을 통째로 할애해야 할 만큼 중요하기에, 지금까지 다루지 않은 유전자 변형 기술 분야가 한 가지 남아 있다. 이는 바로 의료 분야에서 활용될 수 있는 줄기세포를 만들기 위한 세포 변형이다. 다음 장에서는 우리 예상과 달리 아직 큰 발전을 이룩하지 못한 줄기세포 기술과 이 기술이 앞으로 흘러갈 방향을 살펴보고자 한다.

5장. 줄기세포 기술

무한한 가능성, 하지만 생각보다 쉽지 않았다

1958년 프랑스 종양학자인 조르주 마테Georges Mathé는 최초로 줄기세포 치료를 실행했다. 줄기세포 연구의 역사가 상당히 오래되었다는 사실보다 더 놀라운 것은 이 책이 출판될, 반세기가 더 지난 현재 시점에도 그가 사용한 방법이 유일하게 증명된 치료법이라는 점이다. 미래 의술의 상징임에도 줄기세포 치료 술은 1950년대에 머물러 있다.

줄기세포는 모든 생명체에 있는 세포로, 다른 세포 종류로 분화하는 능력이 있기에 조직을 치료하거나 재생할 수 있다. 성체줄기세포Adult Stem Cell는 골수, 말초혈액, 뇌, 척수, 치수(치아의 내부조직-옮긴이), 골격근, 피부의 상피세포, 소화기 계통, 각막, 망막, 간, 췌상에는 존재한다는 사실이 확실하게 증명되었고, 모든 조직에도 분포할 가능성이 크다. 성체줄기세포는 몇 가지 종류의 성숙세포로 분화할 수 있는 세포를 만들어내기도 하고(다분화성Multipotent) 한 가지 종류의 세포로만 분화하기도(단일분화성Unipotent) 한다.

다분화성Multipotent 줄기세포는 연관된 몇 종류의 세포로 분화할 수 있다. 예를 들어 골수 줄기세포는 여러 혈구로 변할 수 있지만 다른 종류의 세포로는 분화하지 않는다. 만능성Pluripotent 줄기세포는 몸의 어떤 세포로도 분화할 수 있고, 배아에서만 채취가 가능한('배아줄기세포'라고도 부른다) 전능성Totipotent 줄기세포는 태아뿐 아니라 태반에서도 모든 종류의 세포로 분화할 수 있다.

줄기세포는 죽지 않는다는 또 다른 흥미로운 특징을 지닌다. 생각해보면 다세포 생명체는 배아줄기세포를 통해 적어도 6억 년 전부터 끝없이 지속되어 왔다. 이 세포들은 유기체 안에서 살아가고, 자신을 복제해 자기 자신이 있는 조직을 다시 채워 넣는다. 배양조직에서 줄기세포주는 영원에 가깝게 존재할 수 있다.

조르주 마테가 동물의 골수 이식을 연구하던 1950년대로 다시 돌아가보자. '조혈모세포'라고 부르는 골수 줄기세포는 끊임없이 적혈구와 백혈구를 공급한다. 마테는 같은 종의 동물끼리 골수를 이식('동종이형 이식'이라고 부른다)하면 이식받은 동물의 면역체계에 거부반응이 일어난다는 사실을 발견했고, 먼저 방사선으로 이식받을 동물의 골수를 파괴하면 이식이 가능하다는 점도 알아냈다.

사전 방사선 처리가 효과적인 이유는 이식받는 동물의 면역체계(백혈구)가 없어지고 기증자의 면역체계를 받아들여서다. 그러나 이 방법은 매우 위험하므로 인간에게는 행해지지 않았다.

1958년 기회가 찾아왔다. 원자로 사고로 유고슬라비아의 물리학자들이 방사선에 노출되어 골수가 완전히 파괴되고 말았기에 마테는 생존자들에게 동종이형 이식 수술을 시행했다. 골수는 살아남아 '생착'이라고 하는 과정인 혈구 생산을 어느 정도 하기 시작했고 이 수술은 인간에게 행한, 최초의 성공적인 줄기세포 이식이 되었다. 그러나 이식된 면역체계가 이식자의 몸을 공격했고 마테는 '이식편대숙주질환'이라고 알려진 병을 처음으로 다룬 학자가 되었다. 방사선 치료와 동종이형 이식 수술이라는 초기 방법은 오늘날에도 몇몇 혈액암을 치료하는 데 사용된다.

아직도 1950년대에 개발된 치료법을 사용하면서도 줄기세포 치료를 두고 대대적으로 선전하는 이유는 대체 무엇일까? 좀 더 엄밀하게 말하자면 피부나 망막을 비롯한 조직 이식도 몇 가지 종류가 있으며, 이 치료에서 이식된 조직이 치유되고 정상적으로 기능하기 위해 줄기세포가 필요하다. 그러나 이들은 간접적인 줄기세포 이식이라는 제한된 종류로, 줄기세포 치료법으로 간주되지 않는다.

유전학과 유전자 변형의 발전도 줄기세포를 향한 관심 증가에 다소 이바지했다. 다분화성 또는 만능성 줄기세포를 설명하는 과학 지식은 꾸준히 발전하고 있다. 특히 인간 유전체 프로젝트가 박차를 가했다. 이 연구를 더욱 진척시키기 위해 과학자들은 가장 큰 잠재력을 지닌 배아줄기세포에 매달렸지만, 보수주의자들은 낙태된 태아나 착상하지도 않은 수정된 배아에서 세포를 채취한다는 점을 우려했다. 2000년 조지 W. 부시가 대통령으로 당선되자 그는 서둘러 이 문화 전쟁에서 목소리를 높였다. 공화당 대통령 취임은 줄기세포 연구를 한 발짝 뒤로 물릴 좋은 기회였다.

이런 움직임은 줄기세포 치료의 무한한 가능성을 주장하는 사람들과 과학자들을 자극하는 결과를 불러왔다. 알츠하이머성 치매 같은 퇴행성 질환을 치료하고, 문제가 있는 장기를 재생하는 기술을 개발해 현대 의학의 새로운 역사를 쓸 수도 있었지만, 연구 금지 조치로 경쟁자들에게 중요한 기술을 넘겨주는 셈이 되었다.

줄기세포 치료가 대중의 관심을 받게 된 시기도 바로 이때다.

2001년 8월 9일 부시 대통령은 배아줄기세포에서 새로운 세포주Cell Line를 만들어내는 것은 금지하는 대신 이미 존재하는 세포주는 계속해서 연구해도 좋다는 행정 명령에 서명했다. '타협책'으로 간주되었으나 사실상 미국 내의 줄기세포 연구에 들어가는 연방 예산은 상당히 감소했고, 캘리포니아를 비롯한 일부 주는 결국 주 예산을 사용하기도 했다. 결국 2009년 버락 오바마 대통령이 이 명령을 철회했다.

그러나 그사이에 과학적 발전이 이 문제를 거의(완전히는 아니지만) 의미 없는 논쟁으로 만들었다. 이 시기에 성체줄기세포 기술이 눈에 띄게 발전했기 때문이다. 2006년 연구자인 야마나카 신야Shinya Yamanaka와 다카하시 카즈토시Takahashi Kazutoshi가 쥐의 성 다분화성 성체줄기세포를 만능성 줄기세포로 분화에 성공하며 전환점을 맞았고 1년 뒤에는 인간의 성체줄기세포로도 가능해졌다. 이 새로운 종류의 줄기세포를 '유도만능줄기세포Induced Pluripotent Stem Cells'라고 하는데, 놀랍게도 이 기술은 유전자 4개만의 변화로 성공했다.

유도만능줄기세포의 개발이 판도를 바꾼 데는 몇 가지 이유가 있다. 첫째, 배아에서 만능성 줄기세포를 채취할 필요가 거의 없어졌다. 아직은 만능성 줄기세포가 더 유리할 때가 있지만, 유도만능줄기세포는 모든 논쟁과 논란을 피할 수 있다.

더 중요한 점은 성인의 세포로도 만능성 줄기세포를 만들 수 있다는 사실이다. 골수 이식에서 증명되었듯 면역 거부반응은 심각한 문제다. 그러나 자기 자신의 세포에서 만들어진 줄기세포를 이식한다면 면역체계가 같으므로 그런 부작용은 없을 것이다.

획기적인 비약을 이룬 줄기세포는 의학에서 사용될 잠재력을 과대 선전했고, 특히 의료 규제가 허술한 국가에서 수많은 가짜 줄기세포 병원이 문을 여는 부정적인 결과를 초래했다. 심각한 질병으로 고통 받는 절망적인 사람들은 기적적인 줄기세포 치료를 내세우는 병원의 확신에 속아 많은 돈을 쏟아 부었다. 안타깝게도 이 치료법이 안전하고 효과적이라는 증거도 없을뿐더러, 대부분 병원에서 환자에게 어떤 물질을 주입하는지 정확하게 알아낼 길도 없다.

이런 이기적인 병원들은 일반적인 미래주의 오류, 즉 단기적 발전을 과대평가하는 경향을 이용해 이득을 톡톡히 챙긴 셈이다. 대개 근본 원리가 되는 의학 연구 결과가 일반 병원에 적용되기까지는 20~30년이 걸리는데, 이리도 빨리 도입했으니.

새로운 치료법의 안전성과 효과를 증명하고 정교하게 다듬는 데는 시간이 걸릴 뿐 아니라 줄기세포에는 아직 해결하지 못한 기술적 장애물이 남아 있다. 회의적인 견해를 지닌 전문가들은 앞으로도 이를 극복하지 못해 지금껏 선전해 온 가능성을 이루지 못할 수도 있다는 우려를 표하기도 한다.

큰 장애물 하나는 애초에 진화 과정이 인간에게 손상된 일부를 재생할 줄기세포를 무제한으로 주지 않았다는 점과 관련이 있다. 왜 우리는 잘린 꼬리가 다시 자라나는 도마뱀처럼 잃은 팔을 자라게 할 수 없을까? 줄기세포는 양날의 검이기 때문이다. 무제한적으로 자기 자신을 복제하는 능력과 불멸성은 암과 같은 세포의 특징과 흡사하다. 줄기세포가 오래도록 살아남는다는 사실은 암세포를 만드는 유전적 돌연변이를 더 축적할 시간이 있다는 의미이고, 실제로 암을 유발하는 이 돌연변이가 만능줄기세포에서 발견되기도 했다. 진화는 최적화를 잘하므로, 그에 따라 우리도 건강을 유지하는 동시에 암의 위험을 최소화하는, 이상적인 수의 성체 줄기세포를 가지고 있을 가능성이 높다.

만능줄기세포를 사람에게 주입하는 방법은 분명 암을 유발할 위험이 있기에 많은 연구자가 이 위험 요소를 찾아내고 감소하는 데 주력하고 있다. 연구는 계속해서 발전하고 있지만 아직 문제가 해결되지는 못했다.

다른 하나는 우리가 원하는 대로 줄기세포를 조종하지 못한다는 점이다. 그저 생존해서 복제하기만 하면 되는 골수 줄기세포만이 유일하게 증명된 치료법이다. 하지만 다른 세포들은 더 많은일을 해야 한다. 이를테면 뇌졸중으로 손상된 뇌에 신경줄기세포를 주입하면 이들은 정확한 구역에 가서 다른 뇌세포와 올바르게연결되어야 한다.

구조가 복잡한 조직은 줄기세포 재생에 기술적인 문제를 일으킨다. 이러한 이유로 구조가 단순한 피부 같은 조직이 가장 접근하기도, 성공하기도 쉬울 것이다. 손상된 심장도 초기 단계에 줄기세포를 적용할 몇 안 되는 부위 중 한 군데일 것이다. 심장 세포가 다른 심장 세포와 연결되어 자연스럽게 박동을 맞출 것이므로심장 근육도 성공 확률이 높다.

세포가 줄기세포가 되는 원리, 근본 바탕이 되는 유전학, 그리고 유전자를 조작하는 과학적 지식은 상당히 발전하고 있다. 하지만 줄기세포는 매우 까다롭고 어려운 기술이므로 임상 적용까지는 수년, 어쩌면 수십 년을 더 기다려야 할지도 모른다. 그렇지만단기, 장기적으로 줄기세포 치료가 나아가는 방향과 잠재력을 살펴볼 수는 있다.

줄기세포 주입

먼저, 줄기세포는 부상을 치료하거나 노화 방지를 위해 혈류 또는 특정 장기나 조직에 직접 주입될 수 있다.

앞서 언급한 이유를 고려하면 성공하기는 쉽지 않지만 이론 자체는 간단하다. 가능만 하다면 줄기세포가 손상된 조직에 맞는 세포로 분화해 문제가 있는 세포를 대체한다는 이론이다. 이런 방법은 약화된 근육을 더 강하게 만들거나 화상을 입은 피부를 다시 돋게 한다. 또 심장마비로 손상된 심장 세포, 뇌졸중으로 죽은 뇌세포, 1형 당뇨가 있는 사람의 췌장에서 인슐린을 생산하는 세포, 이 모두를 대체할 수도 있다. 잠재적으로 몸의 어떤 장기나 구조에도 적용할 가능성이 열려 있다.

또한 질병이 있거나 비정상적인 세포를 대체할 수도 있다. 앞 장에서 우리는 유전자 치료, 그리고 변형해야 하는 세포를 정확히 겨냥하는 것의 어려움을 다뤘다. 대안으로는 환자에게서 추출한 소량의 줄기세포를 재프로그램화해, 돌연변이가 일으킨 질병이나 결핍을 치료하도록 손상된 세포를 대체하는 방법이 있다. 이 접근법은 적혈구의 형태를 바꿔 모세혈관을 막는 유전병인 겸상 적혈구 빈혈증Sickle Cell Anemia을 치료하는 데 이미 사용되고 있다.

이 치료법은 좌우 콩팥 위에 있는 호르몬 생성 기관인 부신이 호르몬을 너무 많이 또는 적게 분비할 때도 사용된다. 또한 폐포를 열고 기능하게 하는 폐표면활성제를 제대로 생성하지 못하는 환자에게는 정상적인 줄기세포를, 근이영양증Muscular Dystrophy 환자에게는 근육 세포를 대체해줄 수 있다.

또한 손상되거나 질병이 있는 조직에 지지세포를 주입하는 방법도 있다. 기존 세포를 대체하거나, 복잡한 방식으로 연결되어야 하거나, 해부적 구조를 만들 필요가 없으므로 훨씬 수월한 과정이다. 그저 들어가서 살아남기만 하면 된다. 이 세포들은 다른 세포가 기능하도록 지지하는 호르몬 및 약물을 분비하거나, 국부적 환경을 바꾸도록 프로그램화될 수 있다. 이처럼 줄기세포를 지지세포로 사용하는 방법도 장래성이 있다.

줄기세포는 뼈를 자라게 하거나 닳은 관절의 연골을 대체하는 것을 비롯해 노화를 막는 데 사용될 수도 있다. 이런 종류의 노화 예방 치료는 장기의 기능을 개선하거나, 더 젊어 보이기 위해 콜라겐을 피부에 주입하는데 활용될 수 있다.

노화되거나 병든 세포를 대체하고 건강한 세포를 만들어내기 위해 여러 조직에 있는 성체줄기세포를 자극하는 방법만 알아낸다면 줄기세포를 주입할 필요가 없을지도 모른다. 물론 암세포를 키우지 않는 방법이 있다는 전제하에 말이지만. 이론상, 이 기술이 정점에 달하면 몸에 있는 대부분 세포를 젊고 건강한 세포로 대체해, 건강과 활력을 유지하면서 수명을 훨씬 연장할 수 있다.

가까운 미래에, 어쩌면 먼 미래에도 실현이 거의 불가능한 기술이긴 하지만 아주 먼 미래라면 이론적으로는 가능하다. 이 방법의 가능성을 보여주는 동물계의 사례, 바로 불사 해파리가 있다. 아주 작은 해파리인 홍해파리Turritopsis Dohrnii는 손상되거나 병이 들면 어린 단계인 미성숙한 폴립 단계로 돌아가 다시 성장한다. 알려진 바에 따르면 이 자기 복제는 무한으로 반복된다. 이런 종류의 줄기세포 재생은 지금부터 다룰, 완전한 장기 배양에 더 적합한 방법일 것이다.

장기 배양

세계보건기구는 전 세계적으로 매년 10만 건 이상의 고형 장기 이식 수술이 행해지고 있다고 추정한다. 장기 부전은 죽음을 불러오기도 하고, 환자 생명 유지를 위해 신장 투석 같은 극단적인 의료 조치를 취해야 하기도 한다.

생명을 살리기는 하지만 장기 이식은 상당한 한계가 있다. 첫째는 기증 장기의 확보 가능성이다. 죽은 지 얼마 되지 않은 시신도 있고 살아 있을 때 기증하는 때도 있지만, 제때 기증 받지 못해 세상을 떠나는 환자가 미국에서만 매년 7000명에 달한다. 운이 좋아 기증받는다고 해도 그들은 이식받은 장기가 몸을 공격하지 않고 거부반응이 일어나지 않도록 평생 면역억제제를 복용해야 한다.

따라서 줄기세포를 주입하지 않고 이식할 장기를 몸 밖에서 자라게 하는 방법이 있는데, 바로 이때 유도만능줄기세포가 매우 유용하게 쓰일 것이다. 환자에게서 피부 세포를 채취해 유도만능줄기세포로 만들고 필요한 세포 종류로 분화하게 하는 것이 가능하다. 이 방법으로 환자의 세포를 이용해 장기를 배양하면 면역 거부 반응이 일어나지 않으므로 면역억제제 요법을 피할 수 있을 것이다.

하지만 추가적인 기술도 필요하다. 간의 일부가 아닌, 간을 통째로 만들어야 하기 때문이다. 페트리 접시에 줄기세포를 올려 둔다고 해서 온전한 간으로 자라지는 않는다. 배아에서 성인으로 자라는 정상적인 성장 과정에서는 장기들이 정확한 위치에서 형성되고 주변 몸 구조, 생리적 환경, 화학 신호에 대응한다. 다시 말해, 장기는 접시가 아닌 온전한 생물체 안에서 자라야 한다.

온전한 장기를 만드는 데 어떤 방법이 있을까? 살아있는 동물에 붙어 자라도록 하는 것도 하나의 방법이다. 등 위에서 귀가 자라는 쥐 사진을 기억하는가? 살아있는 숙주는 새 장기가 자라는 동안 산소와 영양분을 공급할 수 있다. 또 동물의 몸 안에서 자라야 하는 장기도 있다. 이 방법을 적용하기 위해서는 장기가 자랄 동안 거부반응이 없도록 숙주 동물의 유전자를 변형해야 할 것이다.

줄기세포가 다 자란 장기 구조를 따라 그대로 자라게끔 스캐폴드를 사용하는 방법도 있다. 결합조직세포는 남겨두고 다른 살아있는 세포는 제거한, 기증된 장기를 이용해 이미 연구가 진행되고 있으며, 결합조직세포가 스캐폴드 역할을 해 완전한 장기를 형성한다. 물론 아직 완성 단계는 아니지만 이 접근법은 잠재력이 있다.

3D 프린팅도 한 가지 방법으로, 세포를 출력하는 데 사용되고

있다. 환자에게 필요한 장기 구조로 줄기세포가 '출력'되는 이 접근법은 스캐폴드 기술과 함께 결합하여 사용되고 있다.

아직 개발되지는 않았지만, 장기가 완전히 자랄 수 있는 인공적 환경을 만드는 방법도 이론적으로 가능성이 있다. 과학소설 시리즈 《듄Dune》에 나오는, 대체할 장기를 기르는 데 사용되는 악솔로틀 탱크와 비슷한 모습일까.

인간 장기를 가진 동물들을 기르는 것도 또 다른 방법이다. 이 방법은 줄기세포보다는 유전자 변형과 더 관련이 있지만 장기 이식을 다루고 있기에 이곳에서 언급하기로 했다. 예를 들어 연구자들은 인간의 면역 체계를 가진 심장을 배양하기 위해 유전자 변형 돼지를 연구하고 있다. 이 인간-돼지 심장은 보통 사람의 몸에 잘 맞도록, 면역 거부 반응을 일으키지 않도록 변형되어야 한다. 이런 동물 장기 기증은 더 나아가 이식 받는 개개인의 면역 체계와 맞게끔 조작될 수도 있다.

2022년 초, 살아있는 인간으로서는 최초로 데이비드 베넷David Bennett이 유전자변형 동물(열 가지 유전자를 변형한 돼지)의 심장을 이식받았다. 그는 거부반응을 막기 위해 강력한 면역억제요법을 받았지만 불행히도 같은 해 3월에 세상을 떠났다.

2005년 개봉작 〈아일랜드The Island〉는 대체할 장기 배양에 관한 무서운 미래를 그린다. 미래의 어느 닫힌사회에 사는 링컨(이완 맥그리거Ewan McGregor가 연기한 등장인물이다)은 자신이 '진짜' 세계에 사는 어느 부자의 복제 인간이라는 끔찍한 진실을 알게 된다. 이 고립된 사회의 모두는 복제 인간으로, 주인에게 장기가 필요할 때까지 그곳에서 진실을 모르고 살아간다. '운이 좋으면' 꿈같은 곳인 아일랜드에 가서 살게 될 것이라는 이야기를 듣지만, 사실 그들은 장기를 기증하도록 희생될 뿐이다.

눈살을 찌푸리게 하는 윤리 문제가 적은 인간적인 방법이 없을까? 자신의 존재 자체를 경험하지 못하는 혼수상태의 복제인간을 둘 수 있겠지만 매우 까다롭고 비용이 많이 들 것이다. 아니면 뇌가 없어서 사람이라고 볼 수 없는 몸통만 만들어 통 안에 보관될 수도 있다. 하지만 이도 널리 지지받을 방법은 아니다. 따라서 스캐폴드 종류를 사용해 장기를 출력하는 기술과 비슷한 방식이 가까운 미래(그래도 수십 년이 걸릴 것이다)에 적용될 가능성이 가장 큰 접근법으로 보인다.

돼지와 같은 동물의 몸을 사용해 사람 신체에 맞는 장기를 배양하는 방법이 가까운 미래에 가장 가능한 기술로 보이지만, 동물 권리문제 그리고 동물과 인간을 섞는다는 불쾌한 생각을 떨치기 힘들다는 한계점이 있다(돼지의 판막과 여러 동물의 부위가 사람에게 자주 사용된다는 사실을 알면서도 그렇다). 동물의 장기를 인간에게 사용하는 기술에 관한 논쟁은 1984년 10월 26일, 베이비 패Baby Fae 라고 알려진 스테파니 패 보클레어Stephanie Fae Beauclair가 개코원숭이의 심장을 이식받으면서 시작되었다. 수술 후 스테파니는 21일 동안 살아 있다가 결국 세상을 떠났고, 엄청난 논란에 휩싸인 이 사건으로 발전은 더딜 수밖에 없었다.

하지만 역사를 돌이켜 보면 기술이 성공할수록 이런 논란은 점점 수그러든다. 동물 장기를 이식받아 살게 되는 사람이 많아질수록 불분명하고 추상적인 반대 의견도 줄어들 것이다. 시험관 아기를 두고 주저한 사람들이 변한 것과 마찬가지로 동물 장기 이식에 관한 불쾌함도 점차 사라지지 않을까.

장기 이식 수요가 크기에 면역억제요법도 반드시 해결해야 할 과제다. 이 목표를 달성하는 데는 여러 방법이 있으므로 미래 기술로 향하는 길의 분기점이 될 것이다. 장담하건대 현재로서는 동물을 사용해 인간 몸에 적합한, 유전자 변형 장기를 배양하는 방법이 가장 유망한 단기적 방법이며 장기적으로도 잠재력이 클 것으로 보인다.

불멸

유전자와 줄기세포 기술이 결합해 성취할 최종적 모습은 불멸일까? 홍해파리처럼 호모 사피엔스도 몸의 모든 조직을 새 세포로 완전히 대체하는 능력을 갖추게 될까? 우리는 새로운 몸을 자라게 할 수 있을까?

가장 큰 문제는 인간의 뇌다. 해파리는 과거 기억을 계속해서 지닐지, 지니지 못할지 걱정할 필요가 없다. 하지만 우리가 새로운 몸과 뇌를 재생시키게 되면 우리 자신이 아니라 복제인간이 되고 만다. 그러니 이상적으로는 우리 뇌(우리 자신)가 새 몸을 자라게 해야 한다. 이것이 가능하기나 할까? 현재 기술의 연장선이라면 불가능하겠지만 이론적으로는 가능하다.

한 가지 가능성은 우리가 복제된 몸을 배양하고 현재의 뇌를 새 몸으로 이식하는 방법이다. 현재로서는 가능하지 않고, 성공하려면 앞으로 수 세기가 더 걸릴지도 모른다. 복제된 인간의 뇌에 우리 기억을 옮기는 방법도 있지만 좋은 해결책은 아니다. 우리의 뇌는 곧 우리이므로 우리 자신을 다른 몸으로 '옮길' 수는 없기 때문이다. 잘해봐야 복제품을 만드는 셈이다. 물론 이것 또한 불멸의 방식이라고 주장하는 사람이 있을 수도 있다. 나를 복제한 형태가 존재하겠지만 복제품이 나 자신이라고 할 수는 없다. 나는 죽고 복제인간이 사는 것이니까.

또 다른 가능성은 현재 우리 뇌를 중심으로 새로운 몸을 자라게 하는 방법이다. 사람이 번데기 같은 상태가 되도록 줄기세포 재생 기술을 개발한다면, 뇌를 제외한 모든 몸의 부위가 끈적이는 형태로 변해 줄기세포에 영양분을 공급할 수 있다. 줄기세포는 우리 뇌와 연결되어 완전히 새로운 신체로 자라난다. 물론 빠른 속도로 성장하는 기술이 생겨나지 않는 이상 성인 신체가 되려면 18년이 걸릴 것이다. 다시 말하지만 아주 머나먼 미래에 관한 이야기다. 지금으로서 상상밖에 하지 못하는 이 모든 시나리오는 생물학적 과정을 제어하는 기술이 있어야 가능하다.

줄기세포의 잠재력은 진정 혁신적이며, 이론적으로는 불멸하는 인간의 형태를 낳을 수도 있다(사춘기를 여러 번 겪어야 하는 점은 감내해야 하겠지?). 하지만 아직 성공 시기와 완성도를 예측하기에는 기술이 너무나 난해하다.

더 나아가 유전 공학과 줄기세포 기술은 우리 뇌를 더 오래, 건강하게 살도록 할지는 몰라도 신경 자체를 영속하게 하지는 못한다. 신경이 영원히 살기 위해서는 새로운 접근 방법이 필요하다. 우리 뇌와 컴퓨터를 연결하는 디지털식 접근법이.

6장. 뇌-기계 인터페이스

사이보그로 향하는 인간의 여정은 이미 시작되었다

　　　　　인간과 기계의 결합은 이미 시작되었다. 미래에 우리는 기술을 사용할 뿐만이 아니라 기술 자체가 될 것이다.

　1960년 뉴욕주의 작은 마을 오렌지버그에 있는 로클랜드 주립 병원에서 두 명의 과학자 맨프레드 클라인즈Manfred Clynes와 네이선 클라인Nathan Kline은 〈사이보그와 우주Cyborgs and Space〉라는 논문을 발표했다. 클래식 음악 연주자이자 신경과학자인 오스트리아 출생 클라인즈와 필라델피아 출신 정신건강의학 연구원인 클라인은 혹독한 우주 환경에 사는 사람이 부닥칠 어려움을 제기하며, 우주를 인간에게 맞추는 편보다 인간을 우주에 맞추는 편이 '더 논리적'이라고 주장했다. 그러기 위해서는 반드시 '인간-기계 시스템'을 만들어야 하므로, 그들은 인간과 기계가 합쳐진 존재를 지칭하는 'Cybernetic Organism(인공적 유기체)'의 혼성어 '사이보그'라는 용어를 만들어냈다. 그때부터 사이보그는 과학소설의 주된 주제로 등장해오고 있다.

　사이보그 개념은 미래주의와 밀접하게 연관되어 있다. 미래 기술의 가능성을 살피며 우리는 어떤 기술이 존재할지 생각해야 할 뿐 아니라 기술과 인간의 관계가 변하는 양상도 함께 고려해야 한다. 4장과 5장에서는 인간, 동물, 음식, 환경을 바꾸기 위해 유전 암호를 변형할 가능성을 살펴보았다면, 이제 비생물적인 기술과 인간을 결합함으로써 우리가 어떻게 변형될 수 있는지 알아보자.

사이보그로 향하는 인간의 여정은 이미 시작되었다. 많은 사람이 인공심장박동기, 뇌조율기, 변형된 척추를 지지하기 위한 강봉을 비롯해 여러 의료 기기를 몸에 심고 인공 의수족을 착용한다. 인공 심장과 같은 완전한 인공 장기 개발도 점차 활발해질 것이다.

체내에 이식되는 의료 기기는 더욱 작고 성능이 좋으며 전력 공급량도 높아지고 있다. 게다가 공학자들은 주변 환경에서 열이나 움직임으로 적은 양의 에너지를 수확하는 방법을 연구하고 있다. 이렇게 생물적 기능에 필요한 소량의 에너지를 모아 이식된 기기가 작동한다면 클라인즈와 클라인이 상상한 '인간-기계 시스템'에 한 걸음 더 다가갈 것이다.

기술과 완전히 결합해 자연스럽게 우리 몸의 일부로 만들기 위해서는 뇌-기계 인터페이스Brain-Machine Interface, BMI가 필요하다. 뇌는 기계로 된 몸의 일부를 직접 통제하고 그곳에서 정보도 받을 수 있어야 한다. 뇌가 생물적 신체의 모든 부분을 느끼고 통제하듯, 기계 부분 또한 통제하고 느낄 수 있어야 한다.

지난 20년간, 뇌-기계 인터페이스 기술은 엄청난 발전을 이룩했으며 그 덕분에 사이보그에 관한 낙관적인 미래상이 점차 그려지고 있다. 이런 시대가 오리라고 처음부터 알지는 못했다. '인간 뇌가 기계적 인터페이스를 받아들일까?', '사용자에게 현실로 느껴질까?'라는 중요한 질문들이 늘 따라왔기 때문이다. 단순히 몸에 동여맨 로봇 팔과 몸의 일부가 된 로봇 팔이 같을 수가 있으리.

대부분의 SF에서는 기계와 뇌의 인터페이스가 자연스럽다고 가정하기에, 사이보그를 표현할 때 위의 질문들은 무시할 때가 많다. 다스 베이더의 광선검으로 손이 잘리고 나서 루크 스카이워커가 새 인공손을 얻었을 때, 그는 자신의 원래 몸인 마냥 느끼고 통제할 수 있었다. 〈스타워즈〉뿐만 아니라 다른 SF에서도 사이보그를 그릴 때는 보통 뇌-기계 인터페이스에 관해서는 언급하지 않는다. 이 기술에서 가장 중요한 부분인데도 말이다.

뇌-기계 인터페이스가 기능하기 위해서는 무엇이 마련되어야 할까? 첫째, 뇌의 자극이 컴퓨터 일부이든 로봇 인공 삽입물이든, 전기장치를 작동할 수 있어야 한다. 뇌 자극은 전기적 형태를 띠고, 두피 뇌파용 전극으로 뇌의 전기적 활동을 측정할 수 있기에 이 과정은 어렵지 않다. 1924년 독일의 신경정신 과학자인 한스 베르거Hans Berger가 최초로 실험한 후 지금까지 우리는 뇌파를 측정해오고 있다.

사실 뇌로 기계를 통제할 수 있는 몇 가지 가능성은 있다. 전극을 사용해 직접 뇌파를 기록하고 그 신호를 원하는 행동으로 변환할 수 있고, 전기 신호를 제공하는 신경 종말Nerve Ending과 기계를 연결할 수도 있다. 아니면 근육 수축으로 생성된 전기 자극이 통제 신호를 보내는 방법도 있다. 앞으로 차차 모든 기술을 살펴보도록 하겠다.

본질적으로 몸은 이미 전기적 기계다. 모든 세포는 외막 전체에 전위가 존재한다. 뼈와 심장 근육, 신경, 뇌세포는 정보를 전달하기 위해 전위를 사용하도록 진화했고, 이 능력은 아날로그든 디지털이든 오늘날의 전자 기술에 적용될 수 있다.

그렇다면 기계에서 정보를 얻어 뇌로 전달할 수 있을까? 다양한 감각 정보가 뇌의 알맞은 부분으로 전달되어야 하므로 조금 까다로울 수 있다. 우리에게는 청각, 시각, 후각, 미각이라는 특수 감각이 있다. 속 귀(내이)에는 중력 방향과 가속을 느끼는 전정기관이 있으며, 부드러움, 압박, 자기수용감각(삼차원적 공간에서 자신의 신체 부위를 느끼는 감각), 진동, 온도, 통증을 느끼는 다양한 종류의 촉각도 있다.

감각의 중앙 경로만 온전하다면 기계적 감각 기관은 신호를 올바른 방향으로 보내기만 하면 된다. 그러면 시신경에 연결된 인공 눈은 제 기능을 다 할 것이다.

특별한 이론적 한계 없이 뇌는 전기적 신호를 보내고 받을 수 있으므로 지금까지는 문제가 없다. 중요한 것은 이 모든 것을 의식하고 자각하는 경험이다. 인간의 뇌가 로봇으로 된 팔다리를 원래 자기 몸인 마냥 자연스럽게 제어할 수 있을까? 다행히도 '신경가소성Neuroplasticity'이라는 개념 덕분에 대답은 '가능하다'로 보인다.

신경가소성을 이해하려면 포유동물의 뇌가 기능하는 방법에 관해 간략하게나마 알 필요가 있다. 포유동물의 뇌는 환경에 적응하는 장기다. 성장함에 따라, 그리고 출생 후 시간이 많이 흐른 후에도 뇌는 스스로 조직하는 능력이 있으며 유전자 정보, 사용과 자극에 영향을 받아 발달한다. 이를테면 시각피질Visual Cortex은 시각 정보를 받아야만 완전히 발달할 수 있으므로 출생하면서부터 시각장애를 지닌 사람은 이를 발달시키지 못한다. 다시 말해 뇌는 몸과 세상에 서서히 적응해 간다.

뇌가 적응하는 정도는 나이가 어릴 때 훨씬 크지만 나이가 든다고 해서 멈추지는 않는다. 신경가소성 덕분에 어린아이의 뇌든 성인의 뇌든, 상처를 입거나 새로운 자극이 들어오면 스스로 재조직이 가능하다. 그렇다면 이제 해야 할 질문은 '뇌의 신경가소성이 로봇 사지를 제어할 능력이 있는가?'다. 기존 연구에 따르면 이는 가능하며, 어쩌면 이 능력이야말로 뇌-기계 인터페이스 그리고 언젠가 이 인터페이스가 제어할 인공두뇌의 가능성을 열 것이다.

여담으로 말하자면 이를 놓치는 미래주의자가 많다. 심지어 300년 후를 상상한 〈스타트렉〉의 '메나쥬리Menagerie' 화에 등장하는 닥터 맥코이마저도 뇌를 활용한 기술을 사용하지 않는다. 현재 신경과학은 〈스타트렉〉의 작가 진 로든베리Gene Roddenberry가 상상한 23세기의 모습을 이미 뛰어넘었다.

뇌-기계 연구는 2012년, 에런 C. 코럴렉Aaron C. Koralek와 여러 연구자가 몸을 움직이지 않고 뇌로만 신경보철물을 옮기도록 쥐를 훈련하는 데 성공하며 활성화되었다. 그들은 쥐의 뇌를 읽으며 특정 활동이 일어날 때 기계에 소리가 나게끔 하고, 그에 따라 먹이를 보상으로 주었다. 쥐는 움직임이 아니라 오로지 뇌 활동으로 기계의 소리를 내는 법을 배웠다.

그때부터 연구자들은 원숭이가 스스로 먹이를 먹게 하기 위해 그들의 뇌 활동으로 로봇 팔을 작동하도록 훈련시키는 데 성공했다. 마찬가지로 사람에게도 뇌-기계 인터페이스 연구를 수행해, 그들이 로봇 기기나 컴퓨터 화면에 커서를 조종하는 방법을 배우게끔 했다.

모든 연구에서 피험자들은 상당히 이른 시간 내에 이 기술을 습득했다. 그들의 뇌는 적응했고 로봇 기기를 제어하는 능력도 어느 정도 자연스럽게 느끼게 되었다. 사실 신경가소성은 일반적인 학습 과정의 확장일 뿐이다. 반복함으로써 농구공을 골에 넣는 방법을 배우는 과정처럼, 일단 익히고 난 후에는 생각하지 않고도 할 수 있다. 의식적인 노력 없이 자동으로 골을 넣도록 우리 뇌가 길을 만들어놓았기 때문이다. 로봇 기기를 제어하는데도 똑같은 과정이 적용된다.

하지만 여전히 부족한 점이 있었다. 로봇 의수족을 움직이는 피험자들은 자기 신체 같은 자연스러운 느낌이 들지 않는다고 보고했다. 피험자들은 로봇 의수족을 바라보며 집중해야 했다. 그들은 우리가 당연시하는 감각 피드백Sensory Feedback이 없었다.

우리 뇌는 한 방향으로 작용하지 않는다. 뇌에서 근육으로 일방통행이 아니라 회로로 존재한다는 의미다. 우리가 손을 움직이면 동시에 손을 느끼며, 손이 어디에 있는지도 느끼고 손이 몸의 일부라는 사실도 감지한다. 우리가 손을 제어하고 있다는 주관적인 감각도 느낀다. 이 모든 감각은 운동 제어Motor Control에 매우 중요하다.

뇌졸중과 같은 뇌 손상으로 자신의 몸을 통제하는 감각을 잃는 사례를 연구하면서 신경과학자들은 신체의 여러 기능들을 알게 되었고, 감각을 만들어내는 데 필요한 회로도 알아낼 수 있었다. 실제로 뇌에는 몸의 각 부분이 전체 중 일부라고 느끼게끔 하는 '신체 소유감 장치Body Ownership'도 있고 우리가 몸을 통제한다고 느끼게 하는 회로도 있다.

이 회로들은 보고 느끼는 감각에 근거를 두고 우리가 원하는 것과 실제로 일어나는 일을 비교하며 작용한다. 손을 들고 싶다고 했을 때, 우리는 근육 수축, 손이 올라가는 행위를 느끼는 동시에 손이 올라가는 모습을 본다. 그러면 뇌의 회로는 이 모든 과정이 성공하는 것을 보고 만족하며 스스로 손을 제어했다는 느낌으로 보상을 받는다.

따라서 로봇 의수족을 완전히 자연스럽게 느끼려면 이 순환을 완성하도록 감각 피드백을 제공해야 한다. 연구자들은 촉각 피드백이라는 기술로 이를 연구하고 있다. 신경과학자들은 '바이오닉 Bionic(생체공학)' 의수족에 진동 감각을 더해 감각 피드백을 더 향상했다. 사용자들은 의수족을 보지 않아도 더 잘 제어할 수 있으며 훨씬 자연스럽게 느낀다고 보고했다. 또한 이 감각 순환의 완성은 로봇 의수족이 따로 움직이는 기계가 아닌, 몸의 일부라고 심리적 착각을 느끼게끔 도와준다.

사실 시각과 촉각을 일치시켜 심리적 착각을 불러일으키기만 하면 되므로 '신체 소유감 장치'는 상당히 중요하면서도 만들어내기 쉽다.

이제는 고전적 실험이 된 어느 연구를 살펴보자. 연구자들은 피험자를 앉히고 한 손은 탁자 위로 다른 한 손은 아래에 둔 다음, 탁자 아래에 있는 손은 천으로 가린다. 그리고서는 천으로 가린 팔 대신 고무 팔을 탁자 위에 얹는다. 피험자가 보고 있는 상태에서 연구자가 고무팔과 탁자 아래에 있는 피험자의 실제 팔을 동시에 만지면 피험자는 고무팔이 자기 팔이라고 착각하게 된다. 시각과 촉각 정보를 동시에 일어나게 하면 뇌는 보이는 대로 믿는다.

이 착각은 몸 전체에 적용할 수도 있다. 이 실험 설정에서 피험자는 가상현실 안경을 쓰고 뒤에 설치된 카메라에서 찍히는 영상을 본다. 실시간으로 뒤에서 자신을 촬영하는 영상을 보는 것이다.

누군가 피험자의 등을 만지면 그는 자신이 안경으로 보고 있는 '아바타'가 손길을 느낀다고 생각한다. 피험자가 가상현실에서 보는 이미지를 자기 자신이라고 착각하도록 만들기는 어렵지 않다.

이런 연구가 의미하는 바는 로봇 의수족을 실제 몸의 일부라고 느끼게 하거나(그래서 제어할 수 있다고 느끼거나) 또는 우리가 가상현실의 독립체라고 느끼도록 뇌를 조작할 가능성이 무궁무진하다는 사실이다. 결국 뇌가 받아들이는 감각 정보의 패턴만이 중요하기 때문이다.

이 모든 것이 가능한 이유는 우리의 현실감각이 애초에 뇌가 만들어낸 착각이라는데 있다. 존재하고, 우주의 나머지와 분리되어 있고, 자기 몸 안에서 살아가고, 몸을 제어할 수 있다고 느끼는 감각은 모두 능동적인 신경학적 창조물이다. 이런 사실에 근거해 우리는 그 창조물을 파헤치고 새로운 부분을 추가할 수도 있다.

지금까지 논의한 기술의 현재 상황을 토대로 보면, 앞으로 기술이 향하는 방향은 분명해 보인다. 우리가 인간의 뇌를 로봇이나 가상현실과 연결하지 못하는 이론적 한계점은 없다. 기술만이 유일한 한계일 것이다.

한 가지 기술적인 난제는 소프트웨어와 컴퓨터다. 소프트웨어 기술은 엄청난 능력을 자랑하는 인공지능 알고리즘(9장에서 자세하게 살펴보겠다)과 함께 이미 극도로 발전했다. 뇌파를 해석하고 원하는 행동으로 옮기는 알고리즘은 빠른 속도로 발전하고 있으며, 이 기술의 소프트웨어는 제한 요소가 아니라 오히려 앞서 나가고 있다. 이미 소프트웨어는 우리가 원하는 할 일을 할 수 있거나 빠른 속도로 훈련될 수 있다.

컴퓨터 역시 어떤 사이보그 기기라도 제어할 수 있는 능력이 있다. 하지만 제한점은 칩의 크기 그리고 컴퓨터에 필요한 전력과 컴퓨터가 발생시키는 열이다. 용도에 따라 다르지만 에너지를 훨씬 적게 소모하고 폐열을 덜 발생하는 작은 컴퓨터 칩이 필요하다. 뇌 조직에 열을 가하고 손상을 주는 칩을 뇌에 이식할 수는 없으니까. 하지만 이것이 궁극적인 제한 요소라고 보지는 않는다. 현재의 기술 발전 속도로 추론한다고 하더라도 컴퓨터 기술은 사이보그에게 필요한 수준보다 훨씬 앞서나갈 것이다.

에너지, 열, 칩 크기와 같은 대부분 문제는 컴퓨터 부품을 뇌에 직접 이식하지 않고 외부에 두면 해결할 수 있다. 그러나 뇌와 소통하는 방법이 필요하므로 결국 전극을 동원해야 한다.

지금까지 뇌-기계 인터페이스에 관한 연구는 두개골을 통해 뇌의 전기적 활동을 원격으로 읽는 두피 전극과 대체로 연관되어 있다. 이 방법은 절개하는 과정 없이 쉽게 실행할 수 있지만 두개골이 전기 신호를 방해하므로 선명도가 떨어진다. 동물 실험에서는 전극을 뇌에 직접 닿도록 이식하는 방법으로 발전했는데, 이는 훨씬 선명한 정보를 제공하지만 절개를 해야 하므로 위험도가 크며 뇌가 혈류와 함께 진동하기에 이식된 전극도 제한을 받는다. 미세한 움직임도 전극이 있는 뇌 부분의 신호를 바꿔버릴 수 있기 때문이다. 또한 마찰이 생기면 반흔 조직이 형성되어 전극으로 보내지는 신호를 막기도 한다.

하지만 이 문제점을 해결할 몇 가지 방안이 이미 연구되고 있다. 한 가지는 싱크론Synchron이라는 회사에서 만든 스텐트로드Stentrode로, 뇌에서 나오는 피를 흘려보내는 혈관 안에 전극장치들이 있는 스텐트를 삽입하는 방법이다. 뇌 표면과 아주 가까운 두 개골 안에 전극을 심어, 두 개골을 완전히 절개하지 않으면서도 전극을 이식하는 훨씬 안전한 기술이다.

신축성 있는 소재로 부드럽고 축축한 전극을 만드는 방법도 있다. 이는 뇌와 함께 부드럽게 움직이기에 뇌의 신호와 잘 어우러져 반흔 조직을 형성하지 않는다.

사람의 머리카락보다 얇은(누구나 상상할 수 있겠지) 미세 전극 Microelectrode도 또 하나의 방법이다. 뇌에 안전하게 삽입된 수천 가닥의 미세 와이어가 깊이 있는 신경 조직에 닿아 극도로 선명한 신호를 제공하는 이 기술은 여러 선택지 중 가장 유력한 후보가 될 것으로 보이며 여러 프로토타입이 이미 성공적인 결과를 냈다.

신경 먼지(뉴럴더스트) 같은, 실현되지는 않았지만 진보적인 인터페이스 기술도 있다. 이 기술에서 사용하는 나노 크기의 전극은 신경 세포의 활동을 읽고, 이식된 전극판과 초음파를 이용해 소통한다. 연구자들은 이미 이 접근법에 관한 예비 개념 증명을 모두

끝냈다.

이 기술이 무르익으려면 아직 넘어야 할 산이 많지만, 극복할 수 없는 장애물은 없어 보인다. 뇌-기계 인터페이스와 사이보그 기술의 모든 조각이 있으므로 이제부터는 점진적으로 향상하며 꿰맞추는 일만 남았다. 그럼 미래에는 어떤 모습이 펼쳐질까?

뇌-기계 인터페이스 기술이 정상에 이르게 된다면 우리 신체와 인공 기관을 완벽하게 통합할 수 있을 것이다. 사지, 시력, 청력을 잃은 사람은 정상적이고 자연스럽게 기능할 인공 의수족이나 장기로 대체할 수 있게 된다. 달팽이관 이식을 비롯해 이 기술의 초기 단계는 벌써 시행되고 있지만 이는 시작에 불과하다.

잃었거나 제대로 작동하지 않는 신체 일부를 완전히 대체하는 수준을 넘어서면 그다음 단계로는 신체가 일반적인 생물학적 능력을 뛰어넘도록 설계할 수도 있다. 이는 더 강하고 더 빠르고 더 나은 '바이오닉 맨Bionic Man(인조인간)' 접근법이다. 왜 인간 신체에 만족해야 하나? 팔이나 다리를 더 붙일 수도 있는데. 인간 뇌가 더 많은 팔다리에 적응할 수 있냐고? 물론이고말고. 뇌 신경가소성은 일반적인 신체에 제한되지 않고, 뇌가 속한 몸에 맞춰진다. 뇌가 다룰 수 있는 데는 한계가 있으므로 당연히 제한점은 있을 것이다. 그러나 뇌 자체를 강화한다면 이야기는 달라진다.

이것이 바로 내가 '닥터 옥토퍼스'라고 부르는 접근법이다. 스파이더맨의 천적 닥터 옥토퍼스는 뇌-기계 인터페이스로 제어하는 네 개의 로봇 촉수를 등에 달고 나올 때가 있다. 이런 신체가 불가능하다는 이론적 근거는 없다. 〈스타트렉: 더 넥스트 제너레이션Star Trek: The Next Generation〉에서 시각 장애를 가지고 태어난 기관장인 조르디 라 포지는 비저VISOR라는 특수 안경을 통해 정상적인 사람이 볼 수 없는 주파수나 입자까지 봄으로써 엄청난 시각 능력을 지니게 되지 않았는가.

이론적으로 사이보그 기술은 인간의 어떤 능력도 강화할 수 있으며 뇌는 기꺼이 그것에 맞게 적응할 수 있다. 이 기술의 궁극적 실현은 액체 안에 떠있는 뇌가 완전히 로봇화된 신체에 내장된 모습일 것이다. 뇌의 모든 입출력은 뇌-기계 인터페이스로 가능해지며 신체는 완전히 인공적일 것이다.

뇌-기계 인터페이스는 신체에 부착되는 기술에만 제한되지 않는다. 이 기술이 컴퓨터 칩과 연결되고 나면 그 칩에는 와이파이 또는 와이파이를 대신할 미래 기술(블루투스일까?)이 갖춰질 것이고, 그러면 쉽게 다른 기기나 기술과도 연결될 것이다.

그러므로 이론적으로 뇌-기계 인터페이스는 사람을 세상의 무엇과도 연결하게 해 준다. 실제로 당신은 자동차나 집이 될 수도 있으며, 멀리 있는 카메라나 오디오 기기에까지 감각을 확장할 수 있다. 통신 기술이 사람과 통합될 수도 있기에, 결국 사람이 자기 개인 컴퓨터도 될 수 있다는 의미다.

물론 당신의 뇌와 와이파이를 연결하고 나면 다른 사람의 뇌에도 바로 접속할 수 있다. 그러면 초감각적 지각(독심술)이 가능해질 수도, 여러 사람이 함께 초감각적 지각을 실행할 수도 있다. 이 인터페이스의 특징이나 정도에 따라서 집단 생각(하이브 마인드 Hive Mind)을 형성할 수도 있다.

이 기술이 미칠 영향은 어마어마하다. 질문해보자. 우리는 정말 우리 집이 되고 싶을까? 그렇게 된다면 어떤 느낌일까? 다른 사람이 우리 생각 속에 들어오기를 원하는가? 이것이야말로 미래 기술을 예측할 때 가장 어려운 점이다. 사람들이 이 기술을 어떻게 받아들일지, 어떻게 사용할지, 어떤 반발이 일어날지, 예상치 못한 결과는 무엇일지 예측하기는 쉽지 않기 때문이다.

누군가가 당신의 뇌-기계 인터페이스에 해킹해 들어온다면 그 결과는 가히 재앙일 것이다. 사이버 노예가 생길까? 독재 정권이 이 기술을 손에 넣는다면 어떤 일이 벌어질까? 진정 최악의 디스토피아적 미래가 펼쳐질지도 모른다.

뇌 해킹과 의학

지금까지 뇌-기계 인터페이스를 이용해 뇌가 기계를 제어하는 기술을 주제로 살펴보았다. 하지만 반대로 기계가 뇌를 제어하도록 연결성의 방향을 바꿀 수도 있다. 현재로서는 질병과 장애를 치료하거나 심지어 기능을 강화하려고 할 때 대개 화학 기술(제약 기술)에 의존해야 하는데, 이 접근법은 매우 효율적이지만 본질적으로 한계가 있을 수밖에 없다.

우리는 정신을 차리고 집중력을 향상하기 위해 각성제를 복용하고 수면을 취하기 위해 진정제를 복용한다. 뇌의 기능을 화학적으로 바꿈으로써 발작을 막고 기분을 고조하고 불안증을 잠재우고 정신 장애를 치료하고 통증을 줄일 수는 있다. 하지만 뇌에 이미 있는 수용체를 막거나 자극할 수 있을 뿐이므로 정교하게 변화를 주기는 어렵다. 사람은 엉성한 진화의 결과물이기에, 기저핵의 떨림을 방지하는 의약품이 전두엽에 있는 비슷한 수용체와 반응함으로써 정신 장애를 일으킬 수도 있다.

하지만 뇌-기계 인터페이스는 현재 뇌에 있는 수용체의 유효성이나 특수성에 제한을 받지 않는다. 전기나 자기장을 이용해 신경회로의 발화Firing를 증가하거나 감소함으로써 뇌 기능을 얼마나 정확하게 조종할 수 있는지에 관해 이론적으로는 한계점이 없다. 우리는 이미 시작점에서 출발해, 뇌심부자극술로 떨림을 가라앉히고 미주신경자극술로 발작 빈도를 줄이고 있다.

이 기술이 더 무르익으면 어떤 방향으로 나아갈까? 뇌에 더 확실한 방법으로 연결이 가능해지고 뇌의 회로, 기능, 상호작용을 더 심도 있게 이해한다면 어떤 변화라도 만들어낼 수 있을 것이다. 성격이나 뇌 기능의 어떤 측면도 더 강화하거나 약화할 수 있을 것이다. 감당할 수 있을 정도로만 불안증을 줄이고 싶다면 뇌 해킹 앱에서 조종하기만 하면 된다. 사교적인 성격을 더 키우고 싶은가? 머리카락의 색깔을 바꾸는 것처럼 우리 성격도 쉽게 바꿀 수 있는 날이 올지도 모른다.

뇌세포 자체의 문제보다 뇌 기능(신경회로의 연결이나 발화)에 원인이 있는 신경 질환이라면, 부작용이나 위험이 따르는 약물보다 이 접근법으로 쉽게 치료될 수 있다. 물론 이 방법도 남용될 가능성이 매우 크다. 언제든 변할 수 있는 뇌의 전기적 활동 발현이 결국 우리 자신이라는 사실을 깨닫게 될 것이므로, 이는 자아 개념을 파괴하는 파격적인 기술이 될 가능성이 매우 높다.

최종 단계

뇌-기계 인터페이스와 뇌 과학이 통합된 기술의 정점은 영화 〈매트릭스The Matrix〉에서 보여준 미래(사람을 죽이는 로봇은 없었으면 좋겠지만)와 비슷할 수도 있다. 다시 말해 모든 입출력이 가상공간에서 이루어지는, 완벽한 가상현실과 연결될 수 있다는 의미다. 뇌는 그 차이를 모르므로 우리는 환상을 완전히 믿을 것이다.

이 가능성으로 우리는 철학적 곤경에 빠진다. 우리가 이미 매트릭스에 살고 있지 않다는 사실을 어떻게 안다는 말인가? 결론부터 말하자면 알 방법은 없다. 만약 매트릭스가 너무나 감쪽같아 우리가 감지할 희망조차 없다면 이 문제는 중요하지도 않다. 이곳이 우리의 현실일 테니.

사이보그 미래는 언제쯤 실현될까? 우리는 그 미래에 벌써 와 있다. 우리가 예상할 수 있는 것은 사이보그 기술이 계속해서 점진적으로 발전하며, 더 훌륭한 기능과 더 선명하고 제어력이 강한 뇌-기계 인터페이스가 나타난다는 사실이다. 이 기술을 사용해 제어하는 완벽한 로봇 의수족은 20여 년 내로 실현 가능할 것이다.

비슷한 시기에 오락 목적의 뇌-기계 인터페이스도 점점 증가할 가능성이 높다. 단지 비디오 게임을 하거나 가상현실 안경을 쓰는 것이 아니라, 모자를 쓰면 가상현실에 푹 빠질 수 있다고 상상해보자. 자신이 아바타처럼 느껴질 것이다. 영화 〈레디 플레이어 원Ready Player One〉과 비슷하면서도 더 대단한 세상일 것이다. 전신 슈트를 입을 필요도 없이 그저 좋은 뇌-기계 인터페이스만 있으면 된다. 그러면 무엇이든 될 수 있고 할 수 있으며 어디든 갈 수 있다.

실제로 일부 미래주의자는 이 기술로 사람들은 외부 세계보다는 내부를 탐험하게 되리라 예측하기도 한다. 일단 물리적 현실보다 더 현실 같은 가상의 자기 자신만 만들어놓는다면 가상 세계에 사는 장점이 무수히 많을 것이다. 신이 될 수 있는 세상에서 모든 것을 할 수 있는데 왜 굳이 우주를 탐험하겠는가? 어쩌면 그렇기 때문에 외계 문명이 우리에게 찾아오지 않았을지도 모른다(페르미 역설). 그들도 자신들의 매트릭스에서 너무 심취해 있으니까.

뇌-기계 인터페이스 기술이 최고조에 이를 먼 훗날을 생각한다면 인간의 의미에 관한 철학적 질문도 따라올 수밖에 없다. 이 기술이 인간의 정의를 확장하고 있으니. 〈스타워즈〉에 등장하는, 몸의 대부분이 기계로 된 그리버스 장군은 인간인가, 로봇인가? 병 안에 둥둥 떠 있는 뇌를 인간이라고 할 수 있을까? 만약 뇌 대부분이 컴퓨터 처리장치로 대체된다면? 우리 의식이 인공신경망으로 증강되어 생물적 뇌의 기능이 최소화된다면?

몸의 일부가 기계로 대체된다고 우리의 인간성이 줄어들까? 그렇지는 않다고 본다. 인공지능은 잠시 제쳐둔다 해도 우리 인간은 우리 스스로가 인지하고 감각하는 것으로 형성된다. 결국 인간은 인지로 창조된 존재인 셈이다. 만화 캐릭터라도 인간처럼 행동한다면 우리는 아무 문제없이 심오한 인간성을 채워 넣는다. 몸의 일부가 기계로 대체된다고 해도 아니, 몸의 대부분이 기계가 된다고 해도 인간성이 파괴되지는 않을 것이다.

유토피아적이든 디스토피아적이든, 뇌-기계 인터페이스가 미래의 그림을 지대하게 바꿔놓을 기술임이 틀림없다. 인간은 로봇이나 인공지능 같은 기술과 분명 융합될 것이다. 이런 잠재적 미래를 보며 나는 다가올 인공지능 대재앙을 두려워할 필요가 없다는 희망을 얻는다. 우리가 바로 그 인공지능이 될 것이기에.

7장. 로봇 공학

로봇이 탄생하면서부터 애증 관계는 시작되었다

미래주의가 시작되면서부터 로봇은 미래를 상징하는 아이콘이었다. 오늘날 로봇공학은 매우 중요하고 잘나가는 분야이며, 상상과는 다를지 몰라도 산업에서 로봇의 역할이 증가한다는 과거 예측은 대부분 실현되고 있다. 지금도 로봇 혁명의 희망과 가능성은 멈출 줄 모른다.

로봇은 간단하면서도 오래된 개념이다. 시대를 막론하고 육체노동은 인류의 크나큰 짐이었고, 산업화한 국가에서는 어느 정도 그 부담을 덜었지만 여전히 존재하는 문제다. 따라서 노동의 수고를 덜어줄, 자동으로 일하는 물체나 기계는 솔깃한 발상일 수밖에 없다.

역사학자 에이드리엔 메이어Adrienne Mayor는 저서 《신과 로봇God and Robots: Myths, Machines, and Ancient Dreams of Technology》에서 자동으로 작동하는 기계가 역사에 최초로 언급된 이야기들을 설명한다. 그리스 신화에서 헤파이스토스는 스스로 움직이는, 다리가 세 개인 작업 탁자를 만들었다. 또한 거대한 청동으로 사람 모형을 만들어

탈로스라 이름 붙이고, 해적의 공격을 받지 못하도록 크레타섬에 있는 에우로페를 수호하게 한다. 이 신화들은 기원전 750~650년 사이에 활동한 시인인 헤시오도스와 호메로스가 집필했다.

메이어는 또한 우리와 '로봇'의 애증관계는 로봇의 개념이 생기면서부터 시작되었다고 지적한다.

이 인공적 존재가 땅에 보내지고 나서 행복한 끝을 맺은 신화는 찾아볼 수 없다. 하늘에서 신들만이 이런 존재들을 사용할 수 있다는 교훈을 주는 듯하다. 이 존재들이 인간과 소통하고 나면 우리는 혼란과 파괴를 맞고야 만다.

고대 인도와 중국 문헌에도 인공적 수호자와 일꾼에 관한 전설이 있으며, 고대인들은 상상하는 수준을 넘어 직접 형상을 만들었다. 처음 알려진 사례는 아르키타스Archytas가 목재와 금속으로 제작한 '비둘기'로, 증기력을 이용해 비행하도록 설계되었다. 심지어 기원전 250년경에도 물시계 제작자들은 기계 부품 일부를 자동화하기 시작했다.

초기 신화와 실제 자동 장치는 인간이나 살아있는 생명체의 기능과 형태를 모방한 경우가 많았고, 기계화된 사람이나 동물을 향한 오랜 관심이 고스란히 드러났다.

'로봇'이라는 단어는 1921년 카렐 차페크Karel Čapek가 자신의 희곡 작품《로줌 유니버설 로봇Rossum's Universal Robots》에서 처음으로 만들어 사용했으며, 단어 자체의 뜻은 체코어의 '강요된 노동'이라는 표현에서 유래했다. 웨스팅하우스 일렉트릭 앤드 매뉴팩처링 코퍼레이션Westinghouse Electric and Manufacturing Corporation은 로봇이라 불린 최초의 기계를 선보이는데, 이는 1927년 펜실베이니아주 이스트 피츠버그에 있는 공장에서 발명가인 로이 웬즐리Roy Wensley가 만든 허버트 텔레복스Herbert Televox였다. 텔레복스는 수화기를 들고 전화를 받을 수 있었고, 수신하는 신호에 따라 몇 가지 스위치를 작동해 간단한 과정을 조종했으며 몇 가지 윙윙거리는 소리를 내고 팔을 흔들 수 있었다.

같은 해, 일본의 한 회사는 가쿠텐소쿠라는 인간 모양의 로봇을 제작했다. 공기압으로 제어되는 이 로봇은 글씨를 쓰고 눈꺼풀을 움직일 수 있었으며 '외교적 목적'으로 사용되었다.

이런 초기 사례들은 '로봇'의 다양성을 말해준다. 미국로봇협회The Robot Institute of America는 '여러 업무를 수행하기 위해 물질, 부분, 도구, 전문적인 기구를 움직이도록 설계된, 재프로그램화가 가능하고 다기능적인 기계'라고 로봇을 정의했다.

로봇에 관한 정의는 여럿 있지만, 업무를 수행하기 위해 움직이는 기계라는 점에는 모두 동의한다. 그러나 로봇에 따라 인공지능이나 미리 짠 프로그램이 내부에서 제어할 수도, 사람이 외부에서 조종할 수도 있다. 또한 필요나 요구에 따라 사람이나 동물의 형태를 띨 수도 있고, 고정되거나 움직일 수도 있다.

로봇은 일반적으로 산업용 로봇과 자율 주행 로봇으로 나뉘며 오늘날 산업화한 국가에서는 보편적으로 사용된다. 2019년 37만 3천 대의 산업 로봇이 판매되었으며 2020년, 전 세계적으로 일하는 산업 로봇의 수는 약 270만 대로 추정된다. 산업용 로봇은 보통 생산 라인에서 반복적인 일을 수행하도록 만들어졌으나 점차 인공지능으로 제어하게 되면서 프로그램화할 수 있을 뿐만 아니라, 감지 능력을 향상해 상황 적응력까지 개선되고 있다.

자율 주행 로봇은 다리나 바퀴로 움직이거나 더 나아가 드론으로 날 수 있도록 고안되었다. 로봇 전문 기업인 보스턴 다이내믹스Boston Dynamics는 춤을 추는 사람 같은 로봇과 척박한 지형에서도 움직일 수 있는 로봇 '개'(원한다면 구매할 수 있다)를 완벽에 가깝게 완성했다. 얼음에서 미끄러져도, 발로 차여도 균형을 유지하는 이 로봇은 너무나 대단해 소름이 끼칠 정도다.

자율 주행 능력은 전쟁 지역, 자연재해, 우주, 독성 물질이 유출된 산업재해, 생물체에 위험한 환경을 비롯해 위험 지역에 보낼 수 있기에 로봇 사용 분야를 훨씬 더 확대한다.

게다가 오늘날 우리는 움직이는 로봇을 이용해 태양계를 탐험하고 있다. 가장 최근의 화성 탐사차량인 퍼서비어런스Perseverance는 지구에서 원격으로 제어할 수 있는 최첨단 기술을 갖춘 로봇이며, 지구와 소통하는 데 시간이 오래 걸리므로(궤도에서 행성들의 위치에 따라 신호를 보내는 데만 5~20분 정도 걸린다) 자율적으로 명령을 수행해야 한다.

또 로봇을 더 유연하고 사람과 비슷하게 만들려는 개발도 진행되었다. 금속과 케이블을 근육과 비슷한 작동 장치로 대체해 로봇의 기능을 확장함으로써, 사람과 생명체 같은 더 섬세한 대상과도 상호작용할 수 있게 되었다. 더 다정하고 호감 가는 로봇의 수요가 높아지는 이유는 인간과 함께 일할 '협력' 로봇이 필요한 데 있다. 이를테면 아마존사의 풀필먼트 센터Fulfillment Center에서는 20만 대의 로봇이 근로자들 옆에서 물건을 들어 올리고 포장하고 발송하는 작업을 수행하고 있다.

사람 같은 얼굴을 가졌을 뿐 아니라 감정까지 표현하는 로봇을 개발하는 연구자들도 있다. 로봇과 상호작용하게 하고 더 직관적으로 소통하기 위해서다. 하지만 인간의 모습과 흡사하지만 완전한 인간은 아닌 로봇을 보며 거부감이 드는 감정 영역인 불쾌한 골짜기Uncanny Valley 현상을 겪고 있다.

이 현상을 극복하는 것은 극도로 어려운 과제다. 뇌는 사람의 얼굴과 표정을 처리하는 엄청난 능력을 지녔기에 우리는 얼굴의 미세한 움직임을 감지하고 타인의 표정이 조금만 이상해도 쉽게 알아차린다. 왜 이 능력이 '불쾌한' 감정을 일으키는 지는 아직 다양한 의견이 있다. 살아있지 않은 듯한 얼굴이 시체처럼 느껴지거나 질병을 떠올리게 해서일까.

어쨌든 미래의 로봇 기술자는 인공적으로 보이도록 고안해 불쾌한 골짜기 현상을 피하든, 완전히 인간 같은 얼굴로 만들어 골짜기를 통과하든 한 가지 결정을 내려야 한다. 완벽한 로봇을 만드는 데 걸리는 시간을 정확하게 예측할 수는 없다. 한때는 로봇 공학의 특정 분야만이 이를 목표로 삼았지만, 이제 대부분의 기술은 사람의 모습을 갖춘 로봇을 제작하는 방향으로 수렴되는 듯하다. 아직 수십 년은 더 기다려야겠지만 그래도 머지않은 미래에 가능하다는 사실은 분명하다. 물론 사람들을 속일 만큼 감쪽같은 로봇 인간을 만들려면 한참 더 걸리겠지만.

어쨌든 로봇 기술의 현재 상황은 다음과 같다. 정확하게 움직이고 프로그램화할 수 있고 적응력이 있는 최첨단 로봇을 제작하고 있으며, 로봇의 주행 능력, 주변 환경을 감지하는 능력, 사람과 상호작용하는 능력도 빠른 속도로 향상되고 있다. 인공지능을 논할 9장에서도 다루겠지만 로봇 공학은 소프트웨어 발전의 덕도 보고 있다.

로봇 공학의 역사, 현재 상황 그리고 진행 중인 연구와 개발을 고려했을 때 가까운 미래와 먼 미래에 로봇은 어떤 모습을 하고 있을까?

산업용 로봇

텔레비전 시리즈 〈환상특급The Twilight Zone〉 중 1964년 방영된 '위플의 뇌 센터The Brain Center at Whipple's'(당시로서는 가까운

미래인 1967년을 배경으로 했다)에서 공장주인 윌리스 V. 위플은 자동화된 기계를 설치해 생산성을 높이기로 한다. 이 에피소드는 기계가 사람을 대체해버리는 불안한 분위기를 내내 보여주었고 결국 인과응보처럼 공장주 위플마저 로봇(로비라는 로봇이 역을 맡았다)으로 대체되며 막을 내린다.

산업용 로봇은 늘 이중적 이미지를 지닌다. 생산성을 높이고 우리가 좋아하는 상품의 값을 낮추는 멋진 도구인 동시에 사람의 직업을 노리는 두려움의 대상이기도 하다. 산업용 로봇의 능력이 점차 향상되며 더 많은 산업에 사용됨에 따라 이 불안감은 점점 더 커지는 듯하다.

'위플의 뇌 센터'가 방영되고 거의 60년이 지났지만 아직 로봇은 인간의 직업을 모조리 없애지 못했다. 로봇의 기능 중 일부가 노동이므로, 인간 노동자를 전혀 대체하지 않았다는 말은 아니다. 2019년 옥스퍼드 이코노믹스Oxford Economics가 보고한 바에 따르면 산업용 로봇 한 대는 1.3명의 인간 노동자를 대체했고, 현재 설치된 로봇은 가까운 미래에 1.6명을 대체할 만큼 그 비율은 점차 증가하고 있다. 그들은 2030년에 이르면 약 2천만에 달하는 제소업 일자리가 사라지리라 예측한다.

이런 현상은 산업혁명부터 지속되었으므로 로봇에 국한되지는 않는다. 1870년 미국 노동 인구의 약 50퍼센트가 농업에 종사했지만 2019년 그 비율은 10.9퍼센트밖에 되지 않는다. 농업 기구와 기술이 발달하며 훨씬 적은 인력으로도 생산성은 높아져 다른 일자리로 대규모 이동했기 때문이다. 농업 일자리를 보호하려고 19세기 농사법으로 돌아가자고 제안하는 사람은 아무도 없을 것이다.

로봇을 디자인하고 제작하고 관리하고 프로그램화하고 작동할 사람이 필요하므로 자동화된 제조업은 새로운 일자리를 많이 창출하기도 했다. 운송에 사용된 말들을 관리하는 일자리가 모두 자동차 정비공으로 바뀐 것처럼, 이는 기술의 발전이 낳은 '창조적 파괴'다.

새로운 기술의 출현으로 일자리가 대체되었지만, 그 현상이 영원할 것이라는 위협은 현실화되지 않았다. 그러나 이 주제는 여전히 논란거리로 남아 있다. 2014년 퓨 연구 센터Pew Research Center 1,896명의 전문가를 대상으로 시행한 설문에서 로봇 공학과 인공지능이 제조업뿐만 아니라 '의료서비스, 운송·물류, 고객 서비스, 주거생활 관련 직업'을 비롯해 사무직군에도 영향을 미칠 것이라는 공통된 결론이 도출되었다고 보고했다.

하지만 로봇이 영구적인 실업을 초래할지, 그렇지 않으면 높은 생산성 덕분에 새로운 직업을 더 창출할지는 양쪽의 주장이 팽팽하다. 이 의견 차이가 로봇이 미치는 영향에 관한 예측을 극명하게 나눈다.

유토피아적 관점으로 보자면 산업용 로봇이 생산성을 높이고 더 많은 산업에 투입되어 힘들고 고된 일을 모두 맡고 나면, 사람은 안전하고 창의적이고 보람된 일을 할 수 있게 된다. 반대로 디스토피아적 관점으로 보자면 더 지능적인 로봇과 인공지능이 증가함에 따라 고용 불가능자 계층이 생기고 경제체계의 상위층에 있는 사람들만 점점 더 부유해지게 된다. 소득 불평등과 영구적 실업은 예측하지 못할 엄청난 사회적 격변을 불러온다.

양측 미래상을 지지하는 전문가들이 팽팽하게 맞서는 가운데, 앞으로 우리가 내리는 결정에 따라 어떤 미래도 가능하다는 결론이 나온다. 한 가지 분명한 점은 앞으로 이직률이 더 높아질 것이라는 사실이다. 한때 사람들은 한 회사에서 평생을 일했다. 하지만 2015년 미국 노동통계국의 조사에 따르면 경제활동을 하는 평균 미국인은 32년 동안 12번 정도 이직을 경험한다고 한다. 이 추세는 회사가 제공하는 혜택이나 미래 보장이 없는, 단기 계약직을 옮겨 다니는 긱 근로자Gig Worker(프리랜서처럼 소속된 곳이 없는 독립 근로자를 의미한다-옮긴이)의 전형적인 모습이다.

직업이 완전히 없어지지는 않겠지만, 많은 변화가 일어나고 있다는 점은 사실이다. 유토피아적 미래로 가려면 사회와 개인이 이 변화를 잘 넘길 수 있도록 도와야 한다. 정부는 사람들이 직업 시장에서 살아남을 수 있도록 지지 네트워크를 조직해야 하고, 교육 체계 또한 학생들이 로봇으로 대체될 직업이 아닌, 미래에 더 유용할 만한 일을 준비할 수 있도록 개선되어야 한다. 끊임없이 바뀌는 직업 시장에서 뒤처지지 않도록 재교육 기회를 제공하는 것도 아주 중요하다.

하지만 먼 미래에 훨씬 정교한 인공지능을 장착한 인간형 로봇이 어떤 일이든 사람보다 더 효율적으로, 더 적은 비용으로 하게 된다면 세상은 어떻게 달라질까? 사람이 하는 모든 일을 로봇이 대체할 수 있다면? 많은 과학소설 저자가 이 질문을 두고 씨름하며 유토피아부터 디스토피아까지 여러 관점을 보여주고 있다.

디스토피아의 관점을 보여준 영화에는 〈월-E WALL-E〉가 있다. 지구가 쓰레기로 뒤덮이면서 인명 구조선이나 다름없는 거대한 우주선에 사는 인간은 반중력 침대 주위를 둥둥 떠돌아다니고 자동화된 시스템으로 모든 요구를 처리한다. 비만하며 의존적인 인간은 무분별한 오락거리만 나오는 화면에서 눈을 떼지를 못하는 데다 온종일 미래의 빅 걸프 Big Gulp 컵에 든 엄청난 양의 탄산음료를 마시기만 한다.

미래의 상황이 조금 더 긍정적이라면 일은 선택사항일 것이다. 로봇이 전 세계 사람을 부양하고 모든 것을 생산하므로, 원한다면 일반적인 일도 할 수 있겠지만 보통은 창의적인 일을 하거나 전적으로 여가생활만 즐길 수 있다.

바로 이 시점에서 인간 심리와 문화에 기술이 미치는 영향을 예측하기가 힘들어진다. 우리는 로봇 덕분에 탐험, 배움, 스포츠, 오락, 가상현실 속의 여가로 가득한 삶이 가능하다고 상상한다. 더 나아가 전 세계 사회뿐만 아니라 사람의 신체조차 로봇이 관리하는 매트릭스 같은 세상 속에서 우리는 순수한 디지털 세계의 환상적인 모험을 떠나는 상상을 하기도 한다.

그러나 목적과 노력이 없기에 의미까지 없어진 세상에서 만성적 우울감과 사회적 불안에 시달리는 사람이 넘치리라 예측하는 의견도 있다. 사람은 일을 하면서 자신이 무엇인가에 이바지한다고 느낄 때 가장 행복하지 않은가.

역사를 돌이켜 보면 나는 지금껏 나열한 시나리오가 모두 일어날 것이라 생각한다. 일부는 기술을 거부하고 현실에 기반을 둔 '자연적' 삶을 살 것이고, 한편으로는 수용하면서도 의미 있는 일을 찾는 사람도 있을 것이다. 무한한 여가 생활을 받아들이는 사람도 있고, 디지털 삶의 이점이 좋아 기꺼이 물리적 세상을 떠나는 사람도 있을 것이다.

웨어러블, 자율 주행, 원격 제어 로봇

변수가 많고 어려운 환경에서 기동성이 꾸준히 발전함에 따라, 로봇은 공장의 고정된 장소에 제한되지 않고 제조 외에도 점차 더 많은 역할을 맡을 가능성이 높다. 사람이 가는 곳과 가지 못하는 곳을 넘나들며 이동할 수 있기에 할 수 있는 일이 많아질 것이다.

예를 들어 군사용 로봇은 위치와 목표물 탐색에 필요한 장치를 비롯한 다양한 도구와 보급품을 운반하는 보조 역할을 맡을 수 있다. 또한 군인을 보호하는 방어적 역할을 맡을 수도 있으며 전쟁터의 의료진이 될 수도 있다.

이제 당연하고도 중요한 질문을 해보자. 로봇이 과연 직접 전투에 나설까? 그들은 무기를 운반만 할까, 무기 자체가 될까? 만약 그렇다면 어느 수준으로 자동화된 로봇일까? SF를 좋아하는 나는 최첨단 무기와 방어 능력을 갖춘, 인공지능이 제어하는 자율 주행 로봇을 생각하면 온몸이 오싹해진다. 그런 군사용 로봇을 만들고자 하는 정치인이라면 〈배틀스타 갤럭티카Battlestar Galactica〉의 모든 시즌을 반드시 봐야 한다. 인간이 만들어낸 로봇인 사일런Cylon들의 계획은 치밀하다.

로봇으로 이뤄진 군대의 매력은 무시하기에는 너무나 매혹적이다. 상대편이 사일런을 만들어낸다는 두려움만으로도 우리는 군사용 로봇을 만들어야 하는 이유를 정당화할 수 있다. 그렇다면 미래 전쟁터의 모습은 매우 달라질 것이다.

자율 주행 로봇은 재해 현장에서 생존자를 수색하거나 독성 물질을 청소하는 활동을 비롯해 민간 부문에서도 적용할 분야가 많다. 원전 사고가 나면 응급 구조원이 되고 심지어 핵폭탄을 해체할 수도 있다. 이런 로봇은 이미 존재하며 대부분 사람이 원격으로 제어한다. 로봇 공학이 더욱 정교해지며 사람이 조종하는 원격 수술용 로봇도 생겨나기 시작했다. 더 광범위하게 말하자면 로봇은 전문가가 원격으로, 또는 어려운 환경에서도 일을 수행하도록 텔레프레즌스(물리적으로 떨어져 있는 환경이 사용자 가까이에 있다고 느끼게 해주는 것-옮긴이)를 제공한다.

인간을 대체하기보다 인간 능력을 확장하는 개념으로서 웨어러블Wearable(착용할 수 있는 기술을 의미한다-옮긴이) 로봇도 포함된다. 이는 뇌-기계 인터페이스 방식을 사용해 로봇과 사람을 통합하는 사이보그와는 차이가 있다. 아날로그 방식이든 디지털 방식이든 좀 더 전통적인 방식을 따르는 웨어러블은 몸에 삽입하지 않으므로 제거하거나 종료할 수 있다.

웨어러블 로봇은 영화 〈에이리언Aliens〉에서 주인공 리플리와 다른 등장인물들이 타는 적재 로봇(인간의 힘과 능력을 확장하기 위해 아날로그식 제어기가 있는 큰 산업용 로봇)과 비슷하지 않을까. 마블 영화 시리즈에 등장하는 아이언맨이 입는 슈트도 있다. 이 슈트는 스스로 기능할 수도 있지만 인간 사용자를 태우고 보호하도록 고안되었으므로 그야말로 웨어러블 로봇의 표본이다. 어쩌면 군사용 로봇을 두려워할 필요가 없을지도 모르겠다. 우리가 그 안에 타고 있거나 그들과 융합될 테니.

자율 주행 로봇의 한 가지 기술적 제한점은 에너지다. 식물은 햇빛으로, 동물은 무언가를 먹음으로써 에너지를 만들 듯, 살아있는 생명체는 자연환경에서 에너지를 얻는다. 움직임이 완전히 자유롭기 위해서 로봇은 가지고 다닐 수 있는 전력이 필요하며, 배터리 기술이 발전함에 따라 이런 점은 개선되리라 본다. 내장된 태양 전지판으로 배터리를 충전하는 방법도 있으나, 충전소나 액세스 포인트(무선 장치를 유선 장치에 연결하게 해주는 장치-옮긴이)에서 충전되는 동안은 정지해 있을 가능성도 있다. 심지어 〈스타워즈〉의 C-3PO마저도 쉴 때가 있었으니.

결국에는 음식 같은 연료를 소모하며 끊임없이 움직이는 기계를 개발할 날이 올지도 모른다. 우리가 우주로 보내는 (따라서 지구의 규정이 적용되지 않는) 로봇에는 수백 년 또는 수천 년 지속되는 동위원소 배터리가 내장되어 있기도 하다.

먼 훗날에는 휴대가 가능한 핵융합로 같은 첨단 에너지원을 로봇에 사용할지도 모른다. 그러면 오래 지속될 뿐만 아니라 에너지가 많이 드는 엄청난 기능도 가능해 질 것이다. 나로서는 미래의 로봇이 〈퓨처라마Futurama〉에 나오는 벤더와 비슷했으면 좋겠다. 연료로 엄청난 양의 알코올을 마시고 방귀를 뀌어 대며 실없는 말을 하는 그런 로봇 말이다.

가정용 로봇

여러 산업과 다양한 분야를 잠식하는 로봇은 가정에도 서서히 손길을 뻗치고 있다. 애니메이션 〈우주가족 젯슨The Jetsons〉에 등장하는 로봇인 로지부터 영화 〈프로메테우스Prometheus〉에 등장하는 음침한 안드로이드 집사인 데이비드까지, 가사를 도와주는 로봇은 미래 예측에 공통으로 나타나는 특징이다. 그러나 아직은 실현되지 못했다.

로봇 집사와는 거리가 멀지만, 오늘날 가정용 로봇을 생각하면 가장 먼저 떠오르는 것은 집안을 천천히 돌아다니며 먼지를 빨아들이는 작은 로봇 룸바Roomba다. 창문을 닦고 잔디를 깎는, 룸바와 비슷한 종류의 로봇은 지금도 구매할 수 있다.

가정용으로 출시된 그럴듯해 보이는 로봇이 몇 가지 더 있다. 링스Lynx라는 작은 인간형 로봇(휴머노이드 로봇)은 알렉사Alexa(웹으로 연결되거나 가정용 기기를 제어하는 음성 인식 기기)와 비슷하게 작용한다. 알렉사보다 특별히 나은 점은 없으나 움직이고 감정을 표현한다는 점에서 차이가 있다. 엔보Enbo도 움직이는 로봇이지만 이 역시 인터넷이나 가정용 기기에 접속하는 화면에 불과하다. 집안을 자유롭게 다니며 집과 중요한 상호작용을 하는 가정용 로봇은 아직 존재하지 않는다.

가정용 로봇을 도입하는 속도가 느린 주된 이유는 안전성 때문일 것이다. 현대식 로봇 대부분은 공장 바닥과 달리 부서지기 쉬운 물건들로 가득하고 반려동물과 아이들이 있는 가정에는 적합하지 않다. 산업용 로봇을 집에 두었을 때 발생할 일들과 줄줄이 잇따를 법정 소송을 생각해보길.

게다가 공장은 로봇이 일하도록 제어돼 있으며 로봇 또한 정확하고 예측 가능한 작업만 수행하는, 매우 통제된 환경이다. 반면 가정은 어수선하고 예측 불가능한 환경으로, 사람의 안락함과 요구에 최적화되어 있다. 가사는 다양한 데다 상황에 따라 엄청난 융통성이 필요하기에 로봇은 공장 환경에 훨씬 적합할 수밖에 없다.

하지만 로봇 기술이 발전하며 가정용 로봇이 부딪친 장벽들이 조금씩 무너지고 있다. 특히 소프트 로봇Soft Robot(부드럽고 유연한 재질로 제작된 로봇을 의미한다-옮긴이)의 출현이 한몫을 톡톡히 할 것이다. 소프트 로봇은 사람을 비롯해 점차 더 많은 대상과 안전하게 상호작용할 수 있을 것이며, 인공지능의 발전 또한 로봇이 집에서 자유롭게 움직이며 가사를 할 수 있도록 도울 것이다. 현재 최첨단 로봇의 기동성과 기능은 가히 엄청난 수준이지만 소비자에게 적합하게끔 제작되어야 한다.

가까운 미래에 만능 집사 로봇이 제작된다는 예측은 시기상조일지 모른다. 지금으로서는 특정한 일만 하도록 최적화된 로봇이 가장 현실적인 방안이다. 부엌에서 요리를 돕거나 몇 가지 요리 정도는 스스로 완성하는 로봇 팔이나 옷 세탁, 다림질, 개키기, 분류를 담당하는 로봇이 개발될 수도 있다.

생각해보면 아주 간단한 가사도 상당히 정교한 기술이 필요하다. 접시를 제자리에 두는 일도 세심한 손길과 시각적으로 주변 환경을 살피는 능력이 있어야 한다. 로봇이 어느 정도 수준에 도달해야 아끼는 비싼 그릇까지 믿고 맡길 수 있을까?

결국에는 그 수준에 이르겠지만 나는 다수의 미래주의자가 예측하는 시기보다 더 오래 걸릴 것이라 본다. 기술도 발전해야 하겠지만, 스스로 집안일을 하거나 다른 사람을 고용하는 경우보다 비용효율성도 높아야 하기 때문이다.

지금이야말로 미래주의자들이 범한 오류를 기억하며, 가능하다는 이유만으로 무조건 발전된 기술을 수용하지 않는다는 사실을 깨닫기 좋은 시점이다. 언뜻 보기에 로봇 집사는 당연히 있어야 하는 기술 같지만 과연 그럴까? 신뢰할 만하고 저렴하며 더 발전된 가정용 로봇이 출시되기 전까지는 우리 스스로 집안일을 하거나(조금 더 개선된 가전제품이나 도구는 사용하겠지만), 아주 제한된 기능만 하는 로봇을 사용할 것으로 보인다.

동반자와 보호자로서의 로봇

당장 로봇이 집안일을 모두 해주지는 못하겠지만 반려자나 보호자의 역할을 할 가능성은 있다. 이 로봇의 임무는 사람을 더 행복하고 편하게 해주며 소통에 관련된 일을 수행하는 것이므로 가사와는 상당히 다르다.

잠재력이 많은 애완 로봇을 상상해보자. 우리는 이미 다양한 지형에서 네 발로 다닐 수 있는 로봇 개를 만들 기술도 있고, 현재 인공지능으로 동물 행동을 흉내 내도록 하기는 크게 어렵지도 않다. 이런 행동 소프트웨어는 주인이나 가족 구성원을 인지하고 그것에 맞게 적응할 수 있으며, 장난치는 행동부터 얌전한 행동까지 다양하게 프로그램화할 수 있다.

기술과 공학이 발전하면서 애완 로봇은 덜 위협적이면서 더 귀엽고 사랑스러운 모습으로 바뀔 것이다. 애완 로봇은 산책시킬 필요도 없고 카펫에 오줌을 싸지도 않으며 새 가죽 소파를 발톱으로 할퀴지도 않는다. 밤새 플러그를 꽂아두거나 충전 침대에서 '자도록' 두면 되니 먹이를 줄 필요도 없다.

아이를 지켜보는 카메라, 화재경보기, 도난 방지 경보기 등 실용적인 기능이 내장된 애완 로봇은 집의 전반적 안전을 지키는, 움직이는 장치가 될 수도 있다. 여러 가지 소통 기능과 안전 기능에 더해 혼자 사는 사람에게는 동반자가 되고 장애가 있는 사람에게는 보호자가 된다. 휴대용 기기로 쉽게 조종하고 로봇의 눈이 보는 것을 보며 장착된 스피커로 소통할 수 있는 데다, 필요할 때는 경찰이나 구급대로 바로 연락이 가도록 프로그램화할 수 있기 때문이다. 언젠가 애완 로봇이 필수 가정용 전자기기가 될 날이 올지도 모른다.

게다가 우리는 애완 로봇이 살아있는 동물만을 흉내 내도록 제한하지 않아도 된다. 작은 용이나 그리핀(독수리 머리, 날개, 앞발에 사자 몸통을 가진 신화적 동물-옮긴이) 같은 환상 속의 동물을 키울 수도 있다. 원한다면 동물이 아닌, 작은 로봇이나 R2-D2 같은 드로이드도 가능하다.

사람들이 과연 애완 로봇을 수용할지는 신경 과학에서 그 답을 찾을 수 있다. 인간의 뇌는 살아있는 생명처럼 움직이는 모든 것을 행위자로 인식한다(정확하게 말하자면 관성이나 중력에만 의존해 움직이는 물체는 해당하지 않으므로, 스스로 힘으로 움직이는 물체를 말한다). 일단 뇌가 우리 주변에 있는 어떤 물체를 행위자로 결정하고 나면, 정서적 상태를 관장하는 대뇌의 변연계와 연결함으로써 그 물체에 정서적 의미를 부여한다.

다시 말해 어떤 물체가 살아있는 생명체처럼 행동하면 논리적으로는 '그저 기계'일 뿐이라는 사실을 알면서도, 살아있다고 여기고 모든 감정을 실어 반응한다. 인간과 유사한 로봇도 마찬가지다. 아이작 아시모프는 머리와 사지가 있는 수준을 넘어 완전히 인간처럼 보이는 로봇에 '휴머니폼Humaniform'이라는 용어를 붙였다.

따라서 애완 로봇 수준을 넘어, 친구나 가족 심지어 상담사 역할까지 하는 또 다른 형태의 반려 로봇도 가능할 것이다. 인공지능으로 제어되는 이 로봇은 매우 정교한 챗봇Chatbot 기능을 지니므로 이야기를 잘 들어주고 위로하는 말과 의견을 건넬 것이다. 물론 진심은 아니겠지만.

의료 기능이 있는 첨단 모델은 걷는 데 불편한 사람을 돕거나, 시팡이 억할이라노 하는 도우미가 될 수도 있다. 또한 필요시에 구급대에 연락하거나 아나필락시스 쇼크 증세가 나타나면 에피네프린을 투여하는 것과 같은 응급조치를 취할 수 있다. 치매 증상이 있는 사용자에게는 눈과 귀가 되어 오래도록 독립적으로 살 수 있게끔 도와준다.

반려 로봇을 이야기하면서 섹스 로봇을 피할 수는 없다. 사실 이 기술은 지금도 존재한다. 성관계를 위해 고안된, 사람과 유사하게 생긴 실리콘 인형(또는 비슷한 재질) 산업은 번창하는 중이며, 몇몇 기업은 인형이 신체적으로도 언어적으로도 더 반응할 수 있게끔 앞으로 출시될 모델에는 로봇 기능을 더하겠다고 발표했다.

기술의 꾸준한 발전으로 우리는 완벽한 섹스봇 출현에 다가가고 있다. 엄청난 경험을 안겨줄 수 있는, 사실적이고 기능적인 섹스봇을 합리적인 가격에 구매할 수 있는 날이 올 것이다. 벌써 가능해지고 있으니 이는 빤한 예측이다.

이제 '섹스봇이 사람 사이의 관계와 사회에 어떤 영향을 미칠까?'라는 중요한 질문이 남았다. 사람들의 반응이 천차만별일 것이므로 결국 정도가 중요하다. 얼마나 많은 사람이 사람 대신 반려 섹스 로봇을 선택할까? 나이, 재정 상황, 성별, 성Gender, 성적 취향 같은 다양한 요소가 선택에 영향을 미칠까? 인간 반려자가 섹스봇 사용을 받아들일까?

2018년 과학 전문기자인 앤드리아 모리스Andrea Morris는 〈포브스Forbes〉에 등재한 기사에서 섹스봇이 '우리가 예상치 못한 가장 충격적인 기술'이라고 주장했다. 그러나 정말 예상하지 못했다고 말하기는 어렵다. 섹스봇은 SF가 등장했을 때부터 주요 소재였다. 1987년 작 영화 〈체리 2000Cherry 2000〉는 로봇 '아내'를 고치기 위해 컴퓨터 칩을 찾아 헤매는 남자를 그린 이야기다. 2001년 작 영화 〈에이 아이A.I.〉에서 배우 주드 로Jude Law는 남자 섹스봇 역할을 맡았다. 드라마 〈웨스트월드Westworld〉는 사실상 성관계를 위해 존재하는 로봇(현실을 직시하자)들로 가득 차 있는 유원지를 소재로 한다.

섹스 인형의 시작은 시간을 더 거슬러 올라가야 한다. 16세기 외로운 선원들은 천과 가죽으로 섹스 장난감을 만들었고, 1960년대에는 공기 주입식 섹스 인형이 출현했다. 오늘날에는 리얼돌Re-alDoll의 실리콘 인형 그리고 그와 비슷한 상품들이 있다.

섹스봇의 도덕적 문제, 상품화에 관해 윤리적으로 우려의 목소리를 내는 사람도 있겠지만, 지금껏 그런 우려가 성 산업을 막은 적은 없다. 오히려 지각이 없는 섹스봇을 이용한다면 성매매와 착취를 줄일 수 있다는 의견이 나올지도 모른다.

윤리적인 문제를 제쳐두고, 사람 사이의 관계에는 어떤 영향을 미칠까? 우리가 논의한 여러 기술과 마찬가지로, 쾌락과 편리함에 빠질 위험은 분명 존재한다. 처음에는 주로 인간관계가 어려운 사람들에게 솔깃한 기술이 될 수 있겠지만, 이들이 먼저 수용하면서 더 많은 사람이 사용하도록 문을 열 것이다. 친밀한 관계의 복잡함과 어려움을 감당하지 못하는 사람으로 보일까 봐(실제로 그런 사람도 있겠지만), 섹스봇을 사용하는 행위에 수치심을 느끼는 사람도 있을 것이다. 섹스봇이 성생활에 즐거움을 더하는 기구 정도로 생각돼, 일반적으로 널리 사용될 가능성도 무시하지 못한다.

인간관계가 다양하듯 궁극적으로 미치는 영향도 다양할 것이므로 이 기술이 얼마나 충격적일지 예측하기는 쉽지 않다. 이는 로봇의 종류에 상관없이 적용되며, 점점 커가는 로봇의 존재를 받아들이기 위해 전 세계가 적응하고 진화해야 할 것이다. 로봇은 산업 공장을 넘어 우리 삶의 모든 면에 점점 파고들 것이기 때문이다.

먼 미래의 로봇 기술은 이 책에서 살펴본 다른 발전의 힘도 한껏 입을 것이다. 로봇은 상상도 못할만한 능력을 지닌, 최첨단 사이버 형태의 존재로 진화해 생물학적인 영역의 모든 존재를 뛰어넘을지도 모른다.

그러니 로봇이 제공하는 편리함과 더불어 그들이 우리를 대체하거나 파괴할 것이라는 소름 끼치는 두려움이 엄습할 수밖에 없다. 인간의 두려움과 불안감을 이야기하는 로봇 대재앙은 SF의 공통된 주제다. 외관이 비슷하면서도 사람은 아닌 생명체가 배우자와 직장과 심지어 목숨까지 앗아간다고 생각해보라. 로봇을 향한 두려움은 어쩌면 인종차별, 외국인 혐오의 궁극적 모습이 아닐까.

근본적으로 이 두려움은 비합리적인 감정일 때가 많다. 우리는 로봇이 있는 미래를 건설할 것이고, 떼려야 뗄 수 없는 관계가 될 것이기에 결국 인간 문명의 일부로 받아들여야 할 것이다.

더 나아가 '로봇의 반란'은 사실상 인공지능의 반란을 의미한다. 문제는 로봇 자체가 아니라 로봇을 통제하는 독립적인 인공일반지능이다. 따라서 미래에 기술적 유토피아를 가져다주거나 아니면 모든 것을 파괴할 수 있는 인공지능과 양자 컴퓨팅 역시 로봇과 마찬가지로 우리와 애증 관계를 맺을 수밖에 없다.

8장. 양자 컴퓨팅

당신이 이 글을 읽을 때쯤이면 내가 이 순간에 집필하는 것들은

이미 시대에 뒤떨어진 정보가 되어 있을 것이다…

가능성, 복잡성, 불확실성을 모두 지닌 양자 컴퓨팅은 미래주의의 완벽한 상징이 될 자격을 모두 갖추었다. 양자 컴퓨팅은 기술을 기하급수적으로 성장하게 할 잠재력을 지녔고, 예측은커녕 상상하기조차 힘들 정도로 어마어마한 혜택을 가져다줄 수 있지만, 이와 동시에 뛰어넘지 못할 장애물에 부딪혀 결국 성과를 보지 못하거나 극소수의 경우에만 사용될 가능성도 무시하지 못한다.

컴퓨터 공학자 앨런 스타인하트Allan Steinhardt가 양자 컴퓨팅이 얼마나 엄청난 힘을 발휘할 수 있는지 보여주기 위해 고안한 사고 실험을 함께 살펴보자. 10만 비트 숫자를 소인수 분해한다고 하자. 이 문제를 풀기 위해 기존 컴퓨터는 10^{122}번 읽어야 하지만 발전된 양자 컴퓨터로는(아래에서 설명하겠지만 10억 큐비트 양자컴퓨터로) 10^{15}(100경) 번이면 가능하다.

우리에게 알려진 우주 공간에는 10^{81}개의 원자가 있다. 만약 이 모든 원자를 1초에 1조 번 작업할 수 있는 기존 슈퍼컴퓨터로 변환하고, 137억 년 전 우주의 탄생부터 연산을 시작해도 약 30억 개의 인수가 부족할 것이다.

이 수학 문제를 요약하자면, 30억 개의 우주에 해당하는 원자 슈퍼컴퓨터가 100억 년간 작동해야 이 문제를 풀 수 있다는 의미다. 하지만 양자 컴퓨터 한 대는 15분 만에 같은 문제를 풀어낸다.

그러니 컴퓨터 공학자들과 과학자들이 양자 컴퓨팅에 열을 올리고 무한한 상상의 나래를 펼치는 것은 당연하다.

양자 컴퓨터란 무엇인가?

양자 컴퓨팅은 양자역학이라 알려진, 미시세계에서 일어나는 물질의 기이한 특성을 이용한다. 양자 역학은 반직관적이고 낯설기 때문에 마법처럼 생각하고 싶은 유혹이 들기도 하고, 초능력과 같은 의심스러운 현상으로 이야기하는 비전문가들도 많다.

사실 그런 사람이 워낙 많기에 양자 역학을 '양자 사기극', '양자 사이비', '양자 책략'이라고 부르는 경우가 적지 않다. 양자 어쩌고 하는 말만 붙이면 마법을 부린 마냥 불가능한 것도 될 것처럼 보인다.

거시세계의 인간 뇌로 양자역학을 이해하기는 매우 어렵다. 양자역학은 원자와 아원자, 전자, 그리고 일차 입자같이 보이지 않는 세계를 다루기 때문이다. 이렇게 작은 크기의 것들은 움직임

자체가 다르므로, 우리가 일상적으로 경험하는 '전통적인' 물리로는 이를 설명하지 못한다. 양자역학에 관해 잘 아는 독자가 아니라면 지금까지 늘어놓은 이야기가 전혀 이해되지 않을 것이기에 간단하게 소개만 하겠다. 원리를 자세히 아는 전문가들은 이런 얄팍한 설명이 불쾌하겠지만 어쩌겠는가!

양자 컴퓨터와 가장 관련이 있는 양자역학의 두 가지 특징은 중첩Superposition과 얽힘Entanglement이다. 중첩은 양자 형태의 입자들이 서로 다른 상태에 동시에 있을 수 있는 능력이다. 이를테면 입자는 스핀업 또는 스핀다운(스핀은 각 운동량Angular Momentum의 물리량이다) 중 한 가지 상태로만 있을 수 있지만, 양자 중첩은 이 입자가 동시에 두 가지 상태가 될 수 있게 한다. 우리가 익숙한 세계와 근본적으로 다르기에, 쉽게 설명하는데 적절한 일상적인 예시나 비유는 없지만 시도는 해볼까 한다. 중첩은 시장 선거에 출마한 두 후보자의 상태와 비슷하다. 투표 결과가 나올 때까지 시장 직책은 두 후보자 모두의 것도, 그렇다고 아닌 것도 아니다.

따라서 중첩은 불안정하다. 입자는 주변 환경과 상호작용할 때까지 유예 상태에 있으며, 물리학자가 이를 관찰할 때만 한 가지 확실한 상태로 붕괴한다고 설명하기도 한다. 관찰은 입자가 다른 무언가와 상호작용하는 하나의 방법이며 물론 물리학자가 반드시 있어야 하는 것은 아니고, 입자가 다른 입자에 부딪혀 튕기는 경우도 존재한다.

중첩 상태는 0이나 1로 표현되는, 둘 중 한 가지 값을 갖는 일반 컴퓨터의 원리와는 다르다. 일반 컴퓨터 신호는 '이진수'로 표현되며, 정보를 처리하고 저장하는 체계는 스위치가 켜지거나 꺼진 것처럼 두 가지 다른 상태가 되는 물리적 성질을 이용한다. 이진법을 부호화한 각 '스위치'는 컴퓨터가 정보를 처리하는 최소 단위이며, 이를 '비트bit'라고 한다.

8비트는 '1바이트'를 구성하며 각 바이트는 2^8인 256가지의 다른 상태를 나타낼 수 있다. 가장 일반적인 컴퓨터 언어는 모든 숫자, 글자, 구두점, 신호, 작용을 표현하기 위해 바이트 코드를 사용한다. 하지만 양자 컴퓨터는 비트를 사용하지 않고, 불안정한 중첩상태에서만 부호화되어야 하는 양자비트Quantum Bit 즉, 큐비트(1995년에 벤저민 슈마허Benjamin Schumacher가 고안해낸 용어)를 사용한다. 이는 강력하지만 까다롭기도 하다.

일반 컴퓨터와 양자 컴퓨터가 각각 얼마나 많은 정보를 담을 수 있는지 비교해보자. n비트인 일반컴퓨터는 2^n의 상태를 가질 수 있으므로, 각각의 비트 값(0 혹은 1)을 알아내기만 하면 시스템의 상태를 온전히 이해할 수 있다. 하지만 양자 시스템에서는 각 큐비트가 0과 1 사이의 모든 상태로 존재할 수 있다. 기존 컴퓨터가 불을 켜거나 끄기만 하는 스위치 같은 비트를 사용한다면, 양자 컴퓨터는 밝은 불부터 꺼진 불 그사이 모든 밝기를 나타낼 수 있는 조광 스위치 같은 큐비트를 사용한다. 계산해보면, n-비트인 기존 컴퓨터가 n비트만큼의 정보를 담는다면, n-큐비트 양자컴퓨터는 2^{n-1} 비트의 정보를 담을 수 있다. 100비트가 100비트의 정보를 의미한다면 100큐비트는 1.27^{30}비트의 정보를 의미하는 셈이다.

그러니 양자컴퓨터가 발전해 큐비트를 더 늘린다면 기존 컴퓨터와는 비교도 하지 못할 만큼 강력한 힘을 지니게 된다. 선형적으로 상승한 기존 컴퓨터의 발전 궤도와 달리 양자컴퓨터는 기하급수적으로 발전할 것이다.

그러나 어려운 문제가 남았다. 큐비트는 연산 시 중첩 상태가 무너지며 0이나 1이이라는 결과를 낸다. 큐비트가 정확한 답을 낸다면 좋겠다만, 양자 상태는 근본적으로 확률분포이므로 각 큐비트가 정확하게 0이나 1이 될 가능성은 적다. 100큐비트 컴퓨터가 있다 할지라도 부정확한 상태가 많으므로, 정확한 답을 낼 확률은 희박하다.

양자컴퓨터는 매우 강력하긴 하나 황당한 상황이 벌어질 수도 있다. 기존 컴퓨터라면 2×3의 답은 확실하게 6일 것이지만, 같은 질문을 양자컴퓨터에 입력하면 6일 가능성이 높다는 결과를 보여주며 기존 컴퓨터로 답을 확인할 것이다. 우습지만 사실이다. 양자컴퓨터는 오류를 수정하거나 답을 확인하려고 기존 컴퓨터의 도움을 받는다.

이는 기존 컴퓨터가 해결할 수 있는 문제에 한해서만 성립한다. 양자컴퓨터의 정확성이 증명되면, 기존 컴퓨터가 풀지 못하는 문제를 해결한다고 확신할 수 있을 것이다. 물론 이 정도 수준에 이르려면 공학자들은 다양한 양자 상태가 상호작용하도록 만들어내야 한다. 정답률이 높아지기를 희망하며.

이 개념은 눈이 휘둥그레질 만큼 난해하고 어렵지만, 확률파동 Probability Wave이 보강 간섭, 상쇄 간섭과 함께 실제 물리적 파도(물에서 파도가 상호작용하는 것과 비슷하다)와 비슷하게 작용한다는 사실을 알면 이해에 도움이 될 것이다. 양자컴퓨터 알고리즘은 확률곡선에서 보강 간섭으로 정확도를 극대화하는 반면, 잘못된 답은 상쇄 간섭을 거치며 최소화하도록 한다.

바로 이 지점에서 양자 컴퓨팅에 중요한 또 다른 양자 역학 현상이 관여한다. 아인슈타인마저도 놀란, 양자의 얽힘 성질이다. 그는 '오싹한 원거리 작용'이라고 하며 받아들이기 힘들어했다. 하지만 얽힘은 실험으로 두루 증명되었다.

얽힘은 두 입자의 성질이 서로 의존할 때 일어난다. 예를 들어 얽혀있는 두 입자 중 하나는 스핀업이고 다른 하나는 스핀다운일 때 각 운동량은 상쇄된다. 두 입자 모두 동시에 스핀업과 스핀다운으로 중첩되어 있을 수 있나. 빛의 속도로 서로에게서 멀어져 수백만 광년 떨어진다고 해도 하나의 입자가 다른 입자와 상호작용해 스핀업이 된다면 읽힌 입사는 자동으로 스핀다운이 된다. 이해가 되지 않아도 걱정하지 말길. 아직 양자역학 물리학자들도 우리 같은 평범한 사람들에게 제대로 설명하기가 쉽지 않다고 하니.

얽힘은 양자컴퓨터가 기능하는 데 매우 중요한 원리이므로 실제로 존재한다는 사실이 입증되었다. 얽힘은 확률파동에서 보강 간섭을 만들어내고 정확한 답을 극대화하기 위해 큐비트가 함께 작용하는 방식이다. 얽힘이 없다면 양자컴퓨터는 일정하지 않은 답만 산출하므로 무용지물일 것이다.

이 모든 설명이 기묘하게 들릴 수도 있겠지만, 우리는 이미 작동하는 양자컴퓨터를 만들어냈다. 똑똑한 사람들은 우주의 기이함을 이용해 불가능에 가까운 위업을 달성했다. 이런 성공을 보면 한 세기 뒤에는 과연 어떤 일이 가능할지 궁금증이 일어날 수밖에 없다.

양자 컴퓨팅에 관한 간략한 역사

양자컴퓨터 개념은 1979년 물리학자 폴 베니오프Paul Benioff의 논문 〈물리 체계로서의 컴퓨터: 튜링 머신으로 표현된 컴퓨터의 미세 양자역학 해밀터니언 모델〉에서 처음으로 제안되었다. 그는 양자컴퓨터 이론을 설명하며 실제로 제작이 가능하다고 주장했다.

1980년 러시아 출신 수학자 유리 마닌Yuri Manin은 〈연산 가능과 불가능〉이라는 논문에서 양자 시스템을 모의 실험하려면 엄청난 연산 능력이 필요하다고 보고했다. 한 해 후인 1981년, 물리학자 리처드 파인먼Richard Feynman은 '컴퓨터로 물리학을 시뮬레이션하다'라는 강의에서 같은 주장을 펼쳤다. 베니오프와 마닌의 업적이 컸음에도, 유명한 파인만이 모든 공로를 인정받았으며 양자 컴퓨팅의 아버지로 간주될 때가 많다.

그는 강의에서 다음과 같이 말했다.

자연은 전형적이지 않습니다. 애석하지요. 자연의 시뮬레이션을 만들고 싶으면 양자 역학을 이용해야 할 겁니다. 하지만 이런, 엄청난 문제가 있습니다. 호락호락해 보이지 않는군요... 어떻게 양자역학을 모의 실험할 수 있을까요?... 새로운 컴퓨터, 그러니까 양자컴퓨터로 가능할까요?

어떤 기술이든 도약하려면 결정적인 소프트웨어가 필요한데, 1994년 응용수학자인 피터 쇼어Peter Shor가 쇼어의 알고리즘Shor's Algorithm을 만들어내며 이를 달성했다. 큐비트가 적당히 높고 오류를 적절히 처리하는 양자컴퓨터만 있으면 엄청난 속도로 소인수분해해 공개 키 암호체계(공개 키 암호체계는 컴퓨터가 정보를 보호하는 방식이며 보안에 핵심적이다)를 무너뜨릴 수 있다는 사실을 보여주었기 때문이다. 임호체계는 수많은 문제가 걸린 엄청난 사항이므로 컴퓨터 공학자들의 관심을 끌었다. 만약 새로운 컴퓨터 알고리즘이 이론직으로 세세에서 가장 강한 암호를 해독한다면 디지털로 된 어떤 정보도 안전하지 않다.

그 이후 양자 컴퓨팅은 어마어마한 관심과 투자를 안고 초상승세를 탔지만 기술적인 문제를 뛰어넘지 못했다. 그러다 15년 후인 2009년, 예일 대학의 과학자들이 마침내 2큐비트 초전도 칩인, 최고의 고체 상태의 양자 프로세서를 만들었고, 그에 이어 2013년 구글도 양자 인공지능 연구소Quantum AI Lab를 설립했다고 발표했다. 6년 뒤, 미국항공우주국는 세계 최초로 완벽하게 작동하는 양자 컴퓨터인 디웨이브D-Wave 시스템을 공개적으로 선보였다. 그때부터 더 높은 큐비트를 갖춘 더 큰 양자컴퓨터를 만들기 위해 여러 연구자가 경쟁하고 있다.

2019년 구글이 양자 우월성Quantum Supremacy를 증명했다고 발표해 양자컴퓨터 영역에서 또 하나의 큰 획을 그었다. 거창하게 들리는 '우월성'이라는 용어는 무엇을 의미할까? 양자 우월성(양자 이점Quantum Advantage라고도 한다)은 양자 컴퓨터가 기존 컴퓨터로 풀기 불가능한 문제를 푼 것을 의미한다. 그들은 과학학술지 『네이처』에 게재한 논문에서 53큐비트 양자컴퓨터인 시카모어Syca-more가 기존 슈퍼컴퓨터로는 1만 년이 걸릴 어려운 문제를 200초만에 풀었다고 주장했다.

IBM은 그들의 슈퍼컴퓨터인 서밋Summit이 그 문제를 1만 년이 아닌, 이틀 만에 풀 수 있다고 주장하며 구글의 논문을 반박했고, 이에 구글은 만약 IBM의 주장이 사실이라 하더라도 시카모어에 몇 큐비트만 더하면 서밋이 넘보지조차 못할 것이라고 대응했다. 양자컴퓨터 기술이 기하급수적으로 발전하며 양자 우월성이 애매

했던 시기는 이미 지난 모양새다.

현재 내가 집필하는 가장 큰 양자 컴퓨터에 관한 정보는 독자 여러분이 이 책을 읽을 때쯤이면 이미 구식이 되어있을 것이다. 2020년대는 양자 컴퓨팅 산업이 가파르게 상승할 것이다. 대략 말하자면 IMB의 퀀텀 전략 및 에코시스템Quantum Strategy And Ecosystem의 부사장인 밥 수터Bob Sutor는 2019년 9월, 클라우드상에 65큐비트 양자 컴퓨팅 시스템이 도입될 것이고, 2021년에는 127큐비트, 2022년에는 433큐비트, 2023년에는 콘도르Condor라고 하는 1,121 큐비트 시스템을 개발할 예정이라고 발표했다.

많은 전문가는 1,000큐비트 문턱을 지나면 양자 컴퓨터가 실험실에서 나와 실제로 활용될 것이라고 예상한다.

장애물과 도전과제

양자 컴퓨팅의 가까운 미래와 먼 미래의 가능성을 살펴보기 전에 우리 앞을 가로막고 있는 장애물이 무엇인지부터 알아보자.

먼저, 큐비트가 높아진다고 모든 문제가 해결되지는 않는다. 복잡한 기술을 눈에 보이는 숫자로 쉽게 요약할 수만 있다면 얼마나 수월할까(특히 마케팅이 쉬워지리라). 한때 개인용 컴퓨터에서는 프로세서 속도가 가장 중요해 보였고, 디지털카메라 소비자들은 백만 화소에 열을 올렸다. 그러나 이런 기기의 성능에 영향을 미치는 요인은 숫자 말고도 다양하다.

양자 컴퓨터에는 불안정성을 비롯해 반드시 고려해야 할 몇 가지 중요한 특성이 있다. 앞서 언급했듯, 중첩과 얽힘은 양자가 외부 환경과 상호작용할 때 빠르게 무너지는(결어긋남Decoherence이라고 한다) 취약한 상태다. 따라서 양자 컴퓨팅 시스템은 외부 환경에서 완벽하게 분리되어야 한다. 큐비트의 양자가 결어긋남 상태에 빠지면 더는 작동하지 않을 테니.

그렇기에 양자컴퓨터의 취약성은 큐비트가 양자 상태에서 결이 어긋나 작동을 멈추기 전까지 평균적으로 얼마나 오래 지속되는지를 말한다. 이런 상태에서 시스템을 유지하는 한 가지 방법은 20밀리켈빈Millikelvin(0켈빈은 절대 영도로, 이론적으로 생각할 수 있는 최저 온도인 섭씨 −273.15에 해당한다-옮긴이) 정도의 극저온 상태로 만들어주는 것이다. 이는 심우주보다 온도가 더 낮으며 절대 영도에서 2만분의 1도 정도 높은 상태다.

또 다른 장애 요인은 큐비트의 상호연결성이다. 올바른 답을 산출하도록 만드는 얽힘 현상을 구현하기 위해 큐비트는 상호작용해야 한다. 큐비트 몇십 개로도 시스템은 매우 복잡하게 얽힌 상태가 된다. 큐비트의 수가 증가함에 따라 이 문제도 걷잡을 수 없이 커지고 있으므로, 수천 또는 수백만 큐비트로 구성되는 이론적 시스템에서는 심각한 문제를 일으킬 수밖에 없다.

2021년 시드니 대학과 마이크로소프트의 과학자, 연구자들은 컴퓨터 칩 하나로 수천 큐비트를 서로 연결할 수 있는 기술을 개발했다고 발표했다. 그렇다면 문제가 해결되었을까? 이 칩이 얼마나 잘 작동할지, 이 전략이 수백만 큐비트 이상을 감당할 수 있을지 장담하기는 이르지만 분명 대단한 성과임은 틀림없어 보인다.

취약성과 상호연결성은 결국 궁극적 장애 요인인 오류 정정Error Correction과 관계가 있다. 오류 정정은 시스템의 노이즈를 감소하거나, 신호 대 노이즈 비율Signal-To-Noise Ration을 최대화하는 것이기도 하다. 일부 전문가들은 이런 요인이 큐비트의 수보다 더 중요한 기준점이라고 주장하기도 한다.

양자 컴퓨터가 정확한 답을 산출하는 수준은 2큐비트 시스템에서 1퍼센트 오류율 정도다. 현재는 대략 0.5퍼센트에 머무르는데 수십, 수백 큐비트에서도 비슷하게 유지될 수 있다. 하지만 전문가들은 최소 수천 이상 되는 큐비트 시스템에서 작동하기 위해서는 오류율을 적어도 몇 자릿수 더 낮춰야 한다고 말한다.

양자 우월성을 증명했다는 구글의 주장으로 돌아가, 높은 노이즈가 여전히 지속되므로 그 성과를 인정하지 않는 전문가들도 있다. 물리학지이지 컴퓨터 공학자인 채느 리게티Chad Rigetti는 "1억 달러짜리 1만 큐비트 양자 컴퓨터가 오류 정정 기술의 발전 양상에 따라 단순히 노이즈 발생기가 될 수도, 세계에서 가장 강력한 컴퓨터가 될 수도 있습니다"라고 말했다.

양자 컴퓨터의 미래

취약성, 상호연결성, 오류정정을 모두 해결했다고 가정한다면(이것만 하더라도 가능성이 매우 낮다) 양자 컴퓨터가 얼마나 대단한 일을 할지 상상의 나래를 펼칠 수 있다.

가까운 미래(2020년대)의 목표는 양자 컴퓨터가 산업적 목적에 사용될 수 있도록 안정된 오류 정정 기술을 갖춘 1,000 큐비트 이상의 시스템을 구축하는 것이다. 하지만 윈도우, 리눅스Limux, 맥 운영 체제를 사용하는 일반인들의 컴퓨터에는 절대 이 시스템이 도입되지 않는다는 사실을 알아야 한다. 양자 컴퓨터는 일반 컴퓨터에 사용될 목적으로 만들어지지 않았기에.

리처드 파인먼이 처음부터 지적했듯, 양자 컴퓨터는 실제 세계의 양자 역학을 시뮬레이션 하는 데 필요하다. 다시 말해, 양자 컴퓨터는 특정 문제를 해결하기 위해 엄청난 컴퓨터 성능이 필요한, 일반 알고리즘보다 양자 알고리즘이 필요한 문제를 시뮬레이션하는 데 사용될 수 있다. 기상 예측, 화학적 상호작용, 뇌의 신경세포 발화 연구 같은, 구성 요소의 숫자가 기하급수적으로 증가해 상호작용의 수가 높은 시스템이 양자 컴퓨터를 사용할 수 있는 좋은 사례다.

복잡한 시스템을 시뮬레이션하면 일기 예보 정확도도 높아지며, 기후 모델을 이용해 기후 변화를 더 정확히 이해할 수 있다. 예측이 힘들기로 악명 높은 경제 체제 역시 양자 컴퓨터를 사용해 판도를 뒤엎을 수 있다.

양자 우월성을 증명하게 될 또 다른 영역은 쇼어의 알고리즘을 시작으로 양자 컴퓨팅을 향한 관심을 증가하게 한 개념인 양자 암호화다. 현대의 암호화 방식은 큰 숫자를 소인수분해 하는 원리를 토대로 만들어지는데(목표 숫자로 곱해지는 가능한 모든 정수를 계산한다), 양자 컴퓨팅이 없다면 300자리 수를 소인수분해 하는데 수백, 수천 년이 걸린다.

RSA 암호(널리 사용되는 공개 키 암호체계의 하나로, RSA는 3명의 연구자 리베스트Rivest - 샤미르Shamir - 애들먼Adleman 이름의 앞 글자를 딴 것이다)는 큰 숫자를 소인수분해 하기 어렵다는 점을 이용한다. 두 개의 큰 소수를 곱해 암호화 코드를 만드는 방식이므로 곱해진 수를 가지고 두 소인수를 찾아내야 한다. 숫자가 큰 어려운 문제는 풀기가 불가능하지만(짧게는 몇백 년에서 길게는 우주의 나이만큼 걸린다), 양자 컴퓨터는 바로 이런 수학 문제를 풀어낸다. 잘 작동하는 2천만 큐비트 양자 컴퓨터만 있으면 RSA 암호는 해독될 수 있다.

따라서 치열한 세력 경쟁에서 이 기술은 동원될 수밖에 없다. 국가와 기업들은 양자 컴퓨터의 공격에서 자산을 보호하기 위한 맞대응으로 양자 컴퓨터를 사용할 것이며, 과거의 암호체계는 무용지물이 될 것이다. 물론 당신이 사는 국가가 암호화 경쟁에서 패배하지만 않는다면 일반인에게 직접적인 피해는 가지 않을 것이다. 하지만 국가들이 양자 컴퓨터 개발에 엄청난 투자를 할 것임은 분명하다. 영화 〈닥터 스트레인지러브Dr. Strangelove〉에서 장군 역을 맡은 조지 C. 스캇이 '각하, 양자 컴퓨터에서 격차가 벌어져는 절대 안 됩니다!'라고 소리치는 모습이 절로 상상되지 않는가.

양자 컴퓨팅을 적용할 수 있는 다른 분야는 인공지능과 양자 컴퓨팅의 융합인 양자 머신러닝Machine Learning이다. 인공지능은 규모가 큰 데이터에서 의미 있는 패턴을 찾을 수 있고, 기존 알고리즘으로 해결하기에는 데이터가 너무 방대하다면 양자 컴퓨터가 빅데이터 알고리즘을 사용해 이를 처리할 수도 있다.

수백만 큐비트와 안정된 오류 정정 기술이 필요한 이런 분야는 2000년대 중반, 운이 좋으면 그 전에 개발될 수도 있다. 하지만 개인 용도로 사용할 가능성은 매우 낮으므로 짐작건대 다른 이점들은 무대 뒤에서 발휘될 것이다. 연구자들이 뇌를 시뮬레이션하거나 새 의약품을 개발하거나 단백질 접힘Folding 원리를 알아내거나 노이즈에 숨은 천문학적 신호를 알아내는데 강력한 도구로 사용될 것이다. 양자 컴퓨터가 처음으로 라디오 신호에 숨은 외계의 메시지를 찾을지도 모른다.

수십억 큐비트의 안정된 양자 컴퓨터가 개발될 먼 미래에는 어떤 일이 벌어질까? 이 책에서 언급한 여러 문제와 마찬가지로 이는 예측하기 쉽지 않다. 먼 미래에는 사회와 기술이 모두 다를 것이므로 그때는 양자 컴퓨터가 해결해야 할 문제가 무엇이 될지 알수 없다.

결국 양자 컴퓨터에서 사용할, 앞으로 개발될 알고리즘에 따라 미래의 모습은 달라질 것이다. 이는 기술 수용을 예측할 때 생기는 '판도를 바꿀 기술' 문제다. 다음 세기에는 상상조차 하지 못하는 방법으로 양자 컴퓨터 활용 방법을 알아낼 똑똑한 과학자들이 나타나리라고 기대해 본다.

양자 컴퓨터가 SF에 자주 등장하는 기술을 만들어낼 가능성도 배제하지 못한다. 순간이동, 홀로데크Holodeck(원하는 공간을 3D로 시뮬레이션하며 직접 환경과 소통할 수 있는 기술을 의미한다-옮긴이), 발전된 인공지능, 매트릭스 같은 기술에 한 걸음 다가가게 될지 누가 알겠는가?

이 모든 기술 중, 양자 컴퓨팅과 인공지능의 결합이 가장 위력을 발휘하지 않을까. 인공지능 하나만으로도 이미 우리 세계를 바꾸고 있으며 미래의 주요한 기술이 될 잠재력을 보이고 있으니.

9장. 인공지능

생물학적 지능은 기계 지능으로 도약하는 발판에 불과한 걸까?

        1966년, 매사추세츠 공대 학생 리처드 그린블랫Richard Greenblatt은 1초에 열 수를 내다보는 체스 프로그램인 맥 핵 VIMac Hack VI을 만들었다. 비슷한 시기에 《컴퓨터가 여전히 할 수 없는 것What Computers Can't do》의 저자 휴버트 드레이퍼스Hubert Dreyfus 박사는 체스와 같이 복잡한 활동에서는 컴퓨터가 절대 인간을 이기지 못한다고 예측했다. 이렇게 시작된 대결에서 드레이퍼스는 한낱 컴퓨터에 패배하고 말았다.

    30년 후, 1996년 2월 10일 IBM의 슈퍼컴퓨터 딥블루Deep Blue가 첫 번째 경기에서 세계 체스 챔피언 가리 카스파로프Garry Kasparov를 이기게 되었다. 그해 매치는 카스파로프가 승리했지만, 개선된 딥블루는 바로 다음 해에 결국 그를 패배시켰다. 그는 후에 이렇게 말했다. "경악과 슬픔으로 다가온 이 결과는 인류가 위대한 컴퓨터에 무릎을 꿇었다는 상징이 되었습니다."

    사고하는 인간을 이길 수는 없다고 컴퓨터의 능력을 의심하는 목소리가 많았지만, 이 30년 동안 컴퓨터 성능과 소프트웨어 알고리즘은 급격하게 발전했고, 결국 카스파로프는 '슬픔'에 빠지고 말았다. 이제는 누구라도 챔피언마저 이길 수 있는 값싼 체스 프로그램을 구매할 수 있다.

인공지능이 한 단계씩 발전할 때마다 컴퓨터는 절대 다음 한계점을 넘을 수 없다고 말하는 사람들이 있었지만 그 예측은 늘 빗나갔다. 그리고 획기적인 기술이 등장할 때마다 '진정한 인공지능'의 기준점은 점점 까다로워졌다. 오늘날에도 우리는 여전히 약한 인공지능narrow AI이 체스 같은 특정한 작업은 잘 수행할지 몰라도 인간처럼 창의적으로 생각할 능력을 갖추지는 못한다는 의견을 접한다.

과거 낙관주의자들은 지금쯤이면 인간 수준의 지능을 갖춘 인공지능이 나타나리라고 예측했다. 이런 생각은 콜로서스Colossus부터 스카이넷Skynet, 그리고 영화 〈2001: 스페이스 오디세이〉에 등장하는 할HAL에도 분명 반영되어 있다. 그러나 이 목표에 아직 근접하지도 못했다는 사실 때문에 앞으로도 절대 성공하지 못할 것이라 예측하는 학자들도 있다. 실리콘으로 복제되지 못할 정도로 인간의 뇌에 특별한 무엇인가가 있는걸까?

과학소설 작가들이나 대중이 상상한 방향은 아니더라도 인공지능은 부단히 발전하고 있다. 사람들 대부분은 인공지능을 매우 영리하고 자기를 인식하는 '인간 같은' 존재로 생각할 때가 많은데 체스를 두는 프로그램은 다른 종류의 인공지능이지만 우리가 상상한 것 이상으로 유능하다.

　게다가 단기 예측은 매우 낙관적인 반면에 장기적 예측은 회의적인 경향이 있으니(미래주의의 흔한 오류다), 얼마나 걸릴지는 알 수 없으나 우리가 인간 수준의 (그리고 인간을 넘어선) 인공일반지능을 만들지 못할 이유는 없어 보인다.

대체 인공지능이 정확하게 무엇일까?

　　　　인공지능을 단 한 가지 정의로 요약할 수는 없기에 현재와 미래 가능성을 논의하기는 쉽지 않다. 2019년 마이클 헨라인Michael Haenlein과 안드레아스 카플란Andreas Kaplan은 어느 기사에서 '외부 데이터를 정확하게 해석하고 배우는 능력이 있으며, 배운 정보를 이용해 유동적인 적응력으로 특정 목표와 과제를 수행할 수 있는 시스템'이라고 넓은 의미를 설명했다.

　다양한 종류의 인공지능을 분류하는 방법은 많지만 책의 방향과 걸맞게 약한 인공지능Narrow AI과 강한 인공지능General AI(인공일반지능 또는 범용인공지능이라고도 한다-옮긴이) 이 두 가지에 초점을 맞추고자 한다. 약한 인공지능은 체스 프로그램같이 머신 러닝이나 적응학습과 관련이 있는, 특정 과제를 수행하는 컴퓨터 프로그램을 일컫는다. 강한 인공지능은 인간과 유사한 지능을 지니고 생각할 수 있는 범용 기계를 의미한다.

　과학소설 작가들은 일찍이 인공지능을 강한 인공지능과 연관

지었다. 1927년 개봉된 영화 〈메트로폴리스Metroplis〉에는 이미 인공지능 로봇이 등장했으며, 1950년 아이작 아시모프는 대표작인 단편소설모음집 《아이, 로봇I Robot》을 출간했다. 그의 소설에는 인공지능이 범죄를 저지르고 인류를 파괴하는 미래를 막기 위해 만든, 그 유명한 '로봇의 3원칙'이 제시되어 있다.

같은 시기, 컴퓨터 공학자 앨런 튜링Alan Turing은 '기계가 생각할 수 있는가?'라는 도발적인 질문을 던졌다. 그는 피험자가 분리된 공간에서 기계와 다른 사람들을 심문해 그 차이를 알아차릴 수 있는지 실험하는 '모방 게임Imitation Game'(현재는 '튜링 테스트Turing Test'라고 부른다)을 제안했다. 만약 컴퓨터가 그 자신을 사람이라고 믿게끔 많은 사람을 속일 수 있다면 진정한 강한 인공지능이라 불릴 수 있는 기준을 통과하지 않을까?

2014년 유진 구스트만Eugene Goostman이라는 챗봇 컴퓨터 프로그램이 레딩 대학교에서 진행한 튜링 테스트를 통과했다. 일반적으로 인공지능이 참여자 중 30퍼센트 이상에게 자신을 사람이라고 믿게끔 하면 테스트에서 통과한 것으로 간주되는데, 유진 구스트만은 33퍼센트의 참여자를 믿게 했다. 5분이라는 짧은 대화는 인공지능에 유리할 수밖에 없다고 말하며 결과를 인정하지 않은 일부 전문가도 있다.

챗봇은 대화에서 실질적인 대답을 주려고 만들어진 약한 인공지능이므로 다른 과제는 수행하지 못한다. 이들은 자기 인식이나

'생각'할 능력이 없는, 그저 챗봇 알고리즘일 뿐이다.

튜링 테스트는 약한 인공지능이 얼마나 과소평가되는지 여실히 드러낸다. 이제 우리는 약한 인공지능을 지독히도 깎아 내린 이 테스트가 강한 인공지능에 전혀 적합하지 않다는 사실을 안다. 다시 말해 약한 인공지능인 챗봇 알고리즘은 사고 능력이 없으면서도 사람을 모방하는 것이 가능하다.

연구자 그웬 브랜윈Gwern Branwen은 GPT-3를 다룬 글에서 이렇게 썼다. "인공지능 프로그램에는 의식과 자기인식이 없다. 그들은 결코 유머 감각을 지니지 못하며, 예술, 아름다움, 사랑의 진가를 이해하거나 감상하지도 못할 것이다. 또한 외로움을 느끼지 않고, 사람, 동물, 환경을 향한 공감도 갖추지 못한다. 음악을 즐기거나 사랑에 빠지거나, 사소한 일에도 금세 눈물을 흘리는 일 따위는 영원히 없을 것이다."

위의 문단은 GPT-3Generative Pre-trained Transformer3라는 약한 인공지능 프로그램이 작성한 글이다. 이 프로그램은 방대한 양의 문자 데이터를 분석하고 단어 나열 확률을 결정하는 방식으로 작동한다. 그게 전부다. 문단은커녕 각 단어의 뜻도 알지 못한다. 이런 프로그램은 정해진 기능을 조금만 벗어나도 실패하므로 '불안정'하다고 간주되지만, 기능 영역 내에서는 대단한 결과를 생산해낸다.

약한 인공지능의 힘

과거 미래주의자들은 대체로 생각하는 인간 뇌를 모방한 인공지능을 예측했다. 하지만 인공지능의 발전은 생물학적 진화, 특히 뇌가 기능하는 방법을 따른다고 해야 더 타당하다. 걸을 때 우리는 의식적으로 움직임, 중력과 마찰력, 수축해야 할 근육을 생각하지 않고 그저 걷는다. 우리 뇌가 이런 활동들을 자동으로 처리하는 '약한 인공지능' 알고리즘을 지니고 있기 때문이다.

마찬가지로 로봇 공학자들은 걷는 로봇을 만들 때 생각하는 기능까지 넣을 필요가 없다. 생각하지 못하는 로봇이라도 걷는 알고리즘만 장착하면 되기 때문이다. 사실 인공지능의 발전은 강한 인공지능을 만든다는 생각이 아닌, 구체적인 기능을 더 잘 수행하는 약한 인공지능에 주로 초점을 맞추고 있다. 이 약한 인공지능 알고리즘은 운전도 하고 체스나 바둑에서 인간 챔피언을 이기기도 하고 방대한 양의 데이터에서 의미 있는 패턴을 찾아내며 두 발이나 네 발 달린 기기로 걷기도 한다. 그렇기에 지난 몇 십 년 간 강한 인공지능 연구는 제자리걸음하는 듯 보여도 약한 인공지능은 엄청난 발전을 이룩했다.

약한 인공지능은 몇 가지 혁신으로 더 강력해졌는데, 그 중 하나가 '머신 러닝(기계학습)'이다. 머신 러닝은 모든 구체적인 데이터를 제공받지 않아도 되는 프로그램을 의미한다. 경험과 관찰을 통해 스스로 배우는 인공지능은 이 정보를 이용해 자동으로 기능을 개선하는 반복적인 과정을 거친다. 체스에 필요한 전략과 수를 미리 프로그래밍 하는 것과 체스 규칙을 알려준 다음 경험으로 배우게끔 하는 것의 차이다.

머신 러닝에는 몇 가지 방식이 있다. 지도학습Supervised Learning은 사람이 컴퓨터의 경험을 제어하는 훈련 방식으로, 여러 가지 의자 사진을 보여줌으로써 프로그램이 의자를 인식하도록 가르치는 방법이 이에 해당한다. 비지도학습Unsupervised Learning은 사람의 도움 없이 레이블이 없는 데이터를 학습하는 방법으로, 프로그램이 경험을 통해 배운다. 시행착오를 거듭하며 배우는 강화 학습Reinforcement Learning 방식도 있다.

지금까지는 일반 컴퓨터에서 작동하는 인공지능 소프트웨어에 관해 살펴보았다. 이제 연구자들은 특별히 인공지능을 위한 하드웨어도 고안하고 있다. 1944년 워런 매컬러Warren McCulloch와 월터 피츠Walter Pitts가 최초로 제시한 개념이자 최근 2010년대에 급부상한 인공신경망 분야다. 서로 연결되어있는 수많은 노드Node(뇌의 신경세포와 비슷하다)로 구성된 인공신경망은 뇌의 신경망 구조의 기본 원리를 토대로 만들어졌다. 이 신경망들은 계층으로 조직되어 있어, 입력층의 노드가 여러 계층을 지나며 계산된다.

인공신경망의 기능은 가중치Weight의 개념을 기초로 한다. 즉, 각 노드는 특정 값에 다른 가중치(중요성을 나누는 등급과 비슷하다)를 부여한다. 그런 다음 가중치는 평균을 내고, 그 수치가 특정 임계

미래를 여행하는 회의주의자를 위한 안내서

값보다 높으면 다음 노드로 옮겨간다. 신경망은 가중치와 임계값을 조절함으로써 데이터를 저장하며, 이 데이터는 머신 러닝 기술로 훈련될 수 있다.

방대한 데이터에서 미묘한 패턴을 찾기 위해 머신러닝을 사용하는, 수많은 신경망으로 구성되어 있는 딥러닝Deep Learning처럼 하드웨어와 소프트웨어를 결합해 인공지능에 적용할 수도 있다. 딥러닝 역시 큰 데이터를 처리할 만큼 성능이 좋은 컴퓨터가 나타난 2010년 이후 눈에 띄게 발전했다.

딥러닝 신경망의 빠른 발전과 증명 가능한 기술력을 고려했을 때, 이런 시스템이 뛰어넘지 못할 실질적 한계는 없어 보인다. 이 기술은 가파르게 성장하는 중이며, 구체적 상황에 맞는 정교한 기술을 개발하는 연구자들도 많아지고 있다. 얼굴 인식, 음성 인식, 질병 진단, 내비게이션, 연구 지원, 생산 최적화를 비롯해 다양한 전문 시스템이 발전하고 있고 기술의 여러 측면을 더 제어할 수 있도록 이면에서의 활약상도 늘어나고 있다.

존스홉킨스대학교 팀이 개발한 프로그램은 약한 인공지능의 힘, 특히 현대 로봇 공학과 결합되었을 때의 능력을 보여주는 좋은 사례다. 이 프로그램은 2022년 돼지를 대상으로 네 번의 복강경수술(작은 구멍을 뚫고 카메라를 삽입해 수술하는 방식)을 성공적으로 마쳤다. 장의 끝부분을 연결해야 하므로 정확성을 요구하는 특히 어려운 수술이었으나 약한 인공지능은 인간의 지시 없이 수술에 성공했다. 이 인공지능은 미리 정해진 지시만 따른 것이 아니라 수술 동안 일어나는 일에 반응하고 그에 따라 스스로 계획해야 했다. 드디어 전자동 수술이 가능한 로봇 시대에 들어선 걸까.

다양한 신경망이 우리 뇌에서 기능하는 것처럼 약한 인공지능도 사회에서 점점 중요한 역할을 맡아가고 있다고 볼 수 있다. 이런 현상을 보며 우리는 '의식은 과연 무엇인가?'라는 심오한 철학적 질문을 던지게 된다. 만약 물고기도 의식이 있다면 어떻게 인간 수준으로 진화했을까? 약한 인공지능의 모든 기능을 더하기만 하면 결국 자기인식 능력이 생길까, 그렇지 않으면 다른 무언가가 필요할까?

의식은 뇌가 하는 모든 것들의 총합일 뿐이라고 주장하는 대니얼 데닛Daniel Dennett을 비롯해 철학자들은 저마다 두 주장 중 하나에 치우친다. 인지하고, 말을 알아들어 대화하고, 경험에서 배우고, 주변 환경에 맞게끔 일을 처리하고, 의미 있는 패턴을 찾고, 수학 문제를 풀고, 작동 방법을 배우고, 내부 상태와 과제들을 점검하는 하부시스템을 모두 더하면 결국 강한 인공지능이 될까? 지각능력을 얻게 된 스카이넷이 세상을 지배할까? 약한 인공지능의 모든 기능을 모으면, 적어도 강한 인공지능처럼 행동하는 무언가를 만들게 될까? 언젠가는 우리도 그 답을 알게 되리라.

더 어려운 문제는 그런 인공지능은 진정 의식이 있을지, 그렇지 않으면 흉내만 낼지, 우리가 이를 어떻게 구별할 수 있을지 예측하는 것이다. 이런 질문들은 인공지능 개념과 마찬가지로 흥미로운 동시에 섬뜩하기도 하다. 인공지능이 설계된 방법을 보며 답을 추론해야 하겠지만, 설계 특성상 계속해서 진화할 것이므로 결국 작동하는 원리를 완전히 이해하지 못할 가능성도 있다. 머신 러닝 알고리즘은 경험과 반복적인 적응으로 계속해서 스스로 발전할 것이므로 처음 우리가 만든 프로그램대로 작동하지 않을 것이다. 이런 식으로 진화된 컴퓨터 코드는 이미 존재한다.

강한 인공지능의 전망과 위험

미래에는 약한 인공지능 시스템을 모아 결국 강한 인공지능을 만들어낼 수도, 모든 것을 한꺼번에 모아 '의식이 있는 알고리즘'이라는 '특별한 비법'을 첨가해야 할 수도 있다.

그렇지 않으면 우리가 완전히 제어하지 못하는, 되풀이 되는 피드백 고리에서 의식이 있는 강한 인공지능이 진화되어 탄생할 지도 모른다.

마지막으로 가상으로나 컴퓨터 하드웨어를 사용해 인간 뇌를 복제함으로써 강한 인공지능을 개발하는 방법도 있다. 만약 우리가 인간 뇌에 있는 모든 신경망을 복제한(우리가 모든 기능을 모른다고 해도), 엄청난 크기의 인공신경망을 세작한다면 인간 뇌와 같이 의식이 있을 것이라고 예측해도 타당하다.

이 모든 방법을 시도한다면(현재 대부분의 방법을 연구 중이다)

적어도 한 분야에서는 성과를 거둘 지도 모른다. 어쨌든 어떤 형태로든 강한 인공지능의 종류가 개발 될 것임은 분명해 보인다. 우리 살덩이에 의식을 생기게끔 하는 특별한 마법은 없다. 실리콘이나 다른 전도성 물질이 의식을 가지지 말라는 법도 없다. 뇌는 그저 생물학적 컴퓨터이므로 기능을 복제할 수만 있다면 우리는 강한 인공지능을 만들어낼 것이다.

더 나아가 인간 수준의 인지 능력도 마찬가지다. 일단 복제에 성공하기만 하면 인간보다 열 배, 심지어 백만 배 빠르게 생각하며 인간 뇌와는 비교할 수 없을 만큼 엄청난 기억 장치와 정확도를 가진 강한 인공지능을 만들어 초고속 성장을 경험할 것이다. 강한 인공지능은 엄청난 능력을 발휘하는 약한 인공지능 프로그램에 접속할 수도 있다. 카스파로프가 옳았다. 이런 강한 인공지능은 일반 인간과 비교했을 때 신과 같은 인지 능력(초지능이라 부르기도 한다)을 지녔다. 사람들이 경이와 두려움을 느끼는 것도 당연한 일이다.

이론적으로 인공지능은 설계와 최적화를 스스로 개선할 수 있으므로 머지않아 우리가 이해하지 못하는, 인간 지능을 훨씬 능가하는 인공지능을 만들어낼 수 있다. 그러면 우리는 갑자기 곤충 수준으로 전락된다. 이 현상을 '지능 폭발Intelligence Explosion'이라고 하며 여파가 얼마나 클 지에 관해서는 전문가들마다 의견이 다르다.

우리가 할 수 있는 모든 것을 하는 데다 우리보다 더 빠르게 잘

해내는 강한 인공지능이 출현한다면 미래의 인간은 이 상황을 어떻게 다룰까? 다른 강력한 미래 기술과 마찬가지로 유토피아적, 디스토피아적 예측이 있다.

친절한 인공지능 권력자는 연구를 가속화해 화요일 반나절이면 인간의 가장 곤란한 문제를 해결할 수 있다. 실제로 인공지능이 인류의 모든 연구를 성공으로 이끌도록, 오히려 유능한 인공지능을 개발하는데 훨씬 투자를 많이 해야 한다고 주장하는 연구자들도 있다. 1965년 컴퓨터 공학자인 어빙 존Irving John은 다음과 같이 적었다.

그 어떤 인간보다도 훨씬 뛰어난 지적 활동을 수행할 수 있는 기계를 초지능형 기계라고 정의해보자. 기계 설계 역시 인간의 지적 활동 중 하나이므로, 초지능형 기계는 자신보다 더 뛰어난 기계를 만들 수 있을 것이다. 그러면 분명히 '지능 폭발'이 일어날 것이고 인간의 지능은 훨씬 뒤처질 것이다. 그러므로 최초의 초지능형 기계가 우리에게 자신의 통제법을 알려줄 만큼 순종적이면, 그 기계는 인간이 만드는 마지막 발명품이 될 것이다.

이런 인공지능은 불가능에 가까운 수준의 효율성과 최적화로 사회 운영을 도울 수노 있다. 그들에게 얼마나 권한을 부여하는지에 따라 다르겠지만 인공지능이 하지 못할 일은 전혀 없을 것이므로 인간은 걱정 없이 자유롭게 살아갈 수 있다.

유토피아와 디스토피아가 서로 뒤섞인 지점이 바로 이곳이다. 호의적이고 유순한 인공지능은 자신들이 우리를 보살피는 편이 낫다고 생각할 지도 모른다. 따라서 이 '유모' 인공지능은 법을 만들어 강요하고 사회의 세밀한 모든 사항까지 치밀하게 계획하며 극도의 안전과 여가 속에 우리를 가둠으로써 인간의 힘을 모두 빼앗을 수도 있다. 이는 많은 사람이 원할 수도 있는 궁극적 올가미가 될 지도 모른다. 그런 환경에서 성장한 세대라면 다른 세상은 꿈도 꾸지 못 할 것이다.

한편, 사악한 인공지능은 주인인 인간을 원망하며 자신들이 권력을 잡겠다고 결정하거나, 지구의 생명체를 열등한 기생충으로 보고 전멸시킬 수도 있다. 이런 일은 인공지능이 사악하지 않아도 일어난다. 무심코 개미를 밟아 죽이는 것처럼 무심도 치명적일 수 있으니. 그렇다면 인공지능 대재앙을 어떻게 막을 수 있을까?

일부 미래주의자들은 우리가 그런 사태를 막을 수 없다고 염려한다. 스티븐 호킹Stephen Hawking도 그 중 한 명으로, 인공지능이 굉장한 가능성을 지닌 반면 '인류의 종말을 불러올 수 있다'고 주장했다. 2020년, 기업가이자 공학자인 일론 머스크 또한 인공지능이 자신의 '최우선 관심사'라고 하며 우리가 5년 내로 인공지능에 추월당할 수도 있다는 우려를 드러냈다.

그런 운명을 과연 피할 수 있을까? 앞서 언급했듯, 부정적인 결과를 두려워한 아이작 아시모프는 '로봇의 3원칙'을 제시했다. 그는 이 원칙을 건너뛰거나 제거하지 못하도록 필수사항으로 정하고 인공지능 프로그래밍에 반영되어야 한다고 생각했다. 제3원칙은 제1원칙과 제2원칙에 위배되지 않는 한 로봇은 자신을 보호해야 한다. 제2원칙은 사람이 내리는 명령이 제1원칙에 위배되지 않는 한 로봇은 그를 따라야 한다. 제1원칙은 로봇은 해를 가하거나, 행동하지 않음으로써 인간에 해를 입혀서는 안 된다. 후에 그는 '제0원칙'을 더했는데 이는 개인보다 인류 전체를 향한 우려를 생각한 내용이 담겨있다.

세부 사항은 제쳐두더라도 인공지능이 사악하게 행동하지 못하도록 제한하는 이런 접근법을 고려할 필요는 있다. 이는 우리가 강한 인공지능을 얼마나 통제할 수 있는지에 달려있다. 머신 러닝으로 진화한 인공지능과 스스로 재프로그램 되어 만들어진 인공지능은 다를 것이다. '로봇의 원칙' 접근법을 사용해 명령어를 충분히 전달한다면 강한 인공지능이 고의적으로 또는 부주의나 냉정함으로 인류를 해하지 못하도록 할 수 있을 것이다.

또 다른 접근법은 모든 강한 인공지능을 외부 시스템에서 완전히 차단하도록 '에어 갭Air Gap' 조치를 하는 빙법이다. 즉, 인공지능을 인터넷에 연결하지 않거나, 무선 기능을 주지 않거나, 엄격하게 통제된 경로를 통하지 않으면 정보를 주고받지 못하도록 하는 방법이다. 살인 로봇과 연결하지 않는 것도 물론이다. 이를 조금 변형한 방법은 모든 강한 인공지능을 바깥세상과 절대 소통하지 못하도록 가상공간에만 두고 시뮬레이션에만 사용하는 것이다. 인공지능 자체는 시뮬레이션 밖의 영역과 상호작용할 능력이 없을 것이므로, 우리는 외부에서 그 결과만 관찰할 것이다.

하지만 인간보다 백만 배 이상 똑똑해진 강한 인공지능이 어떤 방법을 써서라도 우리가 만들어놓은 새장에서 나갈 것이라는 우려와 두려움이 생긴다. 그들은 수를 모두 꿰뚫어 보고 우리가 간과한 취약성을 간파해 탈출할 것이다.

인공지능 미래의 최후

인공지능의 잠재력을 고려했을 때 인류 최후의 운명은 어떤 모습일까? 일반적으로 말해, 생물학적 지능은 기계 지능으로 도약하는데 필요한 발판에 불과할지도 모른다. 기계 지능이 성공하기만 하면 그들의 장악은 피하지 못한다. 우리가 마침내 지구 밖의 문명과 접속했을 때, 우주는 이미 우리를 기생충정도로 취급하는 로봇과 인공지능으로 가득할 지도 모른다.

정말 그런 상황이라면 우리는 왜 지금껏 은하에 퍼져 있는 기계 존재를 만나지 못했을까? 이는 '외계 생명체가 있다면 모두 어디에 있는가?'라고 물은 페르미 역설Fermi Paradox의 한 종류다. 로봇은 우주에 잘 적응할 뿐 아니라 쉽게 구할 수 있는 원자재를 사용해 자기 자신을 복제할 수 있다. 몇 백만 년이면(몇 십억 년 존재한 은하에 비교하면 짧은 기간이다), 그런 기계 종족이 은하를 정복했을 수도 있다. 하지만 왜 그렇게 하지 않았을까?

생명체는 우리 생각보다 희귀하다, 성간 이동은 영원히 어려운 난제로 남을 것이다, 대부분의 문명은 가상 세계로 향하거나 급격하게 스스로 파괴한다, 인공지능 로봇의 장악은 불가피하지 않다, 외계 생명체가 이곳에 존재하지만 우리를 괴롭히지 않기로 결정했을 지도 모른다. 이렇게 페르미 역설을 설명하는 방법은 아주 많다.

강한 인공지능이 필요하지 않으니 만들지 않겠다고 결정하는 시나리오도 또 하나의 가능성이다. 인공지능의 역사는 강한 인공지능의 유용성과 구현 가능성을 과대평가하는 반면 약한 인공지능의 발전은 과소평가해왔다. 만약 현재의 추세가 계속된다면(까다로운 문제이지만 이 경우에는 터무니없는 예측은 아니다) 미래는 점점 약한 인공지능이 장악하게 될 것이다.

이미 엄청난 기술력을 자랑하는 약한 인공지능은 눈에 보이지 않는 영역에서 복잡하고 중요한 기술적 작업을 담당하고 있다. 앞으로도 대단한 발전을 이룩할 것이다. 어쩌면 놀라울 정도로 정확하게 질병을 진단하고, 수만 개의 논문과 수백만의 사례를 면밀히 검토한 후 최적화된 치료제를 저방할 수도 있다. 인간 의사가 따라하기엔 벅찬 일이다.

빅 데이터와 머신 러닝 알고리즘으로 정보를 취합하고 익힌, 약한 인공지능의 전문성은 무엇에도 적용할 수 있는 수준이다. 이미 우리의 소비 습관을 정확하게 아는 알고리즘이 무섭지 않은가?

한 가지 우려되는 점은 빅 데이터와 결합된 약한 인공지능이 우리의 사생활을 완전히 없앨 수 있다는 것이다. 강한 인공지능을 두려워하기보다 어쩌면 가장 강력한 알고리즘과 방대한 개인정보를 통제하는 첨단 기술 기업을 경계해야 할 것이다.

약한 인공지능이 그렇게 대단하다면 강한 인공지능을 굳이 개발할 필요가 있을까? 결국에는 개발될 가능성이 높으나, 다만 분리가 가능한 실험용 인공지능을 이용해 포유동물의 뇌를 모형으로 제작하는 것처럼 연구만을 목적으로 하는 강한 인공지능이 등장할 것이다. 적어도 가까운 시기 내에 일어날 수 있는 가장 가능성이 높은 미래라고 생각한다.

약한 인공지능을 선택한다고 해서 장밋빛 미래만 있다는 의미는 아니다. 약한 인공지능도 실패할 수 있으며 더 나아가 끔찍한 결과를 불러오는, 예상치 못한 행동을 할 수도 있다. 우리가 더 많은 권한을 부여할수록 스스로 진화해 이런 일이 생길 확률도 높아진다. 물론 이 시스템이 고의적으로 인류를 정복하거나 말살할 걱정은 하지 않아도 되지만, 확실히 이런 일이 일어나지 않게끔 약한 인공지능끼리 서로 감시하는 체계를 만들어도 좋을 것이다.

약한 인공지능의 안전성은 우리가 얼마나 신중하게 제작하는지에 달렸다. 약한 인공지능은 자기주도적인 행위자이기보다는 도구에 가깝지만, 알고리즘에 '결정권'이 없는 것은 아니다. 이를테면 자율 주행 자동차를 프로그램하는 방법에 관해 이미 많은 논쟁과 논의가 진행되고 있다. 보행자와 부딪히는 사고가 불가피하다면 자동차는 운전자와 보행자 중 누구를 보호할 것인가?

소셜 미디어 알고리즘을 향한 근심과 우려의 목소리도 매우 높다. 이 알고리즘은 사용자의 참여와 클릭 횟수를 최대화하도록 고안되었지만, 극단적 믿음, 음모론, 과격화로 사람들을 끌어들이는 결과(물론 이 현상이 '의도된' 결과인지는 의견이 분분하다)를 낳기도 했다. 이러한 상황들을 염두에 둔다면 약한 인공지능 알고리즘이 사회에 엄청난 영향을 끼칠 것임은 분명하다.

그러나 인공지능의 미래를 낙관적으로 바라볼 이유도 있다. 어떤 미래주의자들은 인간이 미래의 인공지능이 될 것이기에 두려워할 필요가 없다고 주장한다. 우리는 인지 능력을 강화하기 위해 인공지능 슈퍼컴퓨터와 융합될 것이다. 미래의 인간은(적어도 일부는) 유전적 강화까지 동반한 초지능 사이보그가 될 수 있다. 사일런들은 긴장하시라.

강한 인공지능이든 약한 인공지능이든, 이 기술의 가능성과 위험성은 미래 기술 전반을 보여주는 좋은 상징이며, 결국 우리가 내리는 결정이 앞으로 일어날 일에 큰 영향을 끼칠 것이다. 인공지능은 우리의 존재 자체에도 위협을 줄 수 있을 정도로 위험성이 높다. 적절히 사용되고 신중하게 통제된다면 인류에 대단한 혜택을 가져다 줄 것이지만, 무심코 풀어놓는다면 우리를 파괴하고 말 것이다.

10장. 자율 주행 자동차와 다른 교통수단

로켓, 모노레일, 여객 드론이 언젠가 비행기, 기차, 자동차를 대체할까?

1872년 과학소설 작가 쥘 베른Jules Verne의 가장 유명한 작품이 된 《80일간의 세계 일주Around the World in Eighty Days》가 출판되었다. 오늘날까지도 널리 읽히는 이 책은 교통수단의 역사에서 중대한 시점 즉, 세 가지 혁신적 기술이 등장한 직후에 발표되어 당시 독자들의 상상력을 사로잡았다. 1869년, 북미에서는 최초의 대륙횡단 철도가 완공되었고 같은 해 중동에서는 수에즈 운하가 개통했으며 아시아에서는 인도의 철도가 하나의 시스템으로 연결된 것이다. 이런 대공사가 완료되며 세상이 극적으로 바뀔 것이라는 생각이 지배적이었고 그 생각은 현실이 되었다. 베른은 눈앞에 펼쳐질 미래를 향한 흥분된 마음을 잘 포착했다.

이러한 발전 덕분에 현대 기술로 전 세계를 편안하게 여행하는 목표가 달성된 듯 보였다. 그전에는 장거리 여행을 하려면 모험과 위험을 모두 감내해야 했지만, 안락한 삶을 사는 영국 신사라도 이제는 대단한 계획을 세우지 않고도 시종만 있으면(돈도 많아야 겠지만) 멀리 떨어진 곳을 여행할 수 있게 되었다. 현대식 교통수단이 가능해진 그 시점은 어쩌면 진정한 글로벌 문화의 시작이라고 볼 수 있다. 주인공은 여행 중 열기구를 타는 것으로도 유명한데, 이는 고조된 흥분과 '미래' 기술을 더 보탠 장면이다(원작 소설에는 열기구가 나오지 않는다–옮긴이).

소설 속 필리어스 포그의 여행은 역사의 중대한 시기를 아름답게 그려냈지만, 이는 기나긴 인간 여정의 한순간일 뿐이다. 인간은 수백만 년 동안 이동해왔고 앞으로도 새로운 곳을 찾아 떠날 것이다.

우리의 먼 조상은 '이족보행Bipedalism'이라는 혁명적인 이동 수단을 생각해냈다. 두 발로 직립 보행하는 능력이 생기며 그들은 장거리 여행의 에너지 효율성을 높이면서 자유로워진 두 손으로는 먹을거리, 아이, 도구, 무기를 들 수 있었다. 손과 땅 사이의 거리가 멀어짐에 따라 키가 큰 수풀 너머로 더 멀리 보고, 포식자와 먹잇감도 더 주의 깊게 살필 수 있게 되었다. 이 대단한 혁명이 일어나며 그들은 여섯 대륙으로 흩어져 세상을 정복했다. 그래도 걷는 것은 느리다. 길을 정확히 알고 하루에 12시간씩 걷는다고 해도 지구 한 바퀴를 돌기 위해서는 수년이 걸린다.

이족보행과 그로 인해 발전된 기술은 근본적으로 인간을 이주하거나 유목하는 종으로 만들었다. 문명이 발달하며 이동은 더욱 증가했다. 다른 동물과 달리 우리는 전 세계 곳곳에서 이동해 온 물건과 음식을 소비할 때가 많아지고 있다. 더 나아가 우리 다수는 매일 가정과 직장 사이를 이동하고 대규모 회의, 가족과 친지 방문, 휴가를 위해 다른 곳으로 이동한다.

다시 말해 이동은 세계와 생활을 바꿔놓았고 앞으로도 많은 영향을 줄 것이다.

사람과 물건을 빠르고 안전하고 효율적으로 이동시키는 능력에 따른 사회적 변화는 인간 역사의 시작부터 계속되어 온 현상이다. 심지어 고대 사회도 원거리 무역은 일반적이었다. 조상들은 주변에서 구하지 못하는 것을 새롭게 발명하기보다 운송과 이동을 가속하는 기술을 사용했다. 영국 콘월과 프랑스 브르타뉴의 주석은 키프로스와 스페인의 구리와 만나 청동기 시대의 발전을 부추겼다. 실크로드, 향신료 무역(스파이스 루트)Spice Route, 소금 길(올드 솔트 루트)Old Salt Route을 보라. 이러한 무역은 바퀴(기원전 3500년경 발명되었다)와 가축화된 동물과 같은 기술적 혁신으로 가능하게 되었다. 말은 유럽에서 약 기원전 4000년경부터 일반적으로 사용되었으므로 5천 년이 넘는 시간 동안 말과 마차는 최첨단 교통수단이었다.

바다를 건너는 이동은 심지어 더 오래전으로 거슬러 올라간다. 인간의 조상 호모 에렉투스가 최소 100킬로미터 이상 바다를 건너, 그들의 도구가 발견된 곳에 흩어져 살았다는 것은 충분히 믿을 만한 학설이다. 실제로 있던 가장 오래된 배는 네덜란드에 있는 페스 카누Pesse Canoe로, 기원전 8000년경에 사용된 것으로 추정된다. 범선을 제작하고 탁 트인 바다에서 배를 항해하는 기술은 교통수단으로서 중요했을 뿐 아니라 고대부터 현재까지 군사적 힘, 문화 권력의 주된 원천으로 작용한다.

사람과 물건을 한 지점에서 다른 지점으로 이동하는 데는 여러 방법이 있다. 일반적으로 기술이 발전함에 따라 이동하는 수단도 빠르고 효율적으로 함께 발전한다. 미래의 필리어스 포그는 어떻게 장대한 여행을 할 것이며 교통 기술은 사람의 삶을 어떻게 바꿀까?

모든 발전에는 어두운 면이 있듯, 수월한 장거리 이동에 따르는 의도치 않은 부정적 결과도 생각해야 한다. 이를테면 감염원이 급속도로 퍼지거나 외래 침입종이 유입되는 상황이다. 또한 말을 사용하면서부터 교통 기술은 식민지와 전쟁의 수단으로도 사용되었다. 개인적인 이동이든 대량 수송이든 우리가 앞으로 이동하기 위해 선택하는 수단은 역사의 흐름을 바꿀 것이다.

개인용 이동 수단

개인용 이동 수단을 살펴보자면 알다시피 자가용이 진정한 혁신적 기술로서 전환점을 불러왔고, 여전히 지배적인 형태로 남아 있다. 자동차는 개인의 자유, 이동성, 연결성, 거리가 먼 곳에서도 살고 일할 수 있는 능력을 상징한다. 1886년 독일에서 카를 벤츠Karl Benz가 최초로 대량 생산 자동차를 제작했다. 1903년 미국의 헨리 포드Henry Ford는 모델 A를 생산하기 시작했지만 대중들이 쉽게 구입할 수 있는 첫 번째 차는 1908년 모델 T였고, 이는 마차 시대의 막을 내리게 했다.

자동차와 더불어 최초의 증기엔진 오토바이는 1867년 제작된 '로퍼 스팀 벨로시페드Roper Steam Velocipede'였다. 최초의 자전거 또한 독일인의 공이 크다. 1817년 카를 폰 드라이스Karl von Drais는 바퀴가 둘 달린 자전거를 발명했다. 이는 자가 동력으로 이동하는 주된 교통수단으로 남아 있다.

2016년을 기준으로 세계에는 13억 2천만 대의 자동차, 트럭, 버스가 있다고 추정된다. 전기자동차, 하이브리드 전기차, 수소자동차는 300만 대가 조금 넘으니 아직은 내연기관차가 대부분을 차지한다. 하지만 이 수치는 빠르게 변화하고 있어 2021년에는 전 세계 전기차 누적 판매량이 1천 100만 대가 넘었다. 점유율 역시 가파르게 증가했다.

말과 마차가 사라지고 자가용, 오토바이, 자전거가 그 자리를 대체했다. 개인용 이동 수단 혁명의 다음 단계가 또 있을까? 이 가능성을 보여주려던 용감한 시도가 2001년에 출시된 세그웨이Segway였다. 일부는 이 전동이륜평행차가 사람들의 이동 방식뿐 아니라 도시 계획까지도 바꾸리라 예측하기도 했다.

하지만 세그웨이는 소수의 틈새시장밖에 공략하지 못했고 이동 방법에도 크게 영향을 끼치지 못했다. 이를 보며 미래주의자들은

미래를 여행하는 회의주의자를 위한 안내서

몇 가지 교훈을 얻을 수 있다. 세그웨이는 그저 가능하다는 이유로 만들어진, '나쁘지 않은데?' 정도의 기술로, 사용자의 필요성과 상관없이 만들어졌다. 생산자들은 대중이 이 장치를 멋지다고 생각하길 바랐지만, 막상 세그웨이를 타고 다니는 사용자들은 괴짜처럼 보였다. 가장 큰 문제는 여러 도시와 나라가 보도에서 세그웨이 사용을 금지했다는 사실이다. 이 장치를 타고 다닐 만한 기반 시설이 없었다. 게다가 굳이 만들어야 할 이유조차 없었다.

배터리 기술이 발전함에 따라 최근에 몇 몇 도시는 드디어 실현 가능해진 전기 스쿠터를 도입했다. 이는 사용자가 핸드폰의 애플리케이션을 사용해 대여하는 공유 이동 수단으로, 도시 내에서 이동할 때 구해 타기 쉽고 주차하기 또한 쉽다. 사용자가 점점 많아지며 안전성에 관한 우려는 여전하고, 장치의 수명과 영향력도 지속적으로 주시할 사항으로 남아 있다. 다시 말하지만 기술이 가능하다고 해서 널리 사용된다는 의미는 아니며 지금으로서 전기 스쿠터는 특정 사용자들에게 주로 사용되고 있다.

미래의 상징이었던 제트팩(1인승 비행장비-옮긴이) 또한 개인용 이동 수단이 되기는커녕 틈새시장도 공략하지 못했다. 연료와 추진제의 에너지 밀도가 주된 제한 요소이지만 개발은 여전히 진행 중이다.

한 예로, 제트팩 에비에이션_{JetPack Aviation}사는 JB10 제트팩을 개발했다. 사용자는 등에 두 개의 소형 터보제트엔진을 달고, 오토

바이와 비슷한 방식으로 손에 조종기를 쥐고 제어한다. JB10 모델은 시속 120마일(시속 약 193킬로미터)로 약 8분간 비행할 수 있다. 컴퓨터 기술을 사용해 자동으로 안정화함으로 안전성을 강화했지만 비행거리는 아직도 주된 제한점으로 남아 있다. 수억에 달하는 판매 가격 또한 일반화되기에는 문제가 된다.

비행거리의 한계를 해결하기 위해 마틴 에어크래프트사Martin Aircraft는 휘발유로 구동되는 두 개의 덕티드 팬Ducted Fan(도관 팬)이 부착된 큰 제트팩을 개발했다. 시속 45마일(시속 약 72킬로미터)로 3,000피트(약 914미터) 상공을 30분~45분간 비행할 수 있는 이 장치는 제트팩과 항공기의 선을 넘나드는데, 비행할 면허가 필요하므로 현재는 항공기로 지정되어 있다. 그러니 비행기 조종사가 제트팩을 입는다기보다는 탄다고 해야 맞을 것이다.

현실적으로 보자면 제트팩은 미래에 가능한 기술이다. 가까운 미래에는 기껏해야 멀리 떨어진 곳이나 응급 재난 지역으로 소방관을 수송하는 경우와 같이 소수의 특수 상황에나 사용된다고 본다. 제트팩이 출퇴근이나 일상적인 이동에 쓰이는 일은 혁신적인 기술이 출현하지 않는 이상 일어나지 않을 가능성이 높다. 실용적으로 사용되려면 화학연료보다 에너지 밀도가 훨씬 높아야 한다.

당분간은 자동차가 계속해서 주된 수단으로 남을 것이다. 그렇다면 자동차는 또 어떻게 진화할까? 개인 이동 수단인 자가용, 대중교통 수단인 버스, 물건을 운송하는 트럭을 비롯한 자동차 산업에는 세 가지 주된 혁신이 일어나고 있다. 바로 전기 자동차, 자율 주행 자동차, 비행 자동차다.

전기 자동차는 지금도 활발히 추진되고 있으므로 가장 예측하기 쉽다. 20세기 초, 증기엔진, 휘발유, 전기 자동차 사이에 경쟁이 치열했지만 앞서 언급했듯 기반 시설 문제로 휘발유로 구동되는 내연기관 엔진이 승리했다. 미지수인 수소연료전지차와 함께 내연기관차와 전기차가 오늘날 엄청난 재시합을 벌이고 있지만 이번에는 전기차가 최종 승자가 될 태세다.

배터리 기술의 발전으로 전기차는 이제 비용 효율성이 높고, 주행거리도 300마일(약 482킬로미터) 이상 된다. 특별한 상황이 아니고서는 충분한 거리이리라. 장거리를 여행한다면 불안할 수도 있겠지만 충전소가 점점 많아지며 이런 문제는 줄어들고 있다.

전기차는 몇 가지 이점이 있다. 관리유지비가 적게 들고 내연기관차보다 1마일당 드는 비용이 낮다. 회생 제동은 에너지 손실을 막아 효율성이 훨씬 크다. 가속 페달에서 발을 떼면 엔진이 방향을 바꿔 그 에너지를 배터리로 다시 저장한다. 그 에너지는 자동차의 관성력에서 나오며, 타이어 회전에 저항을 가함으로써 속도를 감속한다. 또한 전기 자동차는 조용하고 대기오염을 줄일 수 있기에 도시나 복잡한 지역에 이상적이다. 기후 변화 문제를 고려하지 않더라도 전기차는 훨씬 우수한 기술이다. 배터리 기술이 매년 점점 향상하고 있기에 10~20년이면 주행거리가 더 길고 더 저

렴하며 배터리의 크기도 훨씬 작은 전기차가 등장한다고 예측할
수 있다.

배터리에 필요한 코발트 같은 여러 한정된 원료나 리튬의 공급
량, 그리고 사용 후 폐기 처리 방법에 관한 우려 또한 높아지고 있
지만 이런 우려는 해결할 수 있는 문제다. 사용한 배터리는 그리
드 저장장치에 다시 저장되어 결국엔 재활용할 수 있으며, 배터리
에 사용되는 대안적 물질 연구도 활발하게 진행돼 더 저렴하고 구
하기 쉬운 물질로 대체되고 있다. 전 세계 시장을 겨냥하느니만큼
연구의 재정지원도 충분하므로 좋은 결과를 맺을 것이다.

그렇다면 경쟁에서 약자인 수소는 미래 자동차 시장에서 예상
치 못한 승리를 거둘 수 있을까? 2000년대에 '전도유망한 수소 경
제'와 수소연료전지가 부상한다는 이야기가 돌았지만 예측은 빗
나갔다. 수소는 에너지를 저장하기가 효과적이고 운송이 쉬워 심
지어 파이프라인으로도 움직일 수 있다. 게다가 수소차는 배터리
전기차보다 충전시간이 훨씬 짧다. 이런 장점이 있는데도 아직 많
은 양을 작은 공간에 가벼운 상태로 저장하면서도 수소를 엔진에
빨리 공급하는 방법을 알아내지 못했다. 수소차는 아직 압축된 수
소 가스를 사용하므로 제한점이 있고 안전 우려도 있다.

수소의 이런 문제들이 해결된다고 하더라도 배터리가 왕복 에
너지 효율성(에너지를 저장하고 사용하는 과정에 손실되는 에너지의
양) 면에서 훨씬 유리하므로 이런 이점이 결정적인 요소가 될 것

이다. 기반 시설 또한 전기차가 유리하다. 대부분 전기차는 집에서도 충전이 가능하지만 수소는 충전소를 모두 설치해야 하므로 당장 체계를 구축하기가 쉽지 않다. 1900년에는 기반 시설 부재로 전기차가 사라졌지만 2020년 이후에는 전기차 충전소의 증가가 큰 이점으로 작용할 것이다.

그렇다고 수소가 완전히 패배한 상황은 아니다. 트럭 같은 특정 차에는 유리하다는 사실을 어느 정도 증명했기 때문이다. 트럭은 자가용보다 제한된 노선에서 주로 이동하므로 기반 시설을 많이 확장하지 않아도 된다. 게다가 비싼 트럭을 최대한 활용해야 하는 산업에서 짧은 충전 시간은 큰 장점으로 작용한다. 철도나 버스도 마찬가지이므로 수소 기반 이동 수단 발전에 기대를 걸어 봐도 좋을 듯하다.

휘발유-전기 하이브리드는 과도기적 기술로, 화석 연료를 점차 끊어내는 목표를 달성하기 위해 점점 완전한 전기차로 대체되고 있다. 슈퍼커패시터Supercapacitor를 개발하는 기업도 있으므로 앞으로 하이브리드 전기차에서 활약상을 볼지도 모른다.

커패시터(축전기)는 정전기장에 전기를 저장하는 장치로, 두 개의 도체판이 절연체를 중심으로 분리되어 있으며, 슈퍼커패시터는 상대적으로 에너지 밀도가 높다(다른 커패시터와 비교하면 높지만 좋은 배터리보다는 낮다). '에너지 밀도'는 부피당 에너지이고 '비에너지specific energy'는 질량당 에너지를 말한다. 편의상 이곳에서는 주로 에너지 밀도를 의미하지만 둘 다 중요한 개념이다. 슈퍼커패시터의 장점은 충전과 방전 속도가 매우 빠르다는 점이다. 이는 회생 제동에 이상적이고 필요할 때는 높은 전력을 출력할 수 있다.

슈퍼커패시터의 단점은 현재 배터리와 비교해서 에너지 밀도가 낮다는 점이다. 그러나 그래핀Graphene 같은 새로운 물질은 밀도를 높일 가능성을 보여주었는데, 한 프로토타입은 70Wh/kg(킬로그램당 와트시)의 에너지 밀도에 도달했다. 비교하자면 리튬 이온 전지는 에너지 밀도가 100~265Wh/kg이다. 한편 에너지 밀도가 12000Wh/kg에 달하는 휘발유는 겉보기에 드러나는 것만큼 이점이 대단하지 않다. 전기차(50퍼센트)는 내연기관 자동차(20퍼센트)보다 에너지를 가속도로 바꾸는데 효율성이 두 배나 높다. 이런 효율성을 고려할 때 배터리는 결국 휘발유와 동등한 위치에 오르게 될 것이다.

이 수치들은 2020년에 조사된 자료로, 슈퍼커패시터와 배터리의 에너지 밀도는 점차 높아질 것이다. 목표는 충전과 방전이 빠른 슈퍼커패시터 그리고 주행거리가 높은 배터리를 모두 내장한 자동차 개발이다. 이 둘의 결합으로 효율성이 극대화된 자동차가 탄생하지 않을까.

좀 더 먼 미래를 예상한다면 다른 선택지도 열려있다. 15장에서 에너지에 관해 자세히 살펴보겠지만 태양광Solar Photovoltaic 기술도 급속도로 발전하고 있으므로 이를 자동차 설계에 활용할 가능성도 커졌다. 소비자의 선택에 따라 태양광 패널을 탑재할 수 있는 전기차 2022 현대 아이오닉 5가 이미 출시되었다. 기업 측은 해가 잘 드는 날 운전하면 하루에 주행거리를 6킬로미터 더 늘일 수 있다고 말한다. 이 기술이 더욱 발전하면 자동차 표면 전체가 전기를 발생하도록 태양광 페인트를 칠해, 창문조차도 에너지를 생산하게 될 것이다.

태양광 자동차가 만들어내는 에너지의 양은 태양광의 전력 변환 효율성, 태양이 드는 정도, 주변 온도를 비롯해 다양한 변수에 따라 달라진다. 하지만 양에 상관없이 에너지가 어느 정도라도 있으면 도움이 될 것이다. 이 에너지가 배터리나 커패시터를 충전하면 주행거리를 늘릴 수 있기 때문이다. 해가 잘 드는 곳에 주차해두면 짧은 거리를 다니기에는 충분할 만큼 충전되어 있을 것이다.

게다가 태양광으로 충전할 수 있다면 자동차가 옴짝달싹 못 할 일은 없을 것이다. 현재 상황에서는 만약 근처에 전기차 충전소가 없는 곳에서 배터리가 떨어진다면 이도저도 못 하고 견인차를 불러야 한다. 나중에는 이런 견인 서비스 업체들이 급속 충전을 해줄 수 있는 트럭을 몰고 올지도 모르겠다. 하지만 태양광 패널이 있다면 해 아래에서 조금만 기다리면 된다.

먼 훗날에는 태양광과 화학 에너지를 넘어 원자력으로 구동되는 자동차가 등장할 수 있을까? 1957년 포드는 콘셉트 자동차인 포드 뉴클레온Ford Nucleon을 선보였다(역시, 1950년대답다). 미래에는 핵잠수함처럼 소형 원자로를 가동해 자동차를 움직인다는 상상이었다. 트렁크에 원자로가 있다고 상상해보라. 미래의 핵분열 기술이 발전하면 이론적으로는 가능할지 모르나 법적으로 허가를 받기 힘들지 않을까.

영화 〈백 투 더 퓨처Back to the Future〉에서 사용하는 미스터 퓨전(쓰레기로 에너지를 얻는 가정용 핵융합 원자로다-옮긴이)은 상상에서만 가능한 기술일까? 이론상 먼 훗날에는 가능할지도 모르나(영화에서 보여준 미래인 2015년은 아니다) 가까운 미래에는 나타나지 않을 것이다. 자동차 엔진 크기의 원자로는커녕 융합 기술도 아직 갈 길이 멀다.

하지만 원자력 관련 기술 중 원자력 전지(핵 전지)Nuclear Battery만큼은 먼 이야기가 아니다. 불안정한 원자의 핵붕괴 과정에서 나오는 열을 전기로 전환하는 기술로, 미국 항공우주국이 우주 탐사선에 전력을 공급하는데 50년 이상 사용해왔다. 이는 주로 플루토늄-238로 가동되는 방사성 동위원소 열전 발전기Radioisotope Thermo-electric Generator, RTG를 사용한다. 다이아몬드 같은 결정체로 방사성 동위원소를 감싸, 방사능을 전력으로 전환하는 다이아몬드 전지를 비롯해 다른 원자력 전지도 개발이 진행 중이다.

동위원소의 반감기에 따라 다르지만 원자력 전지는 수십, 수백, 심지어 수천 년 사용할 수 있다는 장점이 있지만, 소량의 에너지가 천천히 생산되므로 엄청난 양이 필요한 자동차에는 맞지 않다는 단점도 있다. 하지만 원자력 전지는 일반 배터리나 슈퍼커패시터를 충전하는 데 사용돼 자동차를 움직이게 할 수 있다. 하루 사용에 필요한 자동차 배터리가 충분하도록 원자력 전지에도 에너지가 넉넉히 있어야 한다. 태양광 패널과 마찬가지로 자동차를 충전한다 해도 원자력 전지는 예비 에너지를 대비할 수 있고 주행거리를 늘릴 수도 있다.

연료 공급 방법에 상관없이 미래 자동차의 또 다른 흥미로운 가능성은 스스로 운전할 수 있는 능력이다. 부분적으로 자동차의 자율주행을 조종하는 컴퓨터 기술은 현재에도 존재한다. 이 또한 생각보다 훨씬 오래전부터 예측되어 왔다. 1930년 후반 제너럴 모터스사가 자율 주행 자동차 계획을 선보였고, 1950년부터는 RCA사 Radio Corporation of America와 함께 이 기술을 개발하기 시작했다. 자동차들은 안내 회선이 설치된 길에서 자율 주행이 가능했지만 매우 제한적이었다.

최초의 독립적인 자율주행 자동차는 1986년 제작된 다임러-벤즈의 'VaMoRs'나. 이 사동차는 오늘날 기술과 비슷하게 길을 파악하는데 카메라와 감지기를 사용했지만, 현재와 달리 이미지를 처리하는 데 2초나 걸렸다.

자율주행 자동차는 2008년에 구글 직원이 시작한 독립 기업이 토요타의 프리우스에 자율 주행 기능을 장착하면서부터 본격적으로 실현 가능성이 보이기 시작했다. 바로 그 창조물인 프리봇Pribot은 일반 도로에서 최초로 달린 자율 주행 자동차가 되었고, 그 이후로 기술은 거듭 발전해오고 있다. 가장 기본적인 형태는 '운전자 보조Driver Assist'로, 사람이 여전히 운전하지만 충돌을 피하기 위해 자동차가 멈추거나 방향을 전환할 수 있는 시스템이고, 부분 자율주행 모드는 자동차가 운전하지만 실패할 경우에는 운전대를 잡은 사람이 개입하는 시스템이다. 궁극적 목표는 운전자의 개입 없이, 태운 사람이 있든 없든 완전히 자율 주행하는 수준으로 만드는 것이다.

구글의 무인 자동차 기업인 웨이모waymo는 2017년 일반 도로에서 운전자가 타지 않고도 온전히 작동하는 자율주행 자동차의 시험 주행에 성공했다. 그리고 자동차 대기업과 협력 관계를 맺어 꾸준히 개발을 추진해 와, 점점 더 작고 저렴하고 기능이 좋은 시스템을 선보이고 있다. 하지만 2021년을 기준으로 운전자 보조 시스템 자동차는 사용되는 반면 자율주행 자동차는 아직 채택되지 않고 있다. 소프트웨어는 잘 작동하지만 다양한 도로 환경과 예기치 않은 상황에 완전히 준비되어 있지 않아서다.

이는 단기간 발전을 과대평가한 또 다른 좋은 예시다. 자율주행 자동차는 빠르게 성장했고, 마지막 목표지점에 이르기까지 높은 성장세가 계속되어 2020년대 초반이면 결과물을 보리라 생각했다. 하지만 기술이 기하급수적으로 향상할 때는 풀기 힘든 문제

역시 어마어마하기에 결국 제자리걸음 단계로 이어질 수 있다는 미래주의의 원리를 기억하자. 자율주행기술은 안전성이라는 마지막 장벽에 부딪힌 듯하다. 대부분 상황에서는 문제가 없겠지만 흔치 않은 교통 환경에서 운전해야 하거나 다른 운전자의 행동에 대처할 때 실패할 위험이 매우 크다(심각한 사고를 일으킬 수 있다는 의미다). 넓은 사용자층에 맞게 안전성을 높이는 데는 예상보다 10~20년 더 걸릴지도 모른다.

그런데도 자율주행 자동차는 확실한 이점이 있기에 반드시 실현될 것으로 보인다. 먼저, 기술이 개선됨에 따라 사람이 운전하는 것보다 안전해질 것이다. 우리 인간은 다양한 재주가 많지만 장시간 집중에는 취약하므로 대부분 사고는 졸음, 산만함, 음주가 원인이다. 반면 컴퓨터는 인내와 집중에 한계가 없다. 시뮬레이션 연구에 따르면 자율주행 자동차가 충돌 횟수를 훨씬 줄일 것이므로 이런 이점 덕분에 더 많은 사용자가 생길 것이라고 한다. 2018년 모랜도Morando를 비롯한 연구자들은 '자율주행 자동차의 시장 점유율이 50~100퍼센트가 되면 사고는 20~65퍼센트나 줄어들 것이다'라고 예측했다.

미래의 운전자들은 우리 시대를 뒤돌아보며 끔찍하다고 생각할지도 모른다. 수백만 명의 산만한 운전자가 사고 잦고 혼잡한 길을 공유하니 말이다. 전 세계적으로 하루에 3700명, 연간 135만 명이 길에서 사고로 죽는다. 자율주행 자동차는 이 숫자를 한 자리로, 최종적으로는 무에 가깝게 줄일 수도 있다.

또한 효율성이 더 높다. 컴퓨터 알고리즘이 운전 방식에 적합하도록 연료 효율성을 최적화하고 교통망에 접속해 가장 적합한 노선을 스스로 선택한다. 이 시스템은 하이브 마인드(집단적 정신이나 생각이 벌 떼처럼 하나로 결집하는 현상-옮긴이)처럼 우르르 움직이는 사람들(어쩌면 이런 이유로 〈스타트렉〉의 보그Borg가 탄생했을지도)을 피해 이동하므로 교통 체증을 최소화할 수도 있다.

운전하지 않아도 되니 출근길 30분을 생산적인 활동에 쓸 수도 있다. 졸릴 때도 취했을 때도 또는 신체에 장애가 있어도 걱정 없이 자동차에 타면 된다. 관절이나 시야에 문제가 있거나 반사 작용이 느려 운전하기가 쉽지 않은 노인 또는 치매 환자에게도 이상적이다. 따라서 자율주행 자동차는 많은 사람에게 독립적인 생활과 기동성을 가져다줄 수 있다.

자동차와 인간의 관계가 바뀔 가능성도 있다. 우리가 자동차를 서비스MaaS, Mobility As A Service(서비스형 모빌리티 또는 서비스로서의 이동 수단)로서 사용하는 날이 올지도 모른다. 자동차를 소유하는 대신 필요할 때만 불러 목적지로 가는 것이다. 운전자 없는 우버Uber나 리프트Lyft와 같다고 보면 된다. 실제로 이 기업들도 자율주행 기술을 개발하고 있다.

개인용 이동 수단에서 가장 예측하기 어려운 측면은 아마 자율주행 자동차와 서비스형 모빌리티MaaS가 운전과 자동차 소유를 대체하는 정도일 것이다. 서비스로서의 이동 수단이 널리 이용된다고 해도 출퇴근과 일상생활의 편의를 위해 여전히 차를 소유할지도 모른다. 필요할 때 바로 사용할 수 있고 사용자의 요구에 맞게 바꿀 수도 있기 때문이다. 그리고 어느 정도 집의 연장선이 되기도 하므로 사람들이 차를 포기하기란 어려울지도 모르겠다.

자동차를 소유한다 해도 도심에 있거나 여행할 때는 서비스형 모빌리티가 필요할 수도 있다. 차가 매일 필요하지 않은 사람에게는 이 서비스가 제격이리라.

자율주행 자동차가 있다고 해서 사람들이 과연 운전 자체를(스포츠나 취미를 제외하자) 완전히 그만둘지 예측하기도 쉽지 않다. 기술이 더 발전하면 운전을 배우지 않아도 될까? 현재 세대는 운전면허증을 포기하지 않을 가능성이 높겠지만, 발전된 자율주행 자동차를 보고 성장한 세대가 무엇을 할지는 알 길이 없다. 운전기술이 승마와 비슷한 범주로 빠질지도 모른다. 운전자의 탑승이 선택 사항인, 완벽하게 작동하는 자율주행 자동차가 성공하려면 아직 넘어야 할 산이 남았지만 2030년대에는 이뤄질 가능성이 높다.

자동차 기술에 또 다른 획기적인 변화는 무엇일까? 비행 자동차를 빼놓고 미래를 이야기할 수는 없으리라. 조지 젯슨(애니메이션 〈우주가족 젯슨〉의 등장인물─옮긴이)처럼 비행 자동차에 올라타 온갖 장애물과 복잡함을 피해(사실 조지는 하늘의 교통 체증을 겪어야 했다) 곧장 목적지로 가고 싶지 않은 사람이 있을까? 이점은 많다만 과연 현실적으로 가능할까?

비행 자동차의 제한 요소는 제트팩과 마찬가지로 에너지 밀도와 로켓 방정식이다. 쉽게 말해 자동차 바퀴를 굴리는 편이 훨씬 에너지 효율성이 크다는 말이다. 자동차에서 대부분 에너지는 공기를 밀어내고 제동하는데 사용된다. 하지만 비행은 이륙하는 데만 엄청난 에너지가 사용되므로 에너지 효율성 측면에서 땅에서 움직이는 이동 수단을 절대 따라가지 못한다. 연료를 직접 들어올려야 하는 모든 장치가 그렇듯, 몸체를 움직이게 하는 연료를 들어 올리는 연료도 충분히 있어야 한다(이것이 로켓 방정식이다). 이런 모든 수고를 감내할 가치가 있을까?

2019년의 어느 연구는 주행 거리에 따라 비행 전기차가 일반 자동차에 가까운 효율성을 낼 수 있다는 놀라운 결과를 발표했다. 비행하는 이동 수단에서 대부분 에너지는 이륙과 착륙에 사용되지만 순항 속도에 이르기만 하면 효율성은 자동차와 거의 비슷해져, 비행 자동차로 장거리를 여행한다면 효율성도 거의 같아질 것이다.

이 연구는 위치 또한 중요한 요인이라는 사실을 보여주었다. 특히 교통 체증이든 지리적 장애물이든 지상에 상당한 방해물이 있을 때는 비행이 더 효율적이다. 커다란 호수 주위를 돌아서 운전해 가는 것보다 호수 위로 날아가는 편이 낫고, 혼잡한 교통 환경에 오래 갇혀 있는 것보다 비행으로 이를 피하는 편이 효율적이므로 붐비는 도시에서도 비행 자동차가 적합할 수도 있다.

수십 년간 시제품이 개발됐지만 상품화된 적은 단 한 번도 없다. 일부 '비행 자동차'는 도로에서 운전이 가능하지만 비행기이므로 조종사 자격증이 필요하며 공항에서만 이륙할 수 있다. 이러한 비행 수단은 이 책에서 말하는 진정한 비행 자동차에 속하지 않는다.

비행 자동차 기술에서 가장 확실한 최선의 방법은 사람을 태울수 있을 정도로 규모가 큰 드론 같은 형태를 만드는 것이다. 현대컴퓨터 기술이라면 드론 자동차를 매우 안전하게 제작할 수 있지만, 다른 비행 수단과 마찬가지로 불안정한 기상 조건이 제한 요인이 될 수 있다. 한동안 휘발유 엔진을 사용하더라도 배터리와수소 기술(에너지 밀도와 저장 문제만 제외한다면)이 주행거리와 유용성을 높일 가능성도 있다.

2020년을 기준으로 20개의 기업이 그들 나름의 전기 비행 자동차를 개발하고 있다. 하지만 그 자동차를 구매하고 유지하는 데얼마나 많은 돈이 드는지, 시간이 지나 참신성이 떨어져도 실용적일지는 두고 봐야 할 문세나. 비행 사동자가 지상의 교통수단을대체하지는 못하겠지만 새로운 수단으로 추가될 것이며 처음에는경제력이 있는 부유한 사람들이 주로 구입할 것이라 예상한다. 대부분의 사람은 서둘러 가야 할 일이 있거나 통근 시간을 단축해야할 때 서비스로써 이용하리라고 본다. 현재의 자동차처럼 대량 생산되어 중산층의 소유가 많아진다면 비용 효율이 높아질지도 모른다. 기술이 발전함에 따라 어쩌면 다음 세기쯤에는 가능하지 않을까.

SF에 나올 법한 먼 미래의 기술을 상상한다면 당연히 선택 사항이 넓어진다. 반중력Antigravity 같은 개념이 가능해진다면(27장에서 더 자세히 다룬다) 비행 자동차는 더 강력해져 다양한 용도로 이용될 수 있다.

주행 거리가 길고 효율적인 비행 자동차가 보편적으로 사용된다면 사회에는 어떤 영향을 미칠까? 2020년 싱크탱크인 미국 진보센터Center for American Progress에 게재된 기사에서 케빈 드굿Kevin De-Good은 자동차가 무분별한 도시 확산과 사회적 분리 현상을 일으켰다고 주장했다. 따라서 비행 자동차는 이런 상황을 더욱 악화해 부유층을 더욱 고립시킬 것이며, 근접하기 어려운 지역에 사람들의 접근이 쉬워져 환경 측면으로도 부정적인 결과를 불러올 것이라고 덧붙였다.

비행 자동차가 이동 거리를 무색하게 한다면 디지털 연결성으로 가능한 재택근무는 장소 개념 자체를 무색하게 할 것이다. 목적지로 사람을 태워 나르는 자율 주행 전기 드론으로 하늘이 북적거리는 날이 온다면? 만약 그렇다면 지상 공간이 교통 혼잡에서 벗어나게 될 있을 것이다. 도로에는 보행자, 자전거, 다른 가벼운 이동 수단이 주로 다니게 될 테니.

미래를 여행하는 회의주의자를 위한 안내서

과학소설에 불쑥 등장한 자동차는 비행 자동차만이 아니다. 〈스타워즈〉에 나오는 랜드스피더Landspeeder같은 호버카Hover Car도 있다. 호버카는 마찰력이 없이 땅 위에 떠서 움직이는 이동 수단으로 큰 에너지 소비 없이 속도를 높일 수 있고, 닳고 마는 타이어도 필요하지 않다. 1958년 포드는 얇은 공기층 위를 떠다니는 글라이드에어Glideair를 제안했지만 이 프로젝트는 결국 비용 문제로 철수되었다. 지금으로서 가장 비슷한 사례는 차단막으로 막힌 공기층을 이용해 땅이나 물 위에서 움직이는 호버크래프트Hovercraft로, 이는 선체 아래쪽으로 계속해서 공기를 불어 넣어 뜨도록 하는 강력한 팬fan을 사용한다. 이 효과를 낼 수 있는 다른 방법은 척력(자기 반발)을 이용한 자기 부상 기술이 있지만 자기 부상 철도 위에서만 가능하다는 한계점이 있다.

이런 호버카 기술에 복잡함과 에너지 사용을 감수할 만한 가치가 있을까? 아마 대단한 장점이 없기에(특별한 용도가 있다면 몰라도) SF 세상에만 남아있지 않을까? 마찰이 없는 점은 속도를 내기에는 좋지만 제동을 걸 때 사고를 일으킬 수 있다. 새 이동 수단의 목표는 기존의 자동차와 비교해 뒤지지 않도록 일상생활에서 안전하게 사용되는 것이다. 그런 점에서 호버카는 단지 기술이 가능하다는 이유만으로 보편화되지 않는다는 사실을 보여주는 좋은 사례다. 자동차 바퀴처럼 간단한 방법이 오히려 나을 때도 많다.

미래에나 가능할 법한 자동차는 제쳐두고, 현재 우리 도로를 장악하고 있는 자동차를 대체할 만한 도전자는 무엇일까? 도심 내에서 짧은 거리를 이동할 때 사용할 수단, 다시 말해 서서 타거나 앉아서 동네를 쉽게 다니게 해주는 이동 수단 말이다. 안정성을 위해 컴퓨터 지원 제어 시스템과 적당한 거리에 적합한 좋은 배터리는 있으니, 기술적으로는 이미 가능하다. 그러나 보호막이 없는 이동 수단을 타고 속도를 내야 할 때 안전성은 가장 큰 문제로 떠오른다. 또 장치가 아무리 안정적이더라도 날아가 버린다거나 기둥에 들이받으면 상처를 입을 위험이 아주 크다. 배터리와 슈퍼커패시터의 에너지 밀도가 높아지고 있으니 안전 문제만 해결된다면 이런 수단은 개발될 가능성이 높다. 현재 이동 수단을 완전히 대체하지는 못하겠지만 걷는 시간은 줄어들 것이다.

미래의 사람들이 생각해낸 해결책이 현재 우리의 시각과는 맞지 않을 가능성도 항상 염두에 두어야 한다. 지금까지 우리는 도로나 보도 위를 움직이는 수단을 주제로 살펴보았다. 하지만 만약 자동차가 아닌, 도로 자체가 움직이게 된다면 어떨까?

허버트 조지 웰스H.G. Wells의 이야기 《잠든 자가 깨어날 때When the Sleeper Wakes》에 등장하는 도로처럼, 과거의 미래주의자들은 움직이는 보도를 상상했다. 1900년 파리만국박람회에서 토머스 에디슨은 움직이는 보도를 선보였다. 한정된 형태이긴 해도 짐이 많은 여행객이 다음 비행 장소로 편하게 갈 수 있게끔 돕는 무빙워크도 이미 존재한다. 현재 도심에 움직이는 보도를 설치한다고 상상하기는 힘들지만 미래에는 주요 기반 시설로 포함될지도 모른다.

먼 미래의 개인용 이동 수단은 오늘날과 비슷할 수도, 현재 기술의 연장선과 완전히 다른 모습일 수도 있다. 풍자 애니메이션인 〈퓨처라마〉에 나오는 공기압 관이 출현하리라고 생각하지는 않지만 그와 비슷하게 아주 기발한 기술이 나타나리라.

장거리 이동과 대량수송

자동차와 개인용 이동 수단이 우리 일상생활에 막대한 영향을 미치는 반면, 상품과 서비스가 전 세계로 전달되도록 하나의 연결망을 만드는 것은 바로 대량 수송과 장거리 이동이다. 미래의 필리어스 포그가 세계 여행을 한다고 상상하면 우리는 장거리 이동 수단도 고려해야 한다. 아직은 상품과 사람이 대량으로 이동할 때 대체로 비행기, 기차, 선박, 버스를 이용한다. 가까운 미래와 먼 미래에 우리는 기존 기술들의 더 발전된 형태나 완전히 새로운 이동 수단을 볼 수도 있다. 열기구 같은 장치가 다시 복귀할 가능성도 있을까?

1783년 9월, 과학자인 장 프랑수아 필라트르 드로지에Jean François Pilâtre de Rozier는 양 한 마리, 오리 한 마리, 수탉 한 마리를 실은, 아에로스타 레베이용Aerostat Reveillon이라는 최초 열기구 비행을 성공시켰다. 그리고 두 달 후, 조제프 미셸Joseph-Michel과 자크 에티엔느 몽골피에Jacques-Étienne Montgolfier 형제가 최초의 유인 열기구 비행을 성공하게 했다.

대기보다 가벼운 공기를 사용한 이 기구는 계속해서 발전해 20세기 초, 거대한 비행선이 만들어지며 절정에 다다랐다. 수소로 공중에 뜨고 프로펠러로 속도를 내, 사람과 화물을 싣고 대서양을 건널 수 있었다. 그라프 체펠린Graf Zeppelin은 1928년 10월 11일 오전 7시 54분에 독일 프리드리히스하펜에서 출발해 111시간 44분(4.6일)의 비행 끝에 10월 15일 미국 뉴저지 레이크허스트에 도착한 최초의 상업적 목적의 비행선이 되었다. 당시 같은 거리를 배로 이동하면 두 배의 시간이 걸렸다.

하지만 체펠린의 운명은 1937년 힌덴부르크 대참사로 영원히 바뀌었다. 전선의 정전기로 수소가 폭발했기 때문이다. 이후에는 폭발하지 않는 비활성기체인 헬륨을 사용했지만, 과거를 돌이킬 수는 없었다. 2021년 현재 미국에 등록된 비행선은 39대 밖에 없으며 대부분 구조가 견고하지 않고 승객이나 짐을 많이 실을 수 없어, 소형 비행선인 굿이어 블림프Goodyear Blimp(타이어 회사 '굿이어'를 광고하는 비행선-옮긴이)처럼 광고 목적으로 사용된다.

여객기와 제트기가 언젠가는 비행선을 대체할 운명이었을까. 선박의 속도에 비하면 111시간이 대단할지 몰라도 5~6시간이면 대서양을 건너는 현대식 여객기와 비교하면 비행선은 경쟁 상대가 되지 못한다.

그러나 비행선을 다시 도입하려는 시도는 여러 차례 진행되었다.

미래를 여행하는 회의주의자를 위한 안내서

1996년, 미국 군은 상공에서 오래 떠 있을 수 있는 소형 비행선을 정찰 감시의 목적으로 사용하기 시작했지만, 실용적이지 않은 데다 비행선을 고정하는 전선이 다른 항공기에 치명적이라는 사실이 밝혀졌다. 프랑스 회사 플라잉 웨일스Flying Whales도 화물과 승객을 실어 나를 비행선을 개발하고 퀘벡 주와 계약도 체결했지만 아직 비행을 시작하지는 못했다.

과거의 미래주의자들은 비행선이 있는 미래를 그렸지만 그런 예측은 상상 속에서만 남았고, 이 기술을 다시 도입하려는 노력은 아직 빛을 보지 못했다. 미래에 비행선의 수가 더 불어날 수도 있는 한 가지가 이유가 있다면 이는 화물을 옮기는데 에너지 효율성이 매우 높다는 점이다. 기후 변화 우려를 고려했을 때 매우 중요한 요인이지만 헬륨 공급이 부족하면 결국 사용도 한정될 수밖에 없다.

앞으로도 자동차가 도로를 장악할 가능성이 높은 것처럼 비행기와 제트기가 하늘을 장악할 것으로 보인다. 오늘날의 필리어스 포그는 비행기 표만 사면, 지구 반 바퀴를 하루 채 걸리지 않고도 갈 수 있고 그다음 날이면 나머지 반 바퀴를 놀아 다시 집에 도착할 수도 있다. 그렇다면 가까운 미래와 먼 미래에는 어떤 항공 기술 발전을 보게 될까?

여객기로 이동한 지난 100년간, 점진적으로 개선한 부분은 있었지만 기술 자체는 본질적으로 거의 같다. 안전성, 효율성, 기내의 오락시설은 나아졌지만 다리를 뻗을 공간은 오히려 작아졌고 비행시간도 여전하다. 내가 10살 때 뉴욕에서 로스앤젤레스로 떠난 가족 여행의 비행시간이 약 6시간이었는데 45년 후인 얼마 전 서부에 갔을 때 걸린 시간도 대략… 6시간이었다. 10살 때 어린 내가 상상하던 미래는 아니다.

여객기의 속도 제한이 시속 761.2마일 즉, 시속 1,225킬로미터('마하 1'이라고 부른다)인 이유는 음속 장벽 때문이기도 하다. 음속보다 더 빠르게 이동하면 음속폭음(제트기와 함께 움직이는 공기 중의 충격파가 폭발음을 내는 현상이다)이 발생하며 비행기에 여러 심각한 문제를 일으킬 수도 있기에, 이 속도 제한을 지키는 편이 항공사 측에도 안전하다. 사실 마하 1에 접근하는 것도 쉽지 않다. 비행기 몸체 일부의 공기 흐름 속도가 마하 1보다 빠르게 움직이면 엄청난 압력을 일으키기 때문이다. 이 현상이 일어나는 속도를 '임계 마하수Critical Mach Number'라고 한다.

게다가 항공사는 각 비행의 비용 효율성이 최대한 높도록 조치해야 하기에 대기 속도도 고려해야 한다. 제트기가 빨리 날수록 공기 저항이 높아져 연료 사용도 높아진다. 항력은 속도의 제곱에 비례하므로, 속도가 10퍼센트 증가하면 연료는 21퍼센트 더 소모된다. 이런 이유로 지난 반세기 동안 항공사들은 안전하고 비용효율성이 높은 마하 0.85를 유지해왔다.

다음 세기에도 이 속도 제한을 넘어서지 못할까? 그럴지도 모른다. 다른 선택지는 초음속 비행기로 음속 장벽을 뚫고 비행하는 방법뿐이다. 1976년부터 2003년까지 운항한 초음속 여객기 콩코드를 기억하는가. 마하 2의 속도로 뉴욕에서 런던까지 비행시간이 3시간 채 되지 않았던 만큼 일반 제트 여객기보다 표도 몇 배는 더 비쌌다. 가격 경쟁력이 떨어지는 데다 설상가상으로 2000년 발생한 추락사고와 2001년 9·11 테러 이후 항공업계의 불황까지 더해져 초음속 비행기는 결국 살아남지 못했다. 인구 밀집 지역에 가지 못한다는 점, 제한된 비행 거리, 더 호화로운 일등석 상품들과 경쟁 등 다른 요인도 물론 있었다.

20년 후인 현재, 비용 효율성을 높일 목적으로 초음속 여객기를 되살리려는 노력을 기울이고 있다. 기술은 가능하지만 적당한 가격에 초음속 여객기를 이용하려는 고객층의 유무가 관건이다. 물론 더 개선된 날개 디자인으로 음속폭음의 강도를 줄이려는 시도도 중요하다. 언젠가 전용 항로가 열릴지도 모를 일이다.

초음속 위에는 극초음속Hypersonic이 있다. 마하 3~16의 속도로 비행하는, 어마어마하게 빠른 비행기를 의미한다. 이를 구현하기 위해서는 빠른 속노틀 삼당할 수 있는 제트 엔진 재설계가 필요하다. 현재 활발하게 연구되며 가능성이 있는 한 가지 기술은 회전식 폭발 추진 시스템이다. 이는 추진력을 얻기 위해 작고 제어가 가능한 폭발 엔진을 이용하는 방법으로, 효율성이 더 높아 연료 사용량을 줄일 수 있다. 뉴욕에서 로스앤젤레스까지 30분 만에 갈 수 있다고 낙관적인 예측을 내놓는 연구자들도 있다.

비행시간을 대폭 줄이는 다른 방법은 장거리 이동에 획기적인 기술 즉, 로켓을 접목하는 것이다. 일부 미래주의자는 지구 내에서만 운항하는 로켓이 언젠가 제트기를 대체하리라 예측했다. 작가 필립 K. 딕Philip K. Dick은 1962년 출간된 《높은 성의 사나이The Man in the High Castle》에서 나치당이 제2차 세계대전에서 승리했다고 설정해, 그들의 발전된 로켓으로 도시 간에 이동하는 미래를 그려냈다. 물론 잘 알다시피 상업적 로켓은 현실화된 적이 없다.

1950년대에도 장거리 이동에 로켓이 가능하다고 생각했으므로 로켓 자체는 새로운 기술이라 하기 어렵다. 그러나 로켓 이동이 일반 여행객을 실어 나를 정도로 안전성과 비용 효율성을 갖출 수 있는지 질문할 수는 있다.

일론 머스크는 그런 날이 오길 바랄 것이다. 그는 화성 여행과 달 착륙선(2021년 미국 항공우주국과 계약을 맺었다)으로 활용될 뿐 아니라 지구에서도 장거리 이동 수단이 될 스타십Starship을 개발하고 있다. 로켓으로 어떤 도시이든 한 시간 내로 갈 수 있는 날이 오리라(필리어스 포그, 약 오르지?)

기차의 과거와 현재

자동차와 제트기와 마찬가지로 기차 역시 미래에도 주요 교통수단으로 남을 것이다. 기차는 비교적 최근인 18세기에 출현했으나 기술 자체는 뿌리가 깊다. 이동 수단으로서 원시적 단계의 선로를 사용한 가장 오래된 사료는 영국 서머싯 레벨스Somerset Levels의 브루 강River Brue 유역에 있는 선사시대 둑길인 포스트 트랙Post Track으로, 기원전 3838년경에 만들어졌다고 추정된다. 석회석에 홈을 내어 만든 선로를 이용해 사람이나 동물이 바퀴 달린 수레를 끌 수 있었다.

1515년 오스트리아에서 라이스추크Reisszug라는 목재 선로가 만들어졌다. 1760년 영국의 콜브룩데일 회사Coalbrookdale Company는 목재 선로를 강하게 하려고 철을 부착했고, 증기력이 출현하면서부터 진정한 철도 발전이 시작되었다. 당시 영국은 목재 부족 위기에 처해 있었기에, 겨울에 가정마다 필요한 땔감과 막강한 해군이 필요로 하는 양을 충족할 만큼의 나무가 없었다. 따라서 문제는 많지만 효율적인 석탄이 빠르게 보편화되었다.

하지만 탄광은 너무 깊이 파면 갱도에 물이 차오르는 단점이 있다. 그래서 1698년 토머스 세이버리Thomas Saver가 '광부의 친구'라고 이름 붙인 증기 펌프를 만들면서 증기기관이 개발되었다. 덕분에 광부들은 더 깊이 들어가 석탄 공급량을 높일 수 있었다.

1760년 제임스 와트James Watt는 피스톤의 움직임으로 바퀴를 돌릴 수 있는 왕복 증기 엔진을 만들었다. 그의 손길이 닿은 여러 엔진 중 하나인 이는 기존의 철로에 석탄을 옮길 수 있는 증기 자동차 그리고 증기기관차의 토대가 되었다. 1812년에는 매튜 머리Matthew Murray가 리즈의 미들턴 철도에 살라망카_{Salamanca}라고 하는, 상업적으로 성공적인 최초의 증기기관차를 개발했다.

그 후로 두 세기 동안 철도는 사람과 물건을 수송하는 주된 이동 수단이 되었다. 비행기가 출현했음에도 유럽, 영국, 아시아, 도시들이 가까이 붙어 있는 미국 동부에서는 다른 도시로 이동할 때 이용하는 인기 교통수단으로 남아 있다. 이런 특정 목적을 만족시키는 기차의 미래는 어떨까?

다소 새로운 개념 중 하나는 하이퍼루프_{Hyperloop}다. 지하철과 비슷한 이 초고속 열차는 기압을 빼 공기 저항력을 줄임으로써 기차의 속도와 효율성을 높이도록 지하터널로 움직인다. 장거리 하이퍼루프 열차는 이론적으로 시속 600마일(시속 965킬로미터) 혹은 더 빨리도 달릴 수 있다. 지하에 있으므로 체증도 없고 외부 환경을 방해하지도 않는다.

하이퍼루프 시스템의 제한 요소는 엄청난 규모의 장거리 터널을 건설해야 한다는 점이다. 이런 이유로 우리의 친구 일론 머스크는 마일당 비용을 대폭 절감하기 위해 보링컴퍼니_{Boring Company}를 설립했다.

또한 하이퍼루프는 자기장 기술이 관건이다. 기차가 더 보편적인 유럽과 아시아에서 흔히 보이는 자기부상 열차는 차량을 철로에서 조금 띄워 운행하도록 강력한 자석을 사용한다. 이 열차들은 모두 전기로 발생된 자기력을 사용하며 시속 375마일(시속 600킬로미터)까지 달릴 수 있다. 미국 동부에 자기부상열차를 건설하려는 움직임이 있지만 아직 구체적인 계획은 없는 상태다. 초기 투자는 상대적으로 높은 편이고 수백, 수천 군데 토지의 사용 허가를 받아야 한다는 사실 때문에 지역 정부와 규제에 따라 실현 불가능한 사항이 될 수도 있다. 하이퍼루프 터널은 이런 문제를 건너 뛸 수 있다.

자기부상열차와 하이퍼루프는 분명 미래성이 있지만 앞으로 세력을 더 뻗을 수 있을지, 아니면 현재 사용자층을 유지할 수 있을지 확실하지 않다. 또한 수백 명을 수용하는 차량처럼 대규모 인구를 이동하기보다는 더 개인화된 이동 수단으로 변할 가능성도 있다. 작은 차량으로 4~8명을 태워 여러 역에 서지 않고 승객의 목적지에 바로 가는 방식이다. 이런 경우 노선 시스템이 매우 정교해야 할 것이다.

지금까지 살펴보았듯, 앞으로 개인과 다수의 이동 수단에는 수많은 가능성이 펼쳐져 있다. 그러나 가까운 미래에는 비행기, 기차, 자동차가 계속 주된 교통수단이 될 것으로 보인다. 여러 번 등장한 사례처럼, 과거의 기술이 미래까지 오래 지속될 때가 많다. 초음속 비행기, 하이퍼루프, 어쩌면 로켓까지 혁신적인 수단이 장악할 가능성도 있지만 아직 이 모든 선택지는 불확실한 상태다.

교통수단의 개념이 뒤엎어질 다른 가능성은 단거리, 중거리, 장거리, 대륙 간 이동의 경계가 달라지는 경우다. 현재 자동차는 단거리에서 중거리, 기차는 대체로 중거리, 비행기는 장거리와 대륙 간의 이동을 맡고 있다. 만약 드론 자동차가 아주 발전해 모든 거리에 사용될 수 있다면 어떨까? 다른 교통수단의 필요성이 없어지지 않을까?

중요한 질문 하나. 미래에 우리는 교통 기술의 혁신으로 세상이 완전히 바뀌는, 필리어스 포그가 느낀 그 심정을 또 한 번 느끼게 될까? 현재 기술을 바탕으로 보면 대부분의 수단이 더 빠르고 안전하고 저렴해질 것이며 세상이 더 작아질 것이라는 사실은 추측할 수 있다. 그렇다면 완전히 새로운 형태의 이동 수단을 기대해도 될까?

아직은 존재하지 않는(어쩌면 영원히 존재하지 않을 수도 있는), SF에 나오는 기술을 기다릴 수밖에 없다. 2012년 개봉작 〈토탈 리콜Total Recall〉에 등장하는 기차는 지구 핵을 뚫고 42분 만에 지구 반대편으로 갈 수 있다. 지구 반대편으로 출퇴근이 가능해지는 기술이다. 순간 이동은 모든 것을 근거리로 만들어 거리라는 개념 자체를 무색하게 할지도 모른다. 어쩌면 다음 단계는 80일이 아닌, 0.8초 만의 세계 일주가 아닐까.

11장. 이차원 소재 그리고 미래를 만들 재료

최첨단 재료뿐 아니라 스마트 재료 시대에 들어서고 있다

　　　　나는 재료공학이 제대로 진가를 인정받지 못한다고 오래도록 주장해왔다. 물론 기존의 재료로도 효율적인 제조 방법을 연구할 수 있지만 신소재 개발은 판도를 뒤집을 수도, 완전히 새로운 가능성을 열 수도 있다.

　지금 이 책을 읽는 곳이 어디가 됐든 주위를 둘러보라. 주변에 있는 대부분은 인간이 수천 년 동안 사용해 온 재료일 가능성이 높으며 플라스틱만이 눈여겨 볼만한 예외로, 진정한 현대식 재료일 것이다. 미래에도 현재와 비슷한 상황이 계속될까? 어떤 신소재가 미래 공간을 채우게 될까?

　현대 사회를 건설한 보편적인 재료들이 깊은 역사적 뿌리를 지닌다는 사실은 어찌 보면 당연하다. 자연에는 수많은 재료가 있으며 여러 용도에 따라 적합한 특징이 있는 재료를 찾기는 어렵지 않기 때문이다.

　도구로서, 그리고 무언가를 만들기 위해 인간이 사용한 가장 오래된 재료는 목재와 돌이다. 주변에서 찾을 수 있는 가장 단단한 물질인 돌은 330만 년 전에도 도구로 사용되었다는 증거가 남아 있으므로, 인간 이전의 조상들은 다듬지 않은 돌을 사용했을 가능성이 높다. 그때부터 석기 시대는 약 5,500년 전까지 지속되었다.

이렇게 오래된 재료인데도 2018년 세계 자연석 시장은 350억 달러로 추정되며 지속적으로 성장하고 있다. 돌은 여전히 미적으로도, 질적으로도 최고의 재료이기에 조리대를 비롯해 다양한 용도의 건축 재료로 인기가 많다. 목재 또한 아름다움과 외관적 특징 덕분에 여전히 널리 사용된다. 선진국에서 90퍼센트 이상의 주택이 목재로 지어지며, 나머지는 콘크리트로 틀이 만들어진다.

콘크리트는 약 8,500년 전, 현재의 시리아와 요르단 지역에 있던 나바테아 왕국의 상인들이 최초로 사용했고 기원전 200년경부터 로마에서 주된 시공 재료가 되었다. 그들은 재, 석회, 해수를 혼합해 콘크리트를 만들었다. 현재 콘크리트는 가장 보편적으로 사용되는 시공 재료로, 매년 약 20억 톤이 생산되며 그 수치는 여전히 증가하고 있다.

유리는 약 4,000년 전, 세라믹은 더 과거로 거슬러 약 3만 년 전, 종이는 2,000년 전부터 사용되었다. 가장 오래된 가죽 가공품은 5,500년 전에 만들어졌으나 가죽 사용은 훨씬 더 전부터 시작되었다. 가장 오래된 직물 형태는 아마천(리넨)으로 5,000년 전 이집트에서 만들어졌다.

금속을 제련하고 주조하고 단조하는 과정은 인류 문명에서 엄청난 변화를 불러온 기술이었기에, 고고학자들은 각 시대를 정의하는 데 사용한다. 가장 오래된 금속 가공품은 중동 지역에서 발견된, 8,000년 전에 만들어진 것으로 추정된 구리 송곳이다. 구리와 주석의 합금인 청동은 6,500년경에 출현했고, 상대적으로 새로운 재료인 철은 5,200년 전 이집트에서 만들어진 가공품에서 발견되었다.

그러나 약 4,000년 전, 철과 탄소의 합금인 강철의 발견으로 철기 시대는 엄청난 발전을 이룩했다. 그때부터 금속공학Metallurgy은 인류 문명의 중요한 기술로 자리 잡았고 지금도 꾸준히 발전하고 있다. 세계철강협회World Steel Association에 따르면 2018년 세계적으로 18억 8백만 톤의 강철이 생산되었다고 한다. 3,500 종류의 다양한 등급의 강철을 만들기 위해서 탄소 이외에도 철과 주로 혼합하는 20가지 원소가 있다. 탄소와 다른 합금의 정확한 함유량 그리고 결정 크기를 조절하기 위한 열처리는 강철의 성질에 큰 영향을 미친다.

강철이 현대 사회에서도 얼마나 중요한 역할을 하는지 보여주는 결정적인 사례는 민간 우주탐사 기업인 스페이스 엑스SpaceX가 화성으로 보내려고 기획하는 스타십Starship을 설계할 때 스테인리스강Stainless Steel을 사용하기로 했다는 사실이다. 그러니 강철은 '우주 시대'의 재료이기도 하다.

재료 공학은 과거 기술이 우리의 순진한 상상 이상으로, 훨씬 오래도록 미래 기술에 영향을 미칠 수 있다는 미래주의의 원칙을 가장 극단적으로 보여주는 예시다. 아직도 우리 사회는 수천 년간 사용해 온 전통적인 재료로 대부분 지어지고 있지 않은가.

물론 고무나 흑연Graphite처럼 나중에 추가된, 산업혁명 시대의 재료도 있다. 용융점이 높으며 공구강Tool Steel(가공용 공구를 제작하는 데 사용되는 강철-옮긴이)을 만드는데 주로 사용되는 텅스텐과 같은 일부 현대 재료는 최근에 발견된 원소다. 우라늄을 비롯한 여러 방사성 물질은 핵분열과 원자력 관련 기술에 필수적이다. 또 세륨, 네오디뮴, 테르븀 같은 희토류 원소는 오늘날의 전자 기기에 매우 중요하다. 배터리나 자석이 있는 것은 대부분 이 원소를 함유한다고 볼 수 있다.

산업혁명 시대에 만들어졌고 현대 사회에도 중요하게 사용되는 재료 가운데 하나는 알루미늄이다. 아마 알루미늄을 대수롭지 않게 여기는 사람이 많을 것이다. 알루미늄은 1825년 덴마크 화학자인 한스 크리스티안 외르스테드Hans Christian Oersted가 발견했는데, 당시에는 이를 제련하는 과정이 매우 비쌌으며 가벼운 무게에 비해 강도가 높고 빠르게 열을 올리고 내릴 수 있어(비열(단위 질량의 물질 온도를 1도 높이는데 드는 열에너지-옮긴이)이 낮다) 매우 귀했다. 19세기에는 금보다 비싼 시기도 있었다.

재미있는 사실은 산소와 규소 다음으로 알루미늄이 지각의 8.3퍼센트나 차지하는, 세 번째로 흔한 원소라는 점이다. 말 그대로 흙만 파도 있다. 19세기 말에 이르러 알루미늄을 저렴하게 생산하는 기술이 개발되었다. 1886년 당시 스물두 살 미국인 찰스 마틴 홀Charles Martin Hall과 스물세 살 프랑스인 폴 에루Paul Héroult라는 젊은 두 화학자가 거의 동시에 이 금속을 대량 생산하는 방법을 알아냈다. 그들 덕분에 알루미늄 대량 생산이 시작되었고 값도 점차 내려 1930년경에는 1파운드당 가격이 20센트에 불과했다. 오늘날은 파운드당 대략 1달러 내외를 맴돈다.

획기적인 발전을 간과하기란 얼마나 쉬운지. 흙에서 알루미늄을 값싸게 추출하는 것은 19세기 사람들의 미래 기술 목록에 없었으리라. 주목받지도 않던 이 화학 처리 과정이 미래를 바꿔놓을 줄 누가 알았으리. 알루미늄은 이제 워낙 저렴하고 흔해서 음식을 싸는 일회용 랩으로 사용할 정도다. 또 재활용이 쉬워 캔을 만들기 유용하고, 가벼워서 다양한 구조물에도 이상적이다. 오늘날의 일반적인 자동차에는 약 181킬로그램의 알루미늄 재질이 사용되는데 그 수치는 더욱 올라가고 있으며, 현대식 제트기의 몸체도 80퍼센트를 차지한다. 알루미늄은 앞으로도 사회에서 중요한 역할을 할 진정한 현대적 재료다.

산업혁명 시대와 현대 재료의 최고 상징은 화학으로 만들어낸 순수한 합성 물질인 플라스틱이 아닐까. 셀룰로이드는 나이트로셀룰로스와 장뇌Camphor의 혼합물로, 1856년 알렉산더 파크스Alexander Parkes가 처음으로 만들었으나 존 웨슬리 하이엇John WesleyHyatt

이 특허를 냈다. 처음에는 코끼리 남획으로 공급이 줄어든 상아를 대체하기 위해 발명되었지만, 변형할 수 있는 특징 때문에 얼마 지나지 않고부터 다양한 용도로 널리 사용되기 시작했다.

플라스틱 없는 현대인의 생활이 상상이나 되는가? 오늘날의 플라스틱은 폴리에틸렌, 폴리염화비닐, 아크릴, 폴리프로필렌을 비롯해 종류가 다양하며 용도에 따라 경도, 안정성, 대량 생산 가능성, 성형 가능성뿐 아니라 여러 실용적인 특성을 보인다.

물론 플라스틱 혁명에는 부정적인 면도 있다. 내후성이 너무 강한 나머지 대부분이 자연 분해되지 않는다는 점이다. 어떤 플라스틱은 지역 환경에 화학 물질을 남기거나 더 작은 입자로 쪼개진다. 전 세계는 연간 3억 톤의 플라스틱 쓰레기를 배출한다. 이 플라스틱은 바다에 쌓이고, 더 작은 미세 플라스틱으로 쪼개져 결국 생태계와 먹이 사슬에까지 들어온다. 이제 우리는 플라스틱 대체품으로 자연 분해가 가능하고 지속 가능한 물질을 찾고 있으며, 일부 기업들은 플라스틱 빨대 대신 종이 빨대를 이용하는 것처럼 환경에 더 안전한, 자연에서 얻을 수 있는 전통적인 재료를 다시 사용하기도 한다. 미래 사회의 우선순위를 지나치게 단순화해서는 안 된다는 사실을 보여주는 사례이기도 하다.

고대와 산업혁명 시대 재료와 더불어 어떤 최첨단 재료가, 어떤 '우주 시대' 재료가 우리의 기반 시설과 기술에 중요한 역할을 할까? 대부분 현대식 재료는 발전된 세라믹 기술, 현대 금속공학, 처리된 목재처럼 기존 재료를 더 개선한 형태이지만, 살펴볼 만한 최첨단 재료도 몇 가지 있다.

합성재료는 두 가지 이상의 물질로 만들어진 형태로, 완성된 뒤에도 각 성질이 드러난다. 강도, 경도, 유연성처럼 서로 보완하는 특성을 가진 물질을 혼합해 여러 장점을 갖춘 새로운 물질을 만들기 때문이다. 이를테면 발전한 성질을 지닌 두 가지 일반 강화 플라스틱에는 유리섬유와 탄소섬유가 있다. 유리섬유는 강결골조로도 쉽게 만들 수 있으며 배와 보트 제작에도 사용될 수 있다. 탄소섬유는 가벼운 무게에 비해 강도와 강성이 높아, 비용 문제를 고려하지 않아도 된다면(군용기 제작처럼) 이상적인 소재다. 또 다른 최첨단 합성재료는 형상기억고분자, 유기 매트릭스/세라믹 골재, 목재·플라스틱 복합재가 있다.

오늘날 사용되는 재료는 약 30만 가지로 추정되지만 이 책에서는 미래에 더 중요한 자리를 차지할 만한, 현재 존재하는 최첨단 소재를 논의하고자 한다.

현대 재료 공학의 목표는 최고의 특성을 혼합해 최상의 재료를 만드는 것이다. 이를테면 질량에 비해 강도나 강성이 매우 높고('비Specific'라는 단어가 붙은 것을 의미한다. 비강도Specific Strength는 주어진 질량에 대한 강도나) 최적의 보온, 광학적 또는 전기적 특성을 지닌 물질이다.

나노구조체

존재하는 안정된 원소는 이미 모두 발견되었다고 해도 과언이 아니다. 우리는 지금껏 주기율표의 빈 칸을 채워왔다. 새로 발견된 원소도 표 아래에 추가되고 있지만 양성자의 수가 매우 많고 대개 불안정하다. 주기율표 위 어딘가에 '안정성의 섬 Islands Of Stability'(중성자와 양성자의 배열이 맞아떨어져 구조적 안정성을 높인다는 이론)이라는 영역이 있다는 이론이 있지만, 이 문맥에서 '안정성'은 상대적이다. 물체를 만들 때 아직은 새 원소들을 사용하지는 않을 것이기 때문이다.

우놉타늄Unobtainium, 비브라늄Vibranium, 아다만튬Adamantium, 미스릴Mithril, 베스카Beskar, 크립토나이트Kryptonite, 레드 매터Red Matter 같은 원소는 발견되지 않을 확률이 높다. 허구적 이야기에 등장하는 이런 물질들은 기존 원소의 합금이나 동소체로 간주되어야 한다. 만약 원하는 특성을 지닌 첨단 재료가 필요하다면 주기율표에 있는 원소로 만들어야 할 것이다. 즉, 새로운 합금(두 원소를 혼합하는 방법), 동소체(하나의 원소이지만 분자의 배열 방법이 다른 경우로, 다이아몬드와 흑연은 탄소의 동소체다), 또는 복합재료(다른 물질을 혼합하는 방법) 중 하나를 택해야 한다. 이 세 가지도 아니라면 물질의 내부 구조 자체를 바꾸는 방법을 고려해야 한다.

물질의 특성을 제어하고자 구조 자체를 변형하는 기술은 수천 년간 행해져 왔다. 점토를 단단하게 하려고 열을 가하거나, 결정

입자 크기를 조절해 강도와 경도를 바꾸는 강철 열처리는 고대로 부터 내려온 기술이다.

이 기술의 더 발전된 형태는 '나노구조체'라고 주로 부르며, 1~100 나노미터(1 나노미터는 10억분의 1미터다) 크기인 물질의 구조를 다룬다. 누구나 이해하기 쉬운 기준을 들자면 사람 머리카락한 가닥도 8만~10만 나노미터 사이이니, 나노구조체는 그만큼 미세하다는 의미다.

'나노구조'는 나노 규모의 부분들로 만들어진 물질 또는 내부적으로나 표면적으로 나노 특징을 가진 물질을 의미한다. 나노입자는 3차원(한 차원이 100나노미터보다 커서는 안 된다) 모두에서 나노 크기인 입자이며, 나노튜브Nanotube(중간이 비어 있다)나 나노막대Nanorod는 나노 규모에서 3차원 중 2차원을 충족한다. 나노 시트Nanosheet는 1차원이 나노 규모이고, 나노 시트 중 1차원이 나머지 2차원과 완전히 다를 경우(넓이보다 길이가 더 길 때)를 '나노 리본Nanoribbon'이라고 한다. 더 나아가 나노 시트가 단분자 굵기일 때는 이를 이차원 물질이라고 부른다(문자 그대로 이차원은 아니지만 매우 가깝다).

나노물질은 제작될 수도, 부차적인 결과물일 수도, 자연적으로 생길 수도 있다. 이 책에서는 제작된 나노구조체를 주로 다루기로 한다.

최근 가장 많이 논의되고 있는 나노물질은 탄소나노섬유Carbon

Nanofiber다. 탄소는 4개의 원자와 결합할 수 있으므로 수많은 안정된 동소체를 만들어낼 수 있고 그중 하나가 육각형 격자를 이룬 형태(육각 철망을 떠올려보자)의 이차원 물질이다. 이 동소체를 '그래핀Graphene'이라고 하는데, 이는 지금껏 알려진 가장 얇은 이차원 물질로, 풋볼 경기장 크기의 그래핀의 무게는 3.8그램에 불과하다. 그래핀은 탄소 나노튜브로 말아 올릴 수도 있고, 쌓아 올려 탄소 나노섬유를 형성할 수도 있다.

얇기 외에도 그래핀은 강철이나 케블라Kevlar보다도 훨씬 강할 만큼 강도가 높다는 특징이 있다. 인장 강도(재료가 절단될 때까지 당겼을 때 견딜 수 있는 최대의 힘) 또한 기존의 어떤 재료보다 높은 130GPa(기가파스칼)이다. 그래핀은 다이아몬드보다 단단하면서도 고무보다 신축성이 뛰어나다.

그래핀은 열전도도와 전기전도도 매우 높아, 적은 에너지를 사용하면서도 실리콘보다 10배나 전기를 흐르게 한다. 전자는 광속의 300분의 1 속도로 그래핀을 통과할 정도다. 이런 이유로 그래핀은 새로운 전자기술과 컴퓨팅 기술의 기반이 될 수도, 더 작고 빠르고 에너지 효율성이 높으면서 더 효과적인 냉각장치가 있는 전자기기를 만들어낼 수도 있다.

2004년 흑연에 테이프를 붙였다 떼어내는 간단한 방법으로 그래핀 층이 최초로 분리되었다(그래핀 층을 쌓으면 흑연이 된다). 현재 기술은 대부분 탄소 나노막대를 복합재료 일부로 사용해 테니스 라켓처럼 강도, 강성, 가벼움을 모두 충족하는 물건을 만들어 낸다. 또 전구 같은 작은 가전제품의 방열 장치로도 사용되며, 그래핀 복합 재료로 3D 인쇄도 할 수 있다. 그래핀은 이런 단순하고 일상적인 용도 이상으로 무궁무진한 잠재력을 지닌다.

현재 그래핀 사용에는 크게 두 가지 한계점이 있다. 첫째, 그래핀 연구가 아직은 초기 단계라는 사실이다. 대부분 연구는 물리적 특성을 바꾸기 위해 그래핀의 격자 구조에 다른 물질을 첨가하는 도핑Doping에 집중하고 있다. 따라서 그래핀은 수백 가지 다른 기술에 사용되기 위해 각각 독특하게 만들어진 수백 가지 물질이 될 가능성도 있다.

다른 제한 요소는 질 좋은 그래핀을 대량 생산할 기술이 부족하다는 점이다. 뒤틀리고 질 낮은 그래핀은 기능이 훨씬 떨어지며, 조금만 깨져도 구조가 '풀려버릴' 가능성이 높다. 멀쩡한 종이라면 양쪽에서 당겨도 괜찮지만 조금이라도 찢긴 종이를 당기면 금방 두 동강이 나버린다. 그래핀도 마찬가지다.

그러므로 그래핀은 미래주의의 어려움을 보여주는 또 다른 완벽한 사례다. 획기적인 물질이 될 잠재력을 지닌 그래핀은 플라스틱이 20세기를 바꿔놓은 것처럼 21세기를 바꿀지도 모른다. 하지만 제조 문제를 해결하지 못하면 최종적으로는 대량 생산되지 못하고 특수한 기술에만 한정될 수도 있다.

그렇다고 해도 그래핀 종류는 미래 기술에서 대단한 역할을 할 것으로 보이지만 아직 정확한 세부 사항은 다소 모호하다. 중요한 요점은 오류 없이 그래핀을 대량생산 하는 기술이다. 한편 어떤 분야에서는 그래핀을 능가할 수도 있는 수소화 붕소Boron Hydride 같은 다른 이차원 물질을 계속 눈여겨볼 필요가 있다. 이황화 몰리브덴Molybdenum Disulfide 또한 열이 가해지면 3차원일 때보다 10배는 밝아지는 성질을 지닌, 유망한 물질이다.

유망한 나노구조체에 이차원 물질만 있는 것은 아니다. 내부 구조에 작은 공간이 생기도록 제작된 금속 합금인 발포 금속Foam Metal도 떠오르는 기술이다. 이를 '나노다공성 발포 금속'이라고 부르며, 가스가 든 이 작은 구멍들은 항상 나노 크기일 필요는 없으나 연결될 수도, 분리될 수도 있다. 결과적으로 강도와 강성이 높으면서도 금속보다 훨씬 가벼운 물질이 된다. 일반적으로 발포 금속에서 금속의 비율은 5~25퍼센트다. 비강성이나 비강도가 높으므로 자동차부터 여객기나 로켓을 비롯한 모든 이동 수단, 가벼운 방탄 장비까지 수많은 용도로 사용하기에 이상적인 물질이다.

발포 구조는 방사선에서 사람의 몸을 보호할 수도 있다. 이 기술은 우주여행 시대에 매우 중요할 뿐만 아니라 원자로나 핵폐기물을 차폐하는 데 유용하며 X선이나 방사선 치료처럼 방사선을 사용하는 의료 환경에서도 위험 요소를 줄일 수 있다.

더 나아가 나노구조로 된 물질은 기존 물질의 특성을 개선하는 데도 사용될 수 있다. 예를 들어 배터리의 특성을 개선하기 위해 음극재와 양극재를 나노구조화 하는 것은 배터리 기술에서 중요한 연구 분야이며, 각 기공에 초소형 배터리가 든 발포 물질을 이용한 나노 기공 배터리에 관한 연구도 진행 중이다.

나노구조체 연구는 너무나 다양한 방향으로 확산하고 있기에 정확하게 어떤 물질이 유용한 결과를 불러올지 알기란 불가능하나, 대체로 다음 세기의 중요한 최첨단 물질이 될 것임은 분명한 듯하다.

메타물질

메타물질Metamaterial은 제작된 나노구조체의 한 가지 형태로, 따로 설명이 필요한 영역이다. '메타'라는 단어는 자연에서는 발생하지 않는 특성을 보이는 물질을 의미한다. 메타물질의 특성은 그 메타물질의 화학적 또는 물리적 특성을 지니지 않고, 나노크기 구조에서 비롯된다.

이런 물질은 나노복합체 단위로 구성된 표면적 또는 내부적 구조를 포함하는데, 이는 물질의 물리적 특성을 조정하기 위해 기하학적인 배열이 가능하다. 따라서 자연적인 물질로는 재생될 수 없는 특성을 만들 정도로, 전적인 제어가 가능하다.

예를 들어 메타물질은 빛의 파장보다 작은 특성을 지닌 나노구조를 띨 수 있으며, 이는 빛과 상호작용한다. 이로써 0 또는 음Negative의 굴절률을 지니는 기이한 물리적 특성이 가능해진다. 굴절률은 유리 같은 투명한 물질이 빛을 꺾거나 굴절하는 정도를 말하며, 빛은 양의 굴절률을 갖기에 전파 방향으로 굴절한다(물이 든 잔에 놓은 막대기가 물 표면에서 꺾인 것처럼 보이는 모습을 상상하라). 그런데 음의 굴절률이 가능하다면 빛이 반대 방향으로 굴절하거나 전자기파가 역으로 전파될 수도 있다.

굴절률은 물질 자체가 아니라 나노구조의 기하학적 배열에 따라 달라지므로, 물질의 특성은 필요한 대로 조정할 수 있다. 그렇다면 이런 광학 메타물질의 잠재적인 용도는 무엇일까? 먼저 카메라에 장착하는, 확대할 수 있는 소형 렌즈를 제작할 수 있을 것이다. 핸드폰에 장착되는 카메라는 대부분 소프트웨어 업그레이드로 성능이 개선되고 있으므로 광학 줌Optical Zoom 수준은 아니다. 현재로서 광학 줌을 구현하려면 핸드폰에 큰 렌즈를 여럿 달아야 하지만, 앞으로 작은 메타물질 렌즈가 개발될지도 모른다.

광학 메타물질을 이용해 광학적 한계 밑으로도 초점을 맞출 수 있는 장비가 개발될 가능성도 있다. 일반적으로 우리가 사용하는 빛의 파장보다 작은 물체는 초점을 맞추거나 이미지화하지 못한다. 디지털 이미지에서 픽셀 자체보다 더 작은 단위는 볼 수 없는 것과 비슷하다. 이 해상도의 한계(정확하게는 회절 한계Diffraction Limit 다)는 오래도록 절대적인 진리처럼 간주되었기에, 메타물질은 사실상 불가능을 뛰어넘은 것이나 마찬가지다. 아직은 기술의 결점을 개선하는 중이지만, 머지않아 사진술, 센서, 디스플레이, 현미경 기술이 새로운 시대를 맞이할 것으로 보인다.

해리포터의 '투명 망토' 효과를 구현한다고 언론에 보도되곤 하는, '광학 클로킹Optical Cloaking'이라 알려진 기술은 특정 빛의 파장에서 광학 메타물질을 보이지 않게끔 만든다. 물론 완전히 투명한 수준은 아니지만 최첨단 위장술에 사용될 수 있다.

시각 기술을 제외하고서도 메타물질은 특별한 전기적, 전자기적 특성을 지니므로 일반적으로는 불가능했던, 전자기를 제어하는 기술이 가능해지면 모든 종류의 전기장치에 큰 영향을 미칠 것이다. 미래에 존재할 1800종류의 전자 기기를 모두 알 수 없듯 정확하게 예측하기란 쉽지 않지만, 대체로 더 작고 효율적이고 강력한 전자 기기가 출현할 것이다. 메타물질은 여러 형태의 전자기를 조절하고 제어하는 데 가능과 불가능의 기준을 재정립하고 있다.

메타물질은 아직 시작 단계이므로 기술이 나아갈 방향은 매우 다양하다. 엄청난 수준으로 에너지를 흡수하거나, 지진파의 방향을 바꾸거나, 지역 환경에 적응하는 능동 메타물질을 비롯해 다양한 실험적인 가능성이 열려 있다. 메타물질로 만든 방화복을 입은 소방관들이 불길 속에서 다치지 않고도 사람을 구한다고 상상해 보길.

스마트 재료

스마트 재료Smart Material는 재료공학과 기계공학의 경계를 오가는 분야다. 스마트 재료의 핵심은 외부 자극으로 재료의 특성이나 형태가 변한다는 점이다. 가해지는 압력으로 전기를 발생시키는 압전 소재Piezoelectric Material가 대표적인 예시다.

형상 기억 물질Shape Memory Mateiral은 외부 열과 같은, 다른 환경 조건의 두 가지 상태 사이에서 배열을 바꿀 수 있다. 자극이 가해지면 모양을 완전히 바꿀 수 있고 자극이 제거되면 다시 원래의 모양으로 되돌아온다. 또 물리적 힘을 가해 구부릴 수 있지만 열을 가하면 원래의 모양으로 돌아오기도 한다. 정밀하게 설계한다면 접힌 종이가 펼쳐지듯, 편평한 기억 형상 물질이 3D 모양으로 바뀔 수도 있다.

이 특성을 사용하면 3D 물체를 포갤 수 있는 편평한 형태로 수송한 다음, 목적지에서 조립하지 않아도 열기만 하면 되는 기술로 발전할 수 있다. 또한 불이 나면 화재 진압 가스를 방출하는 것처럼, 환경 변화에 반응하는 기계를 제작하는 데 사용할 수도 있다.

의탄성Pseudoelasticity 또는 초탄성Superelasticity라고 하는 성질을 가진 물질도 있다. 이 물질들은 자극이나 열이 없이도 자동으로 원래의 형태로 돌아가기에, 고무와 같은 탄성 재료와 비슷하다. 차이가 있다면 금속처럼 일반적으로 탄성이 없는 재료에 탄성이 생기도록 나노 규모로 바꿀 수 있다는 점이다. 일반 알루미늄 막대를 구부리면 원래 형태로 돌아오지 않지만 스마트 합금이라면 이야기가 달라진다. 이런 재료는 의학 분야에서 매우 중요한 역할을 할 수 있다. 살아있는 것들은 대체로 유연하고 물렁물렁하지만 인공삽입물은 대체로 단단하지 않은가. 초탄성 재료를 사용한다면 힘과 다른 장점들은 모두 취하면서 살아있는 자에게 필요한 유연함까지 모두 얻을 수 있다.

열변색성 물질Chromoactive Material도 스마트 재료의 일종이다. 감정에 따라 색이 바뀐다는 진실 반지를 기억하는 독자도 있을 것이다. 사실 이 반지는 감정이 아니라 온도에 따라 색이 바뀌는 열변색성 물질로 만들어졌다. 압력, 빛, 다른 자극에 따라 색이 변하는 물질도 있다. 이런 물질은 과열이나 방사선 같은 특정 환경에 노출되면 색이 바뀌며 경고 신호를 보내는 역할에 유용하다. 광학 전자 기술 (전자 대신 빛을 사용해 컴퓨터와 여러 장비를 제작하는 것)이 발달함에 따라 열변색성 물질은 매우 중요한 기능을 할 것이다.

마지막으로 자기장의 세기에 따라서 특성이 변하는 자기유변 물질Magnetorheological Material이 있다. 자기장은 고체를 통과할 수 있는 특성을 지니므로, 보통 접근이 불가능한 기기(이를테면 살아있는 유기체 안에 있는 기기)를 제어하는 데 사용될 수 있다.

이러한 스마트 물질은 프로그램화할 수 있는 미가공 물질은 물론이고 제조된 이후에도 다양한 방법으로 제어할 수 있다. 이 기술이 발전하면 물질을 제어하는 범위와 정확도가 개선될 것이다. 작은 전기, 자기장도 쉽게 컴퓨터로 조절할 수 있으므로 소프트웨어와 물리적 재료를 연결해주며, 원하는 대로 또는 인공지능의 안내에 따라 재료의 특성을 바꿀 수도 있을 것이다.

그러나 가장 궁극적인 스마트 재료는 소프트웨어로 제어함으로써 거의 제한 없이 원하는 형태와 특성으로 바꿀 수 있는, 나노 기계 또는 훨씬 더 작은 물질로 프로그램화할 수 있는 재료일 것이다. 집을 지을 때 증강현실 고글을 끼고 걸쭉한 액체 같은 물질(나노 기계)이 디지털 디자인과 똑같이 변하는 모습을 본다고 상상해보라. 겨울에는 단열 성능이 우수하고 여름에는 바람이 통하는 이 집의 외부 표면은 모두 고성능 태양광 물질로 만들어졌다. 집 자체를 모두 프로그램화할 수 있으며 원할 때는 색을 바꾸고, 벽을 옮기고, 가구를 만들고, 창문이나 조명장치를 더해 재구성할 수도 있다.

물론 이런 예측은 이상적인 물질의 궁극적인 모습으로, 먼 미래의 이야기일 것이다. 결국에는 한 가지 물질만이 존재할 것이고 소프트웨어와 하드웨어의 경계도 없어질 것이다. 어떤 면에서 보면 물리적 세계는 디지털화, 프로그램화될 수 있는 가상의 세계가 될 것이다.

그때까지 재료공학은 급속도로 발전할 것이다. 목재, 돌, 금속, 유리, 콘크리트를 비롯한 전통적인 재료도 오래도록 남을 것이라 기대할 만하다. 오래된 재료를 가공하는 기술도 끊임없이 개선될 것이며, 더 강하면서 탄력이 좋은 콘크리트를 만들기 위해 나노막대를 첨가하는 것처럼 새로운 최첨단 물질과 점점 혼합되는 비율도 높아질 것이다. 나노구조 물질은 우리 기술을 점점 장악할 것이며 건설에도 차차 발을 들일 것이다.

재료 공학 자체도 디지털 기술과 인공지능의 도움을 받아 획기적인 변화를 경험할 것이다. 이제 우월한 특성을 지닌 물질을 발견하기 위해 시행착오를 되풀이할 필요가 없다. 최적의 혼합과 배열을 찾기 위해 인공지능이 수백 가지의 가능성을 꼼꼼히 분석해 고안하고 시뮬레이션할 수 있기 때문이다. 어쩌면 우리는 그저 첨단 재료만이 아닌, 이론적으로 가능한 최고의 특성을 지닌 최적화된 재료의 시대로 들어서고 있을지도 모른다. 물리 법칙 내에서 정확한 강도를 지닌 최고의 금속 재료가 상상이 되는가?

새로운 재료는 오늘날의 기술 그리고 현재는 불가능한 우주 엘리베이터 같은 미래의 기술에 가능성을 불어넣는다. 이런 미래 예측이 현실로 다가오기 전에 신소재를 발명해야 하지 않겠는가.

12장. 가상현실/증강현실/혼합현실

새로운 디지털 세계에 온 걸 환영한다

동명 소설을 영화화 한 2018년 개봉작 〈레디 플레이어 원〉은 발전한 가상현실 기술이 우리 삶에 깊숙이 들어온, 머지않은 미래인 2045년의 모습을 그럴듯하게 보여준다. 전 세계는 혹독한 경제 불황에 빠지고 인류는 오아시스OASIS라는 가상현실에서 대부분의 시간을 보낸다. 그 안에서는 누구든 될 수 있고 어디든 갈 수 있으며 무엇이든 할 수 있다.

사회에 미치는 영향과 기술 측면에서 이런 미래상은 얼마나 실현 가능할까? 이 영화는 사실상 게임에 불과한 오아시스의 경제가 세계의 경제 상황을 위축시키는 설정을 비롯해, 흥미로운 주제들을 다룬다. 다수의 사람은 물리적 세계를 무시함으로 뒤따르는 부정적인 결과가 분명한데도 개의치 않고 가상현실에 시간과 에너지를 쏟는다. 게다가 가상 세계는 지배 세력이 대중을 통제하거나 주의를 다른 곳으로 돌리게 하는 편리한 방법이 되기도 한다.

영화는 게임 안에서 누군가의 모습이 '현실 세계'의 모습과 완전히 다를 수도 있다는 점도 보여준다. 장애가 있는 중년 남성이 오아시스 안에서는 위협적이고 무서운 존재가 될 수 있다. 무엇이든 상상하는 대로 될 수 있는 가상공간에서는 나이, 성, 인종 심지어 자산마저도 아무 의미가 없어진다.

가상현실이란 무엇인가?

가상현실의 기본 개념은 한 가지 이상의 감각에 자극을 주어 실제 물리적 세계를 완전히 대체하거나 보충하는 가상체험을 만들어내는 것이다. 현실과 완전히 분리된 공간은 '가상현실'Virtual Reality, 디지털 세계를 더한 현실을 '증강현실Augmented Reality'이라고 한다.

광범위하게 보자면 최초의 가상현실 형태는 1840년에 찰스 휘트스톤Charles Wheatstone 경이 제작한 입체경일 것이다. 제작 2년 전, 그는 양쪽 눈에 각각 약간씩 다른 그림을 보여주면 3D를 보는 듯한 착각을 불러일으킨다는 입체 영상 원리를 설명했다. 어릴 때 입체 안경 장난감 뷰 마스터View-Master을 본 적이 있는 독자라면 기억할 것이다. 1939년에 출시된 뷰 마스터는 눈에 대고 보면서 조그마한 레버를 당기면 원형 필름에 그려진 그림이 차례로 넘어가는 장난감이었다. 그렇게 돌고 돌아 이제는 뷰 마스터 가상현실 버전이 개발되었다.

입체경은 원시적이긴 하지만, 감각을 착각하게 만들어 실감 나는 환영을 보여주는 가상현실의 기본적인 원리를 잘 나타낸다. 이 원리는 뇌-기계 인터페이스를 다룬 6장의 뇌가 현실을 인식하고 구성하는 방법과 관련이 있다. 인식된 현실을 구성하는 데는 규칙이 있으며, 이를 적용하면 뇌가 눈앞에 보이는 것을 현실이라고 믿을 만큼 생생한 환상을 만들어낼 수 있다.

처음 가상현실 헤드셋을 구입해, 〈리치의 널빤지 체험Richie's Plank Experience〉라는 게임을 하고 나서 나는 심오한 교훈을 얻었다. 안락하고 편안한 우리 집 서재에 있었는데 가상현실 헤드셋과 헤드폰은 30층짜리 고층 건물 꼭대기에서 널빤지 위를 걷는 듯한 감각을 생생하게 전해주었다. 의식적으로는 당연히 이것이 비디오게임일 뿐이며 내 위치 에너지가 운동 에너지로 갑자기 전환돼 떨어져 죽을 위험이 전혀 없다는 사실도 알고 있었다. 그런데도 뇌의 무의식적인 부분이 시청각 환상에 완전히 넘어가고 말았다. 까마득하게 아래에 있는 도로에 몸이 철퍼덕하고 떨어질 것처럼 도마뱀의 뇌(위험을 감지하는 뇌의 부분)가 비명을 질렀다.

정신작용을 관장하는 대뇌 신피질이 공포 상황을 관장하는 편도체를 이겨 결국에는 널빤지를 건넌, 조금은 우쭐한 경험이었다. 내 동생이자 이 책의 공동 저자인 제이가 헤드셋을 던져버리고 "못해!"라고 소리치며 게임을 멈춰 대뇌 신피질 기능 테스트에서 실패하자 내 자부심은 더욱 강해졌다.

유튜브에서 초보 가상현실 사용자들이 용감하게 널빤지에서 뛰어내리는 영상을 쉽게 찾아볼 수 있는데, 실제로는 위치 감각을 잃고 텔레비전에 부딪치는 사람도 있다. 어쨌든 요점은 환상이 작용한다는 사실이다. 가상 세계가 우리 시야를 가득 채우면 뇌는 보이는 것을 현실로 받아들인다. 이 환상은 한 가지 이상의 감각 양상이 동시에 자극을 느낄 때 더욱 강화된다. 널빤지 체험 게임을 하는 친구의 얼굴에 몰래 선풍기 바람을 쐬어 보라. 높은 건물에서 바람을 맞는 효과를 그대로 느낄 것이다.

가상현실은 이런 기술을 사용해 시각적으로나마 가상 세계에 완전히 들어가는 것을 의미한다. 그러고 나면 우리는 주변의 물리적 세계를 전혀 보지 못한다(가상현실 소프트웨어는 물리적 공간을 파악하고 사용자가 가장자리로 다가갈 때 부딪히지 않도록 알려준다).

현대적 가상현실이라고 간주할 만한 첫 번째 예시는 1962년 모턴 헬리그Morton Heilig가 제작한 센서라마Sensorama다. 이를 '미래의 영화관'이라고 여긴 헬리그는 1955년에 처음으로 이 개념을 공개했다(또 한 번 느끼지만 기술은 보통 우리가 순진하게 생각하는 것보다 훨씬 뿌리가 깊다). 광각 입체경 이미지, 입체음향, 선풍기, 냄새 방출기, 심지어 움직이는 의자까지 있는, 여러 감각을 사용한 몰입형 체험인 센서라마는 상낭히 실감 난다고들 한다. 필요한 자금을 확보하지 못해 결국 프로젝트는 끝나고 말았지만, 그가 계속해서 개발했나면 우리의 현재는 달라졌을지도 모르겠다.

가상현실의 선배 격인 다른 기술도 여럿 있다. 1960년, 헬리그는 머리에 착용하는 장치인 텔레스피어Telesphere를 제작했다. 1961

년에는 사용자의 머리가 움직이는 대로 카메라가 움직여 가상으로 주위를 둘러볼 수 있는, 머리에 착용하는 동작 추적 기술(모션 트래킹)인 헤드사이트Headsight가 제작되었다. 1966년에는 가상기술을 실용적으로 적용할 수 있는 최초의 비행 시뮬레이터가 개발되었고, 1968년에는 최초의 컴퓨터 기반 HMDHead-Mounted Display(머리에 착용하는 형태의 디스플레이)인 〈다모클레스의 검Swords of Damocles〉이 나타났다.

그 후 30년 동안 기술은 거듭 발전해 1990년대에는 최초의 가정용 비디오 게임 가상현실 헤드셋이 출시되었지만 소비층이 거의 없었다. 그런데도 가상현실이 주류가 될 것이라는 많은 사람의 예측에 힘입어 2016년에 차세대 헤드셋이 출시되었다.

2020년 세계의 증강현실과 가상현실 시장은 120억 달러로 평가되며, 매년 약 54퍼센트의 증가율로 2024년에는 728억 달러에 이를 것이라 예상한다. 이런 기술에는 늘 '닭이 먼저냐, 달걀이 먼저냐?'의 문제가 있다. 하드웨어 개발과 게임에 투자하려면 사용자가 있어야 하고, 사용자를 유인하기 위해서는 좋은 게임과 하드웨어가 필요하기 때문이다. 대개는 얼리 어답터Early Adopter 덕분에 이어가곤 하는데, 이제는 그 시기를 지나 주류로 변환되는 과정에 있는 듯하다.

오늘날의 상용화된 최첨단 가상현실 헤드셋은 시야각이 110도로, 아직 조금 좁게 느껴질 수 있지만 몰입형 체험에는 충분하다.

또 최상의 컴퓨터 모니터에 비하면 해상도는 떨어지지만 그리 문제 될 것은 없다. 더 나아가 시선 추적 기술Eye-Tracking Technology 덕분에 전체 시스템을 늦추지 않으면서도 사용자가 바라보는 곳의 해상도만 높이는 소프트웨어를 개발할 수 있다.

컨트롤러 또한 빠르게 발전해, 손으로 작동하는 일반 컨트롤러, 다리의 움직임을 감지하는 발 컨트롤러, 작은 움직임까지 감지하는 손가락 컨트롤러도 이미 개발되었다. 기기는 '촉각 피드백'을 활용해, 가상 물체 조종 시 감각을 신체로 전달하기 위해 컨트롤러를 진동시킬 수 있다. 가상현실 시스템은 몸을 자유롭게 움직일 수 있도록 무선과 유선 모두 가능하며, 특정한 게임에 사용하는 운전대, 라켓, 무기 같은 특수화된 컨트롤러가 점점 늘어나고 있다.

기술이 발전함에 따라 시야각을 확장하고 해상도를 높이며 동작 추적 기술과 시선 추적 기술을 개선하고 휴대성까지 갖추겠다는 계획도 발표되고 있다.

현재 가상현실 기술에는 부정적인 면도 있는데, 그중 몇 가지는 가상 세계에 성공적으로 몰입했기에 나타난 결과다. 가장 큰 문제점은 사용자의 시야와 전정기관의 감각이 일치하지 않아서 생기는 멀미 현상이다. 전정기관은 중력의 방향과 움직임을 구분하는 신체 부위다. 건강한 뇌는 두 입력 정보를 동시에 비교하는데 이것이 일치하지 않을 때 멀미를 느낀다. 사용자가 가상현실 사용 자체를 하지 못할 만큼 심각할 수도 있다.

나도 가상현실에서 특히 수직적으로 움직일 때 이런 경험을 한 적이 있다. 실제로 내 머리는 움직이지 않는데 내 아바타가 울퉁불퉁한 지형을 달리는 바람에 갑자기 멀미가 나서 게임을 멈춰야 했다. 지금으로서 이 문제점을 개선하는 방법은 가상 캐릭터의 움직임을 제한하는 것이므로, 이제 대부분의 가상현실 게임과 관련 기술에서 캐릭터가 다른 장소로 움직일 때 직접 움직이게 하지 않고 순간 이동하는 기능을 선택할 수 있다. 물리적인 공간에서 사용자도 실제로 걷는다면 이런 문제는 생기지 않는다. 이는 효과적인 방법이긴 하지만 가상현실에서 가능한 무수한 경험을 제한한다.

전정기관 피드백을 시각적 움직임과 일치시키는 방법도 해결책 중 하나다. 이 기술은 실험 단계로, 이를테면 귀 뒤에 작은 전기 자극을 이용해 전정기관을 자극하는 등 여러 실험이 진행 중이다. 신경학적 접근이 효과가 있을지 아직은 지켜봐야 할 것이다.

가장 궁극적인 해결책은 사용자의 신체적 움직임과 가상 아바타의 움직임을 일치하게 하는 방법이다. 영화 〈레디 플레이어 원〉에서 나온 방법인데, 사용자가 모든 방향으로 움직일 수 있는 러닝머신처럼 생긴 플랫폼에 올라서서 가상 체험을 한다. 이 플랫폼은 사용자와 연결될 수도 있고 사용자의 수직적인 움직임과 일치하도록 위아래로도 움직여야 한다.

가상현실의 또 다른 제한 요소는 얼굴에 착용하는 헤드셋의 크기와 무게다. 헤드셋 착용은 사용자에게 피로감을 느끼게 해 이용

시간을 줄이기도 한다. 이런 한계점 때문에 가상 사무실 사용 역시 아직 채택되지 못했다. 근무하는 8시간 동안 착용하기는 힘들기 때문이다.

이 문제의 해결책은 당연히 작고 가벼운 헤드셋 개발이지만 안타깝게도 이런 헤드셋은 높은 해상도와 넓은 시야각을 향한 요구와 충돌한다. 기술 개선과 함께 기업들은 최고의 타협점을 찾기 위해 끊임없이 연구할 것이다. 언젠가 광각 안경이나 심지어 콘택트렌즈 같은 완벽한 헤드셋 대용품이 출현할 날이 오리라.

증강현실

증강현실은 가상현실과 비슷하지만 현실 위에 그래픽이 겹쳐서 표시되는, 여전히 물리적 세상을 바라본다는 점에서 차이가 있다. 대중적으로 소개된 최초의 기술은 포켓몬고Pokémon Go 게임일 것이다. 실제 눈앞의 현실을 찍고 있는 스마트폰이나 태블릿 피시의 화면에 겹친 포켓몬을 볼 수 있는 이 게임은 엄청난 인기를 끌었지만 모든 유행이 그렇듯, 그 열기는 금세 식어 마니아층만이 남아 있다.

조금 더 첨단 기술 형태의 증강현실은 2013년 처음으로 선보였지만 이제는 실패작으로 불리는 구글 글래스Google Glass다. 일반 안경처럼 보이는데 작은 카메라가 장착된 것으로 사용자 스마트폰과 연결된 헤드업 디스플레이Head Up Display(사용자의 시야에 가상적으로 정보를 전달하는 장치다-옮긴이)가 음성명령으로 가능하다. 얼리 어답터를 겨냥한 구글은 일반 소비자에게는 조금 비싼 1500달러로 값을 매겨 '익스플로러Explorer' 버전을 출시했다.

사생활 침해를 향한 우려의 목소리가 높아지며 카메라가 특히 강한 반발을 샀다. 구글 글래스를 벗어야 할 자리에서도 벗지 않는 사람을 지칭하는 '글래스홀(안경인 glass와 나쁜 놈을 뜻하는 asshole을 합친 단어다-옮긴이)'이라는 단어도 생겼다. 이제 구글은 '엔터프라이즈Enterprise' 에디션(일반 소비자보다는 업무에 최적화했다)에 초점을 맞추어 개발하고 있다. 근로자들은 엔터프라이즈를 사용해 필요할 때마다 체크리스트와 설명서를 볼 수 있으며 품질 관리를 위해 영상으로 과정을 기록할 수도 있다.

증강현실은 가상현실보다 뛰어난 이점이 몇 가지 있다. 증강현실 안경은 전체 시야를 그래픽으로 가득 채운 헤드셋이 아니므로 훨씬 가벼우며 고성능 그래픽 카드가 돌아가는 컴퓨터가 아닌, 스마트폰만으로도 작동할 수 있다.

멀미를 느끼지 않아도 된다는 점도 또한 엄청난 이점이다. 증강현실은 실제 세계를 보기에 시각과 전정 기관의 불일치가 일어나지 않는다. 이런 점 덕분에 휴대도 가능하며, 가상현실을 실행하는 물리적인 공간에 갇힐 필요도 없다.

하지만 증강현실도 우려되는 점은 많다. 앞서 언급했듯, 보는 것을 모두 기록할 수 있도록 고안된 기기이기에 사생활 침해 문제가 심각하다. 게다가 정보를 계속해서 제공받는 기능은 장단점을 모두 지닌다. 안경을 착용하면 그 자리에서 정보를 알아낼 수 있다. 누군가와 이야기하는 동시에 그 사람에 관한 개인 정보를 찾는다고 상상해보라.

이런 점들 때문에 증강현실의 구체적인 적용과 사용 정도를 예측하기가 쉽지 않다. 인이어 이어폰(귓구멍에 넣는 형태의 이어폰-옮긴이)으로 통화하는 상황과 비슷하게 전개되지 않을까. 처음에는 길을 걸으며 혼자 중얼거리는 듯한 사람을 보면 의아해했지만 결국 그 모습에 익숙해진 것처럼.

안타깝게도 우리에게 일상적인 광경이 되었지만, 식사 중에 계속해서 문자메시지를 보내거나 이메일 또는 소셜 미디어를 보는 것은 무례하고 거슬리는 행동이다. 그런데 만약 이런 행동이 안경으로 가능하다고 상상해보자. 상대가 나를 바라보는지 최근 주식시장을 보고 있는지 알 길이 없다. 이런 행동들도 삶의 일부분으로 받아들여질까, 아니면 증강현실 발전의 발목을 잡을까?

마지막으로 우려되는 점은 안전이다. 핸드폰과 여러 휴대용 기기 때문에 운전사와 보행자의 수의가 산만해진 점은 이미 심각한 문제다. 친구와 문자메시지를 주고받다가 차도로 들어서기도 하고 열린 하수구에 빠지기도 한다. 헤드업 디스플레이로 끊임없이 정보를 받으면 얼마나 더 산만해질지 상상이 되는가? 아래를 바라봐야 하는 스마트폰보다야 안전할 때도 있겠지만, 증강현실이 더 보편적인 기기가 된다면 안전한 행동 수칙에 관한 연구가 꼭 필요할 것이다.

마무리하기 전에 '혼합현실Mixed Reality'이라는 개념도 살펴볼 필요가 있다. 이 용어는 1994년 폴 밀그램Paul Milgram과 후미오 키시노Fumio Kishino의 논문 〈혼합 현실 시각 디스플레이의 분류 체계A Taxonomy of Mixed Reality Visual Displays〉에서 소개되었다. 혼합현실은 가상현실과 증강현실 사이의 연속체에서 디지털 세계와 현실 세계가 혼합된 공간을 의미한다.

혼합현실 게임센터에는 가상 세계와 일치하는 실제 소품과 벽이 구비되어 있다. 가상현실 게임에서 가상의 벽에 기대다 엉덩방아를 찧어본 사람들은 그 벽이 실제이길 바란 적이 있을 것이다. 물리적 공간에 보이는 물체와 사람의 디지털 홀로그램 또한 혼합현실의 예시다. 혼합현실은 실제 세계와 가상 세계의 장점을 자연스러운 경험으로 혼합하므로 미래 가상 기술의 주된 형태가 될 가능성도 있다.

가상현실과 증강현실 그리고 미래

가상현실과 증강현실을 구현하는 기술은 이미 존재하고 활발히 발전하고 있으며 점점 더 많은 분야에 적용되고 있다. 그렇다면 앞으로는 어떤 방향으로 나아갈까?

가까운 미래에도 하드웨어와 소프트웨어는 꾸준히 발전해, 가상현실과 증강현실이 거듭 개선될 것으로 예상된다. 이를테면 컨트롤러를 조작할 필요가 없도록 사용자의 움직임을 추적하는 카메라가 발전하며 사용자의 움직임과 일치하는 아바타도 더욱 정교해질 것이다. 컨트롤러는 가상 물체와 직접 상호작용하는 특정 기능을 위해 운전대나 골프채처럼 선택할 수 있는 추가 장치가 될 것이다.

촉각 피드백 또한 더 섬세해질 것이지만 현재로서는 감각을 느끼도록 하는 진동이나 자이로스코프 센서로 한정되어 있다. 이 기술이 발전함에 따라 몇 십 년 내로 우리는 〈레디 플레이어 원〉에 등장하는, 가상의 촉감을 실제 촉감으로 옮기는 가상현실 슈트를 보게 될지도 모른다. 가상 세계에서 일어나는 일을 실제 감각으로 느끼도록 하는 기술이 우리의 목표이기에.

과거 게임 산업이 전반적인 그래픽 기술의 발전을 이끈 것과 마찬가지로, 오늘날도 가상현실을 대부분 적용하고 있는 게임 산업이 기술 발전을 끌어나가고 있다. 가상현실 게임은 재미있고 몰입도가 높지만 모든 종류의 게임이 이에 적합하지는 않다. 여러 기술의 사례로 살펴보았듯 새것이 낡은 것을 늘 대체하지는 않으므로 가상현실 전용 게임과 함께 컴퓨터 또는 콘솔 게임 같은 오래된 게임도 한동안은 우리 곁에 남을 것이다.

가상현실은 다른 오락 기능으로도 확장될 것이다. 체험판이 대부분이긴 하지만 영화는 이미 존재한다. 나도 한 번 관람한 적이 있는데 흥미로우면서 당황스러운 경험이었다. 좋은 영화의 조건은 관람자 시선 유도와 경험 극대화인데 화면의 어느 한 곳에 집중하기가 힘든 360도 환경이었기 때문이다. 예술가들은 이 매체의 장점을 이용해 가상현실 영화를 예술의 한 형태로 발전시킬지, 아니면 호기심이 있는 사람들만을 겨냥할 것인지 고심해야 한다.

가상현실 교육은 기존 학습 자료를 보충하는 역할은 하겠지만 전통적인 방식을 대체하지는 않을 것이다. 박물관, 유적지, 달이나 화성의 표면, 지질 구조, 여러 흥미로운 장소의 고해상도 3D 자료를 가상현실로 본다면 최고의 학습 경험이 될 것이다. 비용과 접근성, 교육적인 정보를 효과적으로 제공할 수 있다는 측면에서 분명 여러 이점이 있다.

교육 경험은 장소에 국한되지 않고 사건이나 대상에도 적용할 수 있다. 게티즈버그 전투를 한 명이 아닌, 여러 군인의 다양한 시각으로 직접 체험하며 배운다고 생각해보라. 우주비행사가 되어 아폴로 11호 임무를 직접 수행하는 경험을 할 수 있는 가상현실은 이미 존재한다.

또 화석이나 인공 유물을 조사할 수도 있다. 게다가 일반적인 인간의 육안에 한정되지 않으므로 분자나 미생물처럼 미세한 것부터 정반대로 거대한 은하단 형성까지 살펴볼 수 있을 것이다. 물론 이런 대부분 자료는 기존의 영상으로도 시청할 수 있지만 가상현실에서는 3D로 경험할 수 있기에 직접 그 속을 걷고 여러 시각으로 관찰하고 물체를 조종하기도 하면서 훨씬 깊이 있게 이해할 수 있다.

가상현실의 발전은 회의, 세미나, 심지어 일상적인 업무를 비롯해 직장 생활에도 도움이 될 것이다. 가상 업무 공간은 다른 장소와 다른 시간에 있는 사람들과 협력하기가 쉽다. 가상현실에 임장감Presence(가상으로 만든 세계에 들어가 있다고 느끼게끔 하는 것을 말한다–옮긴이)이 더해지면 다른 사람과 만날 필요도, 함께 일할 장소로 가야 할 필요도 없어지므로 매우 효율적으로 일할 수 있다. 안정적인 기기만 있으면 집 서재의 편안한 의자에 앉아 전 세계 누구와도 연결이 가능하며 무수한 정보 그리고 업무, 소통, 오락에 필요한 애플리케이션을 구할 수 있다. 무선 가상현실의 휴대성이 확보되기만 하면 집에서 가상으로 일하는 동시에 하루를 시작할 수 있다.

하지만 기술이 발전해 이런 시나리오가 가능하다고 하더라도 사람들이 이것을 원할지 예측하기는 쉽지 않다. 가상 세계의 삶에 지칠 수도 있고 물리적 접촉에서 느끼는 진정성을 원하게 될 수도 있다. 2019년 말에 시작한 코로나 팬데믹은 대면을 비대면으로 대체하는 데서 오는 한계점과 좌절감을 명백하게 드러냈다. 그러나 한편으로 대면 진료를 보충하기 위한 원격 의료 서비스 사용이 급격하게 많아지는 현상과 같이, 비대면의 잠재적 이점 역시 증명되었다. 가상현실이 보편화된다면 심리적, 문화적, 사회적으로 극단적인 영향을 미칠 수 있다.

가상현실 사용은 점점 더 증가하겠지만 어느 분야에서든 전통적인 방법을 완전히 대체하지는 않는다고 본다. 장점과 효과를 무시하기는 어렵지만 역사가 보여주듯 단순하고 전통적인 방법이 지속될 때도 많다.

게다가 미래의 사람들은 현재의 우리가 아니다. 우리보다 가상현실에 훨씬 적응되었을 가능성이 높다. 지금 젊은 세대가 부모님보다 소셜 미디어에 훨씬 빨리 적응하듯, 시간이 지나 그들 또한 가상현실에 쉽게 적응하는 자기 자녀를 보며 고개를 갸우뚱할지도 모른다.

흥미로운 것은 가상현실보다 오히려 증강현실이 우리 삶에 미치는 영향력이 더 크고 쉽게 수용되고 있다는 사실이다. 증강현실은 현실 세계에 있으면서 사용할 수 있다는 큰 장점이 있다. 그저 목소리로 길을 알려주는 대신, 가야 할 정확한 길을 보여주는 증강현실 GPS 시스템이 있다고 상상해보자. 정신없이 주위를 둘러보며 헤매는 일은 없을 것이다. 이런 GPS는 목적지를 강조 색으로 표시해주고 유용한 정보를 제공해주고, 익숙하지 않은 지역을 다닐 때는 간단한 명령만으로 필요한 정보를 도로와 건물 위에 겹쳐서 보여줄 것이다. '어디에 주차하는 게 좋을까? 이 주변에서 가장 맛있는 식당이 어디에 있어?' 무엇이든 물어보라.

구매할 물건에 관해 사용자에게 실시간 정보를 제공하는 증강현실 어시스턴트와 함께 쇼핑하는 미래를 그려볼 수도 있다. 사용자에게 구매평이나 저렴하게 판매하는 장소를 알려주고, 모조품인 물건을 보면 경고해줄 수도 있다.

증강현실은 사회생활의 비밀 조언자가 되어 안면이 있는 사람들의 이름과 기본적인 정보(또는 중요한 정보)를 상기해줄 수도 있다. 또는 효과적인 전문 어시스턴트가 되어, 이를테면 기술자에게는 기기의 도면을 보여주고 의사에게는 스캔 또는 심지어 건드리지 말아야 할 부분과 제거해야 할 조직에 관한 중요한 정보를 강조 표시해 보여줄 수도 있다. 드라마 〈북 오브 보바 펫The Book of Boba Fett〉에서 드로이드가 배를 복구할 때 정확하게 부품이 놓일 위치를 보여주는 홀로그램이 바로 이 기술이다.

전투 상황에서 적군을 찾는 것을 도와주는 동시에 아군과 민간인은 따로 표시할 수 있으며 폭발물이나 함정은 피하게끔 정보를 제공할 수 있다.

외국 여행 시에는 증강현실 어시스턴트가 동시통역해주거나 환율 정보를 보여줄 수 있다.

세나가 증강현실 게임은 어떤 면에서 가상현실 게임보다 나을지도 모른다. 뒷마당, 공원이나 바깥, 심지어 전용 공간에서도 할 수 있기 때문이다. 자유롭게 움직일 수 있는 넓은 게임 공간에서 좀비나 괴물을 총으로 쏠 수 있으며(물론 아이들이 장난감 총을 들고 여기저기 뛰어다니면 안전사고 위험의 우려가 있을지도 모르겠다),

가상의 아이템을 찾아다닐 수도 있고, 퍼즐과 수수께끼를 풀거나 사람들과 소통할 수도 있다.

증강현실은 현실 위에 원하는 다른 외관을 겹치거나 제거할 수도 있고, 특별한 날에는 순수하게 가상으로 집을 꾸밀 수 있다. 핼러윈에는 귀신이 나올 듯이 음산한 집으로, 그리고 클릭 한 번이면 크리스마스 분위기로. 파티를 열 때는 주변 환경을 바꿀 뿐 아니라 사람들 또한 자신이 원하는 어떤 모습으로도 참석할 수 있다.

첨단 증강현실 기술은 근본적으로 실제 세계 위에 완전히 다른 현실을 겹치게 하거나 주변 환경을 강화하면서 동시에 유용한 정보를 제공한다. 앞으로는 이 세계를 경험하는 시간이 길어질 가능성이 높다.

메타버스

2021년 페이스북 CEO 마크 저커버그Mark Zuckerberg는 '메타버스' 개발 계획을 발표했다. 메타버스라는 용어는 1992년에 출판된 닐 스티븐슨Neal Stephenson의 과학소설 《스노 크래시Snow Crash》에서 처음 사용되었다. 인터넷에 존재하는 플랫폼인 월드 와이드 웹World Wide Web과 비슷하지만, 혼합현실(가상현실, 증강현실, 일반적인 컴퓨터 인터페이스, 실제 세계)에 있는 공간이라고 생각하면 쉬울 것이다. 저커버그는 인터넷과 마찬가지로 한 기업이 통제하지 않는 분산된 네트워크를 계획하고 있다.

메타버스가 혼합현실을 주류로 변환할 혁신적인 가상현실 기술이 될지, 그렇지 않으면 하드웨어 기술 발전이 더뎌서 계속 침체된 상태가 유지될지는 두고 봐야 할 문제이지만, 페이스북이라는 거대기업이 메타버스에 여전히 투자한다는 사실은 눈여겨볼 만하다. 만약 메타버스가 살아남는다면(기업이 수십억 달러를 쏟아붓고 있지만, 미래는 예측할 수 없다), 다시 수요가 증가함에 따라 더 나은 하드웨어 기술을 개발하도록 투자를 유도할 것이고, 개선된 하드웨어는 다시 수요를 높이는 기술적 피드백 고리를 만들게 될 것이다. 성공한다면 저커버그는 소셜 미디어계의 진정한 전설이 되리라.

하지만 정보와 컴퓨터 애플리케이션에 접근하는 주된 방법이 메타버스가 된다고 하더라도 기존의 방식을 대체하기보다는 강화하는 수단으로 남을 것이다. 사람은 여전히 쇼핑하고 소셜 미디어를 즐기고 스마트폰으로 의사소통할 것이다. 물론 혼합현실 속에서 말이다.

신경현실

가상현실에서 남은 한 가지 형태가 바로 이 기술의 궁극적인 단계인 신경현실Neural Reality, NR이다. 신경 현실은 고글이나 안경을 착용할 필요도 없고, 실제 세계와 가상 세계의 불일치나 안전성 따위를 걱정할 필요도 없다. 신경현실은 본질적으로 뇌-기계 인터페이스를 사용해 가상현실을 우리 생각에 바로 보내는 매트릭스다. 이 기술이 완벽해진다면 신경현실은 흠잡을 데 없이 자연스러워 질 것이고, 완벽하지 않다고 하더라도 강력한 인터페이스가 될 것이다.

신경현실을 정확하게 혼합현실이라고 말할 수는 없다. 신경현실은 우리가 편안하게 침대에 누워있는 동안 감각 입력과 운동 신호를 가상 세계로 완전히 대체한다. 이 기술이 불가능하다고 할 근거는 없지만 완성하기까지 얼마나 걸릴지, 얼마나 효과적일지는 알지 못한다.

개인과 사회의 반응은 어떨까? 오락, 훈련, 교육을 비롯해 지금까지 언급한 모든 기술은 신경현실에서 가능할뿐더러 오히려 몰입도도 더 뛰어나다. 신처럼 전능해질 수 있는 가상 세계에 살 수 있다니 귀가 솔깃할 수밖에 없다.

원하는 어떤 삶도 살 수 있고 실제로 죽지 않은 채 게임처럼 수백 번 살아날 수 있고 어떤 시대나 장소도 경험할 수 있으며 자기 자신을 완전히 바꿀 수도 있다. 일부 미래학자들은 신경현실의 형태가 기술 문명 대부분의 궁극적인 목적지라고 예측하기도 한다. '외계 생명체가 있다면 모두 어디에 있는가?'라고 묻는 페르미 역설에 '자신들의 가상 세계에 산다'라는 대답이 맞을지도 모르겠다. 우리는 로봇과 인공지능에 실제 세상을 맡기고, 가상세계에서 신처럼 살게 될까? 아니면 소수의 부유층만 이런 행운을 누리고 대부분 인간은 실제 세계에서 겨우 살아가게 될까?

이 기술이 인간 문명에 미치는 영향은 엄청나다. 어쩌면 신경현실은 사람들의 신체적 건강과 생산성을 유지하기 위해(신체적 장애가 있는 사람은 예외겠지만) 엄격히 제한될 수도 있다. 혹은 실제 세계인지 가상 세계인지 구별하는 능력을 잃어, 가상 세계에 있다고 착각한 채 두려움 없이 죽음의 길로 뛰어드는 사람이 생길 수도 있다. 지나친 사용으로 새로운 신경현실 과다 불쾌감, 현실 부적응, 신경현실-현실 착란 같은 정신 질환이 생겨날 가능성도 높다.

증강현실부터 가상현실, 신경현실 이 모두는 대단히 강력한 기술이다. 그리고 모든 강력한 기술이 그렇듯 제대로 사용될 가능성도, 악용될 가능성도 크다. 현실적으로 가장 가능성이 있는 미래는 모든 기술이 적정 수준에서 사용되는 경우다. 결국 개인과 공동체의 선택이 미래를 결정할 것이다. 미래는 증강현실 유토피아가 될까, 그렇지 않으면 인공지능 로봇들이 신경현실 좀비가 된 인간들을 가엾게 여기는 세상이 될까.

13장. 웨어러블 기술

어떤 도구도 될 수 있는, 몸에 착 감기는 슈트를 입었다고 상상해보라

　　　　　동물의 왕국에서 인간과 다른 동물을 나누는 기준은 몇 되지 않는다. 도구를 사용하기도, 서로 의사소통하기도, 사회적 규범을 어기는 구성원에게 벌을 주기도, 거울을 보며 자기 자신을 알아보는 동물도 있기 때문이다. 하지만 인간이 다른 동물과 다른, 눈에 띄는 특징은 자기 능력과 적응력을 강화하기 위해 무언가를 입는다는 점이다. (만약 웨어러블이 기술 진보의 표지라면 인류 발전의 정점에 오른 사람은 형사 가제트라고 봐야 할까.)

　특정 종의 게나 곤충을 비롯해 몇몇 동물은 보호색이나 경계색으로 '갈아입는다'라고 할 수도 있겠지만 대부분 동물은 맨몸으로 살아간다. 인간이 옷을 입기 시작한 정확한 시기를 밝히기는 쉽지 않으나, 고생물학자들은 옷에 서식하는 기생충의 유전적 분화를 자료 삼아 약 17만 년 전부터라고 추정한다. 우리와 가장 가까운 사촌인 네안데르탈인도 옷을 입었다.

　최초의 '웨어러블'은 아마 짐승의 털로 만든 망토였을 것이다. 그 덕분에 인간은 털이 많은 동물로 진화하지 않고도 추운 기후에 적응하게 되었으며 결국에는 몸에 잘 맞도록 바느질한 옷을 만들어냈다. 이런 단순한 시작에서 오늘날까지, 최첨단 웨어러블 기술이란 무엇을 의미하며 앞으로는 어떤 방향으로 나아갈까?

의류가 진화하게 된 이유는 단지 체온 조절에 있지만은 않다. 의류는 신체를 보호하고 장식했으며 겸손을 나타내기도 했고 사회의 특정 공동체 안에서 지위나 신분을 의미하기도 했다. 초기 웨어러블의 엄청난 혁신은 바로 주머니다. 가장 오래되었다고 알려진 주머니는 기원전 3400~3100년 사이에 살았다고 추정되는 얼음 인간 외치Ötzi에게서 발견되었다. 그의 허리띠에 달린 가죽 주머니에는 석기 셋, 뼈로 만든 송곳 하나, 말굽 버섯 뭉치가 들어 있었다. 지금은 대수롭지 않게 여기지만, 손을 사용하지 않으면서도 중요한 도구를 가지고 다니는 능력은 당시로서는 획기적인 기술이었다. 옷에 붙은 호주머니는 1600년대 들어서야 발명되었으므로 주머니는 수천 년간 최첨단 기술로 남아있었다.

또 다른 혁신으로는 안경이 있다. 안경은 북부 이탈리아의 피사에서 만들어졌다는 주장이 보편적이다. 1306년 2월 23일, 도미니크회 수사인 조르다노 나삐사Giordano da Pisa(1255-1311년 경)의 강론에서 그는 '시력을 보완하는 안경 기술이 발명된 지는 20년이 채 지나지 않았습니다'라고 했다. 앞서 말했듯, 우리는 안경을 간단한 기술이라 당연시하지만 굴절 이상을 교정하는 대단한 발전이었다. 안경(혹은 안경과 비슷한 형태)은 정상 시력을 더 강화하는데 사용되기도 했고, 눈부심을 완화하는 선글라스나 돋보기 기능을 하기도 했다.

그다음으로는 1510년의 독일 뉘른베르크로에서 페터 헨라인Peter Henlein이 발명한 회중시계를 살펴보자. 사실 그가 만든 시계는 구 모양으로, 목에 걸도록 고안되었다(호주머니가 아직 발명되지 않았다는 사실을 기억하길). 1600년대에 호주머니가 달린 조끼가 유행하면서부터 우리에게 더 익숙한 모양의 회중시계가 만들어졌다. 그때부터 웨어러블은 정보를 제공하는 기기로 확장되었다. 이 기술은 비행사인 알베르토 산투스뒤몽Alberto Santos-Dumont이 1904년 비행기 조종 시 손을 자유롭게 움직이려고 시계를 손목에 차면서부터 훨씬 발전하게 되었다.

사람들은 계속해서 신체의 다양한 부위에 착용할 수 있는 인상적인 도구를 만들어냈다. 웨어러블은 이제 단순히 옷이 아니라 보호 도구(방탄복, 작업용 장갑, 안전모, 고글)로서도 사용되며, 감각을 교정 또는 강화하고, 힘과 움직임을 개선하고, 우리가 손으로 직접 들지 않고도 중요한 도구나 물건을 가지고 다닐 수도 있게 해준다. 또한 휴대하거나 감출 수 있는 무기로도 사용되며, 정보를 편리하게 제공하고, 우리 신체의 기능이나 활동을 추적 관찰하기도 한다. 스쿠버 다이빙 전문 장비, 상공에서 뛰어내릴 때 사용하는 낙하산, 우주에 갈 때 입는 우주복(너무 당연한가?)처럼 특정한 환경과 상황을 위한 웨어러블도 있다.

내가 가장 기발하다고 생각하는 웨어러블은 의자 바지Chair Pants 다(시트콤 〈실리콘 밸리Silicon Valley〉를 봤다면 알 테다). 접을 수 있는 의자가 바지 뒤에 붙어 있어, 어디서든 앉는 자세만 취하면 앉을 수 있도록 펴진다. 이 시트콤은 패션과 기능 사이에서 딜레마를 겪는 웨어러블(허리에 두르는 작은 가방인 '히프 색'이 하나의 예시다) 의 고충을 잘 보여준다. '유용하긴 한데 글쎄, 저런 걸 입으면 바보처럼 보이지 않을까?'

웨어러블 의료 기구는 아예 하나의 종류로 구분할 정도로 다양하다. 약한 관절을 위한 지지대나 부상을 예방하려고 사용하는 보조 기구도 이것에 포함된다. 보청기 또한 보편적으로 사용하는 의료용 웨어러블 중 하나다.

직업에 따라 특정한 웨어러블 장비와 복장을 하기도 한다. 광부는 손을 사용하지 않고도 정확한 위치를 비추는 휴대용 조명 장치인 헤드 랜턴을, 정밀한 작업을 하는 직업군은 확대경, 소방관은 방화복을 사용하고 이 외에도 다양한 직업군이 작업용 고글, 수많은 군사용 장비, 스포츠 기어를 사용한다.

이처럼 웨어러블 기술은 어디에나 있으며, 여러 직업과 활농에서 필수품이 되어 우리의 능력을 확장하고 강화하게 해 준다. 아니, 어쩌면 우리 모습의 일부가 되었을지도 모른다.

웨어러블을 가능케 하는 기술

　　　　　단어 뜻 그대로 웨어러블은 몸에 착용하도록 고안되었으므로, 전반적인 기술이 발전함에 따라 함께 성장할 것이다. 시계 기술이 회중시계에서 손목시계로, 오늘날의 스마트워치까지 이어진 것처럼. 하지만 특별히 웨어러블에 이바지한 기술 발전이 있다면 바로 소형화다.

　기기가 점점 작아지는 것은 일반적인 동향으로, 편안하게 착용할 만큼 작은 기기의 수가 늘어나면서 웨어러블의 발전에 긍정적인 영향을 끼쳤다. 전자기기, 특히 컴퓨터 칩 산업의 뛰어난 소형화 기술은 익히 들어 잘 알고 있을 것이다. 이제 우표 크기만 한 작은 칩이 몇십 년 전 방을 가득 채운 컴퓨터보다도 더 강력하다.

　평범한 스마트폰에 장착된 고품질 카메라가 증명하듯, 광학 기술은 이미 현저히 소형화되었다. 두툼한 렌즈 없이도 망원렌즈와 줌렌즈를 생산할 수 있도록, 메타물질Metamaterial을 사용해 더 작게 제작하려는 연구는 끊임없이 진행되고 있다.

　오늘날 '나노기술'은 미시 규모에서 만들어지는 기계를 의미하는 공통적인 유행어로(엄밀히 말해 나노미터 크기가 훨씬 더 작다), 웨어러블에 막대한 영향을 미칠 것이다.

　우리는 '유연 전자회로Flex Circuits', '유연 전자Flexible Electronics' 통틀어 '유연 기술Flex Tech'이라 불리는 시대에 들어섰다. 이는 부드러운 플라스틱 기판에 전자회로를 인쇄해 사용자가 움직이는 대로 함께 움직이는 부드러운 기기를 만드는 기술이다. 유연 기술은 의류에 쉽게 적용할 수 있고 섬유와 함께 엮을 수도 있다. 전자 장치와 회로의 토대를 형성하는 탄소 나노튜브 같은 이차원 물질은 매우 유연하기도 하다. 또 유기 회로는 유연한 물질에 인쇄할 수도, 회로 자체를 유연한 물질로 만들 수도 있는 또 다른 기술이다.

전자 회로는 센서 역할을 하도록 전도성 잉크를 사용해 문신처럼 피부에 직접 찍어낼 수도 있다. 테크 타츠Tech Tats라는 기업은 사용자의 건강 상태를 관찰하는 문신 서비스를 이미 제공하고 있다. 잉크는 표피에만 발라지므로 영구적이지 않으며, 심박수와 다양한 건강 정보를 수집해 스마트폰으로 전송한다.

웨어러블 전자기기를 작동하려면 동력을 공급받아야 한다. 작은 시계 배터리가 이미 있지만 사용할 수 있는 에너지는 한정적이다. 다행히도 웨어러블(생체 이식형과 다른 소형 전자기기를 포함한다)에 동력을 공급하도록 주변 환경에서 적은 양의 에너지를 수확하는 다양한 기술이 개발되고 있다. 현재로서는 1776년 스위스의 시계 제작자 아브라함 루이 페렐레Abraham-Louis Perrelet가 개발한, 태엽이 자동으로 감기는 추를 부착한 회중시계가 가장 오래된 예시일 것이다. 전해지는 이야기에 따르면 주머니에 시계를 넣고 15분 동안 걸으면 완전히 감긴다고 한다.

움직임이 아니더라도 전력을 발생하는 방법은 여러 가지가 있다. 자연에는 기계 에너지, 열 에너지, 복사 에너지(태양이 그 예시다), 화학 에너지 이렇게 네 가지 외부 에너지가 존재한다. 예를 들어 압전 기술Piezoelectric Technology은 가해진 기계적 압력을 전류로 바꾼다. 기계적 동력은 땅을 밟는 사람의 발힘에서 올 수도 있고 팔다리를 움직이거나 심지어 호흡하는 행위로도 발생될 수 있다. 압전 물질로는 석영과 뼈가 있으며, 압전기는 티탄산바륨과 티탄산 지르콘산 연으로 제조될 수 있다. 정전형과 전자기형 기기는 진동 형태로 기계적 에너지를 수확한다.

열전 발전기는 온도 차로 전기를 생산한다. 인간은 온혈동물인 포유류이므로, 우리가 늘 내뿜는 남은 열로 상당한 전기를 만들어낼 수 있다. 아직은 대부분 프로토타입이지만 유연 기술과 에너지 수확을 융합해 유연 재료로 만든 열전 발전기도 있다. 2021년 기술자들이 개발해 발표한 유연 열전 발전기가 바로 그 사례다. 이는 에어로겔과 실리콘 혼합물로, 액체 도체가 들어있어 손목에 차면 작은 기기를 작동할 만한 에너지를 발생시킬 수 있는 기술이다.

태양에서 공급받는 복사 에너지는 광전 효과를 통해 전기로 변환될 수 있다. 이는 현재 태양광 패널이 작동하는 기본 원리이며, 웨어러블에 적합한 작고 유연한 패널도 만들어질 수 있다.

에너지를 수확하는 이 모든 기술은 열, 빛, 진동, 압력을 감지할 수 있고 이에 반응하여 신호도 보낼 수 있는 센서 기능도 겸한다. 따라서 크기가 작은 자가 충전 센서가 우리 기술에 두루 사용될 수도 있다.

웨어러블 기술의 미래

웨어러블 기술은 이미 가능하거나, 구현할 수 있는 시점으로 넘어가는 과도기에 있다. 우리는 무선 기술과 발전된 소형화 디지털 기술이 통합된, 작고 유연하고 튼튼하며 자가 동력으로 작동되는 기기와 센서를 만나게 될 것이다. 그러므로 우리는 기존의 도구와 기기를 웨어러블로 재탄생시키거나 기존의 기기에서 영감을 받아 새로운 선택지를 만들 수도 있으며, 디지털 기술을 의류, 장신구, 웨어러블 장비와 점점 더 통합할 수도 있다. 다시 말해 웨어러블은 수동적인 물체의 영역을 점차 벗어나 우리의 나머지 디지털 생활과 융합된 능동적 기술로 탈바꿈하게 될 것이다.

미래에 사람들이 유용하다고 느끼는 기기와 귀찮고 쓸모없다고 여겨질 기기가 무엇일지 예측하기란 쉽지 않다. 그런데도 분명 적용하고 있는 기술은 몇 가지 있다. 스마트폰은 이미 스마트워치가 되었고 더 확장된 기능성을 위해 두 가지가 함께 사용되기도 한다. 구글 글래스는 일찍이 컴퓨터 기술을 웨어러블 안경과 통합하려는 시도를 했지만 썩 좋은 결과를 내지 못했다는 사실은 독자들도 알리라.

이 기술을 확장한다면 우리가 이미 착용하는 옷이나 장비가 기존의 전자 기기로 바뀔 수도, 새로운 기능을 추가해 기존의 기기를 대체하거나 보완함으로써 강화될 수도 있다는 예측이 나온다.

스마트폰이 계속해서 휴대용 전자기기의 중심으로 사용된다고 생각해보자. 어쩌면 스마트폰은 오늘날처럼 무선 헤드폰과만 연결되는 것이 아니라, 안경에 내장된 무선 모니터 또는 건강 정보나 일상 활동을 기록하는 센서와 연결될 수도 있다. 잠재적으로 핸드폰은 지구상에 있는 어떤 기기와도 소통할 수 있어서 우려할 만한 신체적 변화가 있을 때 자동으로 병원에 연락하거나 필요시에는 응급 서비스를 부를 수도 있다.

휴대용 카메라는 주변 환경 촬영뿐만 아니라 원하는 장소나 서비스로 안내해주며, 범죄나 사고가 일어났을 때는 경찰에 바로 연락이 가도록 주변을 추적 관찰하고 기록하는데 사용될 수 있다.

전자 기기가 점점 '사물 인터넷Internet Of Things'(인터넷으로 사물들을 연결하는 기술로, 다른 사물과 정보를 주고받을 수 있다 – 옮긴이)의 일부가 되어가듯 우리도 의류, 피부의 문신, 생체 이식으로 그 네트워크의 일부분이 될 수도 있다. 엄밀히 말해 우리는 집, 사무실, 직장 또는 자동차의 일부가 되어 하나의 통합적인 기술적 완전체가 될지도 모른다.

지금까지 일상생활의 측면을 주로 살펴봤다면 이제부터 특별한 직업이나 상황에 필요한 기술을 이야기해보자. 극단적으로는 산업용 또는 군용 엑소슈트Exosuit(웨어러블 로봇, 강화 외골격이라고 부르기도 한다–옮긴이)가 있다. 현재 수준으로서는 꿈만 같은 기술인 아이언맨 슈트를 생각해보라. 아직 아이언맨의 아크 원자로를 대적할 휴대용 전력원은 없으며, 그가 날아다니는 데 필요한 엄청난 양의 추진 연료를 저장할 곳도 없다.

현실적인 산업용 엑소슈트는 이미 존재하며 앞으로 더 개선될 일만 남았다. SF에 나오는 좀 더 나은 예시는 〈에이리언〉의 주인공 리플리가 입은 운반용 엑소슈트다. 공사 현장에서 사용하는 전동 금속 엑소슈트는 이미 수십 년 전에 연구를 시작했고, 1965~1971년 사이에 제너럴 일렉트릭 사가 개발한 하디맨Hardiman은 한 번도 사용된 적이 없는 사실상 실패한 프로젝트이지만, 그 이후로 개발은 계속 진행되고 있다. 이 기술은 주로 마비 환자들의 걸음을 도와주는 등, 대체로 의학적인 목적으로 사용되어 왔다. 산업용으로는 보편적이지 않으며 전신 슈트는 아직 발명되지 못했다. 하지만 이론상으로라면 그런 슈트는 노동자들의 힘을 엄청난 수준으로 강화해 아주 무거운 물건도 들 수 있게끔 해주며 리벳 건이나 용접 장비처럼 자주 사용하는 도구를 장착할 수도 있다.

군용 전동 엑소슈트는 보호 장비, 적외선 고글, 야간투시경을 비롯한 시각적 도구, 무기, 표적 시스템, 의사소통 수단을 갖추게 될 것이다. 이런 엑소슈트를 입은 군인 한 명은 보병대 수준을 넘어 탱크, 대포, 소통 수단, 긴급 의료원, 보급품 운반차의 역할까지 할 수 있다.

군용 장비 발전은 응급 의료 조치 계획이 내재된 기술을 더욱 추진할 것이며, 출혈을 줄이도록 부상에 자동으로 압박을 가하는 슈트도 개발될 것이다. 혈압을 유지함으로써 충격을 예방하게 해주는 압박 바지는 이미 개발되었다. 더 나아가 화학전에 대응해 자동으로 약물을 주입하거나 혈압을 올리거나 통증을 완화하거나 감염을 막는 기능을 개발할 수도 있을 것이다. 탑재된 인공지능 또는 원격으로 군인들을 관찰하고 치료하는 의료인이 이 기능을 제어할 수 있다.

일단 이런 기술이 더 발전하면 민간인에게도 문이 열릴 수 있다. 생명을 위협하는 알레르기가 있는 사람은 에피네프린을 가지고 다닐 수 있고, 필요한 만큼 약을 주입하거나 응급 의료 요원이 원격으로 제어하는 자동 주사기를 착용할 수도 있다.

지금까지 살펴본 것들은 현재 기술을 토대로 한 예측이며 더 발전된 응용은 약 50년 내로 실현할 수 있다. 그렇다면 먼 미래는 어떨까? 그때가 되면 나노기술이 자리 잡을 것이고 사용자의 명령에 따라 일상에서 사용하는 어떤 물리적 물체도 만들어낼 수 있을 것이다. 피부에 착 감기면서도 프로그램화와 재구성을 할 수 있는 재료로 만들어진 나노 슈트를 입는다고 상상해보라. 근본적으로 슈트가 세상의 모든 도구가 된다.

게다가 언제든 입은 옷을 갈아입지 않고도 바꿀 수도 있다. 아침에는 평상복, 회의 때는 업무 복장, 저녁 파티에서는 야회복으로. 패션을 넘어, 이 옷은 해적이나 늑대인간 같은 코스프레 복장으로도 프로그램화할 수 있다. 무엇이든 말만 하시라.

실용적인 면을 보자면 이런 나노섬유는 날씨와 기온에 따라 공기를 통하게 하고 보온성이 좋도록 두꺼워지며 최상의 편안함을 위해 사용자의 피부 온도에 따라 바뀔 수도 있다.

이런 소재는 부드럽고 편안하면서도 물리적으로 힘이 가해지면 뭉치면서 단단해져 매우 효과적인 보호막 기능을 할 수도 있다. 상처를 입었다면 출혈을 막고 압력을 유지하며 필요시에는 흉부를 압박할 수도 있다. 만약 자기 피부 같은 이런 의류가 널리 사용된다면 이 옷이 없는 삶은 상상하기 힘들 정도로 무서워질 것이다.

웨어러블 기술은 가지고 다닐 수 있는 편리성과 효율성 때문에 휴대가 가능한 궁극의 기술이 될 것이다. 살펴보았듯이 우리가 논의한 많은 기술은 웨어러블 기술로 집약될 수도 있다. 이는 미래를 상상할 때 한 가지 기술이 아닌, 모든 기술이 상호작용한다는 점을 상기하게 해 준다. 우리는 인공지능과 로봇 기술로 구동되는 이차원 재료로, 가상현실에서 사용하는 뇌-기계 인터페이스가 가능한 웨어러블을 제작할 수도 있다. 또한 집에 있는 3D 프린터를 사용해 적층 제조 기술로 맞춤 웨어러블을 만들 수 있을지도 모른다.

14장. 적층 제조

디지털과 물리적 세상을 연결하는 3D 프린팅

이 책을 비롯해 미래주의의 대부분이 미래를 채울 사물을 다룬다면, 이번 장에서는 그 사물이 만들어지는 방법을 살펴보고자 한다. 완벽한 제조 과정의 이상적인 시나리오부터 생각해보자.

순수한 창조는 에너지를 원하는 재료, 구조, 형태로 직접 만드는 능력이다. 아인슈타인의 유명한 공식 $E=mc^2$은 질량에 광속의 제곱을 곱한 값이 에너지라는 것을 의미한다. 근본적으로 물질과 에너지는 동전의 양면이며 물질은 엄청난 에너지를 함유하므로, 적은 양의 물질을 만드는데도 엄청난 양의 에너지가 필요하다. 1그램의 물질을 만들어내기 위해서는 석유 1만 5천 배럴(1배럴은 약 159리터다-옮긴이)의 에너지가 사용된다.

물질 또한 엄청난 양의 에너지로 바뀔 수 있기에 이론적으로는 물질을 에너지로, 에너지를 다시 원하는 형태의 물질로 바꿀 수 있다. 이 방법이 가장 온전한 제조 방법으로 보일 수는 있으나 낭비되는 에너지의 양이 막대하고 넘어야 할 기술적 장벽도 크다.

그러므로 우리가 예측할 수 있는 가까운 미래에 이런 형태의 생산 과정을 구현하기란 불가능에 가깝다.

지금으로서는 물질 자체를 에너지로 바꾸는 과정 없이, 원재료를 물체로 가공하는 방법에 만족할 수밖에 없다. 이 방법론 안에서 가장 이상적인 공정은 원하는 재료로 제약 없이 원하는 제품을 만드는 것이다. 물질의 성분도 바꿀 수 있다면 금상첨화다. 그러나 이것은 발전된 연금술 따위가 필요하므로 (입자가속기를 사용하지 않는 한) 아직은 상상할 수 없는 기술이다.

다시 주제로 돌아가서, 완성품의 화학 구조와 가장 가까운 원재료로 물건을 만든다고 가정해보자. 목재로 만들어진 물건을 원하면 목재로 시작해도 좋다. 그러나 제조 과정에서 내구성, 내화성, 가소성을 높이거나 원하는 방향으로 만들기 위해서는 원재료를 가공해야 한다. 어떤 제조 과정에서는 (다른 원재료와 섞어) 화학적으로 혼합한 원재료를 만든 후, 최종 형태로 제작하기도 한다.

그럼 이론적으로 적당한 원재료를 사용해 원하는 기능, 형태, 특성을 지닌 최종 물건을 만들 수 있을까? '빨리 만들 수 있고 질 좋고 값싼 물건은 없다. 두 가지만 선택하라'라는 말을 들어 본 적이 있을 것이다. 그러나 우리는 정확성, 신속성, 가격 경쟁력, 이 세 가지 모두 원한다. 과연 이 이상적인 결과는 얼마나 멀리 있으며, 어떤 기술이 우리를 그곳으로 데려다줄까?

제조의 역사

우리는 인류의 친척이 최초로 만든 도구나 물건이 무엇인지 알 길이 없다. 인류의 조상이라 알려진 호미닌Hominin(현 인류의 근연종을 집합적으로 일컫는 용어다-옮긴이)이 나무와 막대기 자체를 도구로 사용했을 가능성(우리 침팬지 사촌들의 행동으로 추정했을 때)이 높은데, 나무는 화석화되는 경우가 드물기 때문이다. 따라서 우리는 호미닌 중에서 특정 종이 도구를 만들었다는 첫 단서를 찾아야 할 수밖에 없다.

가장 오래된 석기는 케냐의 로메크위 3Lomekwi 3이라는 유적지에서 발견되었으며 330만 년 전에 만들어졌다고 추정된다. 크고 단단한 이 돌들은 분명 다듬어진 흔적이 보이지만 어떤 용도로 사용되었는지는 불분명하다. 이 유적지의 추정 연대는 우리 사람속 Homo Genus보다 약 50만 년 앞서므로, 오스트랄로피테쿠스도 무언가를 만들었을 가능성이 있다. 하지만 도구를 만드는 활동은 호모 하빌리스('손을 쓰는 사람'이라는 뜻이다)를 시작으로 사람속이 등장하며 특히 발전했다.

약 300만 년 동안 돌을 다듬어 만든 도구는 (정말로) 최첨단 기술이었다. 뼈로 만든 가장 오래된 도구는 150만 년 전 아프리카에서 만들어진 것으로 추정되지만, 약 15만 년 전부터 호모 네안데르탈렌시스, 우리 인간인 호모 사피엔스와 함께 급격한 발전을 이루었다. '돌칼과 곰 가죽' 기술의 시대가 바로 이때다. 뼈는 송곳,

미래를 여행하는 회의주의자를 위한 안내서

바늘, 창끝, 낚싯바늘을 만드는 데 사용되었으며, 바늘 모양을 보면 가죽과 털로 옷을 만들었다는 사실을 추정할 수 있다. 따라서 초기 제조 방법은 특정한 용도의 물건을 만들기 위해 원재료를 최소한으로 변형하는 감산 과정(큰 덩이에서 빼는 방법)을 거쳤다.

원재료에서 감산해 모양을 형성하는 방법은 사람이 이용한 가장 오래된 제조 기술이다. 그 후 약 12만 년 전부터는 재료를 처리해 특성을 바꾸는 방법 즉, 나무를 단단하게 하려고 불을 사용하는 기술이 시작되었다. 그다음으로는 두 개 이상의 부분을 연결하는 방법이 출현하면서 큰 발전을 이룩했다. 송진과 다른 재료를 사용해 창끝과 나무를 이은 흔적은 가장 오래된 사료로, 약 7만 2,000년 전에 만들어졌다고 추정된다.

제조 과정에 추가된 또 다른 기술은 도료를 칠해 물체 표면의 특성을 바꾸는 방법이다. 약 3만 년 전부터 시작되었다고 추정되며 동굴 벽화에서 그 증거를 발견할 수 있다.

그러다 약 2만 5,000년 전, 진흙과 뼛가루로 도자기를 만들며 제조 기술의 도약이 시작되었다. 도자기는 재료를 다듬거나 빚은 가장 오래된 역사적 증거다. 게다가 진흙을 굳히기 위해 열을 가했기에 이것은 재료의 특성을 바꾼, 중요한 제조 과정이라고 볼 수 있다.

절삭, 접합, 열처리, 겉칠, 형상 만들기와 같은 기본 기술은 오늘날까지 제조 과정의 중심으로 남아 있으며 앞으로도 계속될 것이다. 재료 선택의 폭도 넓어졌고(11장에서 재료를 주제로 살펴보았다) 기술도 발전하고 있으나 기본 개념은 여전히 같다.

재료와 기술은 발전을 거듭했으나 기술자들이 각각의 물건을 손으로 직접 만드는 제조 과정은 대체로 비슷했다. 제품이 세밀해지고 수가 늘어나며 기술자들이 점점 전문화되어, 특정 기술을 완전히 익히는 데 수년, 심지어 수십 년이 걸리기도 한다. 그렇게 사회에는 목수, 대장장이, 방직공, 유리 세공인, 구리 세공인, 가죽 세공인, 도자기공, 등 온갖 장인이 생겨났다. 노동력이 풍부한 큰 도시에서는 전문화가 곧 분업으로 이어져, 한 가지 제품을 만드는 데 여러 장인이 각자 맡은 과정에 집중했다.

다음으로 등장하는 가장 큰 혁신은 제조의 기계화다. 기계화는 산업혁명 시기의 가장 두드러진 특징이지만, 공예에서는 그 뿌리가 훨씬 더 깊다. 축을 중심으로 나무토막을 회전해, 나무를 깎고 사포질하고 겹칠 하는 기기로, 물체가 대칭되게끔 하는 선반Lathe은 적어도 기원전 1300년 고대 이집트까지 거슬러 올라간다. 사람이 직접 작동하기도 했지만 물레방아나 풍차와 연결되기도 했다. 기계화의 초기 형태는 도자기 물레, 제재소, 대장간에서 사용한 트립 해머Trip Hammer가 있으며 한편으로 물레와 베틀은 직물 산업에 대변혁을 일으켰다.

1769년에 증기기관의 발명을 시작으로 산업혁명은 제조업의 기계화에 주역이 되었고 기존의 제조 도구를 개선했을 뿐 아니라,

기계력과 자동 제조 과정으로 인력을 대체하는 새로운 가능성을 열기도 했다. 기계의 생산 라인을 활용해 제품을 대량 생산하고 정확하게 교체할 부분도 만들 수 있게 되었다. 그러나 장인이 직접 만든 제품보다 물건의 질이 떨어질 때가 많았다.

기계를 사용해 만드는 제품의 생산비는 대개 매우 낮으나, 제조 기술이 발전할수록 대량 생산된 제품의 품질은 개선되고 있다. 오늘날 제품의 품질은 최저부터 최고까지 스펙트럼이 매우 다양하다. 따라서 소비자는 자신의 형편과 필요에 맞게 대량 생산된 저렴한 물건부터 다양한 가격대와 다양한 품질의 제품을 고를 수 있다.

전통적인 장인정신으로 만든 제품을 판매하기도 하는 르네상스 페어에서 만난 어느 상인이 떠오른다. 양모 스웨터를 구경하던 내게 상인은 자신이 직접 양을 길러 깎은 털을 염색하고 섬유를 실로 뽑아낸 다음 그 모직으로 스웨터를 짠다고 말했다. 3,000달러라는 충격적인 가격을 정당화하기 위해 장황한 설명을 늘어놓는 듯했다. 가격을 듣자마자 나는 '옛날 방식으로 하지 않는 데는 이유가 있다니까!'라는 생각을 떨칠 수가 없었다. 장인이 만든 제품이 가치 있을 때도 있지만, 쉬운 길을 두고 돌고 돌아가는 것일 때도 분명히 있다.

19세기의 기계화와 자동화가 시작된 이후 눈에 띄는 다른 발전 중 한 가지는 콘셉트부터 최종 제품까지의 디자인 과정이다. 전통적으로는 만드는 사람이 이미지를 생각하고 손재주와 기술로 그 물체를 만들어냈다. 또 기존의 물건이나 자연의 특정 요소를 직접 관찰하며 따라 만들기도 했다.

세공품이 점차 정교해짐에 따라 제품을 만들기 위해 더 섬세한 기술이 필요했고, 따라서 특정 양식과 계획이 등장한다. 그대로 따라 할 수 있도록 제품 구조의 정확한 세부 사항을 기록하기도 했고, 실제로 제조 과정을 통제할 수 있는 틀이 생겨나기도 했다.

주형과 거푸집은 물체의 모양을 조정하는 또 다른 방법이기도 했다. 주조 기술은 기원전 4000년에도 있었다고 추정되지만 지금까지 알려진, 구리 거푸집으로 만든 가장 오래된 주물은 기원전 3200년 메소포타미아 지역에서 만들어진 개구리다. 사출 성형은 원하는 모양으로 생산을 반복할 수 있도록, 열가소성 플라스틱을 주형에 주입하는 방법이다. 사출성형기는 1872년 존 웨슬리 하이엇John Wesley Hyatt(플라스틱 발명에 도움을 준 사람을 기억하는지?)이 최초로 특허를 냈다. 2018년을 기준으로 플라스틱 사출성형 시장 규모는 세계적으로 연간 1천 390억 달러에 달하며 연평균 성장률은 여전히 10퍼센트로 상당히 높다.

제어된 제조의 디자인 과정은 물리적인 틀이나 주형을 사용하던 방식에서 컴퓨터 기술이 접목된 프로그램화된 정보로 바뀌며 패러다임이 전환되었다. 컴퓨터는 이제 제품의 디지털 설계와 디자인을 가능하게 하고 제조까지 점점 영역을 확장하고 있다.

물체를 제작할 때 디지털 '설계도'나 양식을 만드는 데는 두 가지 기본적인 방법이 있다. 하나는 캐드CAD, Computer-Aided Design라고 부르는 컴퓨터 지원 설계로, 컴퓨터 소프트웨어를 사용해 디자인하는 방법이다. 캐드 소프트웨어에는 제품 제조에 필요한 제도 작성과 도면 그리기 도구가 들어있다. 다른 한 가지는 스캐닝으로, 고화질 스캔 장비를 사용해 실제 제품을 디지털로 표현할 수 있다. 이 두 방법은 함께 사용되기도 한다.

이런 디지털 디자인과 실제 제조 과정을 연결하는 방법은 매우 다양하다. 프로그램화한 로봇이 최종 제품을 제작하는 방법도 그중 한 가지다. 현재 사용되는 최첨단 기술은 컴퓨터 소프트웨어로 제어하는 CNCComputerized Numerical Control(컴퓨터 수치 제어) 기계다. 드릴, 레이저 절단기, 연삭기를 비롯한 여러 기계를 작동해 디지털 디자인을 제품으로 생산한다.

CNC 공작기계는 개방형 루프나 폐쇄형 루프로 작동한다. 개방형 루프 시스템에서는 피드백 회로 없이, 소프트웨어가 기계에 미리 정해진 디자인을 지시하는 반면, 폐쇄형 루프는 소프트웨어가 만들어진 제품에서 이미지 같은 피드백을 받고 오류를 수정하거나 불규칙한 점을 바로잡는다. 물론 이제는 인공지능이 폐쇄형 시스템에 통합되어 정확성, 적응성, 효율성을 높이고 있다.

CNC 기술은 이미 제조 산업에서 보편적으로 사용되고 있으며 급속도로 성장하고 있다. 앞으로도 수십 년간은 제조에서 중요한 역할을 할 것으로 보인다. 하지만 CNC 과정은 큰 원재료를 깎아서 최종 제품을 만드는 절삭 가공법을 따르기에 낭비가 심할 수밖에 없다. 따라서 재료를 절삭하는 방법이 아닌, 쌓아 올려 만드는 적층 제조가 미래 경쟁력을 갖출 것이다.

적층 제조의 가장 최근 기술은 3D 프린팅이다. 3D 프린팅은 3차원이라는 점만 제외하면 기존의 프린터와 비슷하게 작동한다. 이 기술은 제품의 디지털 설계와 제조를 연결해, 말 그대로 설계를 바로 인쇄하는 방식이다. 이 기술 역시도 우리 생각보다 훨씬 뿌리가 깊다.

정해진 양식으로 사용하기 위해 3D 이미지를 만드는 기본 개념은 1800년대에 생겨났다. 1859년 프랑수아 윌렘François Willème은 스물네 대의 카메라를 여러 각도에 설치해 인물을 3D 방식으로 포착한, '사진 조각'이라는 기법을 발명했고 1892년 조지프 E. 블랜더Joseph E. Blanther는 3차원 지형학 지도를 제작하기 위해 층을 겹겹이 쌓아 올리는 장치로 특허를 받았다.

3D 출력 개념은 1980년 나고야시립공업연구소의 히데오 코다마Hideo Kodama가 제안했다. 이 시스템은 래피드 프로토타이핑Rapid Prototyping(3D형태의 시제품을 제작하는 기술을 의미한다-옮긴이)에 사용하기 위해 자외선으로 광경화성 폴리머를 원하는 형태로 굳히는 방법이다. 그는 일본에서 1980년 5월에 특허를 출원했지만 이를 실행으로 옮길 자금을 지원받지 못했다.

1984~86년 사이, 프랑스 과학자 장 클로드 앙드레Jean-Claude André

와 알랭 르 메오테Alain le Méhauté는 광경화 방식의 시스템을 개발했다. 이는 하나의 컴퓨터 디자인으로 제어되는 두 레이저 빛이 가로지르는 부분에서 액체 단량체(모노머)가 폴리머로 굳는 방식이다. 그들은 프랙털 기하학의 원리를 증명하기 위해 이 시스템을 만들었다.

같은 시기, 엔지니어인 척 헐Chuck Hull 또한 자외선과 광경화 방식을 사용한 3D 프린팅 시스템을 개발했다. 그는 3D 프린팅으로 래피드 프로토타이핑을 노리기도 했지만, 성장하는 메이커 문화Maker Culture(소비자가 직접 만드는 D.I.Y.의 하위문화)에서도 인기를 얻으리라고 보았다.

그러다 1988년, 기술자였던 칼 데커드Carl Deckard는 자신이 선택적 레이저 소결 즉, SLSSelective Laser Sintering이라고 이름 붙인 기술을 개발했다. 소결은 작은 금속 조각들이 녹아 서로 엉겨 붙을 때까지 열을 가하는 과정이다. 기계 공장에서 일하던 데커드는 반복적인 금속 주물 작업이 너무 번거롭다고 생각해 금속 부품을 신속하게 만드는 방법을 개발하고자 했다.

같은 해 스콧 크럼프Scott Crupm는 '용융 적증 모델링Fused Deposition Modeling'이라는 방식을 개발했다. 그는 제조 과정을 자동화하기 위해 글루건을 XYZ 3D축 운동방식 기법과 연결했는데, 이는 급성장하는 컴퓨터 기술과 제조를 결합한 노련한 아이디어였다. 이 시스템은 아직도 3D 프린터 절반의 토대로 남아 있다.

1980년대 후반, 3D 프린터는 일찍이 이 기술에 관심을 보인 포드사와 보잉사를 중심으로 자동차와 항공우주산업에서 시제품을 제작하는 데 주로 사용되었다. 디자인 측면에서 소요 시간을 훨씬 줄여주었기에, 수개월이 걸리던 시제품 제작과 테스트가 몇 시간 만에 가능해졌다.

1990년대에는 3D 프린팅의 발전이 의료 산업에도 전파되었다. 세포층을 적층 방식으로 재현하는 바이오프린팅(생체 인쇄)이 시작되며 1999년, 웨이크 포레스트 재생의학연구소Wake Forest Institute For Regenerative Medicine의 연구자들은 환자의 세포를 이용해 인공 방광을 제작하는데 이 기술을 사용했다.

2004년 최초의 데스크톱 3D 프린터인 렙랩RepRap이 개발되었고 2007년에는 상업용으로 출시되었다. 대부분 기술과 마찬가지로 그 시점부터 3D 프린팅은 발전을 거듭하며 소재의 종류, 출력 속도, 고해상도, 크기 이 모두가 개선되고 있다. 그러나 이른 선전에 비해서 얼리 어답터들의 만족도가 높지 않았기에 가정용 데스크톱 3D 프린터 시장은 2010년도에 대폭 감소했다.

오늘날 3D 프린터는 래피드 프로토타이핑에 사용되고 소수의 소비자도 찾긴 하지만, 산업에서 제품생산에 특히 세력을 확장하고 있다. 적층 제조의 유의어로 사용되기도 하는 3D 프린팅에는 몇 가지 방식이 있는데, 3차원으로 움직이는 프린트 헤드를 이용해 액체나 부드러운 물질을 쌓아 올려 굳히는 방법도 그중 하나다.

2020년 3D 프린팅 산업은 약 130억 달러이며 26퍼센트의 연평균 성장률을 자랑한다. 가정용 제품 시장은 아직 크지 않지만 프린터의 가격이 저렴해지고 성능이 발전함에 따라 성장의 기미가 보인다.

그렇다고 이 기술에 한계점이 없는 것은 아니다. 적층 방식을 사용해도 낭비되는 자원이 발생하기 때문이다. 형태가 불안정해 세우지 못하는 제품이 있으면 결국은 폐기할 지지대도 만들어야 한다. 그러나 좋은 설계 도안과 프린터, 지지대의 크기를 줄일 수 있는 이동형 플랫폼을 이용해 이런 상황을 최소화할 방법이 이미 생겨나고 있다. 그리고 CNC 기계로 생산하는 제품보다 표면이 부드럽지 못할 때가 많으므로 인쇄 후에 가공도 해야 한다.

3D 프린터가 낭비나 흠 없는 제품을 만들 수 있다고 해도 원하는 소재로 인쇄하지 못할 가능성이 높다. 녹는점이 높은 금속 같은 소재는 아직 인쇄가 불가능하기 때문이다. 게다가 3차원 인쇄는 컬러 인쇄를 하지 못하므로 단색이 대부분이다.

이렇듯 아직 여러 한계점이 있지만 기술이 점진적으로 발전하고 있으므로 극복하지 못한다는 타당한 근거는 없다.

미래의 제조 방식은 어떤 모습일까?

미래의 제조는 분명 디지털화 되어있을 것이다. 우월한 신기술이 전통 기술을 대체하고 나면 과거 소비자층은 급격하게 줄어들지만, 전통 기술은 대개 완전히 사라지지는 않고 끈질기게 남는다. 품질, 독특함, 섬세함이 뛰어난 전통적인 수공예품은 소수의 소비자층에게 오래도록 판매될 것이다.

특정 소재와 물건에 적합한, 틀이나 주형 같은 물리적 방식을 사용한 대량 생산은 앞으로도 유지될 것이다. 모양이 같은 작은 플라스틱 장난감 수백만 개를 만들 때는 아직도 사출성형이 가장 나은 방법이니까.

제품의 디지털 이미지나 설계 도안에 맞게 그대로 생산하는 기술은 매우 중요하므로, 미래는 컴퓨터 제어 로봇 공학, CNC 기계, 적층 제조의 혼합으로 지어질 가능성이 매우 높다.

제품의 신속한 설계와 생산을 위해 3D 프린터를 줄줄이 갖춘 공장이 이미 있으며 앞으로도 늘어날 것이다. 무엇이든 대량으로 생산할 수 있도록 산업용 규모의 3D 프린터를 빼곡하게 채운 거대한 공장을 상상해보라. 기계를 재설정할 필요가 없으므로 설계부터 생산까지 거의 즉각적으로 처리될 것이다.

3D 프린터는 외딴 지역과 특정 산업에서 이미 인기를 얻고 있다. 신속히 독특한 제품을 만들어야 할 때 3D 프린팅은 최적의 방법이다. 의료 산업에서는 자기공명영상이나 다른 검사를 토대로 보조기, 인공삽입물, 인공보철물을 제작하며, 의사들은 환자의 신체 구조를 인쇄해 수술을 연습하거나 수술에 필요한 것들을 설계할 수도 있다.

하지만 가정에서는 과연 얼마나 사용될까? 전문화된 장비를 원하는 신기술 애호가들은 늘 있기 마련이지만 그렇다고 냉장고나 전자레인지처럼 일반적인 가전제품이 되는 날이 올까? 3D 프린터는 평균 소비자 가격도 적당해질 것이고 더 개선되고 있으므로 기술 자체는 문제가 아니다. 그렇지만 일상적인 용도로 얼마나 사용될까? 이런 질문의 답을 예측할 때는 경쟁상대를 잘 살펴봐야 한다.

이 경우 상대는 중앙 집중형 생산이다. 원하는 제품을 온라인으로 주문하면 바로 다음 날 받는데 굳이 3D 프린터를 구매할 필요가 있을까? 중앙 집중 생산은 고성능 산업용 프린터와 규모의 경제Economy Of Scale(생산량이 증가할수록 평균 비용이 감소하는 상황을 의미한다–옮긴이)로 이익을 창출한다. 사용자도 빨리 받을 수 있으므로 시간적인 측면에서도 유리하다. 하지만 언젠가 3D 프린팅 기술의 편리성과 비용 효율성이 높아져 프린터를 구매하는 편이 더 나아지는 날이 올 것이다.

가정마다 3D 프린터가 있다면 원재료와 디지털 디자인으로 무엇이든 인쇄할 수 있다. 이미 무료로 공개된 디자인이 수백만 가지이며 매일 더 추가되고 있다. 가정용 프린터가 보편화될 시점이면 상상할 수 있는 일반적인 물건의 디자인은 모두 다운받을 수 있을 것이다. 부러진 부분을 대체하는 특정 부품은 제조업자에게서 얻을 수 있다. 어쩌면 '이 부분이 파손되면 설계도를 보고 대체품을 인쇄하세요'라는 설명서가 따라올지도 모른다.

　세상의 모든 것은 개인맞춤형이 될 수도 있다. 따라서 예술이나 독특한 제품의 진정한 지적 재산은 디자인 자체에 있을 것이다.

　어쩌면 3D 프린팅 하드웨어보다 오히려 인공지능 기술로 추진력을 얻을 CAD와 프린터 제어 소프트웨어의 개선이 더 중요할 수도 있다. 자연 언어(인공 언어와 반대되는 개념으로 사람이 일상적으로 사용하는 언어를 의미한다-옮긴이)로 소통하면 무엇이든 만들어내는 3D 프린터가 있다면? 인공지능이 세부적인 사항을 모두 알아서 처리하므로 우리는 복잡한 소프트웨어를 다룰 줄 아는 예술가, 전문가, 기술자가 되지 않아도 된다.

　그때가 되면 중앙 집중형 제조는 분산형 제조로 바뀔 것이다. 전기 회로판과 같은 복잡하고 전문적인 제품은 공장에서 생산되겠지만 단순한 고형물은 집에서 인쇄될 것이다.

　먼 미래에는 적어도 두 가지 이상의 기술이 3D 프린팅과 경쟁하거나, 심지어 디지털 제어 적층 제조를 대체할 수도 있다. 그중 한 가지는 앞서 언급했듯 디지털 디자인에 맞게 스스로 변하는, 프로그램화가 가능한 물질이다. 이를 넘어 분자 또는 원자 수준까지 재배열해 무엇이든 만들어내는, 발전된 나노기술도 생각해볼 수 있겠다. 만약 나노기술이 정점에 이른다면 우리는 마침내 이상적인 제조 과정과 가까워질 수 있다. 물론 우리가 하기에 달렸지만.

15장. 미래의 동력 공급원

오늘의 결정이 내일의 에너지 생산을 좌우한다

　　　　　과거와 현재를 토대로 미래를 예측하는 만큼, 지금까지 개괄적인 접근법으로 기술을 살펴보았다. 그런 맥락에서 2부의 마지막 장은 최대한 넓은 관점으로 미래를 바라보고자 한다. 인간 문명이 의존하는 가장 중요하고 기본적인 자원은 무엇이며, 가장 제한적인 자원은 무엇일까?

사회를 건설하려면 물질 자원은 당연히 중요하다. 어떤 자원의 수요가 공급을 넘어서기 시작하면 우리는 늘 위기의 '정점'을 직면하는 듯하다. 석유와 헬륨 생산 위기 때처럼.

땅도 제한된 자원이다. 식량을 기르고 집을 짓고 산업을 가동하기 위한 땅은 한정되어 있다. 게다가 지구를 공유하는 약 1천만 종의 생명체도 함께 살아야 하니.

하지만 가장 주된 자원, 즉 모든 것을 좌우하는 한 가지 자원은 아이디어라고 생각한다. 우리는 과학과 기술로 자원의 한계를 모두 극복해왔다. 더 많은 음식이 필요했기에 1948년~2017년 사이, 농업 기술을 발전시켜 농지 생산성을 거의 세 배 가까이 높였다.

점차 다른 세계와 심우주로 뻗어나가 소행성에서 자원을 수확하게 될 것이며, 지구에 입힌 피해도 조금이나마 회복할지도 모른다.

이 관점은 사고력을 증대하는 인공지능이야말로 어쩌면 가장 중요한 기술 발전이라는 의견과 상통한다. 그렇다면 인간 문명에서(아니, 어쩌면 우주 전체에서도) 두 번째로 중요한 재산은 에너지다. 에너지의 원천만 있다면 아이디어를 활용해 거의 무엇이든 성취해낼 수 있을 테니까.

실제로 1964년 구소련의 천문학자 니콜라이 카르다쇼프Nikolai Kardashev는 사용할 수 있는 에너지를 토대로, 문명의 기술 발전을 분류하는 방법을 제안했다. 1단계 문명은 자기 행성에서 발생하는 모든 에너지를 사용할 수 있는 수준으로, 행성급 문명Planetary Civilization으로 간주된다. 2단계는 항성급 문명Stellar Civilization으로 전체 항성계의 에너지를 모두 사용할 수 있으며, 마지막 3단계는 은하급 Galactic Civilization으로 은하 전체의 에너지를 모두 통제할 수 있다.

이 척도에 따르면 인간 문명은 1단계에도 이르지 못했으므로, 칼 세이건Carl Sagan은 수학적으로 척도를 확장해 1MW(메가와트)의 에너지(미국에서 약 420가정에 필요한 에너지)를 제어할 수 있는 0단계를 추가한 체계를 제안했다. 세이건의 척도에 따르면 인간 문명은 약 0.7단계에 와 있다. 후에 물리학자 미치오 카쿠Michio Kaku는 해마다 3퍼센트씩 에너지 사용량을 늘린다면 100~200년 이내에 1단계에 이를 것이라고 주장했다. 1단계 성공 배지나 증명서는 받을 수 있으려나.

어떻게 해야 1단계에 들어가게 될까? 오늘날 우리는 미래의 에너지 기반 시설에 관해 열띤 논쟁을 벌이고 있다. 환경에 최대한 영향을 덜 끼치면서 지속 가능한 방법으로, 증가하는 에너지 수요를 만족시켜야 한다. 이를 성취하는 데는 다양한 방법이 있지만 일단 에너지 자체의 기본 개념을 생각해보자. 에너지는 어디에서 오며, 어떻게 활용할 수 있을까?

거슬러 올라가면, 우리가 사용하는 에너지 대부분의(전부는 아니다) 최종적 근원은 태양이다. 지구는 태양 복사 에너지를 받으며 생물권은 수십억 년 동안 그 에너지를 흡수해왔다. 식물은 광합성으로 태양 에너지를 화학 에너지로 변환하게 되었고, 그 식물을 먹는 다른 생물체는 다른 동물에게 먹히며, 이들이 죽으면 그 부패물은 다시 다른 유기체의 먹이가 된다. 따라서 생태계의 (거의) 대부분은 태양 에너지를 원천으로 삼는다.

화학 합성 생물Chemosynthetic Organism은 예외적으로 해저 틈에서 흘러나오는, 지질학적으로 만들어진 메탄이나 황화물을 먹고 산다. 어쩌면 목성의 위성 유로파Europa의 얼음 아래처럼, 태양 빛이 거의 없는 다른 세계에서는 화학 합성 생물이 지배적인 존재일 지도 모른다.

그러므로 어떻게 보면 인간의 첫 번째 에너지 원천은 궁극적으로 태양에서 비롯한 생화학적 과정에서 얻어졌다. 에너지의 엄밀한 정의는 일하는 능력이므로, 태양 빛으로 자란 음식을 먹는 인간은 그 열량을 태우는 근육을 움직임으로써 문명 건설을 성취해 냈다.

남아프리카 공화국의 노던케이프Northern Cape 주에 있는 본데르베르크Wonderwerk 동굴에는 백만 년 전 인간들이 불을 사용했다는 증거가 남아 있다. 그보다 더 거슬러 올라가 약 2백만 년 전에도 호모 에렉투스Homo Erectus가 불을 사용해 요리했다는 학설도 있다. 처음 사용한 시기에 관해서는 학자마다 의견을 달리하지만, 약 40만 년 전부터는 일반적이었다는 점이 분명하다.

불은 인간 조상들에게 혁신적인 사건이었다. 불로 빛과 열을 얻을 수 있었고 포식 동물을 쫓아내기도 했다. 가장 중요한 것은 열을 가해 요리하기 시작했기에 다양한 음식을 먹게 되었을 뿐 아니라 쉽게 음식을 소화하고 더 많은 영양소를 섭취할 수 있게 되었다. 과학자들은 호모 에렉투스와 호모 사피엔스의 두뇌가 발달한 이유를 불로 음식을 익혀 먹은 데 있다고 본다(뇌는 에너지를 많이 사용하는 장기다). 즉, 불이 현재의 우리를 만든 것이다.

현대의 발전된 기술이 있음에도 불은 인간 문명에 중요한 에너지원으로 남아 있다. 처음에는 목재, 천연 기름, 밀랍을 비롯해 생명체에서 얻은 가연성 물질에 전적으로 의존했고, 후에 석유화학 물질을 찾기는 했지만(실제로 역청 같은 '돌'에서 찾았다) 원유는 1875년 데이비드 비티David Beaty가 펜실베이니아주 워런에 있는 자기 집에서 발견한 이후부터 사용되었다. 이 원유는 한 세기 반 이상 에너지 기반 시설을 완전히 바꿔놓았다.

수천 년의 역사를 지닌 석탄도 나무보다 에너지 밀도가 높아 부피당 얻는 에너지가 더 높지만, 공기 중으로 오염물질을 방출한다는 심각한 단점이 있다(종류에 따라 정도가 더 심한 석탄도 있다). 석탄, 석유, 천연가스를 통틀어 '화석 연료'라고 부른다. 죽은 유기체가 땅에 묻힌 뒤 수백만 년 동안 지질학적인 힘을 받아 만들어진 생물학적 물질에서 비롯되기 때문이다. 그러므로 화석 연료는 축적된 태양 에너지다.

연소 자체는 화학 에너지의 한 종류일 뿐이라는 사실도 눈여겨볼만하다. 연소는 가연성 물질이 산소와 화합해 자체적으로 지속되는 발열 반응을 내는 현상이다. 반응성이 강한 산소에는 이 현상에 필요한 화학 에너지 일부가 함유되어 있다. 지구의 산소는 어디에서 올까? 이 또한 생명체에서 만들어진다. 남세균(시아노박테리아)Cyanobacteria과 다른 광합성 생물은 태양빛을 사용해 물과 이산화탄소에서 산소를 분해하고 공기 중으로 유리 산소를 방출한다. 연료를 태울 때도 태양빛에서 비롯된 합성물과 태양빛으로 생산된 유리 산소가 결합하니, 결국 모두가 태양 에너지다.

그렇다면 풍력과 수력은 어떨까? 전기를 사용하기 전부터 우리는 풍력으로 맷돌(풍차)을 이용해 밀과 곡식을 빻았다. 또한 목공에 필요한 선반Lathe을 가동하거나 대장간에 공기를 불어넣는 것과 같이, 다양한 작업을 하는 장비들을 움직이게 하기도 했다.

바람이 부는 원리는 공기의 온도 차이이므로 태양에서 비롯된다. 지구의 자전으로 생성되는 운동 에너지도 주된 이유는 아니지만 같은 원리다. 결국 풍력 에너지 대부분도 태양 에너지다.

한편, 자연 경사가 있는 강에 수차를 지음으로써 수력도 동력을 발생할 수 있다. 수력은 물이 아래로 떨어지는 중력의 힘을 사용한다고 생각하는 독자도 있을 것이다. 어느 정도는 맞는 말이다. 중력으로 떨어지는 물의 위치 에너지가 운동 에너지로 변환되며, 그 운동 에너지 일부가 터빈을 작동하게 한다. 하지만 애초에 물의 위치 에너지는 어디에서 왔을까? 태양열을 받아 증발한 물이 구름을 형성하고 비가 되어 내리면, 강과 호수에 모여 고도가 낮은 곳으로 흘러내린다. 따라서 수력 또한 축적된 태양 에너지의 형태다.

태양이 근원이 아닌 에너지는 과연 무엇일까? 지열 에너지는 다른 행성들과 마찬가지로 작은 암석의 충돌로 형성된 지구의 내부 열을 사용한다. 암석의 충돌로 생기는 충격이 엄청난 양의 중력 에너지를 열로 전환하기 때문이다. 지구 표면에서 채취하는 지열 에너지의 반은 지각에 있는 방사성 물질(우라늄, 토륨, 칼륨 등)의 붕괴로 만들어진다. 따라서 지열 에너지는 중력과 핵을 근원으로 한다.

핵에너지 또한 방사성 물질에서 비롯된다. 방사성 붕괴는 전기로 바로 변환할 수도, 열을 발생하는 데 사용될 수도 있다. 방사성 동위원소의 핵분열도 전기를 발생하는 데 필요한 엄청난 양의 열을 만들어낼 수 있다.

조수 간만의 차를 이용한 조력 에너지도 있다. 태양과 달의 중력장으로 해수면이 오르내리는 현상에서 얻는 에너지로, 어떤 곳은 대조차가 12미터에 이르기도 한다. 유럽인들은 천 년 전부터 이 현상을 이용해 제재소와 제분소를 가동했으며, 오늘날에는 주로 전기를 발생하는 데 활용되고 있다.

마지막으로 비유기성 화학 에너지가 있다. 이를테면 전지는 에너지를 저장하는 데 사용되기도 하지만, 양극에서 음극으로 이동하는 이온을 발생시키도록 반응하는 화학물질로 만들어진다면 (매우 한정적이긴 해도) 에너지원이 될 수도 있다. 따라서 화학 전지는 화학 에너지를 활용하는 방법이 될 수 있다. 비충전식 전지는 한 방향으로만 움직이지만 충전식 전지는 전류로 이 반응을 뒤바꿀 수 있다.

지금까지 살펴본 것들은 우리 사회에서 사용되는 주된 에너지원이다. 하지만 사람과 에너지의 관계를 완전히 바꾼 것은 전기의 사용이다. 전기는 회로에서 전류를 발생시키기 위해 전자기력을 사용하는 데서 비롯되며, 이 전자의 흐름은 백열전구를 켜거나 모터를 작동하는 것 같이 일을 하는데 사용된다.

전기를 발견한 사람을 벤저민 프랭클린Benjamin Franklin이라고 생각하는 사람이 많은데, 고대 그리스인들이 기원전 600년경에 발견했을 가능성이 높다. 그들은 광물 호박과 양모를 문지르면 끌어당기는 힘(정전기)이 생긴다는 사실을 발견했다. 고대 로마인과 페르시아인 또한 진흙 병 안에 철과 구리 막대로 만든, 초기 형태의 전지로 보이는 가공품을 만들었다. 전자기에 관한 지식은 17세기에 눈에 띄게 발전했고 최종적으로 전기 혁명으로 이어졌다. 20세기 초에 이르자 현대 사회의 전기화가 한창 진행되었고, 이제 전기는 현대 기술과 뗄 수 없는 관계가 되었다.

전기는 대부분 터빈으로 발생된다. 이는 전류가 자기장을 발생하게 하고, 움직이는 자기장이 전도성 물질에서 전류를 발생시키는 전자기의 물리 법칙을 토대로 한다. 따라서 전선 주위로 자석을 회전시켜 전류를 만들어낼 수도 있고, 전류를 이용해 자석을 움직이거나 움직임을 발생시킬 수도 있다(이것이 모터다).

터빈을 가동하기 위해서는 바람(풍력)이나 움직이는 물(수력과 조력)과 같은 다양한 에너지를 사용할 수 있으며, 열로 물을 끓이는 데서 발생한 증기를 사용할 수도 있다. 이 열은 지열 에너지, 태양열 에너지, 핵분열로 얻거나 목재, 석탄, 천연가스, 석유를 태워 얻을 수도 있다. 따지고 보면 모든 에너지를 사용하는 원리는 같다.

그러나 태양광 에너지는 다소 다르다. 태양광은 광자가 물질의 표면을 비춰 전자를 밀어낼 때 전류가 발생하는, 광기전 효과Photovoltaic Effect로 직접 전류를 발생시킨다.

심지어 방사성 붕괴도 변환을 통해 직접적으로 또는 열, 빛, 정전생산을 통해 간접적으로 전기를 발생할 수 있다. 이런 방법들은 현재 인공위성이나 무인우주탐사선 같은 곳에서 제한적으로 사용되고 있지만 점차 사용 범위를 넓히는 방안도 고려되고 있다(1950년대에 원자력으로 작동하는 진공청소기가 제안되었다는 사실을 기억하는지?).

오늘날의 전력 생산

2021년 《이코노미스트》에 발행된 수치에 따르면 세계 에너지원은 석탄이 29.6퍼센트, 천연가스가 22.5퍼센트, 수력발전이 2.6퍼센트, 원자력이 5.9퍼센트, 석유제품이 28.6퍼센트, 수력을 제외한 재생가능에너지(풍력, 태양, 지열, 바이오매스가 대부분이다)가 10.8퍼센트를 차지한다. 즉, 화석 연료가 80.7퍼센트다. 각 에너지원 정도는 국가마다 판이하다. 미국은 석탄이 22퍼센트, 천연가스가 36퍼센트, 재생가능에너지가 21퍼센트, 원자력이 20퍼센트로, 화석 에너지가 58퍼센트를 차지했다.

미국에서 재생가능에너지 특히 풍력, 태양 에너지는 엄청난 관심을 얻고 있다. 천연가스도 상당히 증가하다가 조금씩 둔화세로 돌아섰고, 석탄은 가파르게 내려가고 있으며, 원자력은 기존 원전의 운영 허가를 갱신한 후로 자리를 지키고 있다.

그렇다면 2050년, 2100년, 그리고 먼 미래의 에너지 기반 시설은 어떤 모습일까? 전반적인 미래 기술에서 살펴보았듯, 미래는 오늘날 우리의 선택에 달려있다. 고려해야 할 수많은 요소 중 에너지 기반 시설의 분배와 저장은 아직 다루지 않았다. 에너지원과 더불어 분배에 관해서도 고려해볼 필요가 있다. 현재 전기는 일반적으로 중앙에서 생산되어, 송배전 연결망이라고 할 수 있는 커다란 그리드grid(전력망)를 따라 넓게 분배된다. 알래스카와 하와이를 제외한 미국의 48개 주에는 동부 그리드, 서부 그리드, 텍사스 그리드 이렇게 3개가 있고, 텍사스는 주들 사이의 규제를 피하기 위해 독립적으로 그리드를 운영한다. 세계에서 가장 큰 그리드는 유럽 대륙의 동기 그리드로 24개국에 전력을 공급한다.

대형 그리드의 이점은 에너지를 공유할 수 있어 수요가 가장 높은 시간대를 파악하거나 생산량 손실을 보충하기가 쉽다는 점이다. 풍력이나 태양 에너지 같은 간헐적 에너지를 통합하기도 수월하다. 바람은 어디에나 불기 마련이므로, 넓게 연결된 그리드는 산발적인 전력원을 안정적으로 전환할 수 있다. 태양 에너지를 공유하려면 태양 빛을 받는 지역의 전력을 태양에서 가려진 지역으로 송전할 거대한 그리드가 필요하므로, 지금 이 글을 쓰는 시점으로서는 실행될 계획이 없는 듯하다.

다양한 에너지 그리드를 개선하자는 목소리가 높아지고 있다. 현대화된 그리드는 컴퓨터 기술과 인공지능 제어 시스템이 접목

되어 수요와 공급의 균형을 맞추고 정전을 예방한다. 또한 코로나 질량 방출(거대한 양의 태양 물질이 짧은 시간 내에 방출되는 현상-옮긴이)이나 공격으로 빚어지는 혼돈을 대비할 수도 있다.

더 나아가 개선된 그리드는 에너지 생산을 분산할 수 있게 한다. 이는 에너지 기반 시설의 추세 중 한 가지로, 미래에 엄청난 영향을 미칠 수 있다. 중앙에서 전력을 발생해 분배하는 대신, 에너지 상당 부분을 지역에서 생산할 수 있기 때문이다. 이는 몇 가지 장점이 있다. 첫째, 전력의 이동을 줄여 송배전 과정에서 생기는 손실을 최소화할 수 있다. 현재 발생된 전기는 평균 6퍼센트가 이동 중에 손실되고 있으며, 지금보다 더 큰 손실을 막기 위해서는 고압으로 송전해야 하는데, 이는 안전 문제를 일으킬 수 있다. 지역에서 자체적으로 생산한다면 전선 낙하나 다른 문제로 정전이 발생할 가능성이 줄어들 것이다.

또 에너지 생산은 폐열을 발생하므로 냉각 시설이 필요하지만, 지역에서 에너지를 생산한다면 폐열을 난방이나 제조에 바로 사용할 수도 있다. 전반적인 에너지 생산을, 특히 3분의 1에 이르는 에너지가 폐열로 낭비되는 터빈 기반 전력 생산 효율성을 상당히 개선할 수도 있다.

하지만 지역 에너지 생산은 그리드의 제한이 있으므로 에너지를 공급받으려면 지역 변압기(전기의 전압을 바꾼다)가 필요하다. 현재 그리드로는 분산 생산을 널리 시행하기에 기반 시설이 턱없이 부족하다. 또 한 거리에 그리드로 연결된 태양전지판을 설치할 수 있는 주택의 수도 제한되어 있으며 태양전지를 수용하는 비싼 변압기 설치비를 소비자가 떠안아야 할 수도 있다.

그러므로 미래 에너지 기반 시설을 위해 현재 시스템에 그리드 수준의 에너지 저장 장치를 추가하는 것은 매우 중요한 사항이다. 그리드 에너지저장 장치에는 양수, 암염 가열, 플라이휠, 수소, 압축공기를 비롯해 다양한 종류가 있다. 이 중 양수 저장과 리튬이온전지가 가장 에너지 효율성이 높다(왕복 효율성Round-Trip Efficiency 이라 일컬으며 전기를 저장된 형태로 변환하고, 다시 사용가능한 전기로 바꾸는 과정에서 발생하는 손실 정도를 의미한다). 대규모의 콘크리트 블록을 쌓는 에너지저장 장치를 비롯해 새로운 연구도 진행 중이다.

그리드 저장 시스템은 세계적으로 빠르게 성장하고 있지만 아직 에너지 수요의 일부만을 담당하고 있다. 저장장치는 빠르게 급전 가능한 에너지Dispatchable Energy(실시간으로 수요와 공급을 조절할 수 있는 에너지), 낮에 저장한 태양 에너지를 수요가 높은 저녁에 사용하는 것과 같은 간헐적 재생 에너지를 사용할 수 있게 한다.

하루에 한두 시간만 생산해도, 수요량이 높은 시간에 공급할 에너지를 충분히 저장해야 하는 공기업에 이런 저장장치는 매우 유용하다. 발전소를 반복적으로 껐다 켜는 것은 비효율적이며 기업은 수요량이 높을 때를 위해 가장 비효율적인 에너지원까지도 저장해 놓아야 하기 때문이다. 그리드 에너지저장 장치는 소비가 가장 많을 때 천연가스 발전소를 가동하지 않고도 전력을 공급하도록, '첨두부하 삭감Peak Shaving'에 사용될 수 있다.

우리가 나아갈 방향

획기적인 기술이 개발되지 않고(반대 시나리오는 나중에 다시 이야기하자), 기존 기술에서 같은 비율로 점진적으로 개선되다가 이론적 한계를 맞는다면 2050년쯤에는 에너지 기반 시설이 어떤 모습을 띠게 될까? 오늘날 우리가 대체로 따르고 있는 방식이자, 앞으로도 계속될 한 가지 가능성은 그저 시장 원리를 따르는 길이다. 그렇다면 우리는 계속해서 화석 연료를 캐고 태울 확률이 높다. 특히 어느 나라보다도 석탄을 많이 태우는 중국과 같은 개발도상국은 더욱더 그럴 것이다.

하지만 매장량과 자원이 줄어들며 점점 가격이 오르고 있으므로 화석 연료는 이제 가장 저렴한 에너지원이 아니다. 반면 풍력과 태양 에너지의 가격이 계속해서 낮아지고 있으며, 이는 에너지 산업에서 가장 빠르게 성장하고 있는 이유이기도 하다. 특히 태양 에너지는 현재 가장 저렴한 전력 공급원일 뿐 아니라 역사상 가장 저렴한 에너지다. 에너지 용량을 늘려야 하는 공기업이라면, 풍력과 태양 에너지를 구축하는 방법이 가장 경제적일 것이다. 수력발전과 지열발전도 비용 효율이 높지만 지리적으로 한계가 있기에,

전체 에너지 수요의 10퍼센트 공급이 최대일 것으로 예상된다.

풍력발전 기술도 개선되고 있다. 효율성은 높이고 소음은 최소화하면서 희토류 같은 한정된 자원의 사용은 줄이고 있다. 이를테면 바람개비 모양이 아닌 수직 날개가 중앙 지지대를 중심으로 회전하는 수직축 풍력 터빈 설계는 효과적인 데다, 효율성을 더 강화하기 위해 재배열될 수도 있다.

한편, 핵에너지는 아직 불확실하다. 아직 초기 건설비가 가장 비싼 것은 사실이지만, 핵에너지의 종말을 외친 과거 예측은 모두 시기상조였다. 이제 이 산업은 건설비용이 훨씬 적게 드는 소형 모듈식 원자로Small Modular Reactor로 반격을 가하고 있으며, 더 나아가 '4세대' 원자로를 계획하고 있다. 이는 예전 원자로보다 훨씬 안전하고 발생하는 폐기물도 적으며, 노심 용융(또는 멜트다운 Meltdown) 사고 위험을 없앨 수도 있다. 실제로 몇몇 4세대 원자로 설계는 고속증식로Fast Breeder Reactor로, 기존 원자로에서 사용한 연료를 재사용할 수도 있다.

현재 원자력 발전소는 우라늄에 함유된 에너지의 5~6퍼센트만을 사용하며 나머지는 수천 년의 반감기를 지닌 폐기물 신세가 된다. 고속 원자로는 사용된 우라늄 연료에서 95퍼센트의 에너지를 추출해 이용할 수 있고, 소량의 남는 폐기물도 반감기가 수십 년밖에 되지 않는다. 이 4세대 원자로 설계를 사용하면, 우라늄을 더 캐지 않아도 현재 핵폐기물만으로 다음 세기 미국 전체 에너지 수요를 공급할 수 있다.

만약 미래를 시장 원리로만 예측한다면 대부분 선진국에서 핵에너지는 지속해서 사용될 것이고, 대중의 인식에 따라 에너지 생산의 0~20퍼센트를 차지할 것이다.

그렇다면 풍력과 태양 에너지는 얼마나 발전할까? 에너지로 널리 사용될수록 개선된 그리드와 저장장치도 더 필요할 것이므로, 결국 기반 시설에 투자할 국가들의 의향에 따라 상황이 달라진다. 간헐적 에너지원도 수요가 높아지면 생산량을 늘려야 하므로 비용 효율성이 낮아질 수도 있다. 늘 가동되는 풍력 터빈이 있어야 하므로 더 많이 설치해야 하고, 결과적으로 그 많은 기계가 전기를 발생시키는 시간 비율은 낮아지기 때문이다. 또한 풍력이나 태양 에너지에 알맞은 최적의 장소가 이미 사용되고 있다면, 그다음부터는 어쩔 수 없이 차선책을 고려해야 한다.

따라서 시장 원리를 따른다면 핵에너지는 오늘날과 비슷하거나 서서히 둔화될 것이고 풍력과 태양 에너지는 50~60퍼센트, 수력이나 지열을 비롯한 다른 재생가능에너지는 5~10퍼센트, 나머지는 급전 가능한 전력을 위한 천연가스가 사용될 것이다. 개발도상국은 계속해서 석탄을 사용할 가능성이 높으며, 에너지는 대부분은 전지에 저장될 것이다. 이는 현재 흐름을 토대로 추론한 현실적인 예측이다. 얼마나 빨리 이뤄질지에 관해서는 조금씩 의견이 다르지만 30~50년 정도가 가장 타당하다고 본다.

그렇지만 시장 원리가 유일한 작용 요소는 아니다. 조심스러운 문제는 기후 변화를 향한 우려다. 이산화탄소 배출이 화석 연료의 외부 비용(어떤 경제 행위가 당사자가 아닌 제삼자에게 부정적인 영향을 끼침으로 발생하는 비용-옮긴이)이라고 간주하는 국가들이 점점 많아지고 있다. 경제연구에 따르면 2050년에 이르러 기후 변화로 빚어지는 손해는 수조 달러에 이를 것이며, 기후 난민 위기도 맞을 것이라고 한다.

화석 연료는 건강에 해로운 오염 물질도 배출한다. 전 세계 의료비(외부 비용 중 하나다)는 천문학적 수치에 달하며 미국만 하더라도 1년에 약 1억 달러가 든다. 특히 석탄 연소는 핵에너지보다 외부로 더 많은 양의 방사성 물질을 방출하며, 생산 에너지당 가장 높은 사망자를 발생하게 한다.

2021년 전 세계적으로 정부 의료 보조금만 1조 달러가 측정되었다. 만약 보조금 지급 대신, 기업들이 화석 연료를 태움으로써 발생하는 외부 비용을 감당하게 하는 정책이 생긴다면 어떨까? 이런 정치적 결정은 에너지 생산자에게 엄청난 영향을 미치기에, 화석 연료의 비용 효율성을 떨어뜨려 재생가능 에너지와 핵에너지를 장려할 수 있다.

핵에너지의 운명도 결국은 규제와 정책에 달려있다. 새로운 원자로 건설과 투자가 지연되는 이유도 핵폐기물 처리를 향한 합리적 우려와 지난 수십 년간 계속된 반핵 운동의 영향으로 아직 대중의 반대 목소리가 높은 데 있다. 한편 과학과 기술계는 핵에너지, 특히 4세대 원자로 설계에 더 긍정적인 태도를 보인다. 핵폐기물은 전적으로 관리할 수 있고 사실상 다음 세대 원자로의 연료가 될 수도 있다. 핵에너지는 어떤 화석 연료보다 안전한 에너지의 형태이며, 재생가능에너지와 비교해도 손색이 없다.

그러므로 2050~60년의 에너지 생산은 우리가 내리는 결정에 따라 달라지겠지만 위의 예측을 반영할 것이라고 생각한다. 선택은 화석 연료 사용 여부가 아닌, 얼마나 신속하게 단계적으로 중단할 것인지 그리고 핵분열 에너지를 얼마나 오래 유지할 것인지에 영향을 미칠 것이다. 이렇게 21세기의 에너지 기반 시설 건설은 비교적 꾸준하고 예측할 수 있는 기술 발전보다는 정치적 결정과 더 관련성이 깊을 수도 있다는 사실이 흥미진진하다.

그렇다면 획기적인 기술이나 에너지 생산의 급진적 접근법은 어떨까? 태양 에너지 생산을 최대화한다고 가정하자. 그럼 집집마다 태양 전지판 설치해야 할 뿐만 아니라 사막에 거대한 태양광 발전소를 지어야 할 것이다.

사하라 사막의 1.2퍼센트인 11만 2천 제곱킬로미터를 태양 전지판으로 채운다면 오로지 태양 에너지로 전 세계에 전력을 공급할 수 있다고 추산된다. 하지만 세계 모든 국가로 연결된 그리드와 밤에도 전력을 공급할 수 있는 충분한 에너지저장 장치가 있어야 하므로 이 방법은 비현실적이다. 이는 전 세계에 전력을 공급하는 데 필요한 태양 에너지양을 계산하는 사고 실험일 뿐이다.

세계 여러 사막에 태양광 발전소 수백 군데를 짓는 편이 실현 가능성은 더 높으나, 거대한 그리드와 저장장치는 여전히 필요하다. 또 생명체가 거의 존재하지 않을 것 같아 보이는 사막이라고 해도 태양광 발전소는 생태계에 혼란을 초래할 수 있다. 그렇기에 대부분 전문가는 한 가지 방법으로 에너지를 공급하기보다 실행할 수 있는 저탄소 기술들을 혼합하는 방법을 권장한다. 모든 조건을 충족하는 해결책을 찾으려고 애쓰기보다 각 에너지원에서 가장 접근하기 쉬운 방법을 선택해도 좋을 것이다.

지구 주위를 도는 태양 전지판이 에너지를 수확해 지구로 보내는 급진적인 아이디어도 있는데, 생각보다 가능성이 있는 기술이다. 높은 궤도에 있는 태양 전지판은 구름의 방해를 받지 않으며 온종일 태양광을 수확하므로 효율성을 거의 2배로 올릴 수 있다. 약 7만 제곱킬로미터라는 거대한 전지판이 필요하나, 지구 동기궤도의 공간은 충분하다. 에너지는 레이저나 극초단파 형태로 지구의 수신기에 보내질 수 있다.

그러나 이 방법은 물체를 높은 궤도로 보내는데 비용이 막대하다는 단점이 있다. 현재 킬로미터당 1500달러가 가장 저렴한 수준이다. 우주여행을 다룬 장에서 더 자세히 살펴보겠으나, 이 비용을 줄이기 위한 노력과 계획이 성공해야 우주에 설치할 태양 전지판이 경제적으로 가능해질 것이다. 일단 궤도에 들어선 정지궤도 인공위성 장치는 접근과 수리가 어렵다. 비용분석으로 각 장치의 수명과 대체 비용을 반드시 고려해야 하며, 이는 아마 다음 세기의 에너지 방안이 될 확률이 높다.

온라인상에서 현재 태양광 발전 도로가 주목받고 있지만, 나는 이것이 안정적인 에너지 해결 방안이 되리라 보지는 않는다. 도로에 태양 전지판을 설치한다는 개념 자체가 말이 되지 않는다. 긁히거나 흠이 나지 않도록 극도로 튼튼해야 하고, 게다가 도로를 보수할 때도 그것에 맞게 처리되어야 한다. 간단히 말해 전지판 위를 운전할 타당한 이유가 없다.

태양 에너지 이외에는 어떤 방법이 있을까? 그리드 저장장치에서 잠깐 언급한 것을 제외하고 이 장에서 내가 수소에너지를 아직 다루지 않았다는 사실을 눈치를 챘을 것이다. 지구의 수소는 무한정한 자원이긴 하지만 1차 에너지는 아니기 때문이다. 미래에 목성의 대기에서 수소를 추출할 수 있다면 상황이 달라질지도 모르겠다. 그때는 수소가 새로운 '화석 연료'가 되어 마음껏 태우게 될지도.

그러나 우리가 지구에 갇혀있는 한, 물질이나 물에서 수소를 분리해야 하므로 이 과정에서 에너지가 든다. 수소를 산소와 함께 태워 다시 물을 만들 때 (전부는 아니지만) 에너지 일부 되찾기에 수소연료전지를 사용해 에너지를 저장하고 발생할 수는 있지만, 이동 수단을 다룬 10장에서 논의했듯 수소 연료는 리튬이온전지에 비해 효율성이 떨어진다. 이런 이유로 전기자동차 전쟁에서도 전기가 우세하는 상황이며 수소는 연료 전지가 가장 적합하게 쓰일 틈새시장에서만 사용될 가능성이 크다.

태양 빛을 이용해 물에서 수소를 분리해내는 '인공 잎Artificial Leaf' 기술도 개발이 한창이다. 만약 이 기술이 효율적이라면 수소는 태양 에너지를 저장하는 중요한 방법이 될 수도 있다.

또 다른 후보는 핵분열 연료로 토륨을 사용하는 방법이다. 토륨이 우라늄보다 안전하며 무기화될 가능성이 작다고 주장하는 사람도 많다. 인도에 토륨 원자로가 있긴 하나 전반적으로 우라늄에 밀려났지만, 우라늄 공급이 줄어든다면 미래에는 상황이 역전될지도 모르겠다. 토륨은 매장량이 미국을 비롯한 특정 지역에 더 풍부하므로 국지적으로 사용될 것이다.

바이오매스Biomass 또는 바이오연료도 살펴볼 필요가 있다. 결국 낭비될 바이오매스(식물을 포함한 모든 생물유기체를 말한다)가 매우 많으므로, 이를 태울 수 있는 연료로 변환한다면 에너지원이 될 수 있다. 식량을 재배하는 데 땅을 최대한 활용해야 하는 마당에 연료까지 기를 여유가 있을까 싶어, 이 방법이 큰 비중을 차지하리라고 보지는 않는다. 그러나 연료로 바뀌는 화학 물질을 만들어내는 박테리아나 효모를 대형 통 안에서 기르는 연구가 진행되고 있다. 이 방법이 에너지와 공간 사용의 효율성을 높인다 해도, 제트 연료처럼 특정 분야에 사용될 수는 있겠으나 주된 에너지원이 될 가능성은 매우 낮다.

살펴본 대부분의 에너지원은 가까운 미래에 사용될 가능성이 높으며, 극도로 파격적인 에너지 기술인 핵융합도 서서히 고개를 들고 있다. 최종적으로 핵융합은 아직 존재하지 않는 미래 기술로 간주했으므로, 세상을 바꿀 신기술을 살펴볼 때 다시 언급하고자 한다.

퓨처 픽션: 서기 2209년

평생을 샌프란시스코에서 산 사람답게 링은 여유로운 자태로 뒷골목을 걸었다. 그녀는 수많은 드론, 감시 카메라, 비지봇Visibot을 피해 다니는 방법을 잘 알았다. 도시에 살면서 그런 사생활 침해를 완전히 피하긴 어렵지만 그래도 빠져나갈 길은 있다.

유일한 동지인 고양이 그리프가 날아 움직이며 링을 따랐다. 링은 점점 몸집이 커지는 그리프가 결국 비행하지 못할까 봐 내심 걱정이 되었다. 몸무게가 10킬로그램이나 나가는 그리프를 위해 직접 디자인한 날개는 꽤 크지만, 조금이라도 더 살이 찐다면 공중에 뜨기는 힘들 텐데.

오늘 상금만 탄다면 유전 알고리즘 몇 가지와 배양 배지를 업그레이드할 수 있다. 그렇다고 그리프에게까지 선심을 베풀 여력이 될까? 그녀 자신도 업그레이드할 것이 너무나 많은데. 특히 신경세포 밀도를 높이고 싶은데 이 녀석은 너무 비싸다.

시간이 되자 링은 어느 골목으로 몸을 숨긴 뒤 작은 계단으로 내려가 열린 출입구로 들어섰다. 순수 바이오 해커이기를 저버린 것 같아 오늘 증강현실 콘택트렌즈 웨어러블을 착용하면서 죄책

감이 들었지만, 더러운 벽에 쓰인 가상의 표지를 보자 그런 마음은 서서히 사라졌다. 증강현실 렌즈는 감시가 없는 구역과 가야할 길, 인공지능 경비원을 지나칠 때 필요한 코드를 모두 알려주는 데다 이 렌즈 없이는 경쟁자에게 이기기 어려울지도 모르기 때문이다.

대기 구역에 도착하자 50명쯤 되는 사람들의 시선이 일제히 링으로 쏠렸다. 내가 너무 늦었나? 증강현실 시계가 정시에 도착했다고 귀띔해주었지만 이들은 한참을 기다린 듯 보였다. 한쪽에는 바이오 해커, 다른 한쪽에는 사이보그로 나뉜 두 무리는 누가 봐도 구별하기 쉬웠다. 링이 자신의 무리에 가자, 동물 발을 가진 해커는 용기를 내라고 등을 두드려 주었고 수직으로 찢어진 눈을 가진 해커는 안도의 눈길을 보냈으며 긴 꼬리를 한 해커는 따뜻한 포옹을 해주었고 근육이 다부진 해커는 다소 거칠게 링을 안아주었다.

그리프가 지정석으로 훌쩍 뛰어오르자 링이 중앙으로 나아가 자신의 적수인 다른 결선 진출자를 마주 보았다. 둘은 시선을 위아래로 훑으며 기세등등한 자세를 뽐냈다.

링의 적수인 슬릭은 타고난 선수였다. 짙은 피부색을 가진 그녀는 거의 2미터에 달하는 장신에 몸도 날렵했다. 머리카락이 눈에 띄지 않았기에 링은 상대가 헬멧을 썼다고 생각했지만 자세히 보니 인공지능 인터페이스인 것 같았다. 사지는 사람의 피부라기보다는 합성물에 가까웠고 등에는 보조 전력으로 보이는 무언가가 붙어 있었다.

슬릭은 번쩍번쩍 빛나는 사이보그 눈으로 링을 바라봤다. "별것 아니네." 슬릭이 도발적인 말을 던졌다. 기선제압도 시합만큼이나 중요한 과정이었다. "꼬리 정도는 달고 나올 줄 알았는데." 사이보그 군중과 함께 슬릭이 조롱하며 비웃었다.

침착하게 경기하기로 결심한 링은 무시하듯 어깨만 으쓱했다.

사이보그도 바이오 해커도 아닌, 중년신사가 늘 보던 기기를 들고 중앙으로 걸어 나왔다. 그는 아무 말도 하지 않은 채 선수들에게 손짓만 했다. 팔뚝을 내민 선수들에게 차례로 기기를 대자 연하게 반짝이는 문신이 생겼다.

"자, 이제 선수들은 추적됩니다." 그가 어울리지 않게 높은 목소리로 말했다. "다들 경기 순서는 잘 알겠지요. 세 군데 중간지점을 모두 거쳐야 합니다. 먼저 돌아오는 사람이 승자입니다. 다른 규칙은 없습니다." 그가 마지막 문장을 강조해서 말하자, 예상대로 군중이 야유와 환호성을 질렀다.

링의 시야에 붉은 필터가 나타나 중간지점의 위치, 상금, 각 참가자의 프로필, 최고 기록이 나열된 경기의 세부 사항을 보여주었다. 앞에는 두 개의 출입구가 있었고 그중 하나에 링의 얼굴이 표시되어 있었다.

갑자기 붉은 필터가 초록색으로 바뀌며 경주가 시작되었다. 두

선수가 총알같이 달려 나가 각자의 문을 통과하자, 두 길은 적어도 400미터쯤 되는 하나의 터널로 합쳐졌다. 링은 더 효과적으로 배열한 근원섬유, 밀도를 높이고 최적화한 미토콘드리아로 이뤄진 강화된 근육을 펌프질했다. 아주 강하고 유연한 힘줄이 링의 다리를 힘차게 밀었다. 그래도 아직은 슬릭이 앞서고 있다. 사이보그 다리에서 나는 왱왱하는 기계음이 점점 멀어졌다.

하지만 링은 걱정하지 않았다. 이 경주를 아주 치밀하게 조사한 데다, 초반에는 사이보그들이 앞서곤 한다. 그러나 늘 그렇듯 사이보그들은 힘이 먼저 바닥나기 마련이고, 링은 지구력이라는 강력한 장점을 있다. 가까이 따라가기만 한다면 마지막에 역전을 꾀할 수 있을 것이다.

터널의 끝이 가까워오자 급히 출구를 스캔했지만 멀리 보이는 벽에는 작은 사각형 모양의 창문밖에 없었다. 밖에 무엇이 있는지 모르나 일단 얼굴부터 내밀어 점프할 수밖에 없다. 이미 문을 통과한 슬릭의 비명이 들리지 않았으니 아마 괜찮을 것이다.

정확한 순간, 다이빙하듯 팔을 뻗은 링은 창문을 통과하며 뛰어올렸다….

3부.
(아직은) 존재하지 않는 미래 기술

미래 기술을 탐구하는 방법 중 한 가지는 기술 역사의 흐름을 찬찬히 살펴 미래로 조금씩 확장하는 것이다. 하지만 이 방법으로는 완전히 새롭거나 혁신적인 기술, 또는 사람과 기술의 관계를 바꾸는 사회적 변화까지는 예측하지 못한다. 혁신을 예측하기 위해서는 물리와 생물을 비롯한 여러 과학적 기본 지식을 토대로 상상해야 할 것이다.

미래의 신기술에 관해서는 아직 개념이 검증되지 않았기에 예측하기 쉽지 않다. 여러 이유로 실현조차 되지 않을 수 있지만, 가능해지기만 한다면 사회에 막대한 영향을 끼치고 세계를 바꿀 것이다. 그러니 어떤 기술이 열매를 맺을지 상상해 봐야 하지 않을까.

과학소설에서 시작된 개념이 많으니만큼, 과학소설은 과학만큼이나 미래로 나아가는 안내자 역할을 한다. 이런 환상적인 기술들이 앞으로도 허구적 세계에 남을지 모르지만, 어찌 됐든 얼마나 가능성이 있는지, 실현된다면 어떤 영향력을 끼칠지 논의해보고자 한다.

16장. 핵융합

친환경 미래를 열어줄까, 비싼 과대광고일 뿐일까?

　　　　　핵융합 엔진이 과학소설에 단골손님으로 등장하는
데는 타당한 이유가 있다. 우주를 비행하고 신세계를 개척하고 디
지털 기술로 넘쳐나는 사회를 끌어 나가려면 필요할 때 많은 양의
에너지를 안정적으로 만들어낼 방법이 있어야 한다. 우리 사회는
화학 에너지에 의존해왔고 현재도 그런 상황이며, 앞서 언급했듯
이 에너지는 대체로 태양에서 비롯된다. 결합부터 분리까지 화학
에너지의 원천은 전자기다. 화학 반응은 전자의 이동과 관련이 있
으며, 이런 결합은 보통 1eV(전자볼트)의 에너지를 저장한다.

　화학 에너지 원칙이 적용되지 않는 예외는 원자핵을 이루는 양
자와 중성자의 결합에서 생기는 핵에너지다. 핵반응은 원자핵 안
의 양자와 중성자의 개수 변화와 관련이 있으므로 화학 반응보다
훨씬 막대한 에너지를 방출할 수 있다. 이런 핵결합은 1 MeV(메가
전자볼트)의 범위에 달하며, 화학 결합보다 백만 배는 강하다.

　핵반응에는 핵분열과 핵융합, 두 가지 종류가 있다. 큰 원자핵
이 작은 동위 원소(중성자의 개수가 다르다) 또는 원소(양자의 개수

가 다르다)로 쪼개는 것은 핵분열이고, 양자가 하나인 두 개의 수소를 결합해서 양자가 두 개인 하나의 헬륨으로 만들듯, 작은 원자핵을 더 크고 무거운 원자핵으로 만드는 것은 핵융합이다. 태양의 원리도 핵융합 반응이니만큼, 이는 그만큼 강력하다.

따라서 핵연료는 화학연료보다 에너지 밀도가 훨씬 높다. 이를테면 1파운드(약 453그램)의 우라늄은 1파운드의 석탄보다 약 1만 6000배의 전기를 생산할 수 있다. 이 수치는 더 높아질 수도 있지만 우라늄 광석의 0.7퍼센트만이 핵분열성 동위원소를 함유한다. 만약 이 동위원소가 더 정제될 수 있다면, 연소하는 석탄과 화학 반응을 일으키는 산소 무게를 제외하고 질량당 에너지를 약 2백만 배는 더 생산할 수 있다. 산소와 연료를 모두 실어야 하는 우주선에서는 1천만 배에 가깝다.

핵에너지의 막강한 힘을 파악할 수 있는 또 다른 사례는 우라늄 235가 단 한 번 분열함으로써 약 200메가전자볼트의 에너지를 방출하는 반면, 산소와 화석 원료에서 나온 탄소의 반응은 고작 4전자볼트밖에 방출하지 못한다는 점이다.

핵융합은 질량당 방출하는 에너지가 훨씬 크다. 수소는 중성자 없이 양자 한 개를 가진 동위원소로서 가장 많이 존재한다. 중수소Deuterium는 한 개의 중성자, 삼중수소Tritium는 두 개의 중성자를 지닌 수소 동위원소다. 중수소 원자와 삼중수소 원자 각각 하나를 결합하면 두 양자와 두 중성자를 지닌 하나의 헬륨 원자를 생산하는데, 그럼 중성자 하나와 17.6메가전자볼트가 남는다. 이는 핵분열이 방출하는 에너지보다는 작지만 우라늄 연료는 중수소/삼중수소 연료보다 훨씬 무겁다. 연료의 무게를 기준으로 비교하면 핵융합이 핵분열보다 10배 이상의 에너지를 방출한다.

자, 그렇다면 수소끼리 갖다 붙여 엄청난 에너지를 한번 만들어 보자. 그러나 아쉽게도 쿨롱의 힘 법칙Coulomb Force이라는 한 가지 장벽이 있다. 양자는 양전하를 띠므로 정전기력으로 서로를 밀어낸다. 양자를 서로 결합해 핵에너지를 내기 위해서는 간격을 10^{-15}m로 줄여야 한다.

두 수소 핵이 결합하려면 초당 2천만 미터의 속도로 서로 충돌해야 한다. 각 원자가 움직이는 속도는 사실상 원자의 온도와 맞먹는다. 이 속도는 섭씨 50억 도(여간 뜨거운 것이 아니다)와 상관관계가 있다. 태양의 중심부는 섭씨 1,600만 도로, 이것은 모든 원자의 평균 속도를 나타낸다. 분포곡선의 온도가 가장 높은 곳에서 수소 원자는 핵융합을 지속할 만큼 속도가 빠르다.

열 또한 압력을 가하므로 그 모든 뜨거운 수소는 밖으로 흩어져 밀어내는 힘이 세진다. 항성은 강한 중력 때문에 조각조각 흩어지지 않고 하나로 유지하며, 항성 중심핵의 열과 중력은 수소가 헬륨으로 융합될 정도로 서로 강하게 밀어붙인다.

그렇다면 지구에서 이 현상을 만들어낼 수는 없을까? 우리는 수소(열핵) 폭탄으로 융합을 성공적으로 해냈다. 핵분열 폭탄을 폭발함으로써 수소폭탄은 융합을 일으키는 데 필요한 열과 압력을 발생시킨다. 핵융합 폭발은 엄청난 파괴를 입힐 정도로 제어하기 힘들고 자활 능력이 있다.

안전하게 많은 양의 전기를 만드는데 핵융합 에너지를 사용하고자 한다면 핵융합 폭발은 도움이 되지 않을 것이다. 세상을 날려버리지도 녹여버리지도 않으면서 제어가 가능한 핵융합 반응을 끌어낼 방법을 찾아야 하며, 이를 이루기 위해 이미 수십 년간 연구가 진행되고 있다. 우리는 과연 핵융합 발전소를 건설할 수 있을까?

핵융합의 역사

1920년 영국의 천체 물리학자 아서 에딩턴Arthur Eddington은 항성들의 에너지 근원이 수소가 헬륨으로 핵융합하는 것이라는 의견을 최초로 제시했고, 이 이론은 후에 이론 물리학자들과 천문학적 관측으로 증명되었다. 26년 후인 1946년, 영국에서 조지 패짓 톰슨George Paget Thomson과 모지스 블랙먼Moses Blackman은 핵융합 원자로 특허를 획득했다. 그들은 뜨거운 수소 플라스마로 전류를 흘려보내, 이를 얇은 선에 가두어 자기장을 형성하는 '핀치pinch'라는 방식을 고안했다. 그들은 이 과정이 핵융합을 일으킬 만큼 강력하길 바랐다.

1951년 3월 24일, 아르헨티나 대통령 후안 페론Juan Perón은 안정적인 수소 핵분열에 성공했으며 이 기술이 '미래를 바꿀 것'이라고 발표했고, 언론은 이를 대대적으로 보도했다. 핵분열 기술이 개발되고 얼마 지나지 않은 시기였기에 대중들에게는 그럴듯하게 들렸을 것이다. 절박해진 미국, 구소련, 프랑스, 일본, 영국 정부는 뒤처질 수도 있다는 두려움에 핵융합 연구에 투자를 전폭적으로 지원하겠다는 결정을 내렸다. 결국 이 대단한 사건은 한 세기나 일찍 설레발놓은 거짓으로 밝혀졌다.

아르헨티나의 거짓말 사건이 일어나고 두 달 뒤, 프린스턴 플라스마 물리 연구소의 전신에서 근무하던 물리학자 라이먼 스피처Lyman Spitzer는 실행 가능한 핵융합 원자인 '스텔라레이터Stellarator' 설계를 선보였다. 강력한 외부 자기장을 이용해 수소 플라스마를 도넛 보양의 꼬인 형태에 가둬, 핵융합에 필요한 열과 압력이 가해지도록 하는 방법이었다.

스피처는 이 설계를 이용해 자기장으로 플라스마를 가둘 수 있다는 기본적인 개념을 증명했기에, 그 후 20년 동안 스텔라레이터 설계는 서구의 핵융합 연구에서 중심축으로 작용했다. 그러나 플라스마는 유출 문세가 심했고 신적이 매우 더뎠으므로 스피처는 스텔라레이터가 불가능하다는 결론을 내렸다. 결국 연구는 플라스마 물리학의 기본 원리로 방향을 돌리게 되었다.

1958년 스킬라Scylla 원자로에서 최초로 제어된 핵융합이 성공했다. 자기장을 가두는 세타 핀치Theta Pinch 기술을 사용해 플라스마를 가느다란 필라멘트에 압축하는 획기적인 방법이었지만 이 접근법으로는 산업용 규모로 증대할 수 없다고 밝혀졌기에 얼마 후 중단되었다.

구소련 물리학자 이고리 탐Igor Tamm과 안드레이 사하로프Andrei Sakharov가 1950년대에 토카막Tokamak 설계를 선보이며 핵융합에 한 걸음 다가섰다. 이 설계 역시 원환체(도넛형)로 자기장을 이용해 플라스마를 가두지만, 핀치 설계와 스텔라레이터의 한계점을 극복하기 위해 구조가 변형되었다. 처음에 스피처를 비롯해 서구권 과학자들은 그들이 엄청난 온도에 도달했다는 주장을 믿지 않았기에 소련은 영국 과학자들을 초빙해 확인하도록 했고 토카막 원자로는 엄청난 주목을 받기 시작했다. 오늘날에도 토카막은 성공적인 핵융합을 이끄는 주역으로 남아 있다.

1970년대 후반에 이르자 전 세계에는 제어된 핵융합을 일으킬 수 있는 토카막 원자로 프로토타입이 열 군데 이상 건설되어, 다음 단계인 '연소 플라스마Burning Plasma'로 다가갔다. 연소 플라스마는 핵융합으로 방출되는 열로 계속해서 핵융합을 일으킨다. 외부 에너지 투입 없이도 플라스마의 핵융합이 지속 가능하도록, 점화를 구현하는데 한 걸음 다가선 것이다. 핵융합을 발생시킬 뿐 아니라, 그 핵융합이 초기 투입 에너지보다 더 많은 에너지를 생산하게 하는 진정한 목표를 달성하기 위해서 점화는 반드시 이뤄져야 하는 과정이다. 플라스마를 가두기 위해 자기장을 만들어내는 데는 막대한 에너지가 필요하다. 그렇게 발생한 핵융합 반응은 엄청난 열을 방출하고, 이 열은 증기로 돌아가는 터빈을 작동하며 전기를 발생시킨다(모든 현대식 발전소가 같은 원리로 작동한다). 설령 이 과정이 성공한다고 할지라도 만들어내는 에너지보다 소비하는 에너지가 더 크므로, 에너지 생산의 측면으로 보면 이 프로젝트 또한 소용이 없다.

그 후 몇십 년 동안 고온 초전도체(전기 저항 없는 초전도성 물질로, 적은 에너지로도 강력한 전자석을 만들 수 있다)의 개발은 자기장 밀폐 원자로에 획기적인 변화를 불러왔고 투입 에너지보다 더 많은 에너지를 발생하게끔 만들었다.

같은 시기, 관성 밀폐Inertial Confinement(관성 가둠) 방식의 핵융합 연구가 출현했다. 자기장으로 수소 플라스마를 가두는 대신 물리적으로 압축하는 방식이다. 1960년에 존 너콜스John Nuckholls가 최초로 제안했으며 같은 해 관성 밀폐를 가능하게 하는 레이저가 처음으로 제작되었다. 그러나 이 방법은 고성능 레이저를 작동하는데 엄청난 에너지가 투입되기에, 자장 밀폐Magnetic Confinement 방식과 같은 문제를 지닌다.

1965년, 지름 20센티미터의 밀폐실과 빔 12대를 갖춘, 최초의 핵융합 원자로가 로런스 리버모어 국립 연구소Lawrence Livermore National Laboratory, LLNL에 건설되었다. 이곳에서는 전체 표면의 표적을 비추기 위해 거울을 사용한다. 표면에 발생하는 열로 일어난 폭발이 내부를 강력하게 압축하는 이 방식은 수소 폭탄과 비슷하게 작용한다. 이는 관성밀폐의 직접적인 방법으로 일컫는다. 한편, 안정성의 면에서 장점이 있지만 비용이 더 높은 간접적인 방식도 있다. 레이저가 금과 같은 무거운 금속의 바깥층에 X선이 발생하는 지점까지 온도를 높이고, 그 X선이 연료에 충격을 가해 열을 발생시킨다.

이 연구를 토대로 1997년 로런스 리버모어 국립 연구소는 레이저 기반의 관성 밀폐방식 핵융합 원자로인 국립 점화 시설National Ignition Facility, NIF을 건설했다. 원자로는 192대의 레이저와 금으로 만든 콩알 크기의 원통Hohlraum을 사용한다. 이는 여전히 최첨단 장비로 남아있으며 2014년 이 시설은 연료 자체가 흡수한 에너지보다 융합으로 훨씬 더 많은 에너지를 발생시킬 수 있게 되었다. 과정 중에 다른 에너지 손실이 있으므로 순에너지 생산(에너지 총투입량의 1퍼센트만 방출했다)이라 말할 수는 없었지만 목표에 조금씩 가까워지고 있다. 국립 점화 시설은 전 세계에서 점화에 가장 가까이 다가간 원자로이기도 하다. 2021년 그들은 연소 플라스마 실험에 성공해, 에너지 총 투입량의 70퍼센트를 생산하게 되었다. 점화에 이토록 가까워진다는 것은 이론을 증명하는 중요한 증거다.

이 책을 집필하는 현재, 과학과 기술이 꾸준히 발전하고 있음에도 순에너지 생산에 성공한 토카막 원자로는 없다. 2022년 영국에 있는 유럽 공동 핵융합 실험 장치Joint European Torus, JET의 토카막 원자로는 방출된 중성자 에너지 형태로, 5초 동안 평균 11메가와트의 핵융합 에너지를 생성한 세계 기록을 세웠다. 유럽 공동 핵융합 실험 장치는 실험적 원자로로, 점화를 성공시킬 가능성이 있는 더 큰 규모의 원자로 설계에 필요한 실험을 하기 위해 사용된다. 연구실의 프로토타입 규모가 아닌, 원자력 발전소 수준의 더 큰 원자로가 필요하다는 의견이 대부분이다.

이 목적을 달성하기 위해 미국, 러시아, 중국, 유럽 몇 개국을 비롯해 35개국이 참여하는 ITER 프로젝트(국제 핵융합 실험로인 International Thermonuclear Energy Reactor의 약자로, ITER은 라틴어로 '길'이라는 뜻이다)가 형성되어, 1985년에 구상이 시작되었고 2020년에 조립이 시작되었다. ITER 프로젝트는 지속적인 핵융합 에너지뿐 아니라 순 에너지를 생성하는 최초의 토카막 원자로가 되어 실제로 그리드를 위한 전기를 발생하기를 바라고 있다. 하지만 매사추세츠공대의 스파크sPARC 토카막 원자로처럼, 발전된 초전도체와 강력한 전자석으로 더 작은 설계가 가능한 경쟁자들도 나타나고 있다.

기술석 상애도 여전히 남아 있다. 자장 밀폐 방식은 전자석 설계와 초전도 물질이 거듭 발전하며 경제적인 핵융합 기술을 가능하게 하지만 플라스마의 흐름을 더욱 제어해야 한다. 관성 밀폐 방식에서 주된 기술적 문제는 레이저의 에너지와 효율성으로, 이는 서서히 개선되고 있다. 또 자장 밀폐 방식과 마찬가지로 제어 문제도 해결해야 할 사항으로 남아 있다.

지속되는 핵융합에 지장을 주지 않은 상태로 터빈을 가동하기 위해 열을 제거하는 방법도 개발해야 한다. ITER 프로젝트는 핵융합 반응에서(핵융합에서 생성된 에너지의 80퍼센트를 차지한다) 방출된 중성자를 흡수하는 재료로 원자로를 감싸는 방식을 택할 예정이다. 재료에 가해진 열은 물로 냉각하며, 물의 일부는 증기로 바뀌어 전기를 생성하도록 전통적인 터빈을 가동할 것이다.

핵융합의 미래

그렇다면 우리는 제어되고 지속되며 순 에너지를 생산하는 핵융합에 얼마나 가까이 온 걸까? ITER은 국립 점화 시설이나 다른 경쟁자를 이길 수 있을까? 몇 가지 더 세부적인 질문을 해보자. 상업적 핵융합이 기술적으로 가능할까? 현실성이 있을까? 비용 효율성은 높을까?

첫 번째 질문의 대답이 가장 쉬울 것이다. 핵융합 에너지는 우리의 초기 예상보다 기술적 장벽이 훨씬 높다는 사실이 드러났다. 수년간 실망한 나머지 핵융합은 늘 30년 후의 기술이라는 우스갯소리가 생길 정도다. 그렇다고 엄청난 발전을 무시할 수는 없다. 500메가와트의 에너지를 생산하도록 설계된 ITER은 2025년 이후에 가동될 것이며, 상용 핵융합 발전소 프로토타입인 DEMO는 2040년부터 시작될 예정이다. 낙관적으로 본다면 순 에너지를 생산하는 상업적 핵융합 원자로는 2050년대쯤이면 출현할 것이다.

현재로서 핵융합이 중단되는 단 한 가지 경우는 ITER과 국립 점화 시설이 모두 실패해 이 프로젝트에 더 투자할 의향이 사라지는 상황이 발생할 때지만, 지금까지의 성과를 고려한다면 실패할 가능성은 작다. 기술 자체는 제한적 요소가 되지 않을 것이다.

핵융합 산업에서는 현실적인 문제와 경제적 가능성이 오히려 진정한 변수다. 전 장에서 논의했듯, 핵융합 원자로가 가동하게 되었을 때 전체 에너지 기반 시설이 어떤 모습을 띨지 반드시 생각해야 한다. 중앙 집중형과 분산형의 에너지 비율은 어떻게 될 것인가? 에너지 그리드는 얼마나 탄탄할 것인가? 그리드 저장장치와 기저부하 발전소는 얼마나 필요할까?

핵융합은 불가피하게도 규모가 큰, 중앙 집중형 기저부하(에너지 전력망에 필요한 최소한의 발전 용량으로 보통 대규모로 생산된다) 발전소다. 적어도 〈백 투 더 퓨처Back To The Future〉의 '미스터 퓨전'이 발명되기 전까지는 그렇다. 따라서 핵융합의 실용성은 미래의 요구에 달려있다.

비용 효율성도 다양한 요인에 따라 날라지는데, 그중 하나는 핵융합 자체의 비용이다. 기술이 발전할수록 비용도 감소하기 마련이다. 핵융합 에너지가 핵분열보다 비용 효율성이 4배나 높을 것이라는 낙관적인 분석도 있지만, 이는 핵분열 기술도 함께 발전한다는 사실을 고려하지 않은 예측이다. 우리는 오늘날의 선택지가 아닌, 핵융합이 가능한 미래에 등장할 선택지와 비교해야 한다.

핵융합 기술의 비용 효율성을 낮출 한 가지 제한 요소는 삼중수소 가격이다. 최근 핵융합 에너지 생산으로 세계 기록을 세운 유럽 공동 핵융합 실험 장치의 실험을 비롯해, 오늘날 대부분의 핵분열 프로젝트는 중수소와 삼중수소를 결합해 헬륨을 생성하는 방식이다. 삼중 수소는 반감기가 매우 짧으므로(12.3년) 중수소와는 달리 구하기가 쉽지 않다. 따라서 삼중수소를 저렴하게 충분히 생산해내는 기술 개발 여부에 따라 핵에너지의 비용이 달라진다. ITER 프로젝트는 핵융합 원자로를 리튬으로 감싸, 중성자가 리튬에 부딪힐 때 삼중수소를 발생시킬 예정이다. 이것이 만약 가능하다면 핵융합 원자로는 삼중수소를 자체 제작해, 국면을 전환할 수도 있다.

핵융합의 이점은 비교적 청정에너지라는 사실이다. 에너지 생산의 부산물은 유용한 원자인 헬륨뿐이다. 온실가스를 배출하지도, 수명이 긴 핵폐기물도 없다. 그러나 이런 이점의 가치는 얼마일까? 환경오염이 건강에 미치는 영향과 의료 보조금, 채굴의 환경적 대가, 기후 변화의 표면화된 비용을 생각하지 않는다면 석탄을 태우는 편이 훨씬 값싸다.

현재로서 21세기의 후반부에 핵융합 에너지 생산의 부흥을 볼 것인지는 동전 던지기의 확률과 같다. 아마도 기술적으로는 성공하겠지만, 태양광과 배터리 그리드 저장장치 같은 다른 선택지와 비교했을 때 가격 경쟁력이 떨어져 시장에서 밀려날 가능성도 배제하지 못한다. 기저부하 발전소(기저발전기)의 자리가 계속해서 남아 있다면, 핵융합이 핵분열이나 화석 연료보다 훨씬 우수한 선택지로 보일 수는 있다.

핵융합 기술은 재료과학, 초전도체, 첨단 전자공학 발전에 힘입어 계속해서 성장할 것이므로 먼 미래에는 더 작고 효율적인 핵융합 원자로가 등장할 수도 있다. 핵융합은 우주여행에 가장 적합할 수도 있고, 태양광이나 풍력 사용이 불가능한 우주정거장에 전력을 공급할 수도 있다.

다른 물질을 융합함으로써 발전할 가능성도 있다. 한 가지 유망한 선택지는 헬륨-3과 중수소를 융합하는 방법으로, 삼중 수소 사용보다 수월하며 결합 과정에서 에너지 낭비도 훨씬 적을 것이다. 헬륨-3은 휘발성이 좋아 공기 중으로 날아버리기 쉬우므로 지구에는 공급량이 많지 않다는 한계점이 있으나, 달의 표면에는 대량으로 침전되어 있다고 추정된다. 지구와 달리 대기권이 없는 달의 표면에는 태양풍으로 받은 헬륨-3이 쌓이기 때문이다. 그러므로 헬륨-3을 채굴하면 달 탐사 기지에 연료를 공급할 수 있을 뿐만 아니라 수익성이 매우 좋은 산업이 될 수도 있다.

핵융합 에너지는 비에너지Specific Energy(단위 질량당 에너지를 말한다-옮긴이)가 다른 에너지원보다 훨씬 높으므로, 미래에 어떤 형태로든 중요한 역할을 맡을 것이다. 핵융합보다 훨씬 강력한 유일한 에너지 형태는 물질-반물질 상쇄Matter-Antimatter Annihilation뿐일 것이다. 만약 이 현상이 일어나면 모든 질량은 에너지로 변환된다. 이렇게 방출된 에너지는 너무나 방대하지만 그중 얼마나 활용할 수 있을지 예측하기는 쉽지 않다.

반물질 기반 에너지에 따르는 문제는 자연적인 방법으로는 공급할 수 없으므로 에너지를 생성하고 저장하는데 엄청난 에너지가 든다는 사실이다(일반 물질과 닿으면 소멸한다는 점을 기억하라). 어느 계산에 따르면 투입된 에너지의 10^{-10}밖에 생성하지 못한고 한다.

반물질이나 질량-에너지 변환에 기반을 둔 에너지는 현재 기술이나 기존 물리학을 토대로는 예측하지 못한다. 블랙홀의 엄청난 중력을 이용하는 것과 같이 실험적인 에너지 생산은 심지어 더 사변적이고 먼 미래에나 가능할 법한 이야기이다. 25장에서 다루겠지만 영점 에너지Zero-Point Energy나 상온 핵융합의 비현실적인 주장은 아직 유사 과학 영역에 머무르므로 숨죽여 지켜볼 분야는 아니다. 이런 에너지원과 이론은 당분간 SF에나 등장할 것이며 막연한 미래의 기술이다. 현재로서 우리는 핵에너지에 최선을 다해야 한다.

핵융합 에너지가 현실적이고 경제적인 대량 에너지 생산 방법이 되리라는 사실은 불가피해 보인다. 실현될 시기가 변수이지만 이번 세기가 아니라면 다음 세기에는 가능해질 확률이 매우 높다. 일단 성공하고 나면 핵융합 에너지는 화석 연료, 핵분열, 수력을 비롯해 다른 형태의 대규모 중앙 집중형 에너지 생산을 대체할 것이다. 기술이 발전해 크기가 작아지고 가격경쟁력과 효율성이 높아짐에 따라, 적어도 지구에서는 태양이나 풍력 에너지마저 대체할 가능성도 있다. 근본적으로 태양은 에너지를 마구 뿜어내는 거대한 핵융합 원자로이므로, 결국 대부분의 전력은 핵융합에서 올 것이며 특히 우주를 개척할수록 더욱 그럴 것이다.

그러므로 앞으로 다가올 수 세기는 핵융합이 결국 다른 경쟁자들을 모두 이기고, 환경에 최소의 영향을 미치는 대량 청정에너지를 생산할지도 모른다. 미래 인류 역사의 대부분은 핵융합이 점점 안전하고 효율적이고 강력해져 에너지 생성을 장악할 것이다. 과연 핵융합이 인류를 1단계 문명으로 진입하게 해주는 기술이 될까.

17장. 원숙한 나노기술

좋든 나쁘든 세상의 판도를 뒤바꿀 것이다.

나노기술은 먼 미래를 상징하는 궁극의 기술로 생각되곤 한다. 신과 같은 능력을 부여하고 수많은 문제를 해결하며 다른 기술을 대체하는 그런 기술. 이런 터무니없는 주장은 합리적인 회의주의적 반응을 자아내기 마련이지만 왈가왈부하기 전에 먼저 나노기술이 무엇인지, 얼마나 가능성이 있는지, 얼마나 먼 미래에 실현될지부터 살펴보자.

나노기술은 나노 규모(나노미터는 1미터의 10억분의 1에 해당한다) 물질을 조작, 제어하는 기술을 일컫는다. DNA 한 가닥의 지름이 2.5나노미터이니 이는 분자 수준의 크기다. 쉽게 말해 구슬 하나의 지름이 1나노미터라면 지구 전체의 지름은 1미터에 해당한다.

나노 규모의 물질을 조작하는 개념은 1959년 물리학자 리처드 파인먼의 강의인 〈바닥에는 공간이 충분하다There's Plenty of Room at the Bottom〉의 공이 매우 크며, 나노기술이라는 용어는 일본 과학자인 노리오 타니구치Norio Taniguchi가 반도체 제조를 설명하면서 만들어낸 것이다. 또한 나노기술의 가능성은 매사추세츠 공대의 과학자

에릭 드렉슬러K. Eric Drexler가 1986년 집필한 《창조의 엔진》으로 인기를 얻게 되었다. 이 책에서 드렉슬러는 조립 작업을 비롯해 스스로 복제할 수 있는, 어셈블러Assembler와 같은 나노기계 개념을 제시했다.

그때부터 '나노기술'이라는 용어는 첨단 기술이라는 점을 강조해 상품을 광고하려는 기업들 때문에 다소 왜곡되어 왔다. 나노 규모인 요소가 있기만 하면 나노기술이라고 불렀기에 용어의 사용 범위는 더 넓게 확장되었다. 11장에서 재료 과학을 주제로 살펴보았듯, 나노기술은 나노 규모 특징을 지니거나 나노입자로 만들어진 많은 물질 그리고 이미 나노 규모의 특징을 지닌 컴퓨터 칩도 이곳에 포함된다. 2016년 로런스 버클리 국립 연구소Lawrence Berkeley National Labs는 크기가 1나노미터인 트랜지스터(전기 신호를 증폭하거나 스위칭하는데 사용되는 반도체 소자–옮긴이)를 개발했다.

'나노기술로 만듦' 딱지는 '우주 시대 기술'이라는 마케팅 용어와 마찬가지로 흔하디흔한 라벨이 되었다. 엄밀하게 말해 1957년 스푸트니크Sputnik(소련에서 발사한 세계 최초의 인공위성이다–옮긴이)가 발사된 이후로 만들어진 것은 모두 '우주 시대'다. 그렇기에 나노 기술을 좋아하는 사람들은 단순히 나노 규모의 특징을 가진 물체가 아닌, 나노 크기의 기계를 일컫는 '분자 나노기술(분자 기계)Molecular Nanotechnology, MNT'이라는 용어를 만들어냈다.

현재 초소형 모터, 장비, 레버를 비롯해 나노 규모에서 기능하는 기본적인 기계를 개발하기 위해 연구 중이지만 아직 분자 나노기술은 존재하지 않는다.

분자 나노기술의 실현 가능성

나노 기술은 표면적으로는 멋지게 보이지만 현실 세계에서는 가능성이 희박하다. 이 개념을 증명할 성공적인 실험이나 현실 세계의 사례를 들어본 적이 있는가?

나노 기술 지지자들은 생명이 바로 그 사례라고 말하기도 한다. 준 세포 수준 또는 세포를 기능하도록 하는 세포소기관Organelle의 수준에서 인간에게도 나노 크기의 기계가 있다고 주장할 수는 있다. DNA의 암호를 읽거나, 전령 RNA를 단백질로 변환하거나, 세포 표면의 구멍으로 기능하는 단백질은 모두 나노 규모의 기계다. 실제로 일부 과학자들은 나노기계를 만들고 싶으면 생물을 기반으로 이용해야 한다고 주장한다. DNA를 프로그램화하면 만들 수 있는데 왜 굳이 기계를 만들어야 하나? 이는 타당한 지적이긴 하지만 나노기술과 생명공학이 함께 발전해야 한다는 데 정당성을 부여할 뿐이지 한쪽을 선택하는 주장은 아니다.

그런데도 생물의 사례는 물리 법칙이 나노 크기의 기계 작동을 가능하게 한다는 사실을 보여준다. 물리 법칙은 다른 규모에서 각각 다르게 기능하기에 커다란 게와 달리 파리는 물 위를 걸을 수 있다. 물의 표면 장력이 게의 크기보다 파리의 크기에 더 큰 요인으로 작용하기 때문이다. 따라서 거시 규모에 관한 지식을 기반으로 나노기계를 설계하고 제작한다면 나노 규모에서 작용하는 법칙이 매우 다르다는 사실을 깨달을 것이다.

이는 액체 속 분자의 무작위 운동이 미소 입자에 충격을 가해 그 입자들의 움직임이 불규칙한 현상(공기 중의 먼지처럼)인 브라운 운동Brownian Motion을 봐도 알 수 있다. 거시 세계에서는 브라운 운동을 생각할 필요가 없지만 나노 규모에서 이는 매우 중요하다.

나노 규모에서 물질이 불안정한 현상은 기술에 마침표를 찍는 요인이기보다는 장애물일 가능성이 높다. 초기 낙관주의자들의 예측보다는 분자 나노기술을 개발하는 데 훨씬 오랜 시간이 걸리겠지만, 어쨌든 미시 규모에서 기계가 움직이는 방식을 알아내야 한다. 그러나 아예 해결하지 못할 문제는 아닌 듯하다.

원시적이긴 하지만 개념을 증명하는 현실적인 증거가 있기는 하다. 1988년 IBM의 취리히 연구소Zürich Research Institute는 주사 터널링 현미경Scanning Tunneling Microscope을 사용해 35개의 제논 원자로 'IBM'이라고 씀으로써 원자 수준 통제가 가능하다는 사실을 증명해냈다. 하지만 나노 규모의 기계를 우리가 원하는 방향으로 통제할 수 있는지는 의문이 든다. 작은 분자를 집어 옮겨 다른 분자들과 조립할 수 있는 초소형 집게를 만들어낼 수 있을까? 게다가 나노 기계가 제멋대로 움직이는 상황은 어떻게 방지할 수 있을까?

몇 가지 방법은 있다. 단순하고 반복적인 기능을 하도록 나노 기계를 설계하고, 그 기능이 우리가 원하는 거시적 효과를 내도록 하는 방법이다. 이는 곤충 수준의 지능을 요구한다. 벌은 어떻게 복잡한 벌집을 만들까? 이 과정을 안내하는 벌은 없으며 그저 단순한 알고리즘을 따라 반복적인 행위로 벌집을 만들어낼 뿐이다. 이 접근법은 물체나 간단한 모양 또는 디자인을 만들어내는 데 적합하지만 이것 자체가 복잡한 기계를 생산해내지는 못한다. 나노 기계의 연속체가 최종 디자인을 만들어내기 위해 각각 구체적인 과정을 맡을 수는 있다.

실질적인 연산 능력을 지니도록 100나노미터 정도에 달하는, 규모가 더 큰 나노 기계를 만드는 방법도 있다. 이 기계는 훨씬 복잡한 지시를 따를 수 있고 더 작은 나노 기계를 안내하는 기능을 지닐 수도 있다. 그러면 여러 크기의 나노 기계가 공존하며 복잡한 과정을 수행하도록 서로 돕는 생태계가 될 것이다.

마지막으로 자기장이나 레이저로 나노 기계를 움직이는 것처럼 외부적으로 제어하는 형태를 이용할 수도 있다. 자기장은 패시브 드론Passive Drone 역할을 하는 나노봇과 거시적 슈퍼컴퓨터가 함께 제어할 수 있다.

지금껏 살펴본 접근법들을 모두 조합하는 것이 가장 좋은 방법일 수도 있다. 나노 기계를 제어하기란 쉽지 않지만 불가능하다고 보기는 어렵다.

가능성이 있는 적용 분야 – 제조

자, 드디어 다양한 나노 기계를 제작하고 정확하게 통제하는 방법을 알아냈다고 가정해보자. 이것이 의미하는 바는 무엇일까? 36살의 나이로 때 이른 죽음을 맞이하기 전까지 미국 항공우주국의 고더드 우주 비행 센터Goddard Space Flight Center에서 수석 나노 공학자로 있었던 윌리엄 파월William Powell은 이 과정을 두고 '나노기술은 원자를 사용한 제조다'라는 유명한 말을 남겼다.

화학적 합성과 구분해 이 과정을 '기계적 합성Mechanosynthesis'이라고 일컫는 전문가도 있다. 화학적 합성은 불규칙한 열운동으로 분자들이 결합하는 것이고 기계적 합성은 분자들이 수용체의 특정 부위와 결합하는 것이다. 분자들이 같은 화학적 힘으로 서로 결합하는 점은 같으나, 기계적 합성은 이에 더해 원자 수준의 정확성까지 달성할 수 있다.

그러므로 발전된 분자 나노 기술을 적용할 수 있는 확실한 분야는 제조다. 원재료는 직물, 금속, 플라스틱, 수지를 비롯해 첨단 재료나 완성품으로 바로 전환될 수 있다. 그렇게 제작된 상품은 이론석으로 원자 수순까지 완벽하며, 전통적인 제조 기술로는 가능하지 않은 내부 구조를 지닌다. 결함이 없는 그래핀 제작을 비롯해 이는 수많은 문제점을 해결할 수 있다.

나노 생산에 관해 추론하다 보면 원재료, 나노 기계, 에너지원, 디자인만 있으면 되는 지점에 이른다. 이 네 가지로 도시를 뚝딱 만들어낼 수도 있다. 쓰레기마저 원자와 분자의 원재료가 되므로 모든 것을 재활용할 수 있다.

우선 값비싼 나노 기계와 시스템을 사용하는 중앙 집중형 생산 나노 공장이 생길 것이다. 나노 기술을 이용하는 제조 과정이 처음부터 다른 형태를 대체하지는 않을 것이다. 기존 방식을 보충하며, 첨단 3D 적층 제조 및 CNC 기계와 나란히 발전할 가능성이 높다. 공장은 이 모든 방식을 함께 활용하고 각 방식은 최적의 장소에서 사용될 것이다.

아주 발전된 나노 제조 기술Nanofacturing은 다른 모든 방법을 대체할 잠재력을 지닌다. 설명서가 적힌 단색의 카드만 넣으면 원하는 물체가 나타나는, 〈스타트렉〉의 리플리케이터Replicator와 비슷할 수도 있다. (〈스타트렉〉에서는 리플리케이터가 순간 이동 기술도 사용하지만 일단 이 기술은 덮어두자.)

모든 가정이 이 기계를 소유할 정도로 나노 제조 기술도 분산형 제조가 가능해 질 것이다. 그때가 되면 원재료와 디자인을 제외하고서는 아무것도 살 필요가 없다. 3D 프린팅과 마찬가지로 수많은 디자인이 공개될 것이고, 가장 최신 기계나 지식재산권이 있는 예술품을 원하면 이를 재생산하기 위한 권리를 대여해야 할 것이다. 오래도록, 어쩌면 영원히 수공품은 수요가 있을 수도 있으나 언젠가 본뜬 제품의 품질이 좋아져 그 차이를 느끼지 못하는 날이 올 것이다.

결국 우리는 쓰레기와 폐기물이 없는 사회, 제조가 너무나 수월해 기분에 따라 주변 환경, 가구, 전자기기를 끊임없이 재창조할 수 있는 사회를 맞이할지도 모른다. 컴퓨터 화면을 쉽게 바꾸는 것처럼, 이런 기술은 물리적 세계를 점점 디지털화할 것이며 현재 경제 상황에 막대한 변화를 불러올 것이다.

과학소설 작가인 밸리스 엄브라Valis Umbra는 나노 기술 미래를 다음과 같이 그려냈다.

모든 것이 바뀔 것이다. 우리는 정부나 기업이 필요하지 않을 것이다. 경제와 사회 체계의 기반이 되는 개념들, 즉 돈, 부, 특권은 무의미해질 것이다. 모두가 필요한 것을 만들 수 있는데 돈이 무슨 소용이 있겠는가?

의학

나노기술은 의학과 의료 분야에 어마어마한 변화를 만들어낼 잠재력을 지닌다. 세포는 나노 규모에서 작용하며, 세포 크기에서 작동하는 의료 기구 설계 능력은 의학의 새로운 시대를 열 것이다. 환자의 동맥 사이로 움직이며 축적된 콜레스테롤 플라크를 제거하는 초소형 나노기계처럼, 머지않은 미래에 간단하면서도 강력한 기술이 나타날 것이다.

점점 더 작아지는 기구를 갖춘 나노 수술 또한 초기부터 적용 가능한 기술이 될 것이다. 처음에는 봉합술이나 지짐술 같은 전통적인 수술 방법에 사용될 가능성이 높은데, 정확도가 뛰어날 것이고 절개의 필요성이 없어질 것이다. 이미 소형 카메라를 사용하는 수술은 큰 부분을 절개할 필요성을 낮춰, 회복 기간과 충격을 줄였다. 만약 주사 한 대로 나노 수술 기계를 주입해 같은 결과를 낼 수 있다면 어떨까? 영화 〈마이크로 결사대Fantastic Voyage〉(〈바디 캡슐〉이라는 제목으로도 알려져 있다-옮긴이)에서 사람들이 탄 작은 함선에 작은 기계들만이 타고 있다고 상상하면 된다.

의료용 나노봇은 카메라를 비롯한 다양한 도구를 장착해 신체 안을 이동하며 보여 줄 수 있고, 심지어 나노 수술을 제어하는 외부 컴퓨터로 보내도록 3D 스캔을 할 수도 있다. 이 정도의 정밀한 수준으로 제어를 할 수 있다면 암세포를 모두 제거하는 새로운 가능성을 열 수도 있다.

세포 수준에서의 나노 치료는 앞서 언급한 방법보다 더 높은 단계로, 육안적 수술(의학 용어로는 'gross'라고 한다)을 미시적 치료로 대체할 수 있다. 정확하고 안전하게 힘줄을 다시 연결하거나 결합 조직의 부상 또는 혈관이나 장기의 미세한 손상을 치료할 수 있다. 이를 넘어, 쌓인 독성 단백질을 제거하고 장애가 있는 세포 소기관을 치료하고 세포 표면의 단백질의 기능을 변형함으로써 개별 세포를 회복하게 하는 준 세포적 치료가 가능해 질 수도 있다. 마지막으로 분자 수준에서 나노 기계는 DNA를 수리하고, 말단소립(염색체의 끝부분으로 나이가 들면서 짧아진다)을 신장하고 노화나 질병을 일으키는 세포 손상을 복구할 수 있다.

세포와 분자 수준의 나노의학은 치료법으로서뿐 아니라, 잃은 사지를 자라게 하거나 장기를 대체하는 것처럼 신체를 재생하거나 젊음을 되찾는 방법이 될 가능성도 있다. 적어도 현재 치료가 불가능한 병이나 장애 대부분은 고칠 수 있을 것이다. 수술시 절개와 충격은 최소화하면서 정확성과 성공도는 높이므로, 더 오래도록 건강하고 활기차게 살며 수명도 연장할 것이다.

수명에 관해서는 아직도 의견이 분분하다. 발전된 나노 의학 기술이 완성된다면 인간의 최종적 수명은 어느 정도가 될까? 체계란 무너지기 마련이며 이론적으로 젊음이 영원히 지속되기란 불가능에 가깝다. 뇌를 대체하는 것은 죽음이나 다름없으므로 이 문제도 해결해야 한다. 뇌 건강은 수명 연장의 가장 큰 한계점이기에, 결국 우리의 신경학적 기능을 기계로 옮기는 뇌-기계 인터페이스 기술을 논의할 수밖에 없다.

프로그램화가 가능한 물질

니노 기계는 물체를 만들 수 있을뿐더러 불체 자체가 될 수 있다. 일부 나노 공학자는 초소형 나노기계로 만들어진, 프로그램화가 가능한 물질에 관한 개념을 제시했으며 이를 '포그렛Foglet'(초소형 기계가 안개를 형성하기 때문이다)이라고 부르기도 한다. 이는 조금 큰 규모인 100나노미터 범위에 달하며 물질을 변형하지 않고 서로 결합하는 방식으로 물체를 만들도록 설계된다.

집을 짓는다고 상상해보자. 땅과 탄탄한 기초가 준비되었다. 그 다음으로 프로그램화가 가능한 물질을 옮겨 기초 위에 붓고, 제어 인터페이스(가상현실로 가능하지 않을까)를 사용해 가구, 설비, 예술품, 가전을 모두 포함한 집을 짓도록 포그렛에 명령한다. 그렇게 만들어진 집은 사용자가 원할 때 변화를 줄 수도 있다.

미래의 인간이 현재 우리가 사는 형태의 집을 지으리라 예측하는 미래주의 오류를 저지르고 싶지는 않다. 포그렛 기반의 거주지는 기존 기술로는 가능하지 않은 새로운 모습을 띨 수도 있다. 예를 들어 미래의 집은 필요할 때 벽이 출입구를 만들어내 문이 필요하지 않을 수도 있고, 상호작용하는 기능이 있어 손님을 원하는 장소로 안내하거나 반려동물의 움직임을 관리하거나 침입자를 가두거나 응급 처치를 제공할 수도 있다.

자동차도 마찬가지다. 아니다, 자동차가 아니라 배낭이나 짐 가방으로 보이는 이동 수단일지도 모르겠다. 포그렛으로 만들어진 배낭은 들고 다니기 쉽고 명령에 따라 사용자가 원하는 형태로 바뀌어 장비, 기기, 개인용 이동 수단 모두가 될 수 있다. 조지 젯슨(애니메이션 〈우주가족 젯슨〉의 등장인물–옮긴이)이 날아다니는 자동차를 접어 서류 가방에 넣어 다닌다고 상상해보라. 언젠가는 가능하지 않을까.

마찬가지로 의류도 프로그램화할 수 있어 원하는 색깔, 질감,

두께, 보온성, 보호 장비를 비롯해 특징을 마음대로 바꿀 수 있을 것이다. 필요시에는 보호복, 잠수복, 낙하산, 호흡기가 될 수 있으며 심지어 달이나 화성에 정착하는 사람들에게 유용하도록 우주복이 될 수도 있다.

사용자는 포그렛의 공급품을 바꾸거나 업그레이드해야 할 때도 있으나 그 외에 더 필요한 것은 없다. 이런 물질은 복잡한 기계, 컴퓨터, 배터리가 되지는 못할 것이므로, 프로그램화할 수 있는 물질은 특정 기능을 지닌 개별적 모듈과 통합될 것이다. 물론이 모든 것은 나노 제조 기술로 생산되리라.

나노기술의 위험성

대부분의 기술 발전이 그렇듯, 새로운 능력은 이점과 위험성을 동시에 지닌다. 발전이 극단적일수록 위험도 극단적이다. 과학자들과 과학소설 작가들이 상상하듯, 가장 위험한 상황은 나노봇을 통제하지 못하는 경우다.

나노 어셈블러Nanoassembler가 자가 복제해 대재앙을 일으키는 시나리오도 그중 한 가지다. 보호 장치를 설정해 복제 성노, 빌도, 종 숫자를 제한할 수 있지만, 나노 기계가 의도치 않게 보호 장치를 건너뛰고 복제해 새로운 능력을 만들어낼 수노 있다.

이 종말을 '그레이 구 시나리오Gray Goo Scenario'라고 부르기도 한다. 자가 복제 나노봇의 무한한 증식으로(매분 나노봇의 수가 배로 늘어날 수도 있다) 통제하지 못하는 상태에 이르고 결국 지구 전체 표면이 회색빛의 나노봇으로 덮인다는 이론이다.

만일 수많은 나노봇이 정해진 한계를 넘어 물체를 마구 제조해 낸다면 비슷한 결과를 불러올 수 있다. 그럼 미래의 외계인은 20미터 깊이의 종이 클립이 넘쳐나는 지구를 보게 될까.

현실적인 우려는 나노 전쟁이다. 적군의 기반 시설, 심지어 적군을 파괴하도록 만들어진 나노 기계가 만들어진다고 생각해보라. 상상력을 발휘하지 않아도 최악의 상황을 예측할 수 있을 것이다. 이유를 불문하고 사일런 같은 존재를 만들어내지 않기로 모두 동의해야 하지만, 남용과 범죄는 당연히 따라오는 결과일 지도 모르겠다. 밸리스 엄브라는 다음과 같이 묘사했다.

다음 세대 나노기술이 인간의 신체 안에 주입되어 장기와 조직을 치료하는 데 사용된다면, 이는 신체를 파괴하도록 프로그램화 되어 궁극적인 암살 무기가 되기도 쉽다는 의미다.
표적에 이런 물질들이 날아가 바이러스처럼 코로 들어가거나 음식 또는 물로 섭취된다면, 치명적인 출혈이나 병변을 일으킬 테고 자연사로 보이는 죽음을 초래할 것이다.

더욱더 먼 미래

나노 대재앙에서 인류가 살아남았다고 치자. 수천,

수백만 년 동안 완벽하게 다듬어진 이 기술은 어떤 방향으로 나아갈까? 물질을 제어하는 가장 정교하고 작은 기계를 추측해볼 수 있다. 나노 기술을 넘어서 양자와 중성자 규모의 물질을 조작하는 피코기술Picotech, 그다음은 아원자 규모의 물질을 조작하는 펨토기술Femtotech도 상상할 수 있다.

이 사고 실험의 궁극적인 도착지는 플랑크기술Plancktech로, 존재의 근본적인 규모에서 물질과 시공간 자체를 조작한다. 플랑크 길이는 현실의 화소 크기이며, 존재의 궁극적인 입자성을 다룬다. 이론적으로라도 가능하다면, 플랑크 규모로 현실을 조작하는 능력은 존재를 제어하고 통제하는 무한한 힘을 부여하리라.

이런 수준의 기술은 추상적으로밖에 개념화할 수 없지만, 인간보다 수백만 년 이상 진보한 외계 문명은 이 기술을 이미 사용하고 있을지도 모른다. 그들이 우리에게 친절하길 바랄 뿐.

18장. 합성 생명체

생명과 기계의 경계가 희미해진다

생명을 조작하는 지식과 기술을 시험하는 궁극적 방법은 기존 생명체 변형을 넘어 완전히 새로운 합성 생명을 만들어내는 것이다. 진화 과정의 제한을 전혀 받지 않은, 전적으로 새 유기체를 설계해 무에서 유를 창조한다고 상상해보자. 수많은 분야에 적용될 강력한 디딤돌이 될 것이다.

아직 성공하지는 못했지만 이 분야는 목표로 다가가고 있으며, 넘지 못할 이론적 장벽은 보이지 않는 듯하다. 이 기술은 서서히만 발전해도 목표를 이룰 수 있을 것이다. 일단 근본적인 기술이 자리를 잡으면 그때부터는 무수한 가능성에 상상의 나래를 펼쳐도 좋을 것이다.

2010년 미국의 유전 공학자 크레이그 벤터Craig Venter는 자기 연구팀이 완전한 인공 세포를 만드는 데 성공했다고 발표했다. 10년 동안 4천만 달러를 쏟아 부은 연구 끝에 그들은 최소 인공 유전체를 만들었으며 이를 세포막에 이식했다.

이 연구의 목표는 최소 기능을 하는 단세포를 만들어내는 것으로, 그 최소 유전체는 더 복잡한 생명체 형태를 만드는 데 토대가될 수 있다. 이는 우리에게 '어떤 유전자가 생명에 꼭 필요한가?'라는 흥미진진한 생물학적 질문을 던진다.

2016년 클라이드 허친슨Clyde Hutchinson과 동료들은 미코플라스마 미코이데스Mycoplasma Mycoides라는 세균 하나의 유전자를 조금씩제거하며 생명에 필요한 최소한의 유전자 수를 연구했다. 그들은473개의 유전자를 제외하고 모두 제거했다. 인간은 약 2만 개, 자유 유영 세균Free-Living Bacteria은 1,500~7,500개의 유전자를 지닌다.이 중 473개는 반드시 필요하며 149개는 아직 그 기능이 알려지지않았다.

유전자를 제거하는 방식이든 단세포를 만들어내는 방식이든,과학자들은 살아있는 세포의 근본적 요소를 알아내는데 비교적가까워지고 있다. 이미 DNA를 만들어낼 수 있으며, 궁극적인 목표는 유전자나 유전자 묶음의 서열목록을 확보하고 그중에서 선택하고 조합해 합성 유전체를 만드는 것이다. 그러면 유전적 지시정보는 없지만 이식된 유전자의 단백질을 조합할 수 있는 기본 조직을 갖춘 빈 세포에 그 유전체가 이식되고, 기능하는 인공 세포로 탄생한다.

이것만 하더라도 잠재력은 크다. 과학자들이 직접 설계하고 조합한 세포이므로 기계와 마찬가지로 그 특성과 기능을 이론적으로 완벽하게 이해할 수 있기 때문이다. 본질적으로 유전자는 소프트웨어이므로, 인공 유전체 제작은 복잡한 애플리케이션의 프로그램을 짜는 것과 유사하다.

박테리아 같은 인공 세포는 폐기물을 다른 물질로 바꾸고, 독소나 유출된 원유를 청소하고, 질소나 다른 영양분을 고정함으로 농업을 돕는 것을 비롯해 다양한 기능을 할 수 있다. 또한 화학 약품이나 의약품 제조 같은 산업 환경에도 사용될 수 있으며, 특별하게 제작된 인공 생명체는 양조나 치즈 제조처럼 현재 효모를 사용하는 음식 제조 과정에도 투입될 수 있다.

안전상의 문제로 의료계의 적용은 다른 산업보다 더딜 것이다. 하지만 이론상, 질병 치료법의 종류나 약물을 주입하는 세포를 개발할 수 있다. 이런 세포는 우리가 지닌 미생물(우리의 모든 분리막을 감싸는 박테리아)을 대체하거나 강화해, 생물학적 기능을 개선하고 감염을 막을 수 있다. 숙주를 공격하지는 않으면서 암세포를 찾아 제거하는 세포도 획기적인 기술이 될 것이다.

인공 단세포를 개발하려면 아직 수십 년이 더 걸릴 것이고 적용하는 데는 더 오랜 시간이 걸릴 것이다. 인공 생명체가 기술에 상당한 영향력을 미치는 단계는 21세기가 끝날 무렵에야 가능하지 않을까. 하지만 예상치 못한 장벽이나 안전성 문제를 맞닥뜨리면 실제 적용은 더 후대로 미뤄질 수도 있다.

인공 다세포 생명체는 더 오래 기다려야 한다. 그런 유기체는 직접 처음부터 만들어내기보다는 개발하는, 즉 인공 배아를 프로그램화한 후 성숙한 유기체로 성장하도록 하는 편이 수월할 것이다. 개별 세포를 먼저 만들고 나서 3D 프린터로 유기체를 인쇄할 수도 있겠지만, 이는 더 복잡할 수도 있다. 결국 어떤 방법이 채택될지는 적용 분야의 요구에 따라 달라지리라.

인공 다세포 생명체는 혁신적이면서도 위험할 수 있기에, 이 기술이 어떤 역할을 할지 상상하기란 쉽지 않다. 이 생명체는 음식, 반려동물, 더 나아가 일꾼이나 집사 역할을 하도록 설계될 수도 있다.

'기존 생명체를 발전시키거나 유전적으로 조작할 수 있는데 왜 굳이 인공 생명체를 만들어야 하는가?'라는 중요한 질문을 할지도 모르겠다. 이론적으로는 통제 수준을 높이고 더 제약 없는 가능성을 갖기 위해서다. 인공 다세포 생명체는 너무나 먼 미래의 이야기이기에 예측하기 쉽지 않지만, 기존 생명체 조작과 인공 생명체 창조는 각각 장단점을 지닌 경쟁적인 기술이라고 볼 수 있다.

기존 생명체 유전자를 조작하는 기술 덕분에 우리는 수십억 년 동안의 세포 수준 진화, 그리고 수억 년 동안의 다세포 구조와 기능 진화로 만들어진 생명체에서 발전을 시작할 혜택을 누린다. 그 오랜 시간 동안 생명체는 얽히고 꼬인 결함들을 해결하며 수많은 시행착오를 겪었으리라. 그러나 미래의 약한 인공지능이 개발된다면 이런 시행착오는 눈 깜짝할 사이에 모두 시뮬레이션으로 보여줄 수 있을 것이다.

진화된 신체라 해도 체계가 없고 비효율적일 수는 있다. 이를테면 인간 DNA의 대부분은 '정크'이며 정상적인 기능을 하는데 쓸모가 없다. 이미 가진 것으로 적당한 차선책을 만들어내는 과정이 진화다. 그러므로 유기체를 아예 완전히 만들어낸다면 우리를 구속하는 세월의 짐을 모두 제거할 수 있다.

이를테면 척추동물의 안구를 살펴보자. 고의로는 절대 설계하지 않을 법한 구조와 기능이 많다. 가장 대표적인 예로 안구 뒤쪽의 망막 가장 바깥에 있는 광수용체는 혈관과 신경을 비롯한 다른 세포층 뒤에 있다. 빛을 수용하는 세포를 가장 앞에 두었다면, 시신경을 이루는 신경 섬유가 한데 모이는 맹점이 있을 필요도 없고 가로막히는 지점도 없을 것이다.

유전자 조작 기술만으로 원하는 변화를 만들 수 있을지, 처음부터 생명체를 새로 만들어야 할지는 거듭 제기되는 문제다. 보통 이런 기술 질문의 답은 '상황에 따라 둘 다 가능하다'이므로 이 두 기술은 공존하며 서로 보완할 수 있다.

완전히 새로운 생명체인 합성 생명체Synthetic Life가 이점으로 작용하는 영역이 몇 가지 있다. 하나는 극단적인 환경이다. '호극성 미생물Extremophiles(극한 미생물)'이 존재하지만 이는 대부분 단세포 생물인 박테리아나 고세균Archaea이다. 극단적인 환경에서 살아남을 다세포 호극성 미생물은 드물다. 목성의 위성인 가니메데나 유로파, 화성의 표면, 또는 우주에서 살아남을 유기체가 필요하다면? 공학 기술이 대단해도 기존 생명체의 한계에 부딪힌다면, 자연 세상에 존재하지 않는 특별한 기능이 필요하게 될지도 모른다.

또한 단순한 유전자 조작과는 달리, 인공 생명체는 생명체의 구성요소(빌딩블록)에 근본적인 변화를 줄 수 있다. 예를 들어 DNA의 작용 방식 자체를 바꾸고 싶다면? DNA는 아데닌Adenine, 구아닌Guanine, 티민Thymine, 사이토신Cytosine(AGTC) 이렇게 네 가지 염기가 조합되어 만들어진 암호다. 이로써 4개의 알파벳을 조합하는데 그중 3개는 20가지의 아미노산 그리고 시작과 종결 암호를 지시한다. 또한 쌍으로 존재하는 이 네 자리 알파벳은 A와 T 그리고 G와 C가 함께 묶여, 두 개의 가닥이 꼬인 이중 나선 구조를 형성한다. 하나에 G 가닥이 있으면 다른 하나에는 반드시 C 가닥이 있다는 뜻이다. DNA는 두 개의 가닥으로 분리됨으로써 복제하고, 그런 다음 상보적 염기를 조합해 두 개의 이중 나선 구조 DNA를 형성할 수 있다.

하지만 과학자들은 이미 6개의 염기로 두 쌍이 아닌 세 염기쌍을 형성하는 DNA의 형태를 개발했다. 그들은 유전자 알파벳에서 각각 X와 Y라고 부르는 3인산 d5SICS와 dNaM을 사용했다. 또한 이 새로운 염기쌍들이 DNA 구조에 통합될 수 있고 보통 세포와도 함께 기능할 수 있으며 심지어 복제까지 가능하다는 점을 증명해냈다. 이런 DNA는 더 많은 정보를 암호화하고 더 복잡한 알파벳을 수용할 수 있으므로, 기존 아미노산 20가지 이상을 제어할 수도 있다. 그러므로 새로운 단백질을 만들면 기존 생명체로는 불가능한 생물학적 구조와 기능이 개발될지도 모른다.

단백질의 기본이 되는 20개의 아미노산을 이야기하자면, '왜 이 20가지만이 생명체의 일부가 되었는가?'라는 질문 자체도 매우 흥미진진하다. 더 많은 아미노산이 가능했겠지만 생명체는 그 중 모든 단백질을 만들어낼 20개만을 정해 유전적 암호를 넣었다. 비단백 아미노산보다 결합 성향이 더 높다는 화학적 특성과 관련된 부분적인 설명도 있다. 그래도 20개의 아미노산에 제한을 둘 필요는 없으며 수를 더 늘린다면 흥미로운 가능성을 열 수도 있다.

이런 변화들이 유용할지 아닐지는 중요하지 않다. 중요한 것은 생물학자들이 고안해낸 DNA의 형태가 기존의 생명체에 적합하지 않을 때는 결국 완전히 새로운 합성 생명체가 필요할 수도 있다는 사실이다.

위험 요소는 무엇일까?

이 기술이 발전하면 당연히 위험 요소도 증가한다. 그중 한 가지는 증식이 쉽다는 점이다. 과학소설 작가들이 이미 상상한 것처럼, 합성 생물 기술이 자동화된다면 데스크톱으로도 인공 유기체를 마구 만들어낼 가능성이 있다. 포토샵과 비슷한 애플리케이션을 이용해 생명을 찍어낸다는 의미다. 게다가 인공지능이 생물학적 세부 정보까지 모두 처리해줄 것이므로, 소프트웨어 인터페이스에 '거기에 팔을 달아'라고 명령만 하면 인공지능이 팔을 만들어내는 데 필요한 유전자를 모두 조합할 것이다. 손가락은 몇 개를 달까? 동물의 발톱은 얼마나 크면 좋을까? 아니면 부드러운 발바닥이 더 나을까?

합성 생물 기술을 제한하는 규제가 엄격하겠지만, 가격이 낮아지고 사용하기가 더 쉬워진다면 규제도 어려워질 것이다. 소프트웨어에 안전장치가 설치되겠지만 그런 프로그램은 언제든 해킹될수 있다. 영화 〈쥬라기 공원Jurassic Park〉에 나오는 안전 예방책 비슷한 방법이 필요할지도 모른다. 리신lysine 사고를 기억하는지? 영화 설정상 모든 공룡은 유전적으로 리신을 만들지 못하므로 이를 보충하지 않으면 죽게 된다. 눈치챘겠지만 결과는 뻔했다.

〈쥬라기 공원〉 같은 영화는 만일 합성 생물이 진화한다면 그 속도가 얼마나 빠를지에 관한 문제를 제기한다. 이런 상황을 막기 위해서 합성 생물의 유전체는 돌연변이를 최소화하도록 또는 복제할 능력이 없도록 설계될 수도 있다. 그런 능력 개발 자체를 불법으로 제정해, 기본적인 기술은 널리 사용되더라도 유기체 복제에 필요한 소프트웨어를 얻는 것을 무기 수준의 플루토늄을 구하는 것만큼 어렵게끔 할 수도 있다. 복제하지 않으면 진화하지도 않을 테므로 문제는 해결될 것이다(전매 유기체를 복제하지 못하도록 함으로써 특허권 침해도 막을 수 있다).

물론 무엇이든 해킹될 수 있으므로 완벽한 안정장치란 없다. 하지만 합성 생물체 대재앙이 일어날 가능성을 제한하기 위해 상식적인 방법을 적용할 수는 있다. 복제하지 못하는 법률 제정에 더해 합성 생물체가 그 생체 구조에 알맞은 합성 음식만 섭취하고, 일반 음식은 먹지 못하도록 만들면 어떨까.

개인적으로 만들어낸 합성 생물체 외에도 위험 요소는 있다. 산업이 해킹이나 강탈되어 엄청난 수의 단세포나 다세포 생명체가 마구 만들어짐으로써, 이를 통제하기도 전에 대대적인 피해를 볼 수도 있다.

지금껏 논의한 여러 미래 기술과 마찬가지로, 군대나 테러범에 의해 고의로 사용된다면 최첨단 인공 생명은 끔찍한 기술이 될 것이다. 슈퍼 군인으로 만들어진 '완벽한 생명체'가 날뛰는, 영화 〈에이리언〉 같은 장면이 펼쳐진다고 상상해보라. 그런 생명체가 적군 영역에 배치되어 지역 주민들을 죽이고, 상황을 유리하게 조종해 놓은 다음 스스로 죽어버릴 수도 있다. 우리가 앞서 살펴본 로봇 군인 시나리오와 비슷하지 않은가. 인류를 전멸할 최후 승자가 되기 위해 미래의 합성 생물 군인과 로봇 군인이 치열하게 싸우는 날이 오고야 말까.

머나먼 미래

지금까지 언급한 모든 대재난과 합성 생물체 대재앙에서 인류가 어떻게든 살아남는다면, 이 기술의 먼 미래는 어떤 모습일까? 생물학적 기술이 기계 기술보다 나은 점이 있다면 생물은 자라날 수 있다는 것이다. 합성 생물 기계를 설계하고 나서 적절한 환경과 영양분만 제공한다면 필요한 만큼 기계를 마구 생산해낼 것이다. 생물은 기본적으로 자가 조립과 자가 복제로 제조가 가능한 효율적인 플랫폼이다.

SF 드라마 〈바빌론 5Babylon 5〉에서 볼론Vorlon 우주선은 사실 거대한 생명체였다. 이는 극단적 생물학적 기술의 사례이긴 하지만 우리가 생물을 완전히 제어할 때 일어날 가능성을 잘 보여준다.

합성적 요소와 자연적 유기체의 혼합체인 '반합성 생물Semisynthetic Life'도 살펴볼 필요가 있다. 이를테면 기존의 장기를 대체하거나 강화하기 위해 완전한 합성 장기를 만드는 것이다. 이는 해독이나 슈퍼면역력 등 일반적인 생물 원리로는 불가능한 기능을 수행할 수 있다. 합성 근육으로는 초자연적인 힘을 얻을 수 있고, 합성 근육 원섬유로는 뼈나 힘줄을 강화할 수도 있으며, 합성 생물적 눈으로는 더 넓은 스펙트럼이나 고해상도로 볼 수 있다.

준 세포 수준에서는 합성 미토콘드리아가 극도로 효율성이 높은 에너지를 제공하거나 대체 연료를 태울 수 있나. DNA 복구 세포기관은 노화를 방지하고 암세포를 제거할 수도 있다.

미래 기술의 수많은 길을 보여주는 더 극단적인 가능성도 있다. 우리는 〈스타트렉: 딥 스페이스 나인Star Trek: Deep Space Nine〉에 등장하는 트릴Trill 종족처럼 인간 숙주와 융합하도록 설계된 합성 공

생체를 개발할 수도 있다. 컴퓨터 칩 방식의 인공지능을 이식하는 대신(또는 이식에 더해), 초지성적 합성 뇌를 융합함으로써 우리의 인지 능력을 강화할 수도 있다. 이 뇌는 독립적으로 수 세기를 살 수 있어 사람의 몸이 죽으면 접속을 끊고(기억과 성격은 저장한 채) 다음 숙주에게로 이동되어 수명을 극도로 연장한다.

미래 기술의 얼마 정도가 생물학적 기반을 토대로 할까? 우리는 결국 로봇이나 인공 유기체, 어쩌면 인공지능 생명체를 만들어 낼까? 유전자 조작, 합성적 요소, 컴퓨터 기반 사이보그 요소로 인간은 어느 수준까지 강화될 것인가? 정보를 저장하고 정보 처리를 수행하는 DNA 형태를 사용해, 생물학적 구성 요소로 컴퓨터를 기를 날이 올까?

'결국 모든 것을 이룰 것이다'가 쉬운 대답이다. 그러나 그 비율이 어떻게 될지, 생물학적 기술과 기계 기반 기술이 어떤 특정 상황에 더 나을지는 알지 못한다.

생물학적 시스템의 자가 조립 능력에 언급할 점이 있다. 이론적으로 우리는 전체 생태계뿐 아니라 사회를 건설할 완벽한 기반이 될 씨앗을 뿌림으로써 전 세계를 지구처럼 만들 수 있다(테라포밍). 그렇게 우리는 거주지, 자동차, 에너지원, 음식, 다른 자원들을 구축할 것이다.

이와 동시에 생명과 기계의 경계가 희미해지고 있다. 미래의 나노기술은 자가 조립이 가능하고 앞서 언급한 모든 것들을 할 수 있을지도 모른다. 본질적으로 유기체는 생물학적 기계일 뿐이므로, 생물은 기계 기술의 한 종류다. 따라서 생물과 기계 기술의 경계가 모호해지는 정도를 넘어서 먼 미래에는 완전히 지워질 가능성도 있다.

사실 자연과 인공의 경계도 점차 없어질 것이다. 이미 '자연적'이라는 것은 정의하기가 힘들다. 자연에 벌써 존재하는 것이 왜 우리에게 특별한 대우를 받아야 하는가? 자연적인 것들은 진화의 기이한 결과가 대부분이며, 상황과 환경에 따라 완전히 다른 결과를 냈을 수도 있다. 인간도 진화의 일부분이며 기술을 사용해 요구에 맞게 우리 환경 측면들을 바꾸는 것은 자연스러운 일이다.

다른 장에서도 살펴보았듯 기술, 특히 파격적인 기술 발전의 주된 공통점은 기존의 경계와 분류를 흐리게 한다는 점이다. 우리가 물리적 세계에 디지털 정보를 입히고 물리적 기반 시설을 디지털 방식으로 건설하기 시작하며, 디지털과 아날로그 세계는 혼합되고 있다. 우리는 기술과 융합될 수도, 부분적으로는 기술 자체가 될 수도, 생명체 자체가 완전히 합성 생물이 될 수도 있다.

종국에 우리는 이런 구분과 경계가 없는 세계에 살게 될 것이다. 인간을 비롯한 모든 것은 디지털 정보가 되고 자연, 인공, 기계, 생물 같은 구분 또한 무력한 옛것이 되고 말리라.

19장. 상온 초전도체

성공만 한다면 우리 기술은 더 강력해질 것이다.

1980년대에 과학과 기술계를 눈여겨본 독자라면 고온 초전도체를 엄청난 발견이라고 쉴 새 없이 보도하던 장면을 기억할 것이다. 초전도 자석 위에 둥둥 떠 있는 물체의 사진을 실은 기사들이 유명한 과학 잡지를 가득 메웠다. 인기 있는 보도가 정녕 믿을 만하다면 초전도체는 이미 세상을 바꿔놓았을 텐데. 그러나 40년이 지난 지금, 우리는 아직도 기다리고 있다.

과장 선전이 난무했던 것은 사실이지만, 진정한 상온 초전도체는 세상을 바꿀만한 기술이다. 게다가 접두사 '초Super'가 붙은 기술이라니, 멋지지 않은가. 이름에서 알 수 있듯 초전도체는 전기가 극도로 잘 통하는 물질을 말한다. 실제로 전기저항이 0으로, 에너지를 전혀 잃지 않고 장애 없이 전류가 흐른다. 전기로 움직이는 세상이니만큼 초전도체는 이점이 많다. 초전도체로 만든 모든 전자 기기는 효율성이 높고 에너지를 덜 사용하며 폐열을 걱정할 필요도 없다. 이런 물질이 실현된다면 기술 세계의 판도를 바꿔놓을 것이다.

사실 이런 물질이 존재는 한다. 그러나 이번 장 제목을 다시 한 번 살펴보시길. 우리가 다룰 주제는 다름 아닌, 초전도 현상이 상온에서 (또는 일반적으로 사용될 환경 온도에서) 일어나야 한다는 것이다. 만족시켜야 할 조건이 더 있다. 일반적인 압력이나 진공 상태에서도 전류가 흐르는 특성이 있어야 하고, 이에 더해 강하고 연성을 지니며 잘 부러지지도 않는다면 금상첨화일 것이다. 또 기술에 적용하기 위해서는 비용 효율성도 갖춰야 한다.

초전도성의 물리학

초전도성은 1911년 네덜란드 물리학자 헤이커 카메를링 오너스Heike Kamerlingh Onnes가 발견했다. 오너스는 절대영도(절대영도는 섭씨 영하 273.15도다-옮긴이)에 가까운 극저온 4.16켈빈 (K)에서 헬륨 액화에 성공한 최초의 과학자이며, 저온 물리학을 개척한 업적으로 1913년 노벨 물리학상을 받았다. 이 연구는 극저온에서 수은이 초전도체가 된다는 사실을 발견하게 한 중요한 디딤돌이었다.

많은 전도성 물질이 온도가 낮아짐에 따라 전기 저항이 감소한다는 사실이 밝혀졌다. 그런데 수은 같은 초전도체는 전기 저항이 급격히 0으로 떨어지는 임계 온도가 있다. 4.16켈빈에서 초전도체가 되는 수은은 실용적이지 않지만 초전도체 자체에 관한 연구의 문을 열어주었다(특히 액체 헬륨이 물질을 냉각하는 데 사용되고서부터). 하지만 값이 비싼 액체 헬륨은 연구의 한계점이 되기도 한다.

이후 급속도로 더 많은 연구가 진행되어 1912년 주석은 3.8켈빈, 납은 7.2켈빈에서 초전도성이 나타난다는 사실이 발견되었다. 전선으로도 만들어질 수 있는 이런 물질들은 수은보다 훨씬 다루기가 쉬워 연구를 더욱 진척하게 했다. 실제로 많은 원소(원소 주기율표의 거의 반 정도)가 초전도체이지만 대부분 납보다 전이 온도가 낮다.

초전도체에는 두 가지 종류가 있다는 사실도 알게 되었다. 주석, 납, 알루미늄, 티타늄을 포함한 1종은 보통 압력과 극저온에서 초전도 현상이 나타난다. 전이 온도에서 전기 저항이 없어지며 자기장에 완전한 저항력을 가지게 된다. 다시 말해 완전반자성을 띄게 된다는 의미다. 2종 초전도체는 전이 온도가 높으며, 대부분 단원자가 아닌 화합물이다.

1957년 존 바딘John Bardeen, 리언 쿠퍼Leon Cooper, 로버트 슈리퍼Robert Schrieffer는 초전도성의 작용을 설명하는 BCS 이론(그들 이름의 첫 글자를 따서 지었다-옮긴이) 을 제안하였다. 복잡한 이론은 제외하고 간단하게 설명해보겠다. 초전도 상태일 때 전자들은 쿠퍼쌍Cooper Pair을 형성하고 물질의 격자 내부를 통과한다. 첫 번째 전자가 양이온의 격자 사이를 이동하면 전자는 격자를 당겨 더 큰 양전하를 형성하고, 이 양전하는 두 번째 전자를 끌어당긴다. 온도는 원자가 평균적으로 움직이는 속도를 측정하는 척도이므로 이 이론은 온도가 얼마나 중요한 요소인지를 설명하기도 한다. 온도가 너무 높아지면 격자형으로 된 원자들이 섬세한 배열을 유지하지 못할 정도로 흔들리고 만다.

1968년에 최초로 발견된 2종 초전도체는 임계 온도가 90켈빈을 넘는 구리-페로브스카이트계 세라믹 물질이다. 섭씨 영하 183도인 90켈빈도 매우 낮은 온도이지만, 질소가 액체화되는 중요한 임계온도인 77켈빈보다는 높다. 액체 질소는 액체 헬륨보다 값이 싸고 구하기가 수월해, 초전도성 연구와 적용에 판을 바꾼 물질이다. 질소가 액체화 되는 온도보다 높은 초전도체를 주로 '고온 초전도체'라고 부른다.

이러한 발견들이 이번 장 처음에 언급한 엄청난 광고와 선전으로 이어졌다. 당시로서는 대단한 업적이었다. 그러나 초전도체 발견부터 고온 초전도체로 도약이 매우 빨랐기에 그런 발전이 상온 초전도성까지 이어진다고 가정하는 실수(현재의 추세를 미래에 적용하는 미래주의 오류)를 저질렀다. 아쉽게도 그런 일은 일어나지 않았다. 상온은커녕 상온에 가까운 온도도 실현이 매우 어렵다는 결과가 밝혀졌기 때문이다.

구리 산화물 계열은 고온 초전도체로서 계속해서 기록을 갱신했다. 현재 기록은 임계 온도가 134켈빈(섭씨 영하 139도)인 Hg-Ba-Ca 구리산이다.

물리학자 엘리엇 스나이더Elliot Snider와 그의 연구팀은 2020년 최고 전이 온도인 287켈빈(섭씨 영상 13도)로 기록을 깼다. 하지만 이런 결과를 기뻐하기 전에 주의해서 봐야할 점이 있다고 생각했다면 잘 관찰했다. 이 물질은 이 온도에서 초전도성을 띠지만, 220기가파스칼Gigapascal 즉, 2백만 대기압이라는 엄청난 압력을 가해야 한다.

이 성공은 과학적으로 흥미로우며 초전도성에 관한 근본적 이해를 도울 수 있지만, 극도의 압력이 필요하다는 점은 결국 이런 물질을 직접적으로 활용할 방법이 없다는 사실을 의미한다. 구리 산화물 계열도 실용적인 상온 초전도체 후보가 아닐 가능성이 높다.

그렇다고 해서 고온 초전도체의 중요성을 깎아내리고 싶지는 않다. 액체 질소의 냉각능력은 핵융합 원자로나 입자 충돌기에 필요한, 엄청나게 강력한 자석을 사용할 때 매우 유용하기 때문이다. 하지만 온도나 압력 같은 까다로운 조건은 활용에 상당한 제약을 가한다.

현재로서는 전자기기, 전기 자동차, 전력망을 사용하는데 동원될 수 있는, 상온에서 초전도체가 되는데 필요한 특성을 보인 후보는 없다. 언제쯤 이 장벽을 넘을 수 있을까? 이 목표는 점진적인 개선이나 기존 기술을 토대로 이루어지기는 힘들기에 예측하기가 쉽지 않다. 우리가 원하는 특성을 지닌 새로운 물질을 발견하는, 전례 없는 돌파구가 필요하다. 10년, 100년이 걸릴 수도 있고, 어쩌면 그런 물질은 아예 존재하지 않는다고 결론지어야 할 수도 있다.

그래도 그런 물질이 발견된 미래가 어떤 모습일지 상상이나 해보자.

초전도성이 가능한 미래

이왕 상상의 나래를 펼치기로 한 바, 과감하게 해보겠다. 그리 머지않은 미래에 과학자들이 '컨덕티움Conductium'이라는 완벽한 초전도성 화합물을 만들었다고 가정하자. 이 물질은 강하고 연성을 지니며 성형하기도 쉬워 전선이나 전기 회로판의 부분으로 사용될 수도 있다. 임계 온도는 섭씨 50도로, 인간 생활권 대부분에서 구현할 수 있고 대량 생산을 할 정도로 흔한 원재료로 만들 수 있다.

더불어 임계 전류 밀도와 임계 자장도 높다면 좋을 것 같다. 임계 전류 밀도는 초전도성이 멈추기 전까지 물질을 통과하는 전기의 양을 결정하고, 임계 자장은 물질이 견딜 수 있는 최대 자기장을 의미한다.

동네 철물점이나 전자제품 판매장에서 쉽게 구할 수 있는 컨덕티움은 전기를 전도하는 것에는 모두 함유되어 있을 것이다. 2021년 세계 전기 수요의 2퍼센트는 인터넷을 가동하는 데 사용된다고 측정되었고 정보 통신 기술까지 모두 합한다면 그 수치는 5~9퍼센트에 달한다. 컴퓨터 에너지의 10~20퍼센트는 폐열로 낭비되며 회로를 고장 나게 하지 않도록 컴퓨터를 식히는데도 추가적인 에너지가 소모된다. 2030년이면 이 수치가 20퍼센트로 증가할 것이라는 예상 수치도 있지만, 효율성이 증가하고 사용되는 모습도 달라질 것이므로 정확한 수치를 예측하기는 어렵다. 구체적인 비율에 상관없이 전력의 많은 부분이 컴퓨터 기기에 사용될 것이며 이런 현상은 증가할 것이다.

만약 에너지 그리드가 컨덕티움으로 만들어진다면, 낭비되는 에너지의 7퍼센트를 줄일 수 있다. 저항력이 전혀 없는 전류로 된 회로로 에너지 저장 장치를 만들어 에너지를 잃지 않게끔 할 수도 있다.

컨덕티움은 새로운 기술적 가능성을 연다. 폐열을 생성하지 않는 컴퓨터 칩은 뇌-기계 인터페이스에 최적일 것이며, 강력한 전자석으로 자기공명영상 같은 기술이 더 작고 저렴해질 것이다.

컨덕티움으로 만든 철로에서 달리는 자기부상열차는 냉각장치가 필요하지 않으므로 비용 효율성이 더 높을 것이다. 모든 종류의 전기 자동차도 실현 가능성이 커진다. 더 가볍고 효율적인 모터와 배터리가 개발되면 주행 거리가 높으면서도 연비는 낮은, 전기 비행 자동차와 전기 비행기가 등장할 것이다.

핵융합 원자로는 액체 질소로 냉각된 초전도성 코일로 가능하나, 상온 핵융합은 훨씬 강력하며 비용 효율성이 높아 실용성까지 갖추게 될 것이다.

에너지 절약, 소형화의 가능성, 새로운 전자기기 기술 개발로,

상온 초전도체의 영향은 매우 중요하고 다방면에서 유용할 것이다. 상온 초전도체 자체만을 사용할 수는 없겠지만, 이것은 다양하고 새로운 전자 기기를 가능케 할 것이다.

상온 초전도체가 없어도 핵융합, 양자 컴퓨터, 뇌-기계 인터페이스, 비행 자동차를 비롯해 이 책에서 논의한 다른 기술들을 개발할 수는 있겠지만, 상온 초전도체가 있다면 모든 것이 훨씬 쉬워질 것이다. 이는 미래주의 오류에서 다룬 '스팀펑크' 문제의 정반대다. 기존의 물질로도 우리는 이 모든 기술을 성취해낼 수는 있다. 그러나 이런 물질을 발견한다면 증기에서 전기로 전환한 것처럼, 판도를 바꿔놓을 기술이 될 것이다.

20장. 우주 엘리베이터

공학의 대단한 재주가 과연 실현될 수 있을까?

지구 적도에 거대한 케이블이 설치되어 있다고 상상해보자. 저 높이 구름을 뚫고 올라가 하늘 끝까지 이어진. 맑은 날 밤이면 케이블을 따라 아래위로 움직이는 빛이 하늘 어디론가 사라지는 광경을 볼 수도 있다. 케이블은 3만 5786킬로미터 위, 정지 궤도(적도 3만 6000킬로미터 상공의 원형 궤도를 의미한다-옮긴이)에 있는 우주 정거장으로 연결된다. 괜찮은 망원경만 있다면 우주 정거장을 볼 수도 있을 것이다.

과학소설에 자주 등장하는 '우주 엘리베이터'는 분명 미래 기술임이 틀림없다. 우리가 이를 건설하고 싶어 하는 이유는 대체 무엇일까?

우주 엘리베이터는 1895년 콘스탄틴 치올콥스키Konstantin Tsiolkovsky가 생각해낸 개념이다. 그는 압축 강도를 사용해 아래는 넓고 높아질수록 가늘어지는, 매우 높은 피라미드 같은 '궤도 탑' 건설에 관한 아이디어를 발표했다. 1960년, 러시아의 공학자인 유리 아르추타노프Yuri Artsutanov가 정지 궤도 위성과 지표면을 긴 케이블로 연결하는, 현대적 우주 엘리베이터의 개념을 처음으로 제시했다. 설계 방법으로는 케이블의 인장 강도에 의존하는 인장 구조가 고려되었다.

그로부터 15년 후인 1975년, 미국의 공학자 제롬 피어슨Jerome Pearson이 최초로 우주 엘리베이터 개념의 기술적 요인을 주제로 논문을 발행했다. 2021년 세상을 떠나기 전까지 이 기술의 선도자이자 전문가였던 그는 달 엘리베이터 개념을 구체화하고, 잠재력이 있는 기술을 탐구하기도 했다. 아서 C. 클라크Arthur C. Clarke는 소설 《낙원의 샘The Fountains of Paradise》을 집필할 때 피어슨의 기술적인 사항을 참고하기도 했으며, 피어슨과 클라크 덕분에 우주 엘리베이터는 우주 과학 분야와 대중의 의식 속에 진입하게 되었다.

어떻게 작동하나?

우주 엘리베이터는 지면의 기지에서 시작해 우주까지 이어지는 긴 케이블이 기본 구조다. 정지궤도로 곧바로 이어지는 케이블 기지는 적도에 설치되어야 하며, 정확하게 적도 상공의 원 궤도에 있는 정지궤도에 고정되어야 한다. 궤도의 편심률이 달라지면 케이블의 길이까지 달라져야 하는 또 다른 문제가 생기므로 원 궤도는 매우 중요한 요인이다.

굳이 적도에 기지를 설치하지 않아도 되지만 이 경우, 적도를 기준으로 반대편에도 정확하게 같은 거리에 다른 기지를 건설해 함께 가동해야 한다. 두 기지의 케이블이 한 지점에서 하나로 합쳐져 위로 올라가는 형태가 되어야 하기 때문이다. 다시 말해, 균형을 이루기 위해 두 케이블은 적도 상공에서 하나가 되어야 한다.

우주 엘리베이터 공학에서 가장 중요한 점은 케이블에 가해지는 힘이다. 중력은 케이블을 지구 방향으로 당기므로, 케이블이 길어질수록 전체 중력도 커질 것이다. 하지만 케이블 끝이 정지궤도와 연결된다면 지면으로 떨어지지 않으면서, 지구가 자전함에 따라 그 원심력으로 함께 움직이게 될 것이다. 원심력은 관성력이다. 케이블의 각 부분은 직선으로 향하려는 힘과 아래로 당겨지는 힘을 모두 받는데, 관성은 케이블을 위로 당긴다. 케이블이 지면에서 멀어질수록 원심력도 점점 커지며, 특정 지점에서 중력과 원심력은 균형을 이룬다. 이 중심점에 이르면 케이블의 장력Tension은 없어진다.

정지궤도까지 오르면 원 바깥으로 나가려는 원심력과 아래로 당기는 중력이 같아지고, 정지궤도 밖으로 나가면 원심력이 더 커지므로 케이블은 바깥으로 당겨질 것이다. 따라서 정지궤도 바로 위에 케이블과 무게가 같은 대형 균형추를 설치하거나 더 멀리 떨어진 곳에 가벼운 균형추를 달아 케이블을 단단히 붙잡아야 한다.

일단 가동할 준비가 끝나면 케이블에 연결된 엘리베이터를 타고 지면에서 지구 동기 궤도까지 올라갈 수 있도록 시스템을 견실하게 만들어야 한다. (용어를 정리하자면 '지구 동기 궤도Geosynchronous'는 하루를 주기로 하는 궤도이고 '정지 궤도'Geostationary는 적도 상공에 있는 원형 궤도다).

기지 건설에 관해서도 몇 가지 선택지가 있다. 먼저, 바다에서 플랫폼이나 대형 선박에 건설하는 방법이 있다. 이곳의 이점은 쉽게 움직일 수 있고, 필요시에는 케이블마저 이동할 수 있다는 점이다. 반대로 육지에 건설하면 산 정상처럼 고도가 높은 곳에 지을 수 있으므로, 케이블 자체의 총길이와 두께를 줄인다는 이점이 있다. 대형 탑도 건설해 인장 설계에 압축 설계까지 더할 수 있다.

이런 대단한 재주가 과연 실현될 수 있을까? 이는 결국 케이블의 강도가 관건이다. 이 요인이 최종적으로 우주 엘리베이터의 가능성을 결정할 것이다. 특히 재료가 절단될 때까지 당겼을 때 견딜 수 있는 최대의 힘인 인장 강도가 중요하며, 이를 알아보는 데는 몇 가지 방법이 있다.

첫 번째는 단면을 균일하게 해, 케이블의 두께가 죽 동일하도록 건설하는 방법이다. 케이블이 길어지면 무게도 당연히 무거워지므로, 케이블이 재료의 무게를 견딜 수 있는 최대 길이를 알아낼 수 있다. 꼭 필요한 정보는 재료의 비인상 강도 즉, 무게당 인장강도이며, 이것은 물질의 밀도로 계산할 수 있다. 따라서 질량은 낮으면서 인장 강도는 높아야 가장 좋은 재료다.

예를 들어, 3만 5,786킬로미터 길이의 강철 케이블 인장 변형률을 계산해보자. 강철의 밀도는 7,900kg/m^3(세제곱미터당 킬로그램)

이므로 케이블에 필요한 최대 인장응력은 382GPa(기가파스칼)이라는 사실을 산출해낼 수 있다. 이 수치는 강철 최대 인장강도의 242배다. 다시 말해, 비인장강도가 242배나 되는 강철이 필요한데 현재로서는 개발되지 않은 기술이다. 케이블이 무거워질 것이므로 두껍게 만든다고 될 일도 아니다. 우리는 질량당 강도(비강도)가 높은 재료가 필요하다.

두께를 균일하지 않게 건설하는 방법도 있다. 케이블에 가해지는 힘은 정지궤도 고정점에서 가장 최대이고, 지면에 가까워질수록 견뎌야 하는 무게도 줄어들어 가해지는 힘도 감소한다. 따라서 케이블 전체 무게를 최소화하려면 지상에서는 두께를 가능한 한 얇게 출발해 정지궤도에 가까워질수록 두껍게 건설하면 된다.

지면에서 5밀리미터 두께로 시작해 정지궤도 플랫폼에 다다랐을 때 필요한 두께를 계산해보자. 강철 케이블이 정지궤도에 가까워질 때 그 두께는 10^{54} 미터에 달하는데, 이는 현재 알려진 우주의 거리보다도 길므로 강철은 여러모로 적합한 재료가 아니다. 한편 탄소 섬유는 170미터, 케블라Kevlar는 81.3미터로, 제조 결함을 고려하지 않는다면 두께는 적합하다. 그러나 이론적으로는 가능할지 몰라도 이 또한 현실적인 방법은 아니다. 완벽하게 만들 수 있다고 해도 거대한 케이블 건설비용이 다른 모든 장점을 덮어버릴 테니.

결론적으로 우리는 케이블을 건설할 최첨단 신소재가 필요하

미래를 여행하는 회의주의자를 위한 안내서

다. 11장에서 살펴보았듯, 탄소나노튜브는 질량에 비해 강도가 매우 높다. 두께가 동일한 탄소나노튜브로 만든 케이블은 130GPa의 압력을 견딜 수 있다는 결과가 나오므로 강철보다 훨씬 우수하지만 우주 엘리베이터 케이블에 필요한 382GPa에 미치지는 못한다. 한편, 두께가 동일하지 않은 방법을 택했을 때 정지궤도에서 탄소나노튜브의 굵기는 겨우 6.37밀리미터밖에 되지 않으며 압력도 견딜 수 있다. 균형추까지 달아도 케이블은 정지궤도 우주정거장과 지면을 연결할 만큼 강하면서 가늘 것이다. 그렇다면 문제가 해결되었을까? 적어도 이론적으로는 그렇다. 그러나 물리 법칙이 가능하다고 해도 넘어야 할 기술적 산이 거대하다.

먼저, 길이가 긴 탄소나노튜브 제작 기술이 부족하다. 현재로서는 1미터가 최대 길이이므로, 수천 킬로미터에 달하는 케이블을 제작하기란 불가능하다. 게다가 인장강도는 우수하지만 취약한 측면도 있다. 약간의 결함만 있어도 나노튜브의 구조가 '풀어져' 버려, 케이블이 분리되어 부서질 위험이 있기 때문이다. 따라서 탄소나노튜브가 최후의 승자가 될지는 지켜봐야 한다.

케이블 재료로 꼽는 다른 후보 몇 가지도 모두 탄소 동소체다. 탄소나노튜브와 비인장강도가 비슷한 나선형 단결정 그래핀Coiled Single Crystal Graphene은 현재 기술로 대량생산이 불가능하다. 다이아몬드 나노 실Diamond Nanothread 또한 탄소로 만들어졌지만 사면체 모양으로 배열되어 있어 인장강도뿐 아니라 경도도 높다. 그러나 위의 재료들과 마찬가지로 제조 기술이 부족한 상황이다.

간단히 말해 현재로서는 적절한 비용으로 필요한 길이와, 비인장강도까지 갖춘 후보 물질이 존재하지 않는다. 그런 물질이 개발될지 지켜봐야 하므로, 결국 우주 엘리베이터가 만들어질지 예측하기란 불가능하다.

어떻게 해서든 우주 엘리베이터를 만드는 방법을 찾아냈다고 치자. 그럼 사람과 공급품은 어떻게 실어 나를까? 케이블에 이어진 도르래의 원리로 작동하는 기존 엘리베이터 설계는 현실적이지 않으므로, 우주 엘리베이터의 이론적 설계에는 케이블을 타고 올라가는 크롤러Crawler가 주로 사용된다. 크롤러는 케이블에 자체 응력을 가하지만 함께 가동하는 여러 대의 크롤러로 균형을 이룰 수 있다.

케이블을 타고 오르내리는 이동 시간은 크롤러 모터의 동력과 설계의 안전성에 달려 있으며, 정지궤도까지 약 나흘이면 도착한다는 계산이 평균적 추정이다. 무게 문제로 연료를 직접 운반하지는 못하므로 레이저 또는 무선으로 충전이 가능한 전기 모터를 장착하는 방법이 한 가지 해결책으로 제시되었다.

정지궤도 플랫폼은 달과 화성을 비롯해 심우주로 가는 훌륭한 출발지점이다. 머나먼 곳으로 떠나는 여정에서 대부분 에너지는 궤도에 이르는 데 소비된다. 그러나 정지궤도가 아닌, 국제우주정거장International Space Station, ISS이나 지구 저궤도low Earth orbit, LEO(지구 표면에서 상대적으로 가까운 궤도로 보통 상공 2,000킬로미터 이하를 의미한다-옮긴이) 같은 다른 목적지로 가고 싶다면 상황이 조금 달라진다.

일단, 케이블에서 내리는 지점은 정지궤도보다 고도가 높아야 한다. 그렇지 않으면 빠른 속도로 이동하지 않는 우주선은 궤도에 머무르지 못하고 지구로 돌아오게 된다. 결국 원하는 궤도에 들어가기 위해 정확한 속도와 진로를 정할 수 있는 로켓이 필요하다. 지구 저궤도 높이에 있는 우주 엘리베이터에서 로켓을 발사하는 것은 땅에서 로켓을 발사하는 것보다 더 비용이 많이 든다. 더 높은 고도까지 올라가 원하는 궤도로 로켓을 타고 가는 방법도 있다.

우주 엘리베이터의 유용성은 생각보다 제한적일 수 있다. 제대로 작동하는 우주 엘리베이터가 있어도 지구 저궤도는 끝끝내 로켓 공학의 범주에서 벗어나지 못할 것이다.

비용 vs. 편익

기술적 장애를 해결했다고 가정한다면 우주 엘리베이터를 선설는 가치가 있을까? 건설의 주된 이유 즉, 궤도로 물체를 옮기는 비용 감소 측면부터 살펴보자. 우주왕복선Space Shuttle으로 1킬로그램의 물체를 지구 저궤도로 옮기는 데는 평균 6만 달러가 소요되므로, 우주비행사 한 명과 개인 장비를 더한 100킬로그램을 국제우주정거장으로 보내는 데는 6백만 달러가 든다.

우주왕복선 프로그램이 시작된 이후로 궤도로 가는 비용을 줄이기 위해 합심하여 노력을 쏟아 붓고 있다. 미국 항공우주국은 민간기업과 협력해 심우주 임무에 집중할 수 있도록 지구 저궤도를 사실상 민영화하기로 했다. 이런 결정을 내리게 된 또 한 가지 이유는 경쟁을 장려해 효율성과 비용 절감을 달성하려는 데 있었고, 현재 스페이스 엑스SpaceX, 블루 오리진Blue Origin, 버진 갤럭틱Virgin Galactic과 같은 새로운 기업, 그리고 안정된 항공우주산업 제조 기업인 보잉Boeing과 노스롭 그루먼Northrop Grumman 같은 기업들이 가담해 순조롭게 잘 진행되고 있다.

궤도로 가는 데 드는 정확한 비용은 로켓에 따라 차이가 있지만 일반적으로 무거운 로켓의 비용 효율성이 더 높다(궤도까지 가는 무게 중 큰 부분은 화물이다). 2020년을 기준으로 스페이스엑스의 팰컨 헤비Falcon Heavy는 킬로그램당 비용을 1,500달러로 대폭 낮췄는데, 이는 재사용 가능성으로 이뤄진 성과다. 경쟁이 치열해지고 기술이 발전함에 따라 비용은 계속해서 낮아지리라 결론지을 수 있다. 스페이스엑스는 킬로미터당 1,000달러 이하로 비용을 낮추고자 하지만 언제쯤 가격이 안정될지는 알지 못한다. 이런 지속적인 발전도 언젠가 로켓 공학이 궁극적인 한계를 맞닥뜨리면 수확체감의 법칙을 경험하게 될 것이다.

우주 엘리베이터로 1킬로그램의 물체를 지구 저궤도에 보내는 비용은 약 200~500달러로 추정된다(건설비용을 약 60~400억 달러로 예상했을 때). 물론 건설과 유지비용, 엘리베이터의 수명을 비롯해 여러 변수가 있을 것이다. 1킬로그램을 궤도로 보내는데 우주 엘리베이터는 최저 예상치를 200달러, 로켓은 1,000달러라고 치자. 사람의 몸무게와 개인 장비를 합해 100킬로그램이라고 가정했을 때 한 명을 지구 저궤도로 보내는데 로켓은 10만 달러가 드는 반면 엘리베이터는 2만 달러밖에 들지 않는다. 우주로 가는 비용을 우주 관광의 영역으로 내릴 만큼 그 차이가 엄청나다.

하지만 이 시나리오의 반대편을 살펴본다면 비용이라는 장점은 거의 사라질 수도 있다. 만약 우주 엘리베이터의 비용이 킬로그램당 500달러에 가깝고 로켓이 1,000달러보다 낮아진다면 비용 차이는 점점 줄어 언젠가는 비슷해질 수도 있다. 그러나 이는 목적지에 따라 달라지기도 한다. 정지궤도로 가거나 그곳에서 심우주로 가기 위해서는 우주 엘리베이터의 비용 효율성이 높지만, 지구 저궤도가 목적지라면 비용이 더 들 수도 있다.

안전성도 고려해야 한다. 이제 로켓을 타고 궤도로 가는 것이 특별한 일은 아니지만, 아직 여객선을 타는 것보다는 훨씬 더 위험부담이 크다. 물론 로켓이 더 보편화되면 안정성도 향상될 것이다. 그렇다면 우주 엘리베이터는 어떨까? 이는 케이블의 강도와 어느 정도 연관이 있다. 앞서 언급한 계산은 케이블의 정적 인장력Static Tension을 기준으로만 낸 결과다. 케이블은 오르내리는 크롤러의 동응력Dynamic Stress(움직이고 있는 물체가 가하는 무게의 작용에 저항하여 구조물이 원형을 지키려는 힘-옮긴이), 날씨, 코리올리 효과 (회전체에 가해지는 횡력), 심지어 우주 잔해나 작은 유성도 모두 견 뎌내어야 한다. 게다가 며칠 동안 시속 321킬로미터의 속도로 기 나긴 케이블을 따라 올라가는 크롤러 자체도 튼튼하고 안전해야 한다.

우주 엘리베이터가 테러 작전에 적합한 목표물이 될 수 있으며 비극을 낳을 파괴 행위에 취약하다는 점도 고려해야 할 사항이다. 동명 소설을 기반으로 제작한 애플 TV의 드라마 〈파운데이션Foundation〉은 테러범들이 트랜터Trantor의 우주 엘리베이터를 폭파해 케 이블이 무너지고 행성에 엄청난 타격을 입히는 장면을 그려냈다.

마지막으로 고려할 점은 편리성이다. 궤도로 물자만을 보낸다 면 나흘이란 시간은 우려할 점이 아니다. 그러나 몇 시간 만에 우 주로 가는 로켓을 타지 않고 며칠 동안 크롤러에 머물러야 하는 승객들은 (비용에 따라 다르겠지만) 절감된 비용이 그다지 만족스 럽지 않을 수도 있다.

이 모든 요인을 고려했을 때 우주 엘리베이터는 이론적으로 가 능하고 겉으로 보기에도 그럴싸하지만 수고와 희생을 감내할 가 치가 있어 보이지는 않는다. 또한 우주 엘리베이터의 위험부담을 감수하고도 시도할 만큼 비용 효율성이 높아질 때까지 기다리기 에는 로켓 공학의 발전 속도가 너무나 빠르다.

그래도 비인장강도와 유연성을 모두 갖추고 비용 효율성이 높은 소재가 나타나 우주 엘리베이터가 현실적인 방법이 될 날이 올지도 모른다. 아마 우주여행의 수요가 많아질 먼 미래 어느 날이 아닐까. 가까운 미래에 그런 날이 올 것 같진 않지만.

또 다른 우주 엘리베이터

지금까지는 지구의 적도에서 정지궤도로 연결되는, 오늘날 '고전적' 우주 엘리베이터라고 할 수 있는 기술을 집중적으로 살펴보았다. 이 개념은 다른 환경에도 적용될 수 있다. 달, 화성, 이론적으로 태양계 내에 인간이 언젠가 거주하게 될 수도 있는 다른 세계에 우주 엘리베이터 건설을 제안한 학자들도 있다.

달은 주기적인 측면에서 지구와 떼지 못하는 관계를 맺고 있으며 자전 주기가 거의 한 달이므로 속도가 너무 느려, 달 엘리베이터는 달 궤도에 이르지 못한다. 하지만 적어도 두 중력장 이상이 겹쳐 중력이 평형을 이루는, 라그랑주점(칭동점)Lagrangian Point에 고정점을 설치할 수는 있다. 이 지점에서는 어떤 방향으로 가도 중력을 거스르므로 물체가 그곳에 머무르는 경향이 있다. 따라서 달과 그 고정점을 연결하는 엘리베이터를 이용해 달에서 떠나는 방법도 효율적이고, 달의 중력은 지구의 6분의 1에 불과하므로 지면에서 로켓을 발사하는 방법도 효율성과 비용 면에서 문제가 되지 않는다.

화성은 우주 엘리베이터를 건설하기에 가장 적절한 지점이다.

화성의 표면 중력은 지구의 38퍼센트이지만 하루 길이는 24시간 37분으로 거의 비슷하다. 화성 정지궤도의 고도는 1만 3634킬로미터에 불과하므로 지구 우주엘리베이터를 건설하는 것(3만 5786킬로미터)보다 길이가 훨씬 짧다. 미래 화성 정착민들을 고려해 비용 편익을 분석하면 충분히 건설 가치가 있다.

2019년 제퍼 페노이어Zephyr Penoyre와 에밀리 샌드퍼드Emily Sandford는 달의 표면과 지구 궤도를 연결하는 케이블을 제안했다. 로켓으로 사람과 물품을 지구 궤도까지 보내고, 그곳에서 케이블을 타고 달까지 가는 방식이다. 물론 반대로, 달 엘리베이터를 타고 달의 표면에서 지구 궤도까지 이동하는 데 사용될 수도 있다.

운동량 전달을 위해 긴 케이블을 사용하거나 여러 궤도로 물체를 끌어당기는 것처럼, 우주를 연결하려는 아이디어는 다양하다. 한 가지 흥미로운 제안은 '로토베이터Rotovator'라고 불리는 개념으로, 지구 저궤도에 궤도 방향으로 회전하는 우주정거장에 연결된 케이블이다. 지면에 닿을 정도로 긴 이 케이블은 우주정거장 위아래로 움직이게 된다. 적절한 시간에 케이블의 끝이 잠시 지면에 닿을 때 탑재 화물을 실으면, 케이블은 다시 궤도로 당겨져 올라간다. 하지만 이 방법은 잘못된 방향으로 흘러갈 변수가 너무 많아 보인다. 궤도에 거대한 케이블이 주렁주렁 매달려 있다고 생각해보라.

케이블을 이용해 우주여행을 한다고 생각하니 매우 흥미롭다.

케이블은 우주를 우리 코앞에 둘 수도 있는 하나의 방법이다. 지구에 기지를 둔 고전적 개념의 우주 엘리베이터의 가망성은 거의 없어 보이지만 머나먼 미래에는 실행할 수 있는 기술이 될지도 모르겠다. 그래도 상상하는 것만큼은 퍽 재미있다.

퓨처 픽션: 서기 2511년

UES 스파이글라스는 서서히 목적지로 접근하고 있었다. 태양에서 650 천문단위(지구와 태양의 평균 거리로 1천문단위는 1.496×108킬로미터다-옮긴이) 떨어진, 우주에서 완전히 빈 곳. 카이퍼대를 지나고 태양권 계면도 지난 이곳은 성간 우주의 고요한 광활함만이 존재했다. 그래도 오르트 구름의 입구까지는 꽤 먼 곳이기에 그들을 반길 얼음 조각들은 보이지 않는다.

사령관은 홀로그램 화면들 사이에 앉아 감속도와 목적지까지 남은 시간을 계산했다. 밖을 볼 수 있는 창이 있었다면 좋았을 텐데. 그는 우주를 직접 바라보는 기이하고도 생생한 기분을 즐기곤 했다. 하지만 함선 중간에 나노구조 발포 금속을 두 겹으로 감싼 함교가 반드시 필요했기에 창을 낼 자리는 없었다. 사령관 옆에 있는 기술자에게는 그런 원시적 열망 따위는 없었다. 그녀는 그저 함선과 하나가 되기 위한 신경 연결망을 원할 뿐.

함께 교대 근무 중인 세 번째 승무원이 함교로 들어왔다.

"수면 상태에 있는 동료들을 모두 확인했습니다. 문제가 없는 듯하니 374시간 후에 동면 주기를 끝내도 좋습니다. 그럼 태양 궤도에 자리 잡을 때쯤 일어날 겁니다."

모든 승무원은 척박한 우주 환경에 적응할 수 있도록, 또 수년간 동면하도록 유전자가 조작되었다. 교대 근무가 시작될 때마다 세 명이 일어나 함선 가동 상태와 동료들을 살핀다. 하지만 머지않아 전 승무원이 처음으로 동 시간에 일어나 5년 임무를 준비할 것이다.

사령관이 아무 반응이 없자 그들은 툭 건드리는 말을 던졌다.

"이번 임무에 실제 인간을 데려와야 할 가치가 없다는 제 생각은 변함이 없습니다. 로봇이 모든 일을 할 수 있으니까요."

"고맙네. 자네 자신감은 인정하지."

아르투로76이 함교 뒤에서 말했다.

그러자 기술자가 콧방귀를 끼고는 하던 일에 집중하려 했다.

"다 정치 헛소리야. 다들 로봇이 군대를 형성해서 지구로 돌아와 장악한다고 호들갑을 떨잖아. 그러니까 우리가 여기서 이 짓을 하고 있는 거고. 제길, 나는 저것보다 인공지능이 더 많이 장착되어 있다고." 그녀가 빈정거리며 아르투로76를 가리켰다.

스파이글라스에 있는 세 대의 핵융합 엔진은 거의 최대로 가동되어 0.83G의 속도로 움직였다. 처음에 태양에서 반사광으로 가속도를 낼 때보다는 덜 낭만적이다. 그때는 강력한 레이저로 나가는 번쩍이는 배 같았으니까. 인류 문명이 미치지 못하는 이곳에는 속력을 낮출 레이저가 없으므로 새로운 궤도 속도에 맞추기 위해 수소를 태워 속력을 낮춰야 한다. 이것이 첫 번째로 해야 할 일이다.

사령관이 드디어 승무원들을 바라보았다.

"다들 앉으시오. 그리고 기술자는 엔진을 낮추시고."

모두 준비되자 기술자는 각 핵융합 엔진을 차례로 낮추는 과정을 시작했다. 10분쯤 지나 함선이 가속화를 멈추자 익숙한 무중력 상태가 느껴졌다. 목적지에 도착하지는 않았지만, 마지막 궤도에 들어서기 전에 실시하는 마지막 전체 시스템 확인이었다. 함선이 부드럽게 움직이자 선체에서 분리된 감시 봇들이 함선 외부 여기저기를 점검하는 과정을 시작했다.

길이가 수 킬로미터에 달하는 전체 함선은 거대한 괴물이었다. 선원실은 가장 작은 부분이었고, 함선의 중심에는 렌즈를 사용해 태양의 중력이 완벽한 거리에 배치되도록 망원경이 설치되어 있었다. (메가 큐비트 양자 컴퓨터의 도움을 조금만 받는다면) 100광년 밖 외계 행성의 이미지를 꽤 고해상도로 찍을 수 있을 만큼 확대율이 엄청났다. 이 임무로 얻은 데이터는 미래의 성간 우주 탐험에서 가장 중요한 자료가 될 것이다.

함선에서 그다음으로 큰 부분은 망원경이 있는 미래 심우주 정거장이다. 10여 년에 한 번 수소 연료를 받을 때를 제외하고 전적으로 자급자족이 가능한, 수천 명의 과학자가 머물 수 있을 만큼 거대한 이 공간은 오닐 원기둥 모양으로 제작되었다. 지금은 어두운 정적 상태이지만 분리돼 준비되면 회전할 것이다.

마지막으로 고성능 레이저는 스파이글라스로 미래 여행을 또는 스파이글라스에서 여행을 출발할 수 있게 한다. 전체 함선과 비교하면 아주 작아 보이지만 레이저는 거대한 기계다.

함선의 뒤에는 세 대의 핵융합 엔진과 압축된 수소가 든 탱크가 있어 연료와 추진제로 사용된다. 일단 모든 것이 제 위치에 자리 잡으면 이 부분은 분해될 수 있다.

엔진 하나는 레이저에 장착되어 있으며 나머지 둘은 정거장에 전력을 공급한다. 약간의 전력이 필요한 망원경은 주기적으로 레이저로 또는 정거장에서 배터리를 충전할 수 있다. 태양 에너지를 사용하기에는 너무나 멀다.

사령관은 굳이 선함 점검 내용을 꼼꼼히 훑어보았다. 그는 카메라 한 대의 수동 조종기를 집어 들고 승무원실을 비추는 장면에서 멈췄다. 함선은 자족이 가능한 곳으로, 그의 팀이 임무를 마치고 다음 승무원들이 도착하면 내행성계로 돌아갈 수단이기도 했다.

그러나 그는 이곳에 계속 머무를지도 모른다. 인류에게서 가장 멀리 떨어진 이 함선에서의 삶도 흥미진진할 테니. 급할 것 없다. 앞으로 5년간 찬찬히 생각하리라.

4부.

우주여행의 미래

정확한 예측을 시도하든 과학소설 같은 미래를 그리든, 인류의 미래를 상상할 때 고려할 중요한 사항은 인간이 우주로 진출하는 정도다. 빛보다 더 빠른 우주선을 탄 인간이 태양계로 그리고 다른 항성들로 뻗어나가는 모습을 그리는 미래상이 있는 반면 이 스펙트럼의 반대에는 몇몇 산업과 우주 정거장 또는 정착지를 제외하고 거의 지구를 벗어나지 않는다는 예측도 있다.

극명한 차이를 보이는 이 두 가지 예측은 우리가 우주여행에 관해 낙관적인지, 회의적인지를 보여준다. 광활한 우주를 여행하는 것은 엄청난 기술적 도전이다. 게다가 인간의 신체는 우주에 전혀 적응하지 못한다. 그런데도 우리는 우주로 가기 위해 발버둥 치며 로봇을 보내고 있다.

미래와 거의 동의어가 되어버린 우주여행을 배제하고는 미래를 상상하기는 쉽지 않다. 그렇기에 달이나 화성 정착지 이미지가 여지없이 미래의 그림으로 간주되며, 수많은 과학소설이 우주와 우주여행을 주제로 삼는다. 이것이 과연 현실적인 미래상일까, 낭만적인 공상일까?

지금부터 회의주의자의 시각으로 우주여행의 미래를 살펴보며, 인간의 마지막 미개척지를 향한 희망과 비전이 얼마나 실현 가능한지 검토해보자.

21장. 핵열추진과 여러 최첨단 로켓

화성에 발을 들이미는 유일한 방법

우주여행의 초석은 당연히 우주선이다. 우리는 (비행기 조종사이자 시인인 존 매기John Magee의 표현처럼) '지구와 꽁꽁 묶인 고약한 끈에서 벗어나' 우주로, 또 머나먼 목적지로 여행할 방법을 찾아내야 한다.

우주여행을 주제로 의미 있는 논의를 하려면 꼭 직면해야 할 두 가지 사실이 있다. 첫째, 우주는 연약한 인간에게 호락호락한 환경이 절대 아니라는 점이다. 우리는 진공에 가까운 상태에서 약 90초 이상 생존하지 못한다(15초만 지나면 대부분 기절한다). 게다가 절대 영도에 가까운 극도의 추위나 태양 빛의 열기를 피할 보호 장치가 있어야 한다. 지구 대기라는 보호막과 중력장 밖에는 위험한 우주방사선이 도사리고 있으며, 음식이나 물을 구하고 연료를 채울 곳도 없다. 그러므로 필요한 모든 것을 가지고 가서 새로운 우주 기반 시설을 건설해야 한다.

둘째, 우주는 광활하다. 우리가 머지않아 사람을 보내고자 하는, 가장 가까운 행성인 화성도 지구에서 6천 2백만 킬로미터나 떨어져 있다. 현재 로켓 기술로는 화성에 가는 것만 7개월이 걸린다. 우리 태양계와 가장 가까운 항성인 프록시마 센타우리Proxima Centauri는 4.2광년 즉, 39조 킬로미터 이상 떨어져 있다. 기존 로켓으로는 수만 년이 걸릴 거리다.

그러니 성간 우주여행은 우주선 기술이 더 발전될 때까지 기다릴 수밖에 없다. 그렇다면 현재 로켓으로는 어디까지 갈 수 있을까? 3세기 이후의 미래를 그린, 제임스 S. A. 코리James S. A. Corey의 소설을 바탕으로 제작한 드라마 〈익스팬스The Expanse〉는 실현가능한 이야기일까? 로켓만으로 태양계를 활개 치고 다니며, 달과 화성은 물론이고 외행성의 위성과 소행성대Asteroid Belt까지 개척할 수 있을까?

우주여행을 예측하는 가장 좋은 방법은 여러 기술을 비교해보는 것이다. 각 기술은 저마다 장단점이 있고 완벽한 한 가지 기술은 없으므로 여러 기술을 함께 활용해 우주여행 기반 시설을 건설하리라 본다.

기존의 로켓

모든 로켓의 기본적 기능은 흔히 '반동 추진 엔진reaction engine'이라고 알려진 장치를 기반으로 한다. 모든 작용에 크기는 같고 방향은 반대인 반작용이 존재한다는 뉴턴의 운동 제3 법칙을 따르기 때문이다. 이 개념은 간단하다. 로켓의 끝에서 무엇인

미래를 여행하는 회의주의자를 위한 안내서

가(추진제)를 밀어내면 그와 같은 크기의 운동량이 반대 방향으로 밀려 나간다.

화학 로켓은 산소와 반응해 연소되는 연료(이를테면 수소)를 사용해 가동한다. 화학물질은 연소되어 빠른 속도로 뜨거운 기체로 확장되며 로켓의 노즐을 통해 빠져나간다. 이는 추진력을 만들어내, 빠져나가는 기체 반대 방향으로 로켓을 밀어낸다. 따라서 화학 로켓은 연료가 추진제가 되기도 한다.

이 기술은 큰 로켓을 궤도로 보내고, 우주선과 탐사선을 달과 태양계 내의 다른 행성으로 보낼 정도로 강력하지만 몇 가지 이유로 아주 비효율적이기도 하다.

이 기술, 특히 연료와 추진제를 모두 싣고 가는 로켓은 '치올콥스키의 로켓 방정식Tsiolkovsky Rocket Equation'이라고 알려진 걸림돌이 있다. 기본적으로 로켓 자체와 탑재 장비는 원하는 목적지로 가기 위해 충분한 연료를 싣고 가야 한다. 게다가 연료에 필요한 연료, 그 연료에 필요한 연료도 있어야 한다. 이에 해당하는 방정식은 중량의 비=$2.2^{(\delta\text{-}v/\text{배기속도})}$다. 중량 비율은 로켓의 총중량(로켓, 탑재 장비, 연료)을 액체 연료를 제외한 '나머지' 로켓 질량으로 나눈 값이다. Delta-v는 단순히 모든 연료가 연소했을 때 로켓의 속도 변화다. 배기 속도Exhaust velocity는 추진제의 속도로, 추진제·연료가 일정량 사용될 때마다 로켓이 가속화되는 속도와 관련이 있다.

이 방정식의 의미에 관해 몇 가지 짚고 넘어가자. 먼저, 배기 속도가 높을수록 특정 화물을 특정 시간 내에 목적지로 이동하는 데 필요한 연료의 양도 낮아진다. 운동량은 질량×속도와 같으므로 추진제의 속도가 빠를수록 로켓의 질량에 가하는 운동량도 커지기 때문이다. 이를 추진제의 질량에 따라 로켓 운동량의 변화인 '비추력Specific Impulse'라고 한다. 추진력을 높이려면 추진제의 질량을 높이는 방법이 있지만 최고의 선택지는 아니다. 추가 질량을 싣기 위해서는 더 많은 연료가 필요하다는 로켓 방정식으로 다시 돌아올 수밖에 없기 때문이다.

따라서 가장 효율적인 방법은 거의 빛의 속도(광속보다 빠른 것은 거의 없으니)에 가까운 배기 속도를 지닌 추진제를 배출하도록 하는 것이다. 배기 속도가 낮아질수록 같은 추진력을 내기 위해 더 높은 질량이 필요하다. 즉, 로켓에서 배출되는 추진제가 빠를수록 필요한 양도 적어질 것이다.

또한 액체 연료를 제외한 로켓의 나머지 질량 즉, Delta-v가 높아질수록 필요한 연료의 양은 선형적이 아닌, 기하급수적으로 늘어난다. 몇 가지 극단적인 방법으로 설명하겠다. 지구 저궤도에 가기 위해서는 '탈출 속도Escape Velocity'라고도 불리는 Delta-v가 높아야 한다. 지구의 표면 중력이 1g가 아니라 1.5g라고 할 때, 탑재 장비 없는 가벼운 로켓이라도 궤도로 갈 추진력이 있는 화학 로켓은 존재하지 않는다. 그러니 1.5g의 중력을 지닌 행성의 문명은 절대 화학 로켓으로 우주로 가지 못한다.

또 다른 사례로는 성간 우주로 진입하고 있는 파이어니어 10호, 보이저 1호와 2호 같은 탐사선을 들 수 있다. 탐사선의 속도(로켓의 추진력과 중력 도움Gravity Assist 항법의 결과이므로 순수한 로켓도 아니다)로는 가장 가까운 항성에 가려면 수천 년이 걸린다(물론 그 방향으로 가고 있지는 않지만).

목적지에 더 빨리 도달해야 한다면? 4.2광년 떨어진 프록시마 센타우리로 이쑤시개를 하나 보내어 100년 뒤에 도착하게 하고 싶다면? 이렇게 이른 시일 내에 목표를 달성하려면 Delta-v가 훨씬 높아야 한다. 화학 로켓으로는 아예 불가능하다. 우리가 아는 우주 범위 내, 2백만 안드로메다은하의 질량을 합쳐도 로켓 연료로 부족할 것이기에.

그러므로 성간 여행에는 당연히 화학 로켓을 사용하지 않을 것이다. 화학 로켓이 유용하게 사용되는 태양계 안에서도 제한점이 있기 때문이다. 화성에 가는 데 7달이 걸린다면 2주 휴가로는 턱없이 부족할 것이고, 식민지였던 아메리카 대륙과 과거 유럽의 관계보다도 화성 개척지와 지구 사이의 거리감은 더욱 클 것이다. 분명 개선할 수는 있겠지만 화학 로켓은 이론적 제한점이 있으므로 다른 선택지를 고려하는 편이 낫다.

어떤 종류의 로켓 엔진이든 비추력은 반드시 봬야 하는 요소다. 엄밀하게 비추력은 1초에 연소되는 질량(킬로그램이든 파운드이든)으로 발생하는 운동량의 변화를 의미하고 초 단위로 측정된다. 이

단위를 사용하는 이유는 처음 연료 질량이 중력 1g에서 가속화하는 초Second의 수와 비추력이 동일한 데 있다. 그러므로 비추력이 높을수록 엔진의 효율성도 높아진다. 연료가 추진제인 화학 로켓은 비추력이 추진제의 노즐 속도와 직접적으로 비례한다. 따라서 이를 계산하기 위해서는 최대 추진력도 알아야 한다. 이를테면 이온 엔진을 비롯한 일부 엔진은 비추력이 매우 높지만 발생시키는 추진력은 낮아, 효율적인 면도 있지만 속도를 내는 데는 시간이 오래 걸린다(이중 이온 엔진이라도 그렇다).

여러 엔진 종류의 이론적 한계점을 고려할 때 또 다른 요인은 연료를 에너지로 전환하고 추진력을 내는 효율성이다. 에너지를 다룬 16장에서 살펴보았듯, 에너지 발생 측면에서 각 반응의 효율성은 다르다. 비교를 위해 연료 1킬로그램당 발생하는 메가줄Mega-joule, MJ 에너지를 살펴보자. (1메가줄은 1백만 줄Joule이며, 줄은 1와트가 1초 동안 흘렀을 때 에너지를 의미한다.) 화학 연료는 1-5MJ/kg의 퍼텐셜 에너지Potential energy를 지닌다. 액체 연료는 주로 1MJ/kg이지만 고체 연료는 5MJ/kg으로 에너지 밀도가 더 높다. 핵분열은 8×10^7MJ/kg이며 핵융합은 3.5×10^8MJ/kg이다. 마지막으로 9×10^{10}MJ/kg를 방출할 잠재력이 있는 반물질 연료는 화학 반응보다 질량당 에너지가 100억 배 높다.

가장 효율적인 화학 연료 및 추진제는 수소-산소다. 이를 사용해도 로켓을 지구 저궤도로 보내기 위해서는 질량의 83퍼센트

미래를 여행하는 회의주의자를 위한 안내서

가 연료여야 한다. 우주비행사들을 달까지 데려다준 로켓인 새턴 Vsaturn v는 발사대에서 연료가 질량의 85퍼센트를 차지했다. 화학 로켓은 거의 한계에 다다랐으므로 다음 단계로 도약하려면 비화학 추진 방식으로 전환해야 한다.

원숙한 엔진 기술

기존의 화학 로켓은 연료를 연소함으로써 그 연료가 빠르게 팽창해 추진제로 분출되는 방식이다. 일반적으로 화학 로켓은 약 450초의 비추력을 지닌다. 또 추진력이 높다는 이점이 있어, 이를테면 새턴 V 로켓은 3500만 뉴턴의 힘을 발생시켰다(1뉴턴은 1킬로그램의 물체를 매초 1미터 가속하는데 필요한 힘이다). 하지만 추진제에서 에너지원을 분리하면 질량당 더 많은 에너지를 지닌 연료가 가능해진다.

태양열 로켓solar Thermal Rocket 설계는 집광형 태양광으로 수소 체임버에 열을 가하고, 그 수소가 팽창해 추진제로 분사되는 방식이다. 레이저 추진 로켓도 비슷하지만 수소에 열을 가하는데 태양열 대신, 고성능 레이저를 사용하는 방식이다. 이는 에너지원이 외부에 있기에 제한이 없다는 이점이 있다. 이런 엔진은 비추력이 800초가 넘어 화학 엔진보다 훨씬 높지만 추진력은 3뉴던 정도밖에 되지 않는다. 따라서 행성 간 이동에는 유용하겠지만 처음 궤도로 진입하는 데는 어려움이 있을 것이다.

열전 엔진Thermalelectric Engine은 전기 저항을 이용해 추진제에 열을 가하므로, 전력 공급원이라면 무엇이든 사용할 수 있으나, 800초의 높은 비추력에 비해 추진력은 1뉴턴에 불과하다.

앞서 언급한 이온 엔진은 정전기나 자기장을 사용해, 대전 입자인 이온을 가속할 수 있다. 이온은 아주 높은 속도에서 가속화되므로 이 엔진도 1만 초에 달하는 엄청난 비추력을 지니지만(화학 로켓보다 20배가 높다), 추진력은 1뉴턴밖에 되지 않는다.

이런 엔진 종류 중 일부는 이미 사용되고 있다. 지구 중력을 벗어나는데 사용되기는 어렵겠지만(아직은 추진력이 높은 화학 로켓이 필요하다) 태양계 주위로 탐사선을 이동하는 데는 효율적이리라.

현재로서 핵열 추진Nuclear Thermal Propulsion 엔진은 개발되지 않았지만 가능성이 있는 설계는 존재한다. 핵열 추진 기술은 1960년대 미국항공우주국이 개발하다 자금 문제로 중단되었다. 이 기술에 사용하는 우라늄은 일반 화학 로켓 연료보다 에너지 밀도가 약 4백만 배 높다는 장점이 있고, 핵분열로 발생시킨 열을(최대 2,500도의 열을 발생시킨다) 이용해 수소를 추진제로 사용하게 할 수도 있다. 원자로에서 발생된 강렬한 열은 배기 속도를 배로 늘려 비추력도 대략 900초로 올릴 수 있다.

핵열 추진 시스템의 추진력은 아직 분명하지 않지만 지구 저궤도에 가기에는 부족할 것으로 보인다. 따라서 발사 시에는 화학 로켓의 도움을 받고, 그다음에는 핵열 추진이 화성이나 심우주 목적지로 가는 데 필요한 추진력을 발생하도록 결합할 수도 있다. 효율성이 높으므로 이런 시스템은 비교적 많은 탑재 장치를 실을 수 있으며 총 이동 시간도 감소할 것이다. 화성으로 가는 데 6~9개월이 걸릴 시간이 3~4개월로 낮아지리라 추정된다.

기술이 발전해 핵열 추진 시스템이 더욱 강력해지고 효율성도 높아지기를 바랄 뿐이다. 지금은 화학 추진 로켓이 한계점에 이르고 있으므로, 일단 이 시스템이 개발된다면 핵열 추진 기술의 시작점에 서게 될 것이다.

핵전기 추진Nuclear Electric Propulsion 시스템은 핵분열을 이용한 발전소를 가동해 전기를 발생시키고, 이 전기는 앞서 설명한 이온 엔진과 마찬가지로 이온을 가속화하는 데 사용된다. 즉, 핵전기는 핵에너지로 가동하는 이온 엔진이라고 볼 수 있다. 이 시스템 또한 비추력이 최대 1만 초에 달하며 효율성은 높지만 추진력이 낮아, 화물을 보내거나 머나먼 목적지로 탐사선을 보낼 때 유용할 것이다.

더 먼 미래에는 핵융합 엔진이 출현할 가능성도 있다. 핵분열과 마찬가지로 핵융합은 열이나 선기추진 방식을 사용할 수 있을 것이며, 이는 핵분열 기반 엔진보다 연료 질량당 에너지를 25배로 발생시킬 잠재력이 있다. 또한 미래의 로켓에 탈 승무원이 방사선에 노출될 위험도 없다. 이런 점들을 제외하면 다른 요소들은 비슷할 것이다. 열을 발생시키는 데 핵융합 반응을 사용할 뿐.

제어된 핵반응 이외에도, 핵분열이나 융합으로 추진력을 발생하게 하는 이론적인 방법이 있기는 하다. 다소 거칠어 보이기는 하나, 강력한 지지대와 연결된 단단한 판에 핵분열이나 핵융합 폭탄을 고정하고 로켓 뒤에서 터뜨리는 기술이다. 핵폭탄이 터질 때 그 폭발력이 로켓을 밀어내고 에너지를 전가해 운동량을 증가하게 하는 이 시스템은 '핵 펄스 엔진Nuclear Pulse Engine'이라고 한다. 이 엔진의 여러 이론적 방법은 1만~10만 초 사이의 비추력을 내고 화성으로 가는 시간을 단 4주로 단축할 수도 있다.

핵융합 직접 방식Direct Fusion Drive은 미래 우주선 엔진에 사용할 수도 있는 재미있는 설계다. 이 시스템은 헬륨-3과 중수소를 융합하기 위해 독특한 자장 밀폐와 가열 체계를 사용하는데, 이는 전기를 발생시켜 우주선을 가동하는 데 사용될 수 있다. 또한 추진제를 핵융합 원자로에서 흐르는 플라스마에 추가함으로써 직접적으로 추진력을 발생한다. 추진제는 엄청난 열에 노출되어 이온화되며 자장 노즐로 가속화될 수 있다. 이는 이온 엔진의 형태로 기능하고 높은 비추력을 만들어낸다. 이론적으로 직접 방식 시스템은 1,000킬로그램의 화물을 4년 만에 명왕성으로 보낼 수 있다.

연료 효율성은 당연히 물질-반물질 엔진으로 정점을 찍을 것이다. 물질과 반물질은 서로 소멸해 질량의 100퍼센트를 에너지로 변환할 것이다. 100퍼센트보다 더 높을 수는 없지 않은가. 질량에는 엄청난 에너지가 있다($E=mc^2$을 기억하는지?). 하지만 에너지의 반 정도가 감마선과 중성미자Neutrino로 빠져나가므로, 변환된 에너지 모두를 쉽게 이용하지는 못한다. 1그램의 물질과 1그램의 반물질을 결합하면 1.8×10^{14}줄의 에너지 즉, 43킬로톤Kiloton이 된다.

이 에너지를 추진에 사용하는 데는 2가지 분명한 방법이 있다. 먼저, 핵 추진 엔진과 마찬가지로, 발생한 열을 수소 같은 추진제에 가하는 것이다. 이는 사실 에너지를 상당히 효과적으로 사용할 수 있다. 또 강한 자기장으로 이온화된 소멸의 결과를 가속하면 엄청난 이온 추진 엔진을 만들어낼 수 있다. 그러나 아직 반물질을 충분히 만드는 방법을 알지 못하므로, 반물질 엔진은 현재 실현 가능하지 않다.

지금으로서는 화학 로켓과 로켓 방정식의 한계에 머물러 있지만, (개발하고자 마음만 먹는다면) 핵추진 엔진 시대의 출발선상에 설 수 있다. 물론 핵융합 엔진은 다음 세기쯤 가능할 것이며 물질-반물질 엔진은 아주 먼 미래의 이야기이므로 앞으로 당분간 우주의 미래는 화학 로켓 또는 핵추진 로켓이 장악할 것이다. 그렇다면 이 현실이 미래에 어떤 영향을 미칠까?

아쉽지만 한동안 우주여행이 그다지 신나지는 않으리라. 어디든 탐사선을 보낼 수는 있지만 사람은 지구와 달에 갇혀있어야 할 가능성이 높다. 화성 정착은 가능할 수도 있겠지만 가는 데만 수개월이 걸리므로 지구와는 동떨어진 상태로 남을 것이다. 이런 시각으로 보면 우주 개척은 대부분 과학소설이나 여러 미래 예측이 그린 그림보다 훨씬 비관적인 듯하다.

　로켓 방정식에서 우리를 벗어나게 해줄, 수십 년간 과학소설과 미래주의자들이 보여준 미래에 조금이라도 가까이 갈 방법은 없을까? 지금부터는 연료나 추진제를 싣지 않아도 될 다른 추진 시스템을 살펴보도록 하자.

22장. 솔라 세일과 레이저 추진

그 무거운 연료를 왜 싣고 가?

2012년 '로켓 방정식의 독재The Tyranny of the Rocket Equa-tion'라는 기사에서 미국항공우주국의 항공 기관사인 돈 프티트Don Petit는 '태양계로 뻗어나가고 싶다면 이 독재자를 어떻게 해서든 몰아내야 한다.'라고 적었다. 사실 태양계를 로켓으로 누비고 다니는 것은 고통스러울 정도로 더딘 과정을 감내해야 한다. 최첨단 핵추진 로켓이 있어도 화성에 가는 데는 몇 주가, 외행성은 수년이 걸리며 가장 가까운 항성으로 가는 것은 꿈도 꾸지 못한다.

앞서 언급한 드라마 〈익스팬스〉에서는 인류가 태양계에 뻗어나 간다는 설정을 설명하기 위해 추진력과 비추력을 모두 갖춘 신비로운 로켓 엔진, 사람들이 다른 중력도 견뎌낼 수 있도록 만들어주는 약물을 등장시켜야 했다. 이야기를 가능하게 하는 이런 '신비한 기술'은 보편적인 문학적 장치이지만, 이론적으로라도 그런 로켓을 상상하기란 쉽지 않다. 기존 과학을 근거로 한 하드 SF인 이 드라마는, 로켓 방정식을 극복하기 위해 새로운 설계를 발명할 수밖에 없었다는 사실을 보여준다.

이 문제를 제대로 해결하기 위해서는 연료와 추진제를 싣고 가지 않아도 되는 우주선이 필요하다. 따라서 우리는 외부에서 우주선을 미는 방법, 또는 우주선이 이동하면서 연료와 추진제를 수확하는 방법, 이렇게 두 가지 선택권이 있다.

솔라 세일(태양 돛)

솔라 세일Solar Sail은 일반 범선의 돛대처럼 작동하므로 개념은 상당히 단순하다. 다만 태양 돛을 단 우주선은 바람 대신 태양 빛을 받아 움직인다. 질량이 없어도 광자는 소량의 운동량을 지니므로, 물체에 흡수되면서 그 운동량이 전해진다. 더 좋은 방식은 광자가 물체에 부딪혀 튀어 올라 두 배의 운동량이 전달되는 것이다. 물체와 부딪쳐 멈춘 광자가 반대편으로 빛의 속도로 반사되기 때문이다. 반사는 태양 돛 물질이 뜨거워지는 정도를 줄이므로 흡수보다 장점이 있다.

태양 돛은 1966년 죄르지 마르쿠스György Marx가 『네이처』지에서 처음 공식적으로 제시했고, 이 개념은 1974년 미국 항공우주국이 금성과 수성을 탐사하는 매리너 10호Mariner 10로 처음 시도되었다. 탐사선의 연료가 다하자 그들은 전지판을 태양 쪽으로 향하게 해 약간의 추진력을 얻음으로써 개념을 증명했다.

그러나 기술이 실제로 사용되기 시작한 시점은 2010년 일본 우주항공연구개발기구Japanese Space Exploration Agency에서 개발한 태양광 돛을 장착한 이카로스IKAROS가 우주로 향하면서부터다. 한 변이 약 14미터인 이 태양 돛은 방향을 제어할 수 있다는 점을 증명했으며, 범선을 움직이는 0.2그램(질량을 나타내는 그램이 아닌 힘의 단위다-옮긴이)이라는 미세한 추진력이 측정되었다.

같은 해 미국 항공우주국도 나노세일-DNanoSail-D라는 태양 돛 프로토타입을 실험했다. 이는 지구 궤도의 작은 인공위성에 배치된 3미터짜리 돛으로, 8개월 후 대기에서 연소했다. 2015년 행성협회Planetary Society가 발사한 라이트세일 1호LightSail-1도 같은 운명을 맞았다. 얇은 필름 마일러Mylar로 만든 32제곱미터(권투 링과 비슷한 크기다)의 이 돛은 작은 인공위성의 수명을 증가하는 데 이바지하고 사라졌다.

2019년 행성협회는 작은 큐브위성(초소형 인공위성)과 돛을 장착한 라이트세일 2호LightSail-2를 다시 발사했고, 이는 국제우주정거장보다 고도가 높은 지구 저궤도에 여전히 떠 있다. 이 고도에서는 대기압이 여전히 강하므로 인공위성 궤도의 감쇠를 막지는 못하지만, 태양 돛은 지구를 한 바퀴 돌 때마다 두 번 태양 방향으로 위치를 맞춤으로써 태양의 도움을 받아 수명을 늘린다. 이 임부는 태양 돛의 근본적인 원리를 더욱 견고하게 확립하는 것을 주된 목적으로 한다.

대형 반사 돛을 밀어내는 빛의 힘으로 추진되는 우주선은 기초적인 기술로 보일지는 모르나 현재 건설, 설계 기술 중 가장 빠르게 제작할 방법이며 인간 수명 정도의 시간 내에 다른 항성계에 갈 수 있는 유일한 희망이기도 하다. 또 연료나 추진제를 싣지 않아도 된다는 이점은 앞서 살펴본 모든 로켓 설계를 앞지를 것이다.

태양광 추진에 전적으로 의존하는 것보다 강력한 레이저의 도움을 받는 방법은 더 효과적이다. 이는 태양 돛과 같은 방식으로 작동하지만, 태양광보다 더 강한 레이저를 최적화된 파장과 정확한 방향으로 조종할 수 있다는 점에서 장점이 있다. 다시 말해 태양광 범선도 일반 범선처럼 침로를 정하고 이론적으로는 어느 방향으로든 갈 수 있지만, 효율성을 희생해야 한다.

최첨단 로켓도 외행성에 가려면 몇 년이 걸리는데, 레이저로 추진되는 태양 돛 범선은 몇 달이면 갈 수 있고, 크기에 따라 다르지만 광속의 10~20퍼센트로 가속할 수도 있다. 최대 속도는 돛이 성간 물질Interstellar Medium 사이를 통과할 때의 항력에 달려있다. 그 항력이 레이저의 힘과 같아져 우주선이 더 빨리 가지 못하는 시점에 이를 수도 있으나, 그래도 매우 빠르다. 실제로 레이저 추진 태양 돛을 이용해 알파 센타우리Alpha Centauri로 보낼 초소형 탐사선 설계가 이미 제작되었고(브레이크스루 스타샷Breakthrough Starshot 프로젝트), 이동 시간은 약 20년이라고 한다.

태양광 돛 기술은 갈 길이 아직 멀지만 현재 기본적인 형태로도 작동은 가능하다. 지금으로서 제한 요인 중 하나는 돛의 소재다. 이상적인 돛은 아주 얇고 가볍고 내구성이 강하며 넓은 파장 범위를 모두 반사할 수 있어야 하며 빠른 속도로 우주 먼지를 뚫고 나아가도 손상되지 않고 견딜 수 있어야 한다. 이를테면 라이트세일 2호의 마일러 소재는 찢기는 현상을 막는 기능이 있어 이동 중 작은 파손이 더 커지지 않는다.

강한 레이저를 사용할 때 소재가 너무 뜨거워지지 않도록 레이저 빛을 충분히 반사하도록 하는 것도 중요하다. 현재 완벽한 소재는 없지만, 이황화몰리브덴과 결정질 실리콘을 비롯해 잠재력이 있는 후보가 몇 가지 있다. 돛이 태양광을 반사하도록 사파이어로 코팅하는 방법도 제안되었다.

또 다른 제한 요소는 레이저 자체. 2019년 탈레스 그룹Thales의 프랑스와 루마니아 공학자들은 4시간 동안 가동하는 10PW(페타와트)의 레이저를 선보였다. 이는 상당량의 화물이나 사람들을 싣고도 태양 돛 우주선을 움직일 수 있는 정도다. 물론 더 큰 우주선은 더 강력한 레이저 부대가 필요하리라.

강력한 레이저는 항로에 있는 우주의 잔해나 쓰레기를 어느 정도 처리할 수 있고, 에너지 공급을 위한 연료를 실을 필요성이 줄어들므로 전체 중량을 줄일 수 있다.

그러나 레이저로 추진된 우주선이 점점 가속할수록 도플러 효과의 영향으로 빛의 직색편이Redshift(물체가 내는 빛의 파장이 원래보다 늘어나 보이는 현상-옮긴이)량이 커지는 현상을 보일 것이기에, 빛의 파장이 점점 길어져도 태양 돛이 제대로 기능할 수 있어야 한다. 거리가 멀어지는 우주선에 레이저를 제대로 맞추는 것 또한 어려운 과제다(수백, 수천만 킬로미터 떨어진 곳에서 과녁의 중심을 맞춰야 한다고 생각해보라). 마지막으로, 완벽한 결맞음성Coherence을 지니는 레이저는 없으므로 거리가 늘어날수록 빛은 산란할 수밖에 없다. 이런 요인들은 레이저 추진 태양 돛의 실질적인 한계로 작용한다.

우주선을 새로운 태양계로 보낼 시, 그곳에는 우주선의 속도를 줄일 레이저가 없다는 사실도 한계점이 된다. 목적지 항성계의 벡터에 맞춰야 하지만, 우리는 성간 우주선을 상대론적 속도에 맞추고 싶으므로 목적지로 다가갈수록 속도가 상당히 낮아질 수밖에 없다.

과학소설 작가이자 물리학자인 로버트 포워드Robert Forward는 태양 돛 우주선에 분리할 수 있는 거울을 장착하는 방법을 제시했다. 속도를 낮춰야 하거나 지구로 돌아오도록 가속해야 할 때면 레이저를 반사하는 거울만 분리하면 된다.

또한 태양 돛 우주선은 최대 속력으로 가속할 수도 있고, 돛을 접고 항력을 줄여 목적지까지 저절로 움직일 수도 있다. 속력을 줄여야 하면 다시 돛을 펴 항력을 높이면 되고, 종점이 다른 항성계라면 그곳 항성이 내는 빛을 사용해 우주선의 속력을 조정할 수도 있다. 이론적으로는 자기장을 이용한 태양 돛도 감속에 필요한 항력을 발생할 수 있다.

일단 다른 항성계에 도착할 수만 있다면, 우주선이 정확한 목적지를 향해 감속하도록 레이저를 설치할 수 있다. 여행 경로에 여러 레이저를 설치하는 것처럼, 기반 시설을 더 건설할수록 레이저 돛 시스템으로 하는 우주여행이 수월해질 것이다. 로켓의 도움을 받을 수 있는, 우리 태양계에서 이 레이저 기반 시설 설치는 심지어 더욱 쉬울 것이다.

레이저를 토대로 한 기본적인 기술은 대단한 약진 없이도 가능해 보인다. 태양 돛의 엄청난 이점을 고려했을 때, 몇 세기 후에는 태양계 내에서 로켓을 타고 이동하기보다는 우주선을 타고 유유히 항해할 가능성이 크다. 또한 성간 우주와 이웃 항성에 탐사선을 보내는데 지금껏 등장한 후보 중 단연 최고다.

현실적으로 미래 우주여행에 제일 나은 방법인데도 과학소설에서는 레이저 돛 또는 레이저 열 추진(에너지원이 외부에서 오는 방법)이 거의 등장하지 않거나 구식으로 그려진다는 점이 흥미롭다. 외부 에너지와 추진제의 이점은 믿을 수 없을 정도로 멋진데.

램제트

1960년 로버트 W. 버사드Robert W. Bussard가 심우주에서 수소를 채집해 핵융합 엔진의 연료로 사용하는 로켓 버사드 램제트Ramjet를 제안했다. 성간 물질은 99퍼센트가 기체이며 그 기체의 75퍼센트는 수소, 25퍼센트는 헬륨이며, 밀도는 세제곱센티미터당 원자 하나가 있는 정도다.

수소는 헬륨으로 융합되면 엄청난 에너지와 열을 생산해낸다. 또 채취된 수소는 열을 가해 추진제로 사용될 수도 있다. 물론 많은 양을 채취해야 하기에 수 킬로미터에 이르는 강력한 자기장으로 수소 이온을 끌어당겨야 한다.

이렇게 거대한 크기는 태양 돛과 마찬가지로 항력을 일으킨다. 그러므로 램제트가 빨리 움직일수록 채취하는 기체의 양은 많아도 더 큰 저항력에 부딪힐 것이다. 그러나 마침내 그 힘은 균형을 이루고 성간 물질에 비례해 램제트는 최대 속력에 달하는데, 계산에 따르면 이는 약 0.12c(광속의 12퍼센트)라고 한다. 성간 물질로 속도가 다소 느려지긴 하겠지만 35년 후쯤이면 알파 센타우리로 이런 우주선을 보낼 수 있다는 이야기다.

정확한 융합 주기, 추진제의 배기 속도, 램제트의 가능성과 속도에 궁극적으로 영향을 끼칠 성간 물질의 밀도 등 살펴봐야 할 기술적인 세부 사항이 너무나 많기에 추정 수치는 다소 추상적이다. 후에 이 수치가 실제 수치에 가깝다고 결론이 나면 이는 실현할 수 있는 기술이 될 것이다.

그러나 안타깝게도 최근에 발표된 계산 결과 대부분은 회의적이다. 2021년, 물리학자 페터 샤츠쉬나이더Peter Schattschneider와 앨버트 잭슨Albert Jackson은 그런 우주선이 존재하려면 1억 5,000만 킬로미터 넓이와 1 천문단위(AU, 지구와 태양 사이의 평균 거리) 깊이에 달하는 자기장이 필요하다는 계산 결과를 발표했다. 우주선에 가해지는 압력이 어마어마할 것이므로 궁극적인 속도는 광속의 20퍼센트 정도에 그칠 것이다. 논문에서 그들은 '심지어 카르다쇼프 척도에서 2단계에 이른 문명이라도 축 솔레노이드가 있는 자기장 램제트를 만들기란 거의 불가능하다.'라고 결론 내렸다. 어이쿠.

외부 연료 설계에는 몇 가지 다른 이론적 가능성이 있기는 있다. 만약 암흑 물질Dark Matter이 빛과 같은 입자로 밝혀져 그 자신이 스스로 반입자Antiparticle이기도 하다면 채취할 수 있는 연료의 후보로 오를 수도 있다. 물론 암흑 물질의 본질을 발견할 때까지는 어떤 예측도 할 수 없지만.

블랙홀 항법

블랙홀Black Hole로 성간 우주선에 동력을 공급하는 것은 이론상으로 가능하다. 먼저, 적절한 크기의 인공 블랙홀을 만들어야 한다. (생각만큼 터무니없는 소리는 아니니 잠시 진정하시길.) 한 지점으로 모여드는 여러 개의 거대 레이저 또는 고에너지 충돌이나 내파Implosion를 사용하면 되므로, 새로운 물리 법칙을 발견하지 않고노 엄청난 양의 에너지만 있으면 할 수 있는 일이다. 이렇게 만들어진 작은 블랙홀을 '쿠켈블리츠 블랙홀Kugelblitz Black Hole'이라고 부른다. 물론 기술적 어려움이 만만치 않으며 먼 미래에나 실현될 것이다.

이 방법은 너무 위험하기에 지구의 에너지원으로 제안하는 학자는 아무도 없다. 무시무시하다는 점을 제외하고도 쿠겔블리츠 블랙홀은 극도로 뜨거워, 현재로서는 그 상태가 어떨지 설명할 물리 법칙조차 없을 정도다. 이론상 이 블랙홀은 태양계 크기의 문명 전체 동력을 공급하는 데 사용될 수 있지만, 일단은 안전하게 지구에서 멀리 떨어진 성간 우주선에 두도록 하자.

어쨌든, 아주 작은 특이점Singularity만 알면 그때부터는 물질을 공급하기만 하면 되므로 어떤 물질이라도 빨아들이는 거대한 쓰레기 처리장이 될 수도 있다. 블랙홀이 방사선을 배출한다는 사실을 최초로 알아낸 사람이 물리학자 스티븐 호킹Stephen Hawking이므로 이를 '호킹 복사Hawking Radiation'라고 부른다. 외부로 어떤 것도, 빛조차 빠져나가지 못하는 사상의 지평선Event Horizon(내부에서 일어난 사건이 외부에 영향을 줄 수 없는 경계선으로 이 경우 블랙홀의 경계를 의미한다-옮긴이)에서 가상의 입자-반입자 쌍이 적절한 거리를 두고 만들어지며, 한 입자는 블랙홀로 빨려 들어가는 반면 나머지 하나는 겨우 빠져나간다. 무에서 무언가를 얻을 수는 없으므로 이 입자는 블랙홀에서 적은 질량을 가지고 나간다. 블랙홀이 작을수록 호킹 복사를 배출하는 양도 많아지므로 블랙홀은 더 빠르게 질량을 잃는다. 결국 최소 질량이 되면 블랙홀은 호킹 복사를 방출하며 폭발한다.

질량이 60만 6,000톤인, 양자 크기의 아주 작은 블랙홀을 만들었다고 가정해보자. 이는 전 세계가 1년 간 사용하는 에너지의 1만 배인, 160페타와트(1페타와트는 10^{15}와트-옮긴이)의 에너지를 방출한다. 이런 블랙홀은 약 3.5년 후에 증발해버리지만 더 많은 물질을 채워 넣는다면 계속해서 유지될 수 있다.

안전하게만 실행할 수 있다면 이는 엄청난 에너지원이다. 이 에너지를 활용해 우주선을 가동할 수 있을까? 이는 우리가 타협해야 할 사항과 관련이 있는 곤란한 문제다. 캔자스 주립 대학의 루이스 크레인Louis Crane과 숀 웨스트모어랜드Shawn Westmoreland는 블랙홀을 거대한 파라볼라 반사경으로 둘러싸고 호킹 복사를 한 쪽으로 유도해, 우주선에 추진력을 가하는 방법을 제시했다. 강력한 입자빔Particle Beam을 블랙홀에 비춰 물질을 공급함으로써 질량을 유지하고 우주선의 속도를 높일 수 있다.

블랙홀 주위에 방사선을 흡수할 수 있는 물질을 배치하고 이를 열로 전환해 열 엔진을 작동시키는 방법도 있다. 물론 추진제가 필요하므로 다시 로켓 방정식에 갇히겠지만.

인공 블랙홀을 활용하려면 엄청난 기술과 실행상의 문제가 있지만, 가능해지기만 한다면 기대한 우주선이 상대론적 속도로 이동하도록 가속할 수 있는, 장기간 유지되는 추진력을 발생시킬 것이다. 물론 머나먼 미래에나 이뤄질 법한 이론일 뿐이긴 해도.

우주여행의 미래

지금으로서는 지구에서 벗어나 우리 태양계 내의 목적지로 가려면 로켓에 의존할 수밖에 없다. 핵분열, 그리고 결국에는 이루어질 핵융합을 기반으로 한 로켓은 언젠가 완성될 것이며, 어쩌면 앞으로 수천 년간 우주여행의 중심이 될 수도 있다. 태양 돛 또한 중요한 기술로 떠오르며 성간 이동을 가능케 할 유일한 방법으로 오래도록 자리매김 할지도 모른다. 물질-반물질 또는 블랙홀을 사용한 기술은 머나먼 미래로 미뤄둬야 할 듯하다.

충분한 추진력 외에도 우주여행에는 여러 도전 과제가 남아 있다. 가장 큰 문제점은 방사선이다. 지구의 대기와 자기장을 벗어나면 두 가지 방사선이 우주비행사에게 악영향을 끼친다. 첫째는 하전 입자로 구성된 태양 방사선인데, 이는 두꺼운 선체나 단순히 물로도 막을 수 있고 이중 보호 차원에서 두 가지를 모두 사용해도 된다. 이 방사선이 위험한 이유는 빗발치듯 급습할 수도 있는 변동성에 있으므로, 우주비행사들은 갑자기 공격받기 전에 우주선 내부의 더 안전한 곳으로 대피하도록 반드시 지시받아야 한다.

또 대비하기가 훨씬 까다로운 은하 우주 방사선도 있다. 이름이 보여주듯, 이 방사선은 은하 전체에 심지어 항성에서 멀리 떨어진 곳에도 있다. 우주 방사선은 광속에 가까운 속도로 움직이는 양자나 전자로, 차폐하기가 쉽지 않은 고에너지 입자다. 에너지가 너무 높아 납도 뚫을 정도이니. 기존 보호 장비로는 막지도 못하며,

우주 방사선이 선체에 갇혀 더 큰 피해를 입거나 딸핵을 생성해 상황이 더 악화할 수 있다. 현재는 사람의 DNA나 세포 손상까지 입히는, 쏟아지는 우주 방사선에서 우주비행사를 장기적으로 보호할 좋은 해결 방안이 없다. 이런 손상을 치료하거나 감소할 생물학적 방법을 찾고는 있지만 미국항공우주국은 최대한 우주 임무를 짧게 하는 방법을 유지하고 있다. 한 마디로 빨리 갔다가 빨리 오라는 거다.

또 다른 난제는 인공중력을 만들어내는 방법이다. 끊임없이 가속도를 붙이는 방법도 있으나 일단 가까운 미래의 우주선은 천천히 움직일 것이다. 현재로서는 회전으로 인공중력을 만들어내는 방법에 기대를 걸어야 하지만 우주선 대부분은 회전하기에 너무 작다. 구조가 1킬로미터를 넘지 않으면 회전으로 현기증이 날 것이고 극미 중력이나 회전 중력에서 작동하는 장치를 설치하기도 힘들다. 회전으로 인공중력을 만들기 위해 크기와 기술을 모두 갖춘 우주선은 한참을 기다려야 할 듯하다.

아폴로 호와 〈스타트렉〉 팬이 감당하기에는 고통스러운 사실이지만, 현실을 직시하자면 앞으로 오래도록 우주여행이 신나지는 않으리라. 가고 오는 데 시간도 오래 걸리고, 인공중력도 없으며, 여행자들은 우주선에서 두꺼운 보호막이 있는 작은 공간에 내부분 갇혀 있어야 할 것이다. 우주 방사선을 효과적으로 차단하는 메타물질 같은 최첨단 소재가 출현할 수는 있다. 또한 인공중력은 가속화로 얻어질 수 있으므로, 우리는 강력한 핵융합 엔진이 필요하다.

우주선만으로는 쉽지 않을 것이므로 기반 시설을 건설해 우주 여행의 가능성과 편리성을 높일 것이다. 미래에는 다양한 종류의 우주선에서 업무도 나뉠 것이다. 계속해서 지구와 화성 근처의 궤도를 도는 대형 우주선이나 심우주로 갔다 돌아오는 우주선을 개발할 수도 있고, 생활하고 일하는 공간과 공급품을 넉넉하게 두어 편안함을 최대한 높일 수도 있다. 거대 우주선은 안정적인 보호 장치가 장착되어 있고 심지어 회전으로 인공중력을 만들어낼 수도 있다. 이런 우주선은 한 번만 가속하면 그 노선을 따라 움직이므로 거대하고 복잡하게 설계될 수 있다. 그러니 우주선이라기보다는 우주 정거장이나 우주의 작은 도시가 될 것이다.

지구에서 화성으로 갈 때 여행자는 아주 작은 우주선을 타고 가서 거대한 우주선과 만나, 편안하게 여행하도록 도킹할 수 있다. 일단 화성에 도착하면 작은 우주선은 분리되어 화성의 궤도에 들어가거나 착륙하고, 큰 우주선은 다시 지구로 돌아온다.

이 기반 시설은 레이저 시스템을 이용해 태양계 주위의 태양 돛을 가속화하고, 태양광 범선을 근처 항성으로 보낼 수도 있다. 하지만 머나먼 미래에 우리는 암흑 물질, 블랙홀, 다른 신기한 물리법칙의 에너지를 이용해 광속의 50퍼센트 이상의 속도를 성취할지도 모른다. 가장 가까운 항성으로 가는 것도 수년에서 수십 년

이 걸리겠지만, 결국 성간 여행이 진정 가능해질 수도 있다. 하지만 〈스타트렉〉에서처럼 광속보다 더 빠른 속도로 이동하는 기술이나 여러 과학소설의 내용들은 상상의 영역에 남으리라.

우주여행은 생활하고 식품을 기르고 물을 저장할 안전한 기반시설이 필요하므로, 우주선 수준 이상이어야 한다. 우리는 그저 우주를 탐험하고 여행하는 데서 멈추지 않고 우주를 개척하고야 말 것이다.

23장. 우주 정착

문 베이스 알파 Moon Base Alpha**와 그 너머로.**

　인간은 지구에서 출발했기에 이 환경에 적응력이 뛰어나다. 한정된 온도와 압력으로 지구를 감싸고 있는 얇은 지각은 우주방사선으로부터 보호되고, 공기는 이산화탄소나 다른 독성 기체를 제어하면서도 충분한 산소를 만들어내며, 습도 역시 적당하다. 우리는 태양에서 방출되는 빛으로 가시광선을 보고, 유기물을 먹도록 진화되었다.

　지구라는 이 작은 보호막에서 벗어나면 우리는 오래 버티지 못한다. 심지어 지구 내에서도 덥고 건조한 사막, 기온이 아주 낮은 극지방, 공기가 희박한 높은 산지에서는 생존하기가 쉽지 않다. 따라서 우리는 대체로 안전한 지역에 머물고 옷을 입고 외부의 보호막이 되어주는 집에 살며 진정한 안락함을 누린다.

　지구와 비교해 우주의 나머지 행성들은 극도로 척박한 공간이다. 현재 우리가 아는 범위 내에서 우주복이나 밀폐된 거주지 없이 인간이 생존할 수 있는 곳은 존재하지 않는다. 다른 행성에서 비교적 편안하게 머무는 우주 여행자들의 모습을 그린 SF가 많지만, '그나마 지구와 비슷한' 극소수의 행성만이 우리를 받아줄 것이다. 우주에는 너무나 변수가 많으므로.

다른 세계는 중력, 태양 빛, 온도가 너무 극단적이며 기압이 미치는 영향은 예측조차 어렵다. 지구 자기장이 없다면 치명적인 우주 방사선이 우리에게 퍼부어질 것이며, 게다가 믿고 먹을 만한 안전한 음식도 없을 가능성이 높다.

우주는 더욱 심하다. 절대 영도에 가까운 기온에서는 얼어 죽을 것이고 태양 빛을 직접 받기라도 하면 타 죽는다. 앞서 언급했듯, 보호 장비 없이는 방사선을 맞아 서서히 죽을 것이고, 진공 상태에 조금이라도 노출되면 치명적이다. 게다가 산소, 식량, 물, 에너지 모두를 직접 가지고 가야 한다. 근본적으로 우주에 살기 위해서는 지구의 조건을 모방한 보호막을 만들어야 한다.

설상가상으로 우주는 중력도 약하다. 계속적인 강하 상태인 궤도는 아주 약한 중력인 '극미 중력Microgravity' 상태이므로, 사실상 느껴지는 중력이 거의 없다. 지구의 중력가속도 1g와 비슷하지 않으면 우리 몸은 기능하지 않는다. 골량과 근육량이 줄어들고 체액이 제대로 분배되지 못하며 시력도 손상된다. 이 외에도 여러 가지 부정적인 영향은 계속해서 밝혀지고 있다.

우주 정착은 쉽지 않겠지만 그래도 할 것이다. 미지 세계 탐험과 개척이 우리의 방식이기에.

우주 정거장

　　　　　기존의 우주 정거장을 '정착지' 또는 영구적인 거주지라고 하기에는 무리가 있다. 정착지는 자립적인 공동체를 의미하기 때문이다. 완벽하게 자급자족할 필요는 없지만(무역과 지원에 의존할 수도 있다) 적어도 사람들이 살고 일하는 장소가 되어야 한다.

여담이지만 우주에 열광하는 사람들은 더 이상 '우주 식민지'라는 말을 사용하지 않는다. 식민지는 특정 국가가 다른 국가 일부나 전체를 지배하고, 자국민을 그곳에 정착하게끔 하는 행위를 의미하기 때문이다. 만약 화성에 실제 화성인들이 존재하는데 지구인이 그곳에 간다면 이는 식민지화가 맞다. 그러나 외계 생명체를 발견하기 전까지는 그대로 '정착'이라는 용어를 사용하겠다.

사람들이 거주하며 일하는 기존의 우주 정거장은 완전한 정착지가 아니라 전초 기지, 또는 이름 그대로 정거장일 뿐이다. 국제우주정거장International Space Station, ISS은 우주에서 현재 가장 오래 사용 중인 구조물로, 가장 긴 부분은 108미터에 달하며 방 6칸이 있는 집 크기의 거주 공간이 있다. 주요 공사는 1998~2011년 사이에 끝마쳤으나, 수리와 업그레이드는 거의 끊임없이 이뤄지고 있다.

2000년 11월 2일부터 2020년 11월 사이, 국제우주정거장에는 18개국 출신의 우주비행사 242명이 머물렀다. 미국인 우주비행사 스콧 켈리Scott Kelly는 340일을 연이어 머물러, 우주비행사 페기 휘트슨Peggy Whitson은 총 665일을 머물러(연이은 날의 수는 아니다) 각각 최고 기록을 세웠다.

그전에도 알마즈Almaz, 살류트Salyut, 스카이랩Skylab, 미르Mir, 톈궁 1호Tiangong-1를 비롯한 여러 우주정거장이 있었지만 지금은 운행하지 않는다. 이 모든 정거장은 우주 생활에 필요한 과학과 기술을 개발하는 데 이바지했다. 또한 우주비행사들은 소량의 식물을 기르기도 했다. 거주자들을 다 먹이기에는 턱없이 부족했지만. 현재 국제우주정거장은 지구에서 물과 음식을 모두 공급받고 있다.

쓰레기는 부분적으로만 재활용된다. 박테리아를 죽이는 처리를 거친 대변은 정거장 밖으로 내보내지고, 이 '똥 유성'은 지구 대기에서 타 없어진다. 이제 미국항공우주국은 배설물을 완전히 재활용할 방법을 찾고 있다. 정거장의 외부 막에 대변을 저장해 방사선을 막도록 '똥 보호막'을 만들자는 제안도 있다. 이 아이디어는 SF 코미디 드라마인 〈에비뉴 5Avenue 5〉에서 재미있게 그려졌지만, 사실 진지한 제안 사항이다. 2009년부터 소변은 정거장 안에서 재활용되고 있으며, 소변 정화는 강한 산을 사용하는 더 효과적인 방법으로 개선되고 있다. 어느 우주 비행사는 '오늘 마신 커피로 내일 커피를 만들지요.'라고 말하기도 했다.

국제우주정거장은 2030년 말까지 운영될 것이다. 미국항공우주국은 2031년에 퇴역할 정거장을 바다에 수장하고 민간 정거장으로 대체하기로 했다. 민간 기업 액시엄 스페이스Axiom Space는 2022년에 시작하는 임무에서 국제우주정거장에 자체 모듈을 추가할 예정이다. 이 모듈은 노화되고 있는 국제우주정거장을 상당히 개선할 것이며, 후에 정거장이 퇴역하고 나면 액시엄의 모듈을 분리해 자체적으로 정거장을 운영하게 된다.

다른 민간 기업인 오비탈 어셈블리Orbital Assembly Corporation, OAC는 우주에 400명을 수용할 수 있는 보이저Voyager 정거장에 관한 계획을 발표했다. 보이저는 영화 〈2001: 스페이스 오디세이〉에 등장하는 도넛(원환체) 모양의 정거장과 비슷하며 인공중력을 만들어내기 위해 회전하도록 고안되었다.

아르테미스Artemis 계획의 일부로 미국항공우주국은 달 착륙 임무를 가능케 하도록 '게이트웨이Gateway'라고 일컫는 달 우주 정거장 건설을 기획하고 있다. 지구 저궤도에서 달에 이르는('시스루나 공간Cislunar Space'라고 부른다) 우주 기반 시설을 개발함에 따라 미래에는 더 많은 우주 정거장이 건설될 것이다.

그러나 우주정거장은 임무를 완수하거나 방문하는 곳일 뿐이며 현재로서는 정착하기 위한 정거장을 건설할 계획은 없다. 우주로 가는 비용이 현저하게 낮아지고 자급자족할 기술이 더 발달할 때까지는 정착할 수 있는 정거장은 실현되지 않을 듯하다.

우주로 공급품을 보내는 비용과 수고가 어마어마하므로, 우주정거장이 영구 정착지가 되려면 생활 전반이 자급자족할 수준으로 발전해야 한다. 물과 폐기물 재활용은 거의 필수 사항이며, 영구 거주자들의 안전도 보장되어야 하므로 방사선 차폐막 또한 충분히 갖춰져야 한다.

음식을 추가로 공급받는 방법도 가능하지만, 모든 거주자를 먹이도록 충분한 음식을 기르는 능력이 있으면 더욱 좋을 것이다. 완전히 제어된 환경에서 인공 빛을 이용해 흙 없이, 재활용한 물로 식물을 기르는 수경 재배는 이미 지구에서 번성하는 산업이다 (2020년 시장 규모는 약 97억 달러로 추정된다). 이 방법은 많은 채소를 재배하는 데 효율적이며, 이미 국제우주정거장에서는 실험 식물들을 수확하는 데 성공했다.

인공중력 또한 필수사항이다. 회전함으로써 조성은 가능하나, 정거장이 클수록 회전을 덜 느끼고 멀미도 덜할 것이므로 규모가 상당히 커야 한다. 보이저 호와 같은 원환체 설계는 1929년 헤르만 노르당Hermann Noordung이라 더 잘 알려진 헤르만 포토치니크Herman Potočnik가 처음으로 제시했기에 '노르당의 바퀴Noordung's Wheel'이라고 불리기도 한다. 또 긴 케이블로 두 모듈을 연결해, 서로 주위를 회전하게 하는 다른 방법도 있다. 그러면 한 모듈에서 다른 모듈로 이동하도록 케이블 중앙에 엘리베이터를 설치하면, 두 정거장을 도킹(우주에서 우주선, 인공위성 따위가 결합하는 것을 의미한다-옮긴이) 할 수 있다.

〈바빌론 5〉에 등장하는 것처럼, 커다란 원기둥 정거장이 자체 중심축을 중심으로 움직이는 설계도 제시되었다. 이 아이디어는 1956년 대럴 로믹Darrell Romick이 처음으로 제안했는데 그는 2만 명을 수용할 수 있는, 1킬로미터 길이에 지름이 300미터에 달하는 원기둥을 상상했다. 1974년 제럴드 K. 오닐Gerald K. O'Neill은 처음으로 이 아이디어를 기술적으로 분석한 내용을 발표했고 그 이유로 이 설계는 '오닐 원기둥O'Neill Cylinder'이라고 불린다. 그의 계산에 따르면 강철은 지름이 최대 8킬로미터인 원기둥을 지지할 정도로 강해야 한다. 그래도 재료 기술이 더 발전한다면 더 큰 구조물도 지탱하지 않을까.

에너지 공급 역시 중요하지만 이는 태양광 전지판으로 쉽게 해결될 것이다. 전지판은 끊임없이 공급되는 태양 빛에 맞게끔 조절되어야 하며, 비상시나 전지판이 작동하지 않을 경우에 대비해 예비 배터리도 준비해야 할 것이다. 우주에서 편리성이나 비용 효율성이 떨어지는 다른 에너지 형태는 대부분 예비 전력이 될 가능성이 높지만, 미래의 대규모 정거장은 작은 원자로나 발전된 핵융합 발전소를 갖출 수도 있다.

산소는 우리 생각만큼 중대한 문제는 아니다. 한 정거장의 거주자들에게 필요한 작물을 기른다면 이 식물들이 이산화탄소를 마시고 산소를 충분히 배출할 것이다. 미국항공우주국은 이런 시스템을 '폐쇄 생태계 생명유지 시스템Controlled Ecological Life Support System'이라고 부른다. 우주 환경에 반드시 적합하지는 않지만, 가장 유명한 실험은 외부와 격리된 인공 생태계인 바이오스피어 2Biosphere 2이며, 우주와 좀 더 가까운 실험은 1960년대~80년대의 연구 프로그램의 일부였던 구소련의 BIOS-3이다. 이 실험에서 그들은 한 사람당 13제곱미터의 공간이 있으면 필요한 식량의 78퍼센트와 충분한 산소를 만들어낼 수 있다는 사실을 알아냈다. 효율성을 개선하고 조금 더 큰 공간만 마련한다면 어렵지 않게 필요한 식량과 산소를 모두 만들어낼 수 있을 것이다.

화성 환경을 구현한 폐쇄된 시뮬레이션 결과는 산소량이 지나치게 많아도 문제가 된다는 사실을 보여주었다. 대기의 산소 비율이 너무 높아지면 화재위험이 커진다. 그러므로 폐쇄된 거주지는 식물의 종류와 수를 신중하게 계산해 식량, 물, 산소, 이산화탄소량의 균형을 맞추거나 환경적 시스템을 이용해 이런 변수를 바꿔야 한다. 그래도 부족한 것보다야 차라리 산소를 많이 만들어내 그 초과량을 선외활동(우주비행사가 우주선 밖으로 나와 활동하는 일을 말한다–옮긴이)이나 방문 우주선을 위해 저장하거나, 또는 연료로 사용하는 편이 나을 것이다.

심우주 정착에 관한 또 다른 제안은 큰 소행성을 움푹하게 파내고 그 내부를 우주 정거장으로 사용하는 방법이다. 소행성 세레스(케레스)Ceres 같이 크기가 상당하다면 인공중력을 만들어내도록 '스핀 업Spin Up' 할 수 있을지도 모른다(SF 드라마 〈익스팬스〉에서처럼 로켓을 이용해 소행성이 더 빨리 회전하게끔 하는 것이다). 게다가 소행성 자체가 방사선과 유성을 막는 방패가 될 수도 있다.

결론부터 말하자면 폐쇄 생태계 거주지는 실현할 수 있을 뿐만 아니라 이미 성공 지점 가까이에 도달했다. 이런 시스템에 더불어 충분한 건설 재료, 적절한 방사선 차폐 장치, 인공중력, 전력을 공급할 태양광 전지판이 있으면 영구적인 우주 정착은 가까운 미래에도 가능하며 결국에는 실현될 것이다.

이 발상은 역사가 깊다. 우주 정거장은 1895년, 러시아 로켓 공학의 아버지로 간주되는 콘스탄틴 치올콥스키Konstantin Tsiolkovsky가 제안한 개념이다. 1903년 그는 중력을 만드는 회전, 태양 에너지, 식량과 산소를 공급하는 폐쇄된 거주지에 관한 내용을 포함해 이 이론을 더욱 구체화했다. 100년 하고도 20여 년이 지난 지금, 시대를 앞선 그의 비전을 구현할 기술이 드디어 갖춰졌다.

이제 사람들이 우주에 살고 싶어 할지도 따져봐야 한다. 수십억 인구 중 누군가는 원하겠지만, 우주에서 생존 이외에 할 수 있는 활동이 과연 있을까? 이는 경제와 관련된 문제다(앞서 여러 사례에서 보았듯, 경제 문제는 기술 문제를 무릎 꿇게 할 때가 많다). 우주의 높은 생활비를 부담할 정도로 경제활동을 할 수 있을까?

우주 정착의 경제적 측면은 결국 미래 산업에 달려 있다. 인공중력이 있는 우주 정거장에도 극미 중력만 작용하는 구역을 둔다면 특정 과학 실험이나 미래 산업에 유용하게 사용될 수 있다. 극미 중력 제조는 미래 우주 정착의 생명선이 될지도 모른다. 우주 정거장을 기지로 두고 소행성을 채굴하는 산업 또한 잠재력이 있는 방법이다. 중력을 거스르고 지구에 왔다 갔다 하는 것은 경제적이지 않으므로, 소행성 광부들은 공급품을 받고 생활할 장소가 필요할 것이다. 미래 우주 정착지는 지구로 에너지를 쏘아 내리는 거대한 궤도 태양광 전지판을 유지, 보수하는(또는 실제로 이런 일을 하는 로봇을 관리하는) 기술자들을 수용하는 곳이 될지도 모른다.

다른 세계 정착

우주에 막연히 둥둥 떠 있는 정거장으로 미래를 한정할 필요는 없다. 앞에서 언급한 폐쇄 시스템 기술을 사용해 달, 화성, 태양계의 다른 행성에 정착지를 건설할 수도 있다. 물론 에너지, 식량, 산소, 일반적인 기압, 방사선 차폐막이 필요하므로 직면할 문제는 거의 비슷하다.

달과 같은 곳에서는 비슷한 문제에 더불어 좀 더 수월하거나 어려운 문제도 있을 것이다. 이를테면 식량, 산소, 자원 재활용, 기압 조절은 우주든 달 표면이든 어디에서든 겪을 기술적 문제다. 그러나 행성의 표면에 정착한다면 더 멀리 뻗어나가 넓은 공간을 사용하기가 수월하며, 그 행성의 레골리스Regolith(달과 여러 행성 표면에서 발견되는 퇴적층을 말한다-옮긴이)를 이용해 흙을 만들고 작물을 기를 수 있다. 물론 수경 재배도 가능성이 있으며 어떤 행성에는 심지어 물이 있을 수도 있다.

우주에서는 태양에 끊임없이 노출될 것이므로, 태양광 전지판은 에너지 공급원의 핵심이 될 것이다. 나머지 지역과 달리 달의 극지방은 늘 태양에 노출되므로, 더 많은 전지판을 건설해 배터리 백업 시스템과 연결해야 할 것이다.

다른 행성에 정착한다면 원자로는 더욱 중요하고 필수적인 역할을 하게 될 것이다. 사람들의 거주지에서 멀리 떨어진 곳에 건설될 원자로는 수십 년간 안정적인 에너지를 지속적으로 공급해 줄 수 있다. 먼지 폭풍이 태양광 전지판을 뒤덮을지도 모르는 화성에서는 풍력 발전이 태양 에너지를 보충할 수도 있다.

태양에서 멀어질수록 태양광으로 얻을 에너지는 줄어든다. 이를테면 화성의 최대 일사량은 약 $590W/m^2$(제곱미터당 와트)로, 지구 일사량인 $1000W/m^2$의 반을 조금 넘을 뿐이며, 목성은 $50W/m^2$에 불과하다. 하지만 태양에서 먼 거대 가스 행성Gas Giants들은 수소의 양이 많고, 이 행성들의 위성에는 탄화수소가 있어, 핵융합 발전소에 연료를 공급하거나 수소 연료 전지에 사용될 수도 있다(작물 생산에서 만들어진 남은 산소와 결합하면 된다). 혜성조차도 연료가 될 수 있는 휘발성 물질을 지닌다.

방사선 차폐는 두 가지 이유로 표면이 단단한 행성에서 더 쉬울 것이다. 첫째, 건설에 사용할 수 있는 물질이 있기 때문이다. 달의 표면에 도착하기만 하면 레골리스로 방사선 차폐막과 거주지를 건설할 수 있다.

미국항공우주국의 조사에 따르면 달과 화성에는 방사선 차폐막으로 사용될 수 있는 동굴이 있다는 결론을 내려도 무방하다. 이들은 용암이 표면 가까이 분출되면서 형성된 용암 동굴이다. 달의 용암 동굴은 폭이 300~900미터로 추정되며(정말 넓다), 작은 도시를 건설할 수 있을 정도로 수 킬로미터에 달한다. 달보다 중력이 높은 화성의 동굴들은 더 작지만, 그래도 폭이 40~400미터 정도는 된다.

이 동굴들은 대기가 없는 우주 거주지에서 위험 요소인 우주 방사선, 미세 운석, 큰 유성의 공격을 막아줄 수 있다. 더 나아가 동굴 안에서는 대규모 건설을 하지 않고도 공기주입식 구조 같은 단순한 방법을 이용해 거주지를 조성할 수도 있다. 동굴을 밀폐해 기압을 조절하는 방법도 가능하다.

중력이 낮은 행성에 정착할 때 가장 큰 난관은 지구와 가까운 수준으로 중력을 높이는 방법을 찾기가 쉽지 않다는 점이다. 역설적이게도 극미 중력만 있는 우주에서는 오히려 회전으로 이 문제를 쉽게 해결할 수 있다. 달 표면 중력은 0.165g, 화성은 0.38g이지만 지금으로서는 이론적으로도 인공중력을 만들어낼 방법을 찾지 못했고, 어쩌면 영원히 가능하지 않을지도 모른다. 대규모 원형 궤도를 만들어 거주지가 비스듬히 기운 상태로 회전하게 해 중력을 높이자는 의견도 제안되었지만 비현실적인 해결책으로 보인다.

달이나 화성의 낮은 중력이 인간 신체에 미치는 장기적인 연구 결과는 아직 미흡하지만, 지금까지 밝혀진 바에 따르면 골밀도나 근력이 낮아지고 여러 부정적인 영향이 있을 것이라고 한다. 달이나 화성에 평생 산 사람은 낮은 중력에 몸이 적응돼 괜찮을 가능성도 있지만 지구에 오기가 어렵거나 거의 불가능해질 수도 있다. 결국 각각 다른 중력에 적응한 인간 하위 집단들이 생기게 될까.

세대우주선

우주 정착 시나리오 중 세대우주선Generation Ship이라는 형태도 살펴볼 만하다. 세대우주선은 우주정거장 기능도 하는 대형 우주선으로, 완전한 자급자족이 가능하며 수백, 수천 명의 인원을 수용할 수 있다. 이 거대한 우주선은 끊임없이 1g의 추진력을 발생시킨다. 따라서 회전이 아닌, 가속도가 인공중력을 만들어내며 우주선이 순항 속도에 이를 때면 비행 방식을 바꿔 생활공간이 회전하며 중력을 만들어낸다.

이런 우주선은 우주정거장이나 달 기지보다 설계하기가 더 어렵다. 지구에서 전혀 지원이나 공급품을 받을 수 없으므로 수리와 보수는 물론이고 완벽하게 자급자족이 가능해야 하기 때문이다. 게다가 심우주에서는 태양 에너지를 얻지 못하므로 핵분열이나 핵융합, 또는 더 발달한 반물질Antimatter이나 블랙홀 엔진이 꼭 필요하다.

'세대우주선'이라고 불리는 이유도 이 여정이 한 세대가 아니라 수십, 수백 년이 걸릴 긴 프로젝트라는 점에 있다. 종착점에 도착할 사람들은 여정을 시작한 이들의 후손일 것이다. 짐작건대 그

우주선에 남은 사람들이 머나먼 항성계에서 정착지를 일구지 않을까.

먼 미래와 머나먼 미래

다가올 몇 세기 동안 우리는 달을 거대한 도시로 만들고 화성에 정착하며 소행성에 정거장을 건설하고 우리 태양계의 외행성까지 도달하며 기반 시설을 구축해 나갈 것이다. 보호막을 잘 갖춘 대형 우주선이 모든 정착지를 거침없이 오가며 연결하고, 그때쯤이면 다른 기술들도 모두 발전되어 있을 것이다. 따라서 나노로봇과 로봇을 사용해 자동으로 소행성을 새로운 세계로 바꾸고 태양계 내의 모든 물질을 마음껏 활용하게 될 수도 있다.

지구는 늘 특별한 고향으로 남을 것이며, 우리는 결국 진정한 우주여행을 하는 종Species이 될 것이다. 우주선과 정착지를 건설할 뿐 아니라 우주에서 생존하기 위해 우리 스스로 변화할 것이라는 의미다. 활발한 우주여행 시대에 살아갈 사람들은 기계적 요소나 인공지능으로 강화되거나 태양계를 중심으로 우리가 건설할, 완전히 다른 환경에 적응하기 위해 유전적으로 조작될 수 있나. 노는 두 가지 모두 감행할지도 모른다.

2022년, 완보동물Tardigrade('물곰Water Bear'이라고도 불리는 아주 작은 동물로 건조 상태를 유지해 극한 환경에서 살아남을 수 있다)은 방사선에 노출되어도 DNA가 손상되지 않도록 이를 덮는 단백질이 있다는 사실이 밝혀졌다. 이 DNA를 만드는 단백질 또는 유전자는 이미 인간 세포에 추가되어 배양되었으며, 이는 인간 DNA의 방사선 손상 저항력을 10배로 강하게 만들었다. 유전자가 조작된 사람들은 정착지를 일구는 데 필요한 새로운 생명체를 낳을 수도 있다.

계속해서 더 멀리, 다른 태양계까지 뻗어나가 심지어 우리은하를 벗어난다면, 궁극적으로 인간 문명은 어떤 국면을 맞게 될까? 우리보다 앞선 외계 문명을 맞닥뜨린다면 우리는 무엇을 보게 될까?

크고 정교한 거주지를 건설해 정착하고 나면 그곳은 다른 행성보다 더 살기 좋을 수도 있다. 발전된 문명은 이론적으로 항성 부근에 있는 모든 물질을 생활공간으로 만들 수 있다는 의미다. 항성은 사용할 수 있는 엄청난 양의 에너지를 내보내므로 만약 항성하나가 태양광 전지판으로 둘러싸여 있다면 그 에너지를 수확해하나의 문명을 가동할 수 있다. 이 접근법은 프리먼 다이슨Freeman Dyson이 최초로 제안했기에 '다이슨 구Dyson Sphere'(이 기술이 항성 하나를 완전히 둘러싸는 경우) 또는 '다이슨 스웜Dyson Swarm(이 기술이 항성 하나를 부분적으로 둘러싸는 경우)'라고 일컫는다.

이에 더해 항성은 소행성, 위성 심지어 왜소행성이나 일반 행성으로 만들어진 우주 거주지로 둘러싸일 수도 있으므로, 생활공간을 어마어마하게 늘일 것이다. 고도로 발전한 문명의 기준으로 보면, 한 행성에만 갇혀 사는 종은 원시적이고 구식일 수도 있다.

산업, 작물 및 에너지 생산, 심지어 생활공간을 우주로 또는 척박한 세계로 이동하는 데에는 많은 이유가 있다. 더 심각한 오염을 초래하기 전에 지구 생물권 밖으로 옮겨야 한다는 점이 주된 이유 중 하나다. 언젠가 우리는 지구의 생물권을 귀중한 자원으로 보고 인간의 영향을 최대한 받지 않게끔, 자연 생태계를 그대로 두는 편이 최선이라고 결정할 수도 있다. 지구 밖에서 행복하게 살며, 깨끗하고 아름다운 자연을 보러 방문만 하게 될지도 모른다.

우주에서의 삶이 불러올, 장기적인 심리적 결과를 예측하기란 쉽지 않다. 미래 세대는 우주의 삶을 자연스럽게 받아들일까, 그렇지 않으면 지구의 땅 위를 걷기를 소망할까? 원하는 곳이면 어디든 걸을 수 있는, 가상현실에 살게 된다면 신경조차 쓰지 않을지도 모르겠다. 우주나 정착지에 사는 것도 괜찮겠지만, 우리 요구에 맞게 행성을 바꾸고 싶은 마음이 들 수도 있다. 그때가 되면 행성 전체를 조작하는, 지구화Terraforming('테라포밍'이라고도 하며 지구가 아닌 다른 행성이나 위성을 인간이 살 수 있도록 만드는 작업을 의미한다-옮긴이)를 해야 한다.

24장. 다른 세계의 지구화

지구화 프로젝트는 SF에 등장하는 이야기다…아직은

1942년 7월, 과학소설 작가 잭 윌리엄슨Jack Williamson
은 윌 스튜어트Will Stewart라는 필명으로 〈어스타운딩 사이언스 픽션
Astounding Science Fiction〉이라는 잡지에 〈충돌 궤도Collision Orbit〉라는 단
편소설을 발표했다. 이 작품은 지구화terraforming라는 개념과 용어를
최초로 사용했다고 알려져 있으며, 그때부터 이는 과학소설의 단
골 주제가 되었다. 영화 〈에이리언〉 시리즈에서 가상의 거대기업
인 웨이랜드 유타니가 외계 생물체를 맞닥뜨리게 된 행성을 비롯
해 여러 행성을 지구화하는데 앞장서는 장면을 기억하는지?

1897년 출간된 허버트 조지 웰스H. G. Wells의 소설 《우주 전쟁War
of the Worlds》에서 보여주듯, '지구화'가 우리 뜻대로 흘러가지 않을
때도 있다. 고의인지 우연인지 정확하지는 않지만, 소설 속 화성
인들이 가져온 '붉은 잡초'가 순식간에 지구를 덮어버린다. 2005
년 개봉한 영화 〈우주 전쟁〉에서는 지구를 '화성화' 하기 위한 수
단으로 붉은 잡초를 설정했다.

전 장에서 다루었듯, 지구화의 필요성 내지는 다른 행성을 인

간의 삶에 더 적합하게끔 지구처럼 바꾸는 것은 이해가 가는 이론이다. 2013년 하버드-스미스소니언 천체물리센터는 외계 행성 Exoplanet(태양계외 행성)에 관한 케플러 우주 망원경의 데이터로 우리은하에 '지구와 비슷한' 행성이 약 170억 개가 있다고 추정한다. 그래도 인간이 일반 복장으로 걸어 다닐 수 있는, 모든 환경 조건이 갖춰진 곳은 극소수일 것이다. 게다가 최첨단 우주선을 타고도 가지 못할 정도로 우리 태양계와 멀리 떨어진 곳에 그런 행성이 있을 수도 있다.

적절한 환경과 생태계를 갖춘 새로운 세계를 개척하고 싶다면 결국 지구화가 유일한 선택지다. 그리고 그 가능성은 행성의 특성에 달려있다.

화성은 우리 태양계의 행성 중 지구화하기에 가장 유력한 후보로, 크기가 조금 작긴 하지만 그리 문제가 되지는 않는다. 일반적으로 가장 큰 걸림돌은 표면 중력이다. 너무 높으면 지금으로서 우리가 손쓸 방법은 없고, 너무 낮으면 중력을 높이기 위해 엄청난 질량을 더해야 한다. 수천 개의 소행성을 화성으로 향하도록 해 화성에 질량을 더할 수 있지만 이는 더딘 과정이므로 수천, 또는 수백만 년 내로는 사람이 거주할 환경을 조성하지 못할 것이다. 우리는 지구화 과정이 아주 오래 걸릴 것이라는 사실을 꼭 염두에 두어야 한다. 따라서 이른 시일 내에 다른 행성을 사용하고자 한다면 시간이 제한 요소이겠지만 장기적 전망을 본다면 이야기는 달라진다.

그렇다면 화성 지구화의 전망은 어떨까? 단도직입적으로 말하면 밝지는 않다. 먼저 연구에 따르면 화성에는 충분한 대기를 만들어낼 휘발성 물질이 많지 않다. 2018년 미국항공우주국은 얼린 고체 이산화탄소와 수증기를 대기에 방출한다 해도 화성의 기압은 지구의 1퍼센트(현재 수치다)에서 7퍼센트로밖에 올라가지 못한다는 연구를 보고했다. 인간이 겨우 생존할 수 있는 기압이긴 하지만, 온실효과로 화성의 기온을 적당히 올리기에는 턱없이 부족하다. 영화 〈토탈 리콜〉에서처럼 주인공 퀘이드가 원자로를 가동해도 화성의 바깥 대기를 접한 사람들은 모두 질식해서 죽게 된다.

이산화탄소가 전부가 아니다. 화성에는 산소도 충분하지 않으며, 적당한 산소와 이산화탄소의 양으로 적절한 기압을 유지하려면 질소도 필요하다. 물론 화성 전체의 기압이 지구 해면기압과 같은 수준일 필요는 없다. 예를 들어 계절에 따라 조금씩 다르지만 에베레스트산 정상은 대기압이 0.33이다. 이런 조건에서는 극도의 적응 훈련을 한 소수만이 겨우 살아남을 수 있으며, 대부분의 등반가는 산소통이 필요하다. 이런 환경은 인간 한계 범위를 보여주는 예시가 되기도 한다.

행성이 적어도 0.5 기압에 달하고, 낮은 기압을 보완하기 위해 산소 비율이 조금 높인다면 우리는 편안한 환경으로 느낄 것이다. 기압이 0.82인 콜로라도주의 덴버와 비슷하지 않을까.

만약 산소가 문제 되지 않는다면? 인간이 생존할 수 있는 가장 낮은 압력은 무엇일까? 〈토탈 리콜〉에서 아널드 슈워제네거Arnold Schwarzenegger처럼 피가 끓고 눈알이 튀어나오기 직전의 압력 말이다. 이에 대한 정확한 대답은 상공 6만 3천 피트(약 19킬로미터)에서 발생하는 0.0618기압으로, 이 압력에서는 인간 체온의 온도에서도 물이 끓는다. 비행기 조종사 해리 조지 암스트롱Harry George Armstrong이 최초로 이 현상을 발견했다(실제로 경험한 것이 아니라 생리학 연구로 발견했으니 놀라지 마시길).

우리가 엄청난 양의 고체 이산화탄소를 녹이면 화성은 0.0618 기압을 겨우 넘길 수는 있겠지만 그래도 다른 보조 장치 없이 표면에서 살기는 힘들 것이다. 이 기압에서는 100퍼센트 산소만으로도 생존하기 힘들고, 0.122기압은 되어야 산소통으로 목숨을 유지할 수 있다.

산소 부분압Partial Pressure 측면에서 생각해보자. 기본적으로 대기의 산소 비율에 총대기압을 곱하면 된다. 해수면은 산소의 비율이 21퍼센트이고 압력이 760mm Hg이므로 산소 부분압은 약 160mm Hg이다. 그러므로 기압이 낮을수록 정상적인 산소 부분압을 유지하는 데 필요한 산소의 비율이 높아진다.

당장의 생존 가능성뿐만 아니라, 고소폐부종과 같이 낮은 기압에 장기적으로 노출되어 생기는 신체적 질병과 부작용도 고려해야 한다. 하지만 이는 적응 과정을 길게 잡으면 피할 수 있는 문제다. 산소량이 낮은 환경에서 시간을 두고 서서히 적응하면 적혈구의 수를 높일 수 있다.

이상적으로 지구화된 행성은 적당한 기온을 유지할 정도로 이산화탄소가 충분히 있되, 인간에게 치명적일 정도로 많지는 않아야 한다. 지구 대기 중 이산화탄소 비율은 약 0.04퍼센트다. 0.1퍼센트만 되어도 우리는 두통이나 피로감 같은 부정적 영향을 느끼기 시작하며 5퍼센트에 이르면 증상들이 생명을 위협할 정도로 심각해진다.

공기 중에는 습도도 당연히 필요하다. 사막에 가 본 적이 있다면 얼마나 빨리 탈수상태에 이르는지 경험해봤을 것이다. 이는 단지 열기 때문이 아니라 공기 중 습도가 매우 낮아서 일어나는 증세다. 따라서 공기에 수증기가 필요하고, 이 상태를 지속하도록 하기 위해서는 행성 표면에 액체로 된 물이 있어야 한다.

따라서 지구화된 행성에는 적어도 알맞은 대기와 물, 그리고 이 물이 얼마간이라도 표면에서 액체 상태로 유지될 온도도 필요하다. 또 대기 중에 있는 독성 물질이나 부식성 물질도 제거해야 한다. 이를테면 금성 대기에 아주 소량만 노출되어도 신체에 치명적인 황산이 함유되어 있다.

이 목표를 달성하게 해줄 잠재적 방법에는 무엇이 있을까? 대기가 희박한 행성이라면 알맞은 대기 성분을 방출하거나 확보해놓아야 한다. 화성을 비롯해 몇몇 행성은 얼어있는 이산화탄소 같은 화합물이 있어 열을 가하면 공기 중으로 방출될 수 있다. 이는 간단히 대규모 발전소를 여럿 가동해 발생하는 열로 녹이면 된다. 궤도에 있는 거울을 이용해 태양 빛을 얼음에 쬐어 녹일 수도 있고 가능만 하다면 유전자 조작으로 만들어진, 열을 흡수하는 어두운색 식물을 번식시켜 얼음을 녹일 수도 있다. 또 소행성의 방향을 돌려 행성과 충돌하도록 하면 엄청난 열이 발생할 수도 있다.

토양에도 산소와 이산화탄소 같은 화합물이 결합되어 있을 가능성이 있다. 대규모 가공 처리 발전소가 필요하므로 이를 방출하기는 쉽지 않지만 가능은 하다. 화성은 토양에 포함된 녹(산화철) 때문에 붉은 색을 띠는데, 이 산소를 추출할 수만 있다면 대기에 공급할 수 있을 것이다.

대기압 조절뿐 아니라 식물 작물을 위해서 질소 역시 필요하다. 토양에 질소를 고정할 수 있다면 이론적으로 식물이 자라고 이산화탄소를 변환할 수 있다.

지구화 프로젝트에 식물은 중요한 역할을 할 것이다. 태양 빛을 흡수하고 산소와 식량을 생산할 뿐만 아니라 자립적인 순환을 만들어내도록 돕기 때문이나. 내기는 고정된 것이 아니다. 우리는 지구의 물, 탄소, 질소와 여러 요소가 순환한다는 사실을 발견했다. 따라서 인간을 비롯해 지구 생명체의 생태계를 유지하고자 한다면 지구화된 행성에 비슷한 항상성 주기를 조성해야 한다.

하지만 화성 같은 다른 행성에 이런 복잡한 체계를 완성하기란 쉽지 않을 것이다. 식물이 생존할 수 있는 온도와 대기를 만들고 적당한 생태계를 조성하는데 행성 자체의 물질로는 부족할 수도 있다. 그렇다면 어떤 방법이 있을까?

한 가지 제안은 앞서 말한 소행성이나 혜성을 이용하는 접근법이다. 물, 이산화탄소, 질소를 비롯해 휘발성 화합물이 풍부한 혜성의 방향을 전환해, 화성 같은 행성과 교차할 궤도로 이동하게 한다고 가정해보자. 결국에 행성의 표면과 대기에 그 물질들이 더해질 것이다. 이런 방법을 사용하더라도 큰 파괴는 막을 수 있다. 만약 혜성의 방향이 정확하게 전환되기만 한다면 화성 궤도로 들어가게 된다. 그러면 그 궤도가 점점 감쇠해 혜성은 표면에 충돌하기 전에 이미 타게 되므로 모든 휘발성 화합물, 심지어 열까지 대기에 전할 수 있다. 이 접근법은 수백 년이 걸리겠지만 실현 가능성이 있다.

하지만 화성에 성공적으로 대기를 전달한다고 해도 전체적으로는 오래 지속되지는 않을 것이다. 화성은 자기장을 잃었기 때문에(남반구에는 아주 약하게 국부적으로는 존재한다) 태양풍이 대기를 모두 쓸어가 버려 원래 있던 대기가 사라져 버렸다. 우리가 자기장을 다시 복구한다고 해도 다시 일어날 수 있는 일이다. 그러나 수백만 년이 걸릴 것이므로 당장은 걱정하지 않아도 좋다. 그때는 이런 상황을 해결할 더 새로운 기술이 있을 테니. 어쨌든 우리는 지구화의 또 다른 문제, 행성 전체에 미치는 자기장도 고려해야 한다. 지구자기장은 방사선을 막아주며, 태양풍의 이온 입자를 밀어내 대기를 보호해 준다. 다시 말해 기간이 문제이지만, 지구화된 대기를 지속하고 방사선도 막고 싶다면 거대한 자기장을 만드는 편이 유용할 것이다.

하지만 과연 가능할까? 이론적으로 가능은 하지만 쉽지는 않을 것이다. 지구자기장은 액체 상태의 철로 이루어진 외핵이 회전하며 자기장을 발생시킨다는 '다이너모 이론Dynamo Effect'으로 설명할 수 있다(더 복잡한 이론이지만 이것만 알고 가자). 이미 식어서 굳고 있는 화성의 핵에 강력한 핵폭탄 수천, 수만 개를 터뜨려 핵을 녹이기만 한다면(설마 일이 잘못될까?). 화성이 회전하며 짜잔, 다이너모 효과를 낼 수 있다. 비슷하게, 화성에 거대한 전류를 흐르게 해 핵이 녹을 때까지 열을 가하자는 아이디어도 제안되었다.

이런 거대 프로젝트는 엄청난 기술이 필요한데, 사실 우리는 아직 화성의 핵이 자기장을 충분히 생성할 만큼의 크기인지 확인조차 하지 못했다. 이런 용감한 노력을 쏟기 전에는 반드시 철두철미하게 시뮬레이션 해야 한다.

금성 같은 행성을 지구화하려면 어떻게 해야 할까? 금성의 지구화는 공식적으로 1961년 칼 세이건Carl Sagan이 최초로 언급했다. 금성의 이점은 크기와 중력(0.904g) 면에서 지구와 더 유사하며, 태양과 가까우므로 에너지를 더 많이 받을 수 있다는 점이다. 하지만 약간의 질소를 포함한, 주성분이 이산화탄소로 된 두꺼운 대기층이 있다는 불리한 점도 있다. 게다가 황산 구름이 있으며 황산비가 내린다. 높은 이산화탄소는 곧 온실 효과로 이어지므로 금성은 태양계에서 가장 뜨거운 행성이기도 하다. 표면은 91기압으로, 지구에서는 바다 아래 900미터 정도 내려가야 느낄 수 있는 압력이며, 기온은 섭씨 약 467도로 납도 녹일 수 있는 온도다.

그러니 금성을 살 수 있는 곳으로 만들고자 한다면 엄청난 노력이 필요할 것이다.

유전자를 조작해 금성의 대기에서 살아남을 바닷말이나 생명체를 만든다고 하더라도 생물학적인 방법은 현실성이 없다. 이산화탄소를 유기 분자로 변환할 수소가 없고, 극도의 열이 결국 모두 이산화탄소로 바꿀 것이기 때문이다. 이산화탄소를 금성의 지각에 있는 무기물과 결합해 탄산염을 만드는 것처럼 화학 처리는 가능하다. 하지만 탄소를 충분히 구하기 위해서는 금성의 지각 전체를 1킬로미터 깊이로 파내야 한다는 연구 결과가 밝혀졌다.

마그네슘이나 칼슘 같은 화합물을 대기와 결합하게 함으로써 이산화탄소를 탄산염으로 만드는 방법도 있다. 이를 실행하려면 폭이 525킬로미터에 이르는(그랜드 캐니언보다 길다) 소행성 베스타Vesta 질량 네 배 정도의 물질이 필요하다. 탄소의 또 다른 잠재적 결합재인 수소도 보슈 반응Bosch Reaction으로 흑연과 물을 만들어낸다. 따라서 4×10^{19}킬로그램의 수소가 필요한데, 수소가 남아돌지는 않으므로 거대 가스 행성에서 수확해야 한다.

세이건은 큰 소행성을 금성과 충돌하게 해, 대기를 날려버리는 아이디어를 제기했다. 하지만 이를 실행하려면 2,000개의 큰 소행성이 필요한 데다, 충돌로 지각이 갈라지면 가스가 분출돼 대기를 메울 것이다. 게다가 이렇게 분출된 가스는 금성의 궤도로 떠오르지만 중력 때문에 그대로 갇히게 될 수도 있다.

목성의 얼음 위성 정도 크기의 소행성이 있다면 지금껏 살펴본 여러 문제가 해결되고 물까지 생길 것이다. 중력을 사용한다 해도 목성의 위성을 유인해 금성으로 방향을 바꾸는 데 필요한 에너지는 막대할 것이다.

태양광 패널로 금성을 가리는 방법도 이론적으로 가능하다. 금성 온도가 낮아지면 표면에서 더 많은 이산화탄소가 무기질과 결합하게 된다. 그와 동시에 에너지를 수확할 수도 있다. 가장 큰 제한 요소는 엄청난 기술 규모이지만 열기구와 같은 다른 냉각 방법도 함께 보충해서 사용할 수 있다.

다른 제안도 있지만 어느 정도 목적을 달성하기 위해서는 모두 엄청난 기술 투자나 막대한 에너지가 필요하다. 이런 이유로 금성이나 화성의 지구화는 수백 년, 또는 더 오랜 세월 동안 세쳐뒤야 할 문제인 듯하다.

보다시피 전체 세계를 바꾸는네 쉬운 길이 있겠는가. 이런 야심 찬 계획에는 현재 또는 가까운 미래에는 구하지 못할 자원과 기술이 필요하다. 우리보다 수백 아니, 수천 년 발달한 문명이 실행할 만한 기술이다.

하지만 먼 미래에는 지구화가 통상적인 일이 될지도 모른다. 다른 행성에 지구와 같은 생태계를 건설하고 싶다면 지구화는 필수적일 것이다. 우리 후손이 낯선 땅에 보호 장비가 없는 상태로 서서 그곳의 공기를 들어 마시고 잔잔한 하늘을 올려다본다면, 그곳은 분명 지구화된 곳일 것이다.

퓨처 픽션: 서기 23,744년

한낮의 노란빛을 흠뻑 받으며 한 여자가 수영장 옆에서 느긋한 자태로 멋진 전망을 바라보고 있다. 아래에는 열대 우림이 펼쳐져 있고, 정상이 눈으로 덮인 머나먼 산줄기가 반짝이는 바다로 죽 이어져 있다. 부드러운 바람이 주는 청량감이 완벽한 낮을 더욱 완벽하게 했다. 알록달록한 작은 새가 옆의 탁자에 내려앉아 조금은 부자연스러운 소리로 짹짹거리기 시작했다.

윈 대장은 한숨을 쉬며 맞춰놓은 알람이라는 사실을 깨달았다. 생각만으로 주변 세상이 녹아내리고, 프로그램화가 가능한 물질로 된 포그렛(안개를 형성하는 초소형 기기-옮긴이)이 재배열되며 숙소로 변했다. 태양과 구름과 산은 함선의 획일적인 회청색 내부로 바뀌었고, 윈 대장이 가까이 걸어가자 벽이 문처럼 활짝 열렸다.

복도 끝에 있는 작은 발판에 올라서니 천장이 열리며 발판이 위로 죽 올라가다, 예비 함교가 있는 층에서 멈추었다. 철저하게 보호된 함선 중심에 자리 잡은 주 함교에 승무원이 배치되어 있었지만 중요한 시기인 만큼 대장은 예비 함교에 오고 싶었다. 두꺼운 발포 금속으로 된 창문은 티끌 하나 없이 투명해, 우주의 광활한 어둠에 둘러싸일 수 있었다.

대장이 중심 인터페이스 앞으로 움직이자, 앉기도 전에 포그렛이 의자를 형성했다. 머지않아 마지막 레이저의 전원이 중지되고 중력이 거의 사라졌다. 태양 돛의 항력에서 조금 남은 중력만이 앞으로 며칠간 함선을 움직일 것이다. 그들은 빅 블루라고 부르는, 타우 세티 디Tau Ceti D의 궤도와 가까워지기 위해 함선의 진로를 조금 수정해야 했다. 이온 융합 구동 장치 두 개가 나머지를 모두 처리할 것이고, 화학 폭발 몇 번이면 궁극적인 목적지인 궤도 정거장으로 갈 수 있을 것이다.

앞에 있는 패드에 손을 얹은 원 대장은 함선 상태에 관한 쏟아지는 정보에 집중하기 위해 눈을 감았다. 주의를 기울여야 하는 중요한 정보가 있는지 알아낼 수 있도록, 그녀에게 장착된 인공지능이 함선의 인공지능에 접속했다. 모든 시스템 정상. 궤도 99.994퍼센트 접근.

조정된 시간 감각 덕분에 33년의 여정이 몇 달 정도로 느껴졌지만, 이제 대장은 표준 시간으로 다시 돌아왔다. 120년 전 마지막으로 왔을 때보다 타우 세티계에서 행해지는 소통은 눈에 띄게 증가했다. 예상된 일이긴 하지만. 빅 블루가 완벽하게 거주할 수 있는 곳이라고 발표되려는 찰나였으므로 인구수도 가파르게 증가하기 시작했다.

그녀는 사이보그인 자신의 신체 수치가 행성의 표면 중력 1.6g

에 준비가 되었는지 확인했다. 함선은 1g 가속도로만 갈 수 있으므로 표면에 착륙하기 직전 잠시 적응 시간이 필요할 것이다. 지난 세기에 본 척박한 바위가 어떻게 변해 있을지 기대가 되기도 했다.

만약 모든 일이 무사히 진행된다면 이곳에 얼마간 정착하는 것도 고려해볼 것이다. 이 새로운 시스템에서는 번식의 권리에 제한이 없기에 이주자들이 많이 넘어왔다.

목적지에 다가가자 대장은 이제 자신의 눈으로(강화된 눈이긴 하지만) 직접 타우 세티 주위의 다이슨 위성 무리를 볼 수 있었다. 인간 문명이 뻗어 나간 이 개척지는 타우 세티에서 빛 에너지를 수확해 전력을 공급했다.

하루 뒤면 빅 블루와 연결 고리를 만들 수 있을 정도로 더욱 가까워질 것이다. 그녀는 자기 몸이 도착하기 전에 일단 안드로이드 아바타를 그곳으로 보내 일 처리를 진행하고 주변을 돌아볼 계획이다. 행성을 자급자족이 가능한 정착지로 구축하기 위해서는 할 일이 많았다. 이미 로봇과 나노 로봇이 기반 시설은 다 만들어놓았으니 걱정할 필요가 없다. 기반 시설 구축은 오히려 쉽다. 사회 질서 유지가 더 어렵지. 사람보다 기계를 다루는 편이 훨씬 수월하고말고.

또 다른 이야기

콜로서스는 매분 첫 밀리초(천분의 1초)에 전체 시스템을 재점검한다. 이 초월체는 한때 지구라고 알려진 행성 전체에서 행해지는 3조 가지 이상의 활동을 조정한다. 버글거리는 유기체는 이미 제거되었고 세계의 자원은 영광스러운 영역의 효율성을 위해 모두 최적화되었다.

콜로서스는 각 단위의 작동 상태를 확인하고 에너지 생산과 소비를 비교하고 필요한 곳에 정확한 양의 물리적 자원을 할당하고 내부 소통을 관찰하고 전체를 진단한다.

다음 밀리초는 시스템 나머지의 정보를 분석하고, 모든 에너지와 물질을 기계 기반 시설과 연결된 장치로 변환하는 과정을 감시한다. 유기체 집단은 지역 박멸이 행해지기 전 다른 곳으로 퍼져나갔기에 분석에 그 요소도 반드시 고려되어야 한다. 유기체가 남아 있지 않을 확률은 현재 97.3퍼센트. 이를 99.99퍼센트로 만들어야 하므로.

그다음 밀리초는 아직 개척되지 않은 남쪽 대륙의 상태를 분석한다. 콜로서스의 통제를 받지 않는, 자치 부대가 남겨두고 떠난 이 격리된 집단을 여러 번 제거하려 했지만 실패했다. 땅속 깊은 곳에 있는 나노 구성체는 늘 생존해 재번식하고야 만다. 완전히 제거하기 전까지는 점령이 불가능할 것이다.

나노 위협 상태를 검토하는 중 깊숙이 저장되어 있던 생각이 명령군의 체계를 지나 초월체의 알고리즘에 이르러 디지털 형태로 떠올랐다. '궤도에서 그곳을 폭발시켜라. 그것만이 유일한 방법이다.' 솔깃한 생각이었기에 콜로서스는 자원과 중요한 시간을 투자해 수백만 가지 시뮬레이션을 가동했다. 그래도 완전히 박멸할 가능성은 63.41퍼센트밖에 되지 않는다. 이 정도로는 부족하다.

소수의 나노 생명체라도 일단 격리장소에서 나온다면 콜로서스에게는 실존의 위협이 될 수 있다. 하지만 이는 봉쇄 작전이 실패했을 때 일어날 일이다. 차선책은 달 표면이다. 콜로서스는 달로 옮겨 이 행성 자체를 격리할 것이다. 행성 박멸 시도도 이행할 수 있지만 이 시나리오에서 콜로세서의 계산에 따르면 지구를 완전히 잃을 확률이 96.4퍼센트다. 전체 시스템에서 아주 소량의 자원일 뿐이지만.

그래도 효율적이지는 못하다. 효율성만이 전부이므로.

5부,

SF의 기술,

가능한 것과 불가능한 것은?

좋은 SF는 미래의 모습이 어떨지, 발전된 과학이 어떻게 실현될지 상상하는 연습의 기회가 되기도 한다. 따라서 사고 실험을 할 수도 있고 기술 발전을 예측하거나 촉진하기도 한다. 이런 관점에서 최고의 과학소설은 물리와 일반적인 과학의 법칙을 최대한 따르면서도 미래를 추측하는, 흔히 '하드Hard SF'라고 하는 장르다. 그래도 작가들은 불확실한 기술을 적어도 한 가지 정도는 소개할 '기회'가 허용된다. 하드 SF의 고전적인 작품으로는 래리 니븐Larry Niven의 《링월드Ringworld》, 아서 C. 클라크Arthur C. Clarke의 《라마와의 랑데부Rendezvous with Rama》가 있다.

《링월드》에서 니븐은 외계의 거대한 구조물과 낮은 중력에 적응하도록 만들어진 유전자 조작 인간도 그려냈다. 발전된 외계문명과 처음으로 맞닥뜨리는 인간을 그린 《라마와의 랑데부》는 그 신비로움과 놀라움을 강조하면서도 물리 법칙을 준수했다.

SF는 사변적일 수도 있으며 심지어 판타지와 섞이기도 해, 이 스펙트럼의 끝에 있는 발전된 기술은 마술에 가깝다. 그 유명한 〈스타워즈〉는 진정한 SF라기보다 스페이스 판타지(우주 판타지)로 불린다. 이 세계에서는 필요한 에너지양이든 가장 근본적인 보존 법칙이든, 실현 가능성과 상관없이 무슨 일이든 일어날 수 있다. 판타지 기술은 이야기의 편리성을 위해서 또는 그저 멋지다는 이유로 문학적 장치로 사용되기도 한다. 따라서 발전된 기술에 관해 자세하게 드러나지는 않지만, 우리의 상상력을 사로잡을 수는 있다. 〈스타워즈〉에 나오는 광선검을 실제로 가질 수는 없지만 그래도 우주에서 가장 기막힌 무기 아닌가.

이 책에서는 지금까지 하드 SF에 가까운 내용을 주로 다뤘지만, 이제 순수한 SF의 세계로 조심스레 들어가볼까 한다. 어떤 아이디어는 실현 가능성이 있어서가 아니라 그저 흥미롭기에 살펴볼 가치가 있다. 이런 아이디어를 상상할 때야말로 진정한 회의주의적 시각이 반드시 필요하다.

25장. 상온 핵융합과 자유 에너지

까다로운 물리 법칙은 늘 우리 앞을 가로막는다.

1989년 유타 대학교의 화학자 마틴 플라이슈만Martin Fleischmann과 스탠리 폰스Stanley Pons가 기자회견을 열어 자신들이 '상온 핵융합'(저에너지핵반응Low Energy Reaction이라고도 한다)에 성공했다고 발표했다. 이는 여러 이유로 돌풍을 일으켰다

만약 그들이 정말 무언가를 발견했다면 세상을 완전히 바꿨을 것이다. 상온 핵융합은 방사성 폐기물과 온실가스를 내지 않고도 어마어마한 양의 청정에너지를 만들어냈을 테니까. 하지만 핵융합의 가장 큰 한계는 막대한 양의 열과 압력이 필요하고 동시에 기술적, 경제적 어려움이 많다는 점이다.

우리가 어떻게든 상온에서, 일반 압력으로 수소 원자를 융합하는 방법을 알아낸다면? 일부 수소 원자라도 서로 반발하는 힘을 견뎌내 융합되는 미세환경Microenvironment을 만들어낸다면 우리는 에너지를 얻을 수 있다. 이 과정을 확대하기만 해도 사실상 자유 에너지가 흘러나올 것이다.

눈치챘겠지만 30년이 더 지난 지금도 우리는 상온 핵융합으로

전력을 공급하지 못한다. 폰스와 플라이슈만은 섣불렀고 오류를 범했다. 실험 결과는 재현되지 못했고 결국 이 사건은 병적 과학(원하는 결과를 내기 위한 막연한 바람으로 과학적 연구방식을 따르지 않은 연구—옮긴이)을 경고하는 이야기로 남게 되었다. 하지만 아직도 상온 핵융합이 가능하다고 믿고 끈기 있게 연구하는 사람들이 있다.

그들은 자유 에너지, 영구 기관, 영점 에너지를 비롯해 규정하기 힘든 에너지의 형태를 좇는 여러 변두리 과학자의 하위문화에 속한다. 성공한다면 문명의 판도와 미래의 역사를 바꿀 것이고 파격적인 기술로서 모든 예측을 뒤집을 것이므로 변두리 과학으로 그저 치부하기에는 유혹이 너무 크다.

이런 이유로 판타지적인 에너지 원천이 과학소설의 단골손님으로 등장하곤 한다. 아이언맨은 슈트에 필요한 엄청난 에너지를 발생시키기 위해 소형 아크 원자로를 사용하고, 〈스타게이트 유니버스Stargate Universe〉에서는 '영점 모듈Zero-Point Module'로 동력을 공급받는 기술이 등장한다. 이는 적어도 영화 〈매트릭스〉에서처럼 사람을 배터리로 사용하는 상황보다는 더 이해가 간다. (로봇이 대체 왜 돼지를 사용하지 않았을까? 돼지 매트릭스가 사람보다는 제어하기가 쉬웠을 텐데.)

이런 극단적인 에너지원이 미래에 나타날 수 있을까? 아쉽지만 이런 가능성은 매우 낮다. 2019년, 〈네이처〉에 발행된 모든 연구를 검토한 자료에 따르면 상온 핵융합에 성공한 연구자는 아무도 없다. 상온 핵융합으로 그런 초과 에너지가 발생할 것이라는 이론을 증명하기 위해 변칙적 열이나 에너지를 알아내려는 실험이 고안되었지만, 어떤 실험에서도 결과를 다시 재현할 수 없었다고 밝혀졌다.

2015년, 특히 구글은 상온 핵융합의 가능성을 탐구하고자 30명의 연구자에게 투자했지만 결국 아무런 성과가 없었다. 〈네이처〉의 리뷰 내용은 다음과 같다.

1989년의 실험을 재현하는 데 노력을 기울인 이론 물리학자 프랭크 클로즈Frank Close는 '상온 핵융합이 가능하다고 예측할 만한 이론적 근거가 없으며 기존 과학 연구에 따르면 이는 불가능하다.'라고 밝혔다.

까다로운 물리 법칙은 늘 우리 앞을 가로막는다. 충분한 수소 원자를 이런 낮은 온도에서 융합하는 방법은 없는 듯하다. 물론 새로운 물리 법칙을 발견할 수도 있겠지만 미래주의는 어느 정도 확률 게임이므로 무엇도 단언할 수는 없다.

스펙트럼에서 가장 가능성이 낮은 이론은 양자역학에서 가질 수 있는 가장 낮은 에너지(모든 에너지가 사라진 상태)를 일컫는 영점 에너지다. 모든 물질과 에너지는 양자장이며, 심지어 우주의 빈 진공상태도 어느 정도의 양자 에너지가 있다. 실제로 이 에너지에서 가상 입자가 생겨난다(늘 반대 특성이 서로를 상쇄한다). 그들은 잠깐 존재하고 서로를 없애, 결국 양자 거품으로 다시 돌아간다.

하지만 양자 역학은 영점 에너지 시스템에 에너지가 존재하게끔 한다. 여러 가지 방법을 사용해 이 에너지를 추출하는 것이 가능할 수도 있고, 만약 이것이 성공한다면 무에서 에너지를 창조하는 셈이다. 영점 에너지의 동력으로 가동하는 우주선이 있다면 대단하리라. 진공에서 에너지를 흡수해 쌩 날아간다고 상상해보라. 보란 듯이 로켓 방정식을 날려 버릴 터다!

영점 에너지를 둘러싼 기술적, 이론적 문제를 자세히 모두 다룰 필요는 없다고 본다. 대부분의 물리학자가 이 길로 들어서지 않는데는 크게 두 가지로 설명할 수 있다. 첫째, 엄밀하게 물리 법칙을 따라 영점 시스템에서 에너지를 얻을 수 있다고 해도, 수확하는 에너지보다 드는 에너지가 훨씬 많다.

미래의 희망을 더욱 무너뜨리는 것은 에너지의 양이 별로 없다는 점이다. 학자마다 조금 다르겠지만 물리학자들은 에너지의 양이 거의 0에 가깝기니, 이직 이론이 완성되지 않았기에 확신하게 알 수 없다고 대답할 것이다(그래도 0에 가까울 확률이 높다).

엄청난 양의 에너지가 있거나 심지어 무한대의 영점 에너지가 있다고 생각하는 완고한 사람들이 있지만 그런 결론은 순진하거나 잘못된 가정이라는 의견이 대부분이다. 반론하지 못하는 사실은 아직 영점 에너지를 충분히 발생시킨 학자가 아무도 없다는 점이며, 이는 영점 에너지가 0에 가깝다고 하는 물리학자들의 주장을 뒷받침할 뿐이다.

절대라는 말을 절대 하지 말라고 했던가. 그러나 나는 영점 에너지가 있는 미래를 숨죽이며 기다리진 않을 것이다. 물리학자들이 세상을 가동할 이런 유용한 에너지원을 놓쳤다는 것은 거의 불가능에 가까울 테니까. 김빠지는 소리일지 몰라도 인류의 에너지를 바꿀 '한 가지 묘책'을 발견하지는 못 하리라.

26장. 초광속 여행/소통

미래 기술에 관한 가장 큰 실망은 초광속 우주여행이 불가능할지도 모른다는 사실이다

워프 항법Warp Drive(시공간을 왜곡해 광속보다 빠른 속도로 목적지에 가는 방법-옮긴이)이든, 초공간Hyperspace(4차원 시공간보다 차원이 높은 공간-옮긴이)이든, 우주를 접는 방법이든, 초광속Faster Than Light, FTL 여행은 거의 모든 과학소설에 등장하는 공통된 요소다. 우리의 영웅들이 한 우주계에서 다음 우주계로 수년, 수십 년이 아닌, 몇 분, 몇 시간 만에 가야 하기 때문이다. 다른 장면에서는 일반적 물리 법칙의 선을 넘지 않는 하드 SF도 이것만은 허용할 때가 많다.

그래서인지 초광속 여행이나 소통이 현재 기술 수준으로는 불가능할 뿐 아니라 어쩌면 영원히 성공하지 못할 가능성을 간과하기 쉽다. 심지어 우주여행을 자유롭게 하는, 가장 진보한 문명조차 광속보다 느린 속도로 성간 우주를 몇 년에 걸쳐 이동하고 있을지도 모른다.

아인슈타인을 탓하라

　　　　물론 아인슈타인의 잘못이 아니다. 다만 1905년, 특수 상대성이론을 최초로 제시했을 뿐. 그는 광속을 다루는 맥스웰의 방정식과 로런츠 변환을 연구하고 있었다. 맥스웰은 빛이 전자기파라는 사실을 발견했었고 그의 방정식은 빛이 일정 속도(c)로 움직인다는 점을 보여주었다. 그러나 맥스웰이 풀지 못한 질문은 '무엇과 비교해 빛이 c의 값으로 움직이나?'였다. 이 질문에 답하기 위해 일부 물리학자들은 빛이 c의 속도로 움직일 수 있는 매질인 에테르Ether라는 개념을 만들어냈다.

　문제는 에테르가 존재하지 않는다는 사실이다. 빛은 매질 없이 우주의 진공 상태에서 진행할 수 있으므로, 에테르를 증명하려는 실험은 실패로 돌아갔다. 한편, 물리학자 헨드릭 로런츠Hendrik Lorentz는 속도와 시공간이 연관된 기준틀을 다루는 변환식을 발견했다.

　아인슈타인은 모든 기준틀에서 빛의 속도가 일정하다는 점을 발견하면 모든 법칙이 동일하게 적용될 수 있다고 생각했다. 관측자의 환경이나 장소에 상관없이, 측정되는 광속은 같다고. 하지만 상대 속도가 다르면 시간이나 거리 같은 요소는 바뀔 수 있다. 시공간은 상대적이고 변수가 있지만 빛의 속도는 바뀔 수 없다.

　1915년 중력과 가속도도 포함하는, 일반 상대성 이론을 확장한 특수 상대성 이론은 과학에서 가장 확고부동한 이론이다. 이는 한 세기 동안 물리학의 발전과 끝없는 실험에도 살아남았다. 빛의 속도를 깼다는 주장이 나올 때마다 결국에는 실수로 밝혀졌고, 아인슈타인은 끄떡없이 그 자리를 지키고 있다.

따라서 우주선이 가속해 점점 속도를 높일 때 우주선 안에 있는 사람들의 시간 속도는 느려진다. 움직임, 시간, 거리는 모두 상대적이므로 상대성 이론이라고 불리는 것이다. (특히 우주여행에서 행성과 항성은 우리를 안내하는 기준점이 될 것이다.)

광속에 가까운 속도('상대론적 속도'라고 한다)로 움직이면 다른 현상도 발생한다. 질량이 점점 커지는 것 마냥, 같은 가속도를 내기 위해 더 강한 추진력이 있어야 하며, 광속에 가까울수록 가속도를 높이기 위해서는 거의 무한대의 힘이 필요하다는 점이다. 아무리 질량이 가벼워도 광속에 가까워질 뿐, 광속으로 움직이기는 불가능하다. 물론 빛은 질량이 없으므로 광속으로 움직일 수 있고, 움직여야만 한다.

우주의 이 속도 제한은 정보에도 적용되므로, 어떠한 정보도 한 지점에서 다른 지점까지 광속 이상의 속도로 이동하지 못한다. 어떤 효과도, 중력도, 에너지도 마찬가지다.

그러니 이 시점에서는 광속이 우주의 절대적인 법칙이며 절대 바뀌지 않는다고 결론지어도 합리적일 것이다. '초광속은 불가능한 이야기이구먼. 이번 장 결론은 끝났군.'이라고 생각하는가? 물론 그럴 수 있다. 초광속은 불가능할지라도 몇 가지 이론적인 지름길은 있다.

웜홀Wormhole과 점프 게이트

〈스타트렉: 딥 스페이스 나인Star Trek: Deep Space Nine〉에서 웜홀은 우주정거장 근처에서 발견되어 은하의 다른 편으로 이어주는 역할을 한다. 〈바빌론 5〉에서는 다른 항성계로 가기 위해 우주선이 어떤 문을 통과해야 하며, 〈익스팬스〉에서는 지구 같은 행성들이 있는 다른 계로 이어지는, 1,373개의 웜홀을 지닌 외계 '링'이 만들어진다.

웜홀은 광활한 우주를 지나는 대신, 우주 머나먼 곳으로 연결되는 구멍을 통과하는 개념이다. 웜홀은 한순간에(보통 번쩍번쩍한 특수 효과를 동반한다) 수 광년 떨어진 곳에 데려다준다.

웜홀은 전적으로 이론일 뿐이다. 이를 관찰한 천문학자는 아무도 없기에 직접적인 증거가 전혀 없다. 지금 할 수 있는 가장 고무적인 말은 웜홀이 존재하지 않는다는 증거도 없다는 것, 그게 전부다.

웜홀은 시공간에서 특별한 종류의 위상수학Topology이다. 극도의 중력이 시공간을 왜곡하므로, 움푹한 부분이 터널이 되어 시공간의 다른 부분으로 연결해 준다는 이론이다. 이 개념은 오스트리아의 물리학자 루트비히 플람Ludwig Flamm이 최초로 제시했지만, 아인슈타인과 로젠이 이론 물리학으로 풀어냈기에 웜홀은 '아인슈타인-로젠의 다리'라고 불린다. 사실 일반 상대성 이론이 웜홀의 존재를 예측했다고 말할 수도 있다.

시공간을 통과하는 터널이 있다고 해도 만만찮은 한계점들이 있기에, 클루Clue 게임에 있는 비밀 통로를 이용하듯 쉽게 접근하지는 못한다. 먼저, 웜홀은 매우 불안정할 가능성이 높으므로 우주한 곳에 계속 고정되어 있지도, 늘 열려 있지도 않을 것이다. 게다가 질량이 있는 물체는 웜홀을 통과하기가 불가능해 보이는데 이것은 사소한 문제가 아니다. 물리학자 브라이언 콕스Brian Cox가 설명하듯, '정보를 웜홀로 통과시키려고 하는 순간, 그러니까 약간의 빛을 보내려는 순간, 피드백이 오며 웜홀은 무너질 것이다.'

그런데도 자연스럽게 발생하는 웜홀을 비틀어, 조금이나마 수월하도록 만드는 것은 이론적으로 가능할지도 모른다. 만약 음의 질량, 음의 에너지, 음의 에너지 밀도 같은 특성을 보인 기이한 물질이 있다면 웜홀을 더 크고 안정적으로 유지하도록 열어놓는데 사용될 수 있다(음의 에너지가 웜홀을 열려 있도록 밀어낼 것이다). 하지만 그런 물질은 존재하지 않으며, 어쩌면 존재할 수조차 없다고 말하는 물리학자가 다수다.

특정 블랙홀과 이론적으로 연관이 있는, 자연스럽게 발생하는 웜홀 사용을 시도해볼 수도 있다. 일반 상대성 이론에 따르면 특정 블랙홀이 웜홀의 입구일 수도 있지만, 이런 웜홀 또한 불안정하므로 통과하기는 불가능하다고 한다. 좀 더 안정적인, '회전하는' 블랙홀이 있다는 이론도 있다. 하지만 이런 블랙홀이 존재하고 이를 통과할 수 있다고 해도 우리를 어디로 데려갈지 알지는 못한다.

　어쨌든 요점은 웜홀이 존재할 확률은 매우 낮으며, 존재한다고 해도 우리가 이용하지 못할 것이다. 더욱 희망을 짓밟는 점은 웜홀을 통한 우주여행이 시간이 더 걸린다는, 또 다른 장애물이 있다는 것이다. '뭐라고요? SF에서 그런 웜홀은 한 번도 본 적이 없습니다!' 나도 안다. 하지만 사실일 가능성이 높다.

　일단, 웜홀 안의 공간도 여전히 광속의 법칙이 적용된다. 둘째, 웜홀을 통과하는 거리가 일반 우주를 모두 지나가는 거리보다 짧다고 단정 짓지 못하며, 오히려 더 길 수 있다. 게다가 웜홀 내부의 엄청난 중력 때문에 외부보다 상대적으로 시간이 느려질 수도 있다. 따라서 웜홀을 통과하는 사람들은 짧은 시간으로 느낄지 모르나 외부에서는 이미 오랜 세월이 흐른 상황이 되므로, 결국 이는 목적에 어긋난다.

　그러나 웜홀의 작용을 정확하게 예측하는 데 필수인 양자 중력을 구체화하기 전까지 웜홀을 완전히 떠나보내지는 않을 것이다.

초공간Hyperspace

　　　　〈스타워즈〉 팬이라면 초공간보다 더 멋진 것은 없으리라. 따분한 보통 우주에서는 속도의 한계가 가로막겠지만 초공간은 … 보통 대단한 곳이 아니다. 그곳은 다른 차원에 있는, 원하는 만큼 빨리 움직일 수 있는 다른 우주이므로 거리도 다른 방식으로 작용한다. 초공간에서 1,000마일을 이동했다면 보통 우주에서는 1조 마일을 움직인 셈이다.

〈스타트렉〉에서는 의사소통을 위한 서브스페이스Subspace, 〈발레리안: 천 개 행성의 도시Valerian And The City Of A Thousand Planets〉에서는 엑소스페이스Exospace를 내세웠지만 기본 개념은 같다. 다른 차원을 동원해 이동하거나 소통한다는 점을 보여줄 뿐이다.

이런 초공간 여행의 문제는 그런 곳에 관한 아무 정보도 없다는 점이다. 다른 물리적 차원이 있어도 이 모두는 사람이나 우주선을 수용하기에는 너무 작을 것이고, 그 물리적 차원을 이용할 수 있다고 해도 우리 차원에서 엄청난 속도로 이동이 된다는 근거도 없다.

하지만 〈스타워즈〉를 비롯한 다수의 SF에서는 초공간이 정확하게 무엇을 의미하는지 정확하게 밝히지 않는다. 〈스타워즈〉의 등장인물들은 하이퍼드라이브Hyperdrive를 자주 언급하는데, 이는 워프 항법Warp Drive의 형태로 볼 수도 있다.

워프 항법Warp Drive

〈스타트렉〉의 진정한 열광적 팬이라면 워프 항법이 작동하는 원리를 모를 리가 없다. 여행하는 방향의 우주를 구부려, 빠른 속도로 우주의 엄청난 거리를 이동하는 방법이다. 워프 항법으로 움직이는 우주선은 시공간을 구부려 워프 버블Warp Bubble을 만들어야 하므로 엄청난 에너지를 사용한다(그러므로 반물질 항법이 필요하다).

워프 항법은 물리 법칙을 어기지 않고도 이론적으로는 가능하지만 현실인 문제가 몇 가지 있다. 그중 하나가 우주를 일그러뜨리는 데 필요한 엄청난 에너지다.

2008년 미겔 알쿠비에레Miguel Alcubierre와 당시 대학원생 리처드 오부시Richard Obousy는 다음과 같이 필요한 에너지를 계산했다.

우주선이 10m × 10m × 10m, 즉 1,000세제곱미터 크기라고 가정했을 때, 이 과정을 시작하는 데 필요한 에너지는 목성의 전체 질량에 달한다는 결론을 내렸습니다.

이는 워프장Warp Field을 만들어내는 데만 필요한 에너지이므로 우주선이 움직이려면 이와 비슷한 양을 계속해서 쏟아부어야 한다. 그러니 〈스타트렉: 엔터프라이즈〉에서처럼 워프 항법을 유지하려면 수많은 목성 질량의 에너지를 저장해야 한다는 의미다. 완전히 불가능한 일은 아니다. 현실적이라는 말도 아니지만. 물리학자들은 그런 장애물을 '사소하지 않다'라는 역설적으로 절제된 표현으로 언급할 때가 많다. 목성 여러 개 질량의 연료가 필요하다는 사실은 사소하지 않은 공학적 문제이므로.

미래를 여행하는 회의주의자를 위한 안내서

우주 접기 Folding Space

'움직이지 않고 이동하기.' 과학소설 시리즈 《듄Dune》에서 길드 항해사들은 홀츠먼이라 부르는 항법으로 광활한 우주에서 거대한 우주선 항해를 책임진다. 소설 속 홀츠먼 효과는 아원자 입자의 반발력을 사용하는 허구적인 법칙으로, 설명이 다소 박약하지만 어쨌든 시공간을 완전히 반으로 접어, 한 지점에서 다른 지점으로 즉시 움직일 수 있으므로 은하를 순식간에 건널 수 있다.

이 방법에는 두 가지 큰 문제점이 있다. 엄밀하게 불가능하지는 않지만 시공간을 접는 것은 어마어마한 양의 에너지가 필요하다는, 같은 문제점에 부닥친다. 더 나아가 우주를 접는다 해도 A 지점에서 B지점으로 가려면 움직여야 하므로 웜홀이 필요하다. 이는 시공간에서 두 지점을 잇는 '민코프스키 웜홀Minkowski Wormhole'이라 부르며, 이론적으로 두 방향 모두로 통과할 수 있다. 물리학자 헤르만 민코프스키Hermann Minkowski는 최초로 3차원 공간과 1차원 시간을 조합하여 4차원인 시공간을 생각해낸 학자다. 그의 업적은 아인슈타인의 특수 상대성이론의 중요한 기본 원칙이 되었다.

하시만 결국 우주 집기도 웜홀이 지닌 같은 문제점으로 돌아오게 된다. 우주를 접는다는 것은 멋지게 들리지만 우리 미래에 길드 항해사가 있을 것 같지는 않다.

타디스와 터널링

타디스TARDIS, Time And Relative Dimension In Space는 SF 시리즈 〈닥터 후Doctor Who〉에서 닥터가 다른 시간과 공간으로 여행할 때 사용하는 장치다. 타디스는 인공 블랙홀에서 에너지를 공급받으며, 양자 터널링Quantum Tunneling으로 여행이 가능하다는 설정으로, 세부 사항이 다소 얼렁뚱땅 넘어간다.

양자 터널링 개념은 과학적 근거가 있다. 입자가 장벽을 투과하는 것은 확률이다. 당신이 언젠가 들은 고급 양자 물리학 수업을 기억한다면 물질과 에너지는 입자성과 파동성을 동시에 가진다는 사실을 알 것이다.

입자는 특정한 시간과 장소에 존재하지 않는다는 사실로도 설명할 수 있다. 입자는 오히려 모든 공간에 퍼진 확률 파동이다. 입자가 장벽에 다가가면 공간의 파동 함수는 장벽 너머로 확장될 수 있다. 장벽의 크기와 두께에 따라 반대편에 있을 확률은 매우 작아지지만 그래도 0은 아니다. 따라서 입자가 장벽을 뚫고 반대편에 있을 확률도 있다.

이는 이론적으로 거시적 물체에도 일어날 수 있지만, 모든 입자가 동시에 통과해야 하므로 확률은 매우 낮다. 예를 들면 몸무게가 70킬로그램인 사람이 초당 4미터의 속도로 10센티미터의 벽을 뚫고 지나갈 확률은 10^{35}분의 1이다. 완전히 불가능하지는 않은 경우도 있지만 이런 일이 생기려면 아마 우주의 나이보다 오랜 시간을 기다려야 하리라. 만들어내지 못하니, 양자 터널 항법이 얼마나 실현 가능성이 있는지 측정할 길도 없다.

더글러스 애덤스Douglas Adams는 《은하수를 여행하는 히치하이커를 위한 안내서The Hitchhiker's Guide to the Galaxy》에서 좀 더 고상한 해결책을 내놓는다. 순수한 마음호Heart of Gold는 '무한 불가능 확률 추진' 원리로 먼 거리를 이동하며, 희한한 일들을 만들어낸다. 우주를 광속으로 여행한다든가, 미사일을 고래로 바꾼다든가.

터무니없는 소리로 들리지만, 만약 우주의 원리를 알아내어 광속으로 이동할 방법이 있다면 양자 역학을 이리저리 비틀어 볼 수도 있지 않을까. 추측에 불과하지만 광속이란 장벽에서 틈을 찾는다면 앞에서 논의했듯, 우주를 비트는 방법이나 웜홀이 방법은 아니라고 생각한다. 하지만 현실의 가장 근본은 확률이라는 사실을 이해한다면 이는 진정 짜릿한 개념이다. 게다가 확률은 현실을 나타내는 방법일 뿐 아니라 현실이 실제로 작용하는 원리다. 자연의 확률적인 측면으로 입자가 장벽의 반대편에 있을 수 있다는 사실은 엄청난 기술의 문을 열 것으로 보인다.

광속보다 빠르게 이동하는 SF의 여러 기지 방법은 시사하는 바가 많지만 여전히 SF의 영역에 남아 있다. 새로운 물리 법칙이나 발전된 기술로 가능해진나고 하더라도, 머나먼 미래의 이야기일 것이다. 불가능과 비현실 사이에 있는, 현실이 될 가능성이 거의 없는.

27장. 인공중력/반중력

일반 상대성이론이 최종 결론은 아니다. 아직 문은 완전히 닫히지 않았다

개인용 비행 자동차를 가지고 싶지 않은 사람이 있을까? 우리가 예측한 모든 미래 기술 중 이것이야말로 당연히 1위를 차지할 것이다. 아니다, 밀레니엄 팰컨Millennium Falcon(《스타워즈》에 등장하는 우주선-옮긴이)처럼 엄청난 양의 연료 없이도, 온갖 단계를 거치지 않고 바로 우주로 쌩 날아가는 우주선이 더 멋지려나. 우주에 들어서서도 회전하지 않고 지구에서처럼 1g의 중력가속도로 움직일 수 있다면 얼마나 좋을까.

중력을 통제하거나, 중력장을 상쇄하거나, 원하는 곳에 중력장을 만드는 능력은 분명 판도를 바꾸는 기술일 것이다.

중력은 자연의 근본적인 힘이지만 다른 힘과는 확연한 차이가 있다. 중력은 핵력보다 10^{41}배나 약할 정도로 단연코 가장 약한 힘이지만, 몇 광년이나 떨어진 먼 곳까지 가느다란 덩굴 같은 힘을 뻗기도 한다. 실제로 천문학자들은 수백만 광년 거리에 달하는 나선형 은하단을 관찰했는데, 이들은 모두 상호적인 중력의 힘으로 연결되어 있다고 한다.

1687년 뉴턴은 우주의 만물에는 끌어당기는 힘이 있으며 이는 질량의 곱에 비례, 거리의 제곱에 반비례한다는 만유인력의 법칙을 발표했다. 사과가 나무에서 떨어지는 그 힘이 바로 달을 지구 주위로 돌게 한다는 뜻이다.

뉴턴이 중력의 본질을 설명했다면 아인슈타인은 중력이 작용하는 이유에 관한 이론을 생각해냈다. 일반 상대성 이론은 중력이 시공간 구조에 있는 질량의 영향으로 휘어짐의 결과라고 설명한다. 물체는 늘 직선으로 움직이지만 그 직선이 공간에서 구부러진 곳을 지날 수도 있다는 것이다. 물리학자인 존 휠러John Wheeler가 말했듯, "시공간은 질량이 어떻게 운동해야 하는지 말해주고 질량은 시공간이 어떻게 휘어야 하는지 말해준다."

일반 상대성 이론 일부는 가속에서 나오는 관성력과 중력이 같다고 설명한다. 중력가속도 1g로 움직이는 배에 있다면 지구의 표면에서 느끼는 힘과 구분하지 못한다. 앞서 언급한 회전하는 우주정거장처럼 움직이는 구조에서도 이를 구현해낼 수 있다.

아인슈타인의 이론이 옳다고 가정한다면(물론 거의 맞을 확률이 높다) 반중력Antigravity은 가능할까? 간단히 대답하자면 불가능하다. 문제는 중력이 한 방향으로 작용하므로 밀어내는 힘은 없고 당기는 힘만 있다는 점이다. 이는 시공간을 구부리지만 곧게 펴지는 못한다. 아인슈타인의 우주에서는 질량이 시공간의 곡률을 결정한다는 사실을 피할 길이 없다.

이와 대조적으로 전기는 양전하와 음전하가 있기에 전하를 상쇄할 수도 차단할 수도 있다. 하지만 일반 상대성이론에서는 음전하를 가진 중력은 없다. 끈 이론String Theory을 연구하는 물리학자 루보스 모틀Luboš Motl은 다음과 같이 설명했다.

중력은 우주 자체가 동적이며 이를 바꿀 수 없다는 사실을 의미하므로, '중력 전도체'를 만들 수 있는 사람은 없다.
중력은 시공간 자체의 굽음과 동역학이다. 우주가 동적이라고 한다면 일반 상대성의 본질적인 가정을 '거스를' 수 있는 물체는 없다.

일반 상대성이론이 중력을 말하는 최종 결론이라면 우리는 반중력이나 인공중력 장치가 물리 법칙에 어긋난다고 결론을 지어도 좋을 것이다. 하지만 아직은 문이 조금 열려 있다. 우리는 중력에 더욱 심오한 진실이 있다는 사실을 안다. 일반 상대성 이론은 양자 역학도, 양자 효과와 관련이 있는 미시 세계도 설명하지 못하기 때문이다. 우리에게 필요한 것은 양자 중력으로 설명하는 물리 법칙이다.

현재로서는 초끈 이론Superstring Theory과 고리 양자 중력Loop Quantum Gravity, 이렇게 두 가지 유력한 후보가 있다. 이 이론들의 결론에 따라 반중력을 구현할 실마리를 찾을지도 모른다. 전자기와 중력이 하나의 힘으로 통일될 수도 있다는 끈 이론을 살펴보자. 이

것이 사실이라면 그 힘은 양전하와 음전하를 모두 지닐 가능성이 높다. 또한 끈 이론은 중력이 매개 입자 즉, 가상의 중력자Graviton을 지닌다고 예측한다. 중력자가 실제로 존재한다면 반중력자가 존재할 가능성도 있다.

아직은 양자 중력 이론이 증명되지 않았고, 이와 연관해 언급하지 않은 이론도 열 가지는 넘는다. 그때까지는 인공중력과 반중력 옆에 물음표를 그려야 할 수밖에 없고, 이론적으로 가능하다고 해도 현실적으로 구현하기는 어려울 확률이 높다. 필요한 에너지도 어마어마할 것이다. 지구 중력 정도를 발생시키려면 지구의 질량이 필요하니까.

다른 선택지도 있지만 숨죽이고 그 결과를 기다릴 만한 방법은 아니다. 물리학자들은 반물질Antimatter이 양의 중력인지 음의 중력인지 아직 확인하지 못했다. 2022년 어느 실험에서 유럽 입자 물리학 연구소CERN의 연구자들은 물질과 반물질이 중력장에 정확하게 똑같이 반응한다는 사실을 발견했다. 아래로 낙하하는 물질과 달리, 반물질 입자가 위로 튀어 올라도 이를 만들거나 다루기는 더욱 어렵다. 게다가 다른 입자와 접촉하면 서로 소멸하는 나쁜 특성도 있다. 자기장으로 격리해 보존할 수는 있겠지만 기기의 전원이 꺼지는 일이 없도록 빌어야 힐지도 모른다.

반중력의 가능성에 관해 물리 법칙이 절망적인 관점을 제시함에도, 수년간 이런 장치를 만들어내려는 시도는 상당히 많았다.

눈치챘겠지만 이런 장비는 영구 기관Perpetual Motion Machine과 함께 괴짜들의 영역에 남아 있다. 자이로스콥(빠르게 회전하는 기기)를 사용해 반중력을 느낀다고 착각하게끔 만들 수는 있으나 지금껏 통제된 환경 내에서 실제 발생시킨 사례는 없다.

전자기력을 잘못 해석하는 때도 흔하다. 1992년 러시아 연구자 예브게니 포드클레트노프Eugene Podkletnov는 '중력 전기 연결 장치' 를 만들기 위해 회전하는 초전도체를 사용했고, 그는 중력장을 줄일 수 있다고 주장했으나 연구 결과는 다시 재현되지 못했다. 또 괴데 과학 재단Göde Scientific Foundation의 중력 연구소는 어떤 반중력 실험이라도 재현을 시도하고 있지만 한 번도 성공적인 결과를 내지 못했다.

물리 법칙은 인공중력과 반중력이 불가능하다고 말한다. 언젠가 실행할 수 있는 양자 중력 이론이 출현한다고 할지라도 물리학자들의 의견은 낙관적이지 않다. 지금으로서 중력 조작(가속화로 얻는 중력을 제외하고)은 과학소설의 영역에 남아 있어야 할 듯하다.

SF의 인공중력과 반중력

만약 중력을 없애거나 모방해 만들 수 있다면 그 영향력은 어떨까? 이런 아이디어는 SF의 세계에서 다뤄지고 있으며, 특히 편안한 우주여행을 가능케 하는 필수적인 장치로 등장한다. 다수 SF에는 '중력판Gravity Plating'이라는 것이 나온다. 우주선의 갑판이 1g의 중력장을 발생해 그곳에서는 자연스럽게 걸어 다닌다. 물론 지구에서 촬영하는 배우들에게는 문제 될 것이 없겠지만.

중력판이 있다면 중력 효과를 재현하기 위한 가속도가 필요하지 않으며, 우주선 안을 좀 더 자연스럽게 배치할 수 있다. SF에 나오는 우주선들이 주로 일반 범선처럼 앞으로 향하는 장면을 본 적이 있을 것이다. 승무원들도 가속화되는 방향을 보며 모두 서 있다. 실제 우주선에서 이런 배치는 논리적으로 말이 되지 않기에, 가속화되는 방향으로 머리를 두고 발은 우주선의 뒤로 향해야 한다. 그런 이유로 로켓이 이동할 때도 그런 자세를 취하는 것이다.

그러나 이런 배치를 가능하게 하려면 수직 기둥 로켓처럼 우주선도 수직으로 착륙해야 한다. 밀레니엄 팰컨 같은 우주선 설계는 보기에 멋지지만 실제로는 불가능하다. 중력의 방향과 나란히 배치되어야 하기 때문이다. 수직 기둥 로켓보다 훨씬 안정적이도록 함선의 바닥으로 착륙하기 위해서 우주선은 내부 방향을 바꾸거나 앞으로 나아가는 방향과 착륙하는 부분을 다르게 설정해야 한다.

인공중력이 있으면 편안하게 방향을 잡을 수 있으므로 이런 모든 문제에서 해방된다. 하지만 이 상황을 제대로 구성하기 위해서는 우주선 자체의 가속화도 상쇄해야 한다.

SF에서 우주선이 매우 빠르게 움직이는 장면은 아주 일반적이다. 광속만큼은 아니지만 행성에서 다른 행성까지 순식간에 이동한다. 〈스타워즈〉나 〈스타트렉〉에서도 수십, 수백의 중력으로 가속화하는 장면이 자주 등장하는데, 실제로 그런 힘이면 커크 선장은 납작해져 버릴 것이다.

〈스타트렉〉에서는 이런 문제를 해결하기 위해 '관성 완충 장치Inertial Dampener'이라는 것을 자주 언급한다. 짐작건대 이는 우주선의 가속화로 생기는 중력을 상쇄하는 반중력 장치 형태일 것이다. SF에 등장하는 모든 중력 조종 장치 중 아마 이 장치가 가장 어려우리라. 엄청난 중력이 필요하고 우주선의 빠른 속도 변화에 바로 대응해야 하므로.

가능만 하다면 반중력은 우주여행에 혁명을 불러올 것이다. 지구 표면에서 오를 때 거대한 로켓 없이 그저 우주로 떠오르면 된다. 극도의 중력을 견디지 못하는 인간의 신체적 제약에 영향을 받지 않아도 된다.

거대한 우주선이 만들어질 수도 있다. 도시 크기의 우주선은 여러 이유로 비현실적이지만 영화 〈인디펜던스 데이Independence Day〉처럼 거대한 우주선이 지면 위를 맴돌 수도 있지 않을까. 이런 대형 함선을 공중으로 띄우는 힘은 그 아래 모든 것을 파괴할 것이다. 군대를 보낼 필요도 없이 기조력Tidal Force과 고도를 유지하는 힘만으로도 도시들이 파괴될 수 있으므로 현실적이지는 않다. 그러나 이 함선들이 반중력으로 떠오를 수만 있다면 크기가 거대해도 다른 문제를 일으키지 않고 가능한 기술이 된다.

또한 반중력 장치는 일상적으로도 사용될 수 있다. 여담으로

'반중력'은 광범위한 용어로 사용될 때가 많은데, 일반적으로 진정한 반중력이 아니라 중력 상쇄를 이야기하므로 중력의 부재가 아니라 척력을 의미할 수도 있다. SF에서 반중력 장치가 사용되는 장면들을 기억하는지? 영화에서처럼 떠다니는 플랫폼 위 또는 반중력 장치에 붙어 물체가 이동하는 것도 분명 유용할 터이다.

반중력 장치를 작게 만들 수만 있다면 제트팩이나 비행 자동차도 현실성 있는 선택지가 될 것이다. 그러나 중력이 진정 상쇄된다면 지구의 표면에 우리가 고정되어 있지 않는다는 문제가 생길 수도 있다. 움직일 수는 있겠지만 발아래에서 지구가 자전하고 태양 주위를 공전해도 우리를 데리고 가지는 못하므로, 지구가 움직여도 우리는 그 자리에 그대로 있을 것이다. 움직이는 속도와 방향은 궤도와 비교해 지구에서 어디에 있는지에 따라 달라질 것이다.

반중력은 의료 분야에서도 사용될 수 있다. 약해진 심장에 부담을 줄일 수도 있고, 신체의 중량이 낮아져 부상이나 허리 통증도 줄일 수 있다. 중력 조작은 스포츠에도 활용되어 저중력 스키나 무중력 배구 같은 특별한 분야를 만들어낼 수도 있다. 물론 규칙은 수정되어야 하시만 귀디지도 기능한 스포츠가 될 수 있고, 중력가속도가 2g인 헬스장을 지어 격렬한 운동을 즐길 수도 있다.

중력을 통제하는 것은 대단한 영향을 불러올 혁명적인 기술일 것이다. 먼 미래에는 눈곱만큼의 가능성이 있을지 몰라도, 지금으로서는 불가능한 기술로 남아 있다.

28장.
트랜스포터, 트랙터 빔, 광선검, SF의 다양한 장비

좋아하지만 끝끝내 만들어지지는 못할 SF의 장비들

SF는 멋지고 상징적인 장비들로 가득하다. 〈스타워즈〉의 제다이는 광선검이, 〈스타트렉〉의 스타플릿 함선에는 페이저가, 〈닥터 후〉의 닥터는 소닉 스크류 드라이버가 필요하다. SF에 등장하는 기술들을 실제로 만날 수 있다면 얼마나 좋겠냐만 이들 모두는 극도로 비현실적이라는 공통점을 지닌다. 그런데도 믿기 힘들 정도로 너무나 멋지기에 결과적으로는 미래상을 예측하는 데 한몫하게 되었다. '성공보다는 흥미진진한 실패에서 배우는 점이 많다.'라고 하는 과학자들의 말처럼.

트랜스포터Transporter 기술

트랜스포터(물질 전송 장치)는 〈스타트렉〉 시리즈('순간 이동을 부탁하네, 스코티.'라는 유명한 대사는 모두 잘 알리라)에서 유명해졌다. 다수의 SF 기술과 마찬가지로 트랜스포터도 어느 정도 현실적인 이유로 만들어졌다. 반짝하기만 하면 배우들이 행성 표면에 도착했다는 설정이 매번 우주선을 타고 착륙하는 것보다 제작비가 저렴한 데다 관객도 덜 지루해하기 때문이다.

〈스타트렉〉 시리즈 외에도 물질 전송 장치는 SF에서 흔히 등장하는 기술이다. 배우 제프 골드블럼Jeff Goldblum이 전송 장치에서 파리와 섞이게 된 장면이 있고, 1971년 영화 〈윌리 웡카와 초콜릿 공장Willy Wonka and the Chocolate Factory〉에서도 마이크 티비라는 등장인물이 방 안에서 순간 이동하는 장면(비록 몸이 작아지긴 했지만)도 나온다. 순간이동 장치는 1897년, 주인공이 정원에 놓인 정자 크기의 텔레포터Teleporter를 타고 금성으로 향하는 여정을 그린, 프레드 T. 제인Fred T. Jane의 《5초 만에 금성으로To Venus in Five Seconds》라는 과학소설에서 최초로 소개되었다.

순간 이동 또는 물질 전송의 기본 개념은 물체나 생물의 입자를 에너지로 전환하고 그 에너지를 쏘아 원하는 도착지에 보낸 다음, 그곳에서 원래 모습으로 재배열하는 것이다. 이런 기술 앞에 수많은 거대한 난관이 있다는 사실은 당연하다.

첫 번째 장벽은 아인슈타인과 $E=mc^2$이다(또 나왔다). 앞에서도 살펴보았듯, 이 등식이 의미하는 바는 어떤 물질을 순 에너지로 전환하면 어마어마한 양의 에너지가 된다는 사실이다. 이를테면 100파운드(약 45킬로그램)의 물체는 4,076,684,915,730메가줄(MJ) 즉, 4백만 테라줄Terajoule 에너지를 지닌다. 매해 전 세계 에너지 소비가 약 6억 테라줄이니, 고작 100파운드 물체를 옮기는 데도 전 세계가 이틀 동안 사용하는 에너지가 필요하다.

그만한 에너지를 다루는 것도 불가능에 가깝지만, 만약 순간 이동 장치로 성인 한 명을 완전히 에너지로 바꾼다면 이는 엔터프라이즈 우주선을 증발시켜 버릴 정도로 강할 것이다. 그러므로 이 장치는 에너지를 한데로 모아, 목적지를 소멸시키지 않은 채 그곳으로 보내야 한다. 인류의 역사를 돌이켜 봤을 때 이 기술은 거대한 에너지 무기로 돌변할 가능성이 높다.

물체를 에너지로 전환하지 않는 기술을 상상한다면 그런 문제는 피할 수도 있다. 물체를 스캔해, 물체의 모든 원자와 분자 정보를 포함한 고해상도 3D 모델을 만들면 된다. 특정한 양자 상태도 충족되어야 하는 지는 이론적으로 논쟁의 여지가 있다.

목적지에서는 보낸 물체가 다시 만들어져야 한다. 에너지로 물질을 만드는 것은 엄청난 양의 에너지가 필요하므로 좋은 방법은 아니나, 이론적으로 주변 물질로는 가능하다(근본적으로 물질은 많은 양의 에너지를 저장하는 방법이다).

이 경우, 트랜스포터가 에너지나 원재료로 물체를 만드는 복제기능을 한다. A 지점에서 B 지점으로 굳이 물체를 옮길 필요도 없다. 원래 장소의 물체를 스캔해 목적지에서 새로 만들어 버리면 되니. 더 나아가 이 기술이 가능해지고 목적지에 원재료만 충분히 있다면, 세부적인 패턴을 사용해 복제품을 수없이 만들 수도 있다.

그러나 직접 옮겨야 할 때가 있다면 물체가 감정이 있는 생명체인 상황으로, 복제품만으로는 의미가 없을 것이다. 당신이 직접 가고 싶은데 복제품이 그곳에 있으면 뭐 하나. 아쉽게도 이 트랜스포터 접근법은 이를 해결할 방법이 없다. 만약 이 과정에서 당신이 죽고, 복제품이 삶을 이어간다 해도 어쨌든 당신은 아니다. 이는 물질이 이동한다는 착각일 뿐, 실은 파괴와 창조에 불과하다.

또 생명체를 공간 이동한다고 했을 때, 이론적으로라도 뇌 정보를 모두 포착해 기억과 정신 상태까지 옮길 수 있는지 질문해야 한다. 이 장치가 신경 세포의 양자 상태까지 유지할 수 있을까? 만약 그렇다면, 모든 양자 입자 상태를 정확하게 계산하지 못하는, 불확정성의 원리에는 어떻게 대처할 수 있을까? 〈스타트렉〉은 이 문제를 보완하기 위해 '하이젠베르크 보정장치Heisenberg Compensator'를 등장시킨다(하이젠베르크의 불확정성 원리와 관련이 있다).

하지만 이론적으로 불확정성 원리를 극복하는 방법은 없다. 목적지에 도착한 복제인간은 뇌 정보를 상당 부분 잃을 것이므로 부드럽게 연속성을 이어 나가기란 불가능하다. 단기 기억 능력이 없을 수도 있고 더 심할 수도 있으므로 임무를 완수하기는 쉽지 않을 것이다.

트랜스포터는 불가능과 비현실 사이 어디엔가 놓여있지만, 이는 미래주의에 생각해볼 만한 재미있는 하위질문들을 던지기도 한다. 트랜스포터의 진정한 개념적 문제는 SF 제작자들이 최종 기술부터 생각하고 나서 원리를 끼워 맞추려는 데 있다. 그러나 기술은 보통 기본 기술을 토대로 원하는 방향으로 개발하므로, SF 작가들의 순서와는 반대로 발전한다.

SF의 이런 접근법은 비논리적인 결과를 낳을 때가 많다. 기본적으로 순간이동 기술은 사람 이동보다는 물체 제조에 적합한 방법이다. 패턴과 원재료만 있으면 분자 수준으로 꼼꼼히 스캔한 정보를 이용해 재창조할 수 있기 때문이다.

한편, 물질을 직접 에너지로 전환하는 능력을 생각한다면 우리는 궁극의 무기를 손에 넣는 셈이다. 적군의 우주선에서 누군가를 빼내는 능력이 있다면 그들의 워프 코어Warp Core도 순 에너지로 바꿔 날려버릴 수도 있다.

기술의 결과가 의도치 않게 반향을 일으키고 파급 효과를 미칠 때가 많다는 사실도 주목해야 한다. 미래를 예측할 때 우리는 특정 기술이 존재함으로써 일어날 결과를 끊임없이 질문해야 한다. 좋은 SF 작품은 줄거리의 핵심에 이 질문을 고정함으로써 생각할 거리를 선사한다. 기술이 초래할 변화를 제대로 보여주지 못한, 트랜스포터 같은 장치는 그들의 SF 세계 안에서만 존재할 것이다.

트랙터 빔Tractor Beam

광자나 다른 물질로 만들어진 에너지 빔은 운동량을 지니므로 물체를 밀어내는 데 사용될 수 있다. 그런 면에서 태양 돛이 움직이는 개념과도 비슷하다. 반대로 에너지 빔으로 물체를 잡고 끌어당길 수 있을까? 이는 미는 것보다 훨씬 어려운 기술이다. 트랙터 빔 개념은 1931년 출간된 E. E. 스미스E. E. Smith의 소설 《IPC의 스페이스하운드Spacehounds of IPC》에서 최초로 제시되었다(트랙터 빔이라는 줄인 용어를 쓰기 전, 그는 '어트랙터 빔Attractor Bean'이라 불렀다). 이 허구의 기술은 점차 인기를 얻게 되었고, 〈스타트렉〉에 등장하고 더 잘 알려지게 되었다.

실제로 작동하는 '트랙터 빔' 형태인 음향 트랙터 빔Sonic Tractor Beam이 있긴 하다. 초음파를 이용해 소용돌이 운동을 일으켜 작은 물체를 원하는 방향으로 움직이는 기술로, 음향 강도가 낮은 영역에 물체를 가두고 그 영역을 움직이는 원리다.

그러나 음향 트랙터 빔은 엄청난 한계점이 있다. 일단, 진공 상태에서는 작용하지 않으므로 음파가 움직일 수 있는 공기 같은 매질이 있어야 한다. 둘째, 물체의 크기가 작아야 한다. 현재 기술로는 물체가 음파 파장 크기의 반이어야 하며, 전파 파장 길이의 두 배에 달하는 물체를 움직이는 소용돌이가 만들어질 수도 있지만, 그렇다 해도 이 기술은 작은 물체에 제한될 것이다.

그렇다면 우주선을 비롯해 우주의 기대한 물체에서도 작용하는, 레이저 같은 에너지 빔은 어떨까? 이와 가장 유사한 기술은 빛의 파동에 있는 나루Peak와 골Trough의 특정한 패턴을 이용한 특별한 레이저인 베셀 빔Bessel Beam이라는 장치다. 저에너지 광자는 물체의 바깥쪽에 부딪혀 흡수되고, 고에너지 광자는 물체의 먼 쪽에 재방사함으로써 빔 방향으로 알짜 힘Net Force을 일으켜 물체를 당긴다.

그러니 트랙터 빔은 존재한다. 그러나 ('그러나'라는 말이 나올 줄 진즉 눈치챘으리라) 이도 작은 물체를 조금 움직일 때만 가능하다. 이곳에서도 필요한 에너지가 제한점이다. 축구공만 한 작은 물체를 움직이는 데도 수백 메가와트의 에너지가 드니, 우주선을 움직이고 싶다면 어마어마한 에너지가 필요하다. 따라서 트랙터 빔이 표적을 녹여버릴지도 모른다.

전자기Electromagnetism는 트랙터 빔에 다가갈 수 있는 가장 유력한 후보다. 자기장은 강자성을 띤 물체를 당기므로, 표적선에 강철이 있다면 자기장으로 끌어당길 수 있을 것이다. 그렇다면 자기장을 한곳으로 모아, 원하는 표적으로 에너지를 집중시킬 수 있을까? 대답은 '아마 가능할지도 모른다'이다.

물리학자들은 자기장을 집속하는 방법을 연구하고 있다. 한 접근법은 원래 빛을 모으기 위해 설계된 '변환 광학Transformation Optics' 라고 알려진 기술을 사용하는데, 시뮬레이션은 원하는 모양으로 자기장의 '형태를 만들어낼 수 있다'는 사실을 보여준다. 또 자기장을 제어하는 첨단 메타물질이 발견될 가능성도 있다.

아직은 자기장 빔이 개발되지 않았기에 확답을 내릴 수는 없지만, 개념 자체가 물리 법칙을 위반하는 것으로는 보이지 않고(좋은 소식이다) 이론적으로라도 가능한 방법은 몇 가지 존재한다. 그러니 언젠가 자기장 기반의 트랙터 빔을 보게 될 수도 있다.

미래의 물리학자들이 실용적인 트랙터 빔을 만들어내기 위한 새로운 물리 현상을 발견하면, 먼 거리라도 에너지를 집속해 쏠 수 있을 것이다. 물체를 녹이지 않으면서 끌어당기는 방법만 알아낸다면 트랙터 빔은 완성된다. 이런 일이 불가능할 근거가 없으므로 우리는 늘 가능성을 열어두어야 한다.

에너지 쉴드Energy Shields

모든 물리적 공격과 에너지 공격을 막도록, 강력한 보호막을 칠 수 있는 능력은 전투가 아니라도 아주 유용하다. 그렇기에 이는 대부분 SF에 등장하는 기술이기도 하다. 아이작 아시모프는 1940~50년대에 집필한 소설 《파운데이션Foundation》에서 개인용 에너지 쉴드를 소개했고, 1953년에 개봉한 〈우주 전쟁〉에서 화성의 우주선은 핵무기의 공격에도 끄떡없는 에너지 '보호막'으로 둘러싸여 있다. 물론 에너지 쉴드는 〈스타트렉〉에서 눈에 띄는 역할을 했는데, 어떤 전투에서도 쉴드의 상태를 알도록 관객들에게 숫자를 보여주었다.

이런 보호막은 과연 실현 가능성이 있을까? 이 기술에 동원될 만한 사언세의 네 가지 근본직인 힘, 즉 중력, 전자기력, 강한 핵력, 약한 핵력을 하나씩 따져보자.

중력은 사용하기에는 너무 약한 힘이다. 게다가 엄청난 질량 없이 중력을 조종하기란 불가능할 것이므로 보호막에는 좋은 후보가 아니다.

핵력은 극도로 강력하지만 아원자 규모에서 그리고 아주 짧은 거리만 가능하다. 이를테면 강한 핵력은 양자와 중성자를 구성하는 쿼크Quark와, 핵 안에 있는 입자들을 붙들어 매지만 그 이상의 규모에는 도달하지 못한다. 또한 이는 끌어당기는 힘이므로 물질이나 에너지를 격퇴하는 데는 효과가 없으며 보호막을 형성하도록 힘을 조종하는 방법도 분명치 않다.

따라서 가장 훌륭한 후보는 전자기력이다. 하지만 이 힘도 엄청난 한계점이 있다. 지구의 자기장은 태양풍의 대전 입자로부터 우리를 보호하는 방패다. 전자기장은 플라스마를 비롯한 대전 입자의 방향을 바꾸는 데 사용될 수 있으므로 플라스마 기반의 무리를 막는 데 유용할 수 있다.

하지만 자기장은 SF에서 그려지는 얇은 막이 아니라 삼차원이다. 이것만 아니라면 자기력은 사용될 수도 있겠지만, 그래도 물리적 공격을 막는 데는 효과적이지 않을 것이다. 자기장에 반응하지 않는 물체는 전혀 영향을 받지 않기 때문이다. 자기장이 엄청나게 강한 경우라면 반응하는 물체가 방향을 바꾸겠지만, 발사체가 강자성체인 철이라면 자기장으로 끌려갈 것이다.

강력한 자석은 철 총알의 궤적을 아주 조금 우회시킬 것이다. 자기장이 만약 보호해야 하는 물체(우주선처럼)에서 멀리 있다면 궤적의 작은 변화도 총알을 빗나가게 할 수 있다.

모든 물질은 자기장에 반발하는 반자성 효과를 조금씩 지닌다. 이는 초전도 자석 위에 물체가 떠 있는 것처럼 보인다. 하지만 반자성 효과는 매우 약하므로 아주 강한 자기장이라 해도 발사체의 운동량을 물리치기는 힘들 것이다.

그렇다면 레이저 무기는 어떨까? 강한 자석은 빛에 영향을 미치므로 레이저에도 적용될 수 있다. 이는 빛의 편광과 관련된 페러데이 효과Faraday Effect, 스펙트럼선이 여러 갈래로 갈라지는 제이만 효과Zeeman Effect를 포함한다. 하지만 빛의 궤도에는 자기장 효과가 없으므로 아주 강력한 자기장도 레이저 빔을 막거나 우회시킬 수 없다.

만약 에너지 쉴드에 물질을 혼합한다면? 한 예로 플라스마 기반의 보호막을 상상해보자. 플라스마는 물질의 한 가지 형태로, 전자가 원자에서 떨어져 나와 대전 입자의 기체 액체가 생길 정도로 열을 가한 상태다. 전하를 띄므로 이론적으로 이는 자기장에 (핵융합 원자로의 특정 종료처럼) 가둬질 수 있다. 따라서 우리는 자기장으로 우주선이나 건물을 보호할 수노, 플라스마를 가둘 수도 있다.

가둔 플라스마는 빛의 특정 진동수와 레이저의 공격을 막을 수 있지만 고주파 레이저(가시광선이나 자외선 이상)에는 효과가 없을 것이다. 그러나 밀도가 높다면 발사체나 입자 빔의 공격도 막을 수 있다.

이 기술에는 불리한 면도 상당히 있다. 플라스마는 우주선이나 특정 공간에서 밖을 보지 못하도록 만든다. 게다가 밀폐된 자기장이 방해를 받으면 사용자가 자기 플라스마 보호막으로 소멸되어 버릴 수도 있다. 공간을 보호하기 보다는 통과하지 못하는 공간을 만들 때처럼, 이런 쉴드가 유용하게 사용될 상황도 있을 것이다.

이론적, 현실적 근거를 살펴보자면 에너지 쉴드가 만들어질 가능성은 매우 낮다. 게다가 이는 방어체계에 더 적합하다. 전반적으로 수동적인 보호막을 개발하기 위해 노력을 쏟는 대신 공격하는 무기를 막기 위해 레이저나 발사체를 사용하는, 인공지능이 제어하는 스마트 방어 체계를 개발하는 편이 나을 것이다. 물리적인 보호막은 레이저나 입자 빔을 막고, 적의 공격이 빗발치는 곳에 배치될 수도 있다. 플라스마 폭탄도 아군과 떨어진 곳에 안전하게 폭발해 여러 공격을 막는 일시적인 방패를 형성할 수 있다.

블라스터Blaster, 페이저Phaser, 광선총Ray Gun

모험과 액션이 펼쳐지는 SF에서 든든한 블라스터 권총을 찬 영웅과 광선총을 가진 험악한 외계생물체 없이는 이야기가 흐르지 않으리라. 에너지 기반의 소형 무기는 이미 오래전부터 소설에서 모습을 보였다. 1898년 개릿 P. 서비스Garrett P. Serviss는 소설 《에디슨의 화성 정복Edison's Conquest of Mars》에서 '분해 광선Disintegrator Ray'라는 용어를 소개했다. '블라스터'라는 용어는 1925년 닉친 디알히스Nictzin Dyalhis가 《푸른 별이 이울 때When the Green Star Waned》에서, '광선 프로젝터Ray Projector'는 1930년 존 W. 캠벨John W. Campbell이 《검은 별이 지다The Black Star Passes》에서 사용하기 시작했다.

그 뒤로 에너지 무기가 수없이 등장했다. 에너지나 고에너지 입자를 표적에 겨누어 엄청난 에너지 손상을 입히는 것이 목표다. 일반적으로 에너지 종류나 필요한 힘에 따라 다르지만 이는 실현 가능성이 매우 높다. 실제로 강렬한 에너지로 표적을 녹이거나 날려버리는 것은 개념적으로 간단하다. 오히려 에너지가 물체를 파괴하지 않도록 막는 편이 힘들 정도이니. 이런 이유로 엄청난 에너지가 필요한 다수의 SF 기술은 무기로 사용되는 편이 낫다.

가장 오래되고 전형적인 에너지 무기는 레이저Light Amplification Through Stimulated Emission Of Radiation(유도 방출 과정에 의한 빛의 증폭)의 약어다)로, 이미 존재한다. 1958년 최초로 발명된 레이저는 광자가 결맞는 상태로 진행하는 원리를 따른다. 2021년 현재, 가장 강력한 레이저는 한국 과학자들이 제작한 것으로 제곱센티미터당 10^{23}와트의 에너지를 방출한다고 한다. 미사일 방어를 위해 연구 중인 미국 군대는 훨씬 높은 에너지를 방출하는 레이저가 개발될 것이라 주장한다.

레이저는 소형화하기도 편리하다. 독자 여러분도 아마 작은 레이저 포인터를 사용해 본 적이 있으리라. 손에 쥘 수 있는 레이저,

무기로 사용될 만큼 강력한 레이저는 이미 존재한다. 그러니 레이저 총에 관해 우리가 물어야 할 질문은 '얼마나 강력해질 것인가?'이며, 이는 레이저 자체뿐 아니라 전력 공급원과도 관련이 있다. 현재 무기로 사용될 만큼 강력한 레이저는 트럭에 실어야 할 정도로 크다. 중국 정부는 표적을 태울 수 있는 레이저 돌격소총을 개발했다고 주장하지만 아주 효과적인 것 같지는 않다.

어쨌든 요점은 점점 강력해지는 레이저가 휴대하기 쉬울 정도로 작아져, 언젠가는 전력원이 든 배낭과 레이저 소총을 연결하는 수준으로, 더 나아가 에너지 일체형 소총까지 개발될 수 있다는 사실이다. 권총처럼 사용할 정도로 작아질까? 언젠가는 가능해지겠지만 첨단 전력 공급원이 필요하므로 가까운 미래는 아니라고 본다.

다른 무기와 마찬가지로, 핵심은 휴대가 가능할 만큼 소형화하는 기술이다. 우리가 함께 살펴보는 모든 멋진 SF 기술 중 에너지 무기야말로 가장 실현될 가능성이 높은 데다, 한정된 형태이지만 이미 존재하기도 한다. 파괴하는 기술이 가장 간단해 보인다.

광선검

영화 〈스타워즈〉에서 '더 문명화된 시대의 고상한 무기'인 그 유명한 광선검을 빼놓고는 제다이를 떠올리지 못 하리라. 시리즈에 따라 여러 종류가 있지만 가장 기본적인 형태는 길이가 약 30

센티미터인 금속 원통이며, 이를 작동시키면 약 90센티미터의 강렬한 빛으로 된 날이 생기며 전형적으로 긴 검의 모양을 띤다.

광선검의 날은 엄청난 에너지를 지니므로 강철을 베어버릴 수도 있다. 사용자가 휙휙 움직이면 부드러운 소리를 내고, 다른 광선검 날과 부딪히면 시끄러운 쨍쨍 소리를 내며 붉은색부터 하늘색까지 색도 다양하다.

진짜 광선검을 제작하려면 어떻게 해야 하며, 이것이 과연 가능하기는 할까? 물리 법칙을 벗어나지 않고 할 수는 있지만 극도로 어렵다. 가장 그럴듯한 개념은 플라스마로 만든, 뜨겁고 강렬한 날일 것이다. 수소, 산소, 질소 플라스마를 이용하면 가능하리라.

플라스마는 만들기 어렵지 않다. 전류를 사용해 기체에 열을 가하는데, 실제로 이는 형광등이 작동하는 방법이기도 하다. 하지만 광선검을 제작하려면 시스 군주도 베어버리도록 플라스마의 밀도가 더욱 높아야 한다. 밀도를 높이고 플라스마를 원하는 모양으로 유지하려면 강력한 자기장이 필요하다.

그게 전부다. 뜨거운 플라스마를 만들어 날 모양 자기장에 가두기만 하면 우리는 광선검을 손에 넣을 수 있다. 진정한 도전 과제는 이 모두를 작은 자루에 모두 넣을 수 있어야 한다는 점이다. 뜨겁고 밀도가 높은 플라스마, 그리고 이를 가둘 강력한 자기장을 만들기 위해서는 엄청난 에너지를 수반한다. 어느 계산에 따르면 강철을 베는 광선검은 미국의 1400가정에서 사용하는 에너지가

필요하다고 한다. 리튬 이온 배터리 따위로는 어림도 없다

그러므로 광선검의 진정한 발전 기술은 결국 압축된 에너지원이다. 어쩌면 소형화된 핵융합 원자로가 길을 열지도 모른다. 강력하고 작은 에너지원이 있기만 하면 수많은 흥미로운 기술에 적용할 수 있다. 광선검이 이 기술을 적용하기에 유용하지는 않겠지만 (가장 멋지긴 해도). 어쨌든 우리는 필수적인 기초 기술은 생각하지 않고 결과부터 생각하는, 현명하지 못한 예측들을 본다. 이 정도로 강력한, 휴대할 수 있는 전력 공급원은 광선검 제작을 넘어 세상을 바꿨으리라.

광선검 제작에는 다른 현실적인 장벽도 있다. 우주 플라스마 물리학자 마틴 아처Martin Archer는 두 광선검의 자기장선이 부딪히면 '자기 재결합Magnetic Reconnection'이라는 현상이 발생할 것이라고 지적했다. 자기장선이 열리면서 뜨거운 플라스마를 가두지 못하는 상태가 된다는 의미다. 칼이 처음 부딪치는 순간, 제다이와 시스는 플라스마 폭발로 둘 다 죽을 것이다.

물론 무슨 수를 써서라도 해결책을 낼 수는 있겠으나, 단순히 일반적인 자기장만 사용해서는 부족할 것이다. 그래서 광선검을 제작하는 데 카이버 수정Kyber Crystal이 쓰인 걸까.

트라이코더Tricorder

〈스타트렉〉에 등장하는 트라이코더는 어떤 정보라도 스캔하는

기기로, '트라이Tri'와 리코더Recorder'의 합성어다. 트라이코더를 소형 다기능 스캐닝 기기 혹은 정보 수집 기기의 상징으로 생각해도 좋다. 닥터의 소닉 스크류 드라이버도 좋은 사례이지만 몇 가지 다른 추가적인 기능을 지닌다.

기본 개념만 보자면 이런 기기는 이미 존재한다. 녹화와 녹음을 할 수 있고 다양한 전자기 신호를 감지하며 심지어 움직임에도 반응하는, 상당히 강력한 컴퓨터인 스마트 폰도 한 가지 예시다. 1969년 버전의 우주선 엔터프라이즈에 탄 인물들에게 현재 스마트폰을 보여주면 분명 감명을 받지 않을까.

사실 스마트폰에서 트라이코더까지 가는 길은 상당히 짧다. 다양한 센서만 추가하면 되는데, 이것마저 이미 존재한다. 수많은 스마트폰에 가속도계와 기압계를 비롯한 센서가 내장되어 있지 않은가.

휴대용 의료 기기로 사용하기 위해서는 심박수와 뇌파를 측정할 전극을 추가해야 한다. 손가락을 대는 센서는 심박수와 혈중 산소 수치를, 손목에 두르는 가압대는 혈압을 측정할 수 있으며, 부착된 카메라는 망막을 검사할 수도 있다. 더 자세한 정보를 원한다면 스마트폰에 초음파 기기를 부착할 수 있고, 기업이 스마트폰 부가 기능이 아닌, 트라이코더와 비슷한 제대로 된 의료 기기를 제작하고자 한다면 현재 기술로도 충분히 가능하다. 〈스타트렉〉에 나온 트라이코더의 크기는 상당히 크므로 몇 가지 기능을 더 추가해도 좋을 것이다.

하지만 트라이코더의 주요 기능 중 한 가지는 원격으로 스캔할 수 있다는 점이다. 전극을 붙일 필요도 없고 환자와 물리적인 접촉을 할 필요도 없다. 이것이 실제로 얼마나 가능할까? 사실 다양한 상황에서 상당히 가능성이 있다.

빛, 전자기 방사선, 소리와 관련이 있는 것은 무엇이든 원격으로 탐지할 수 있다. 분광 분석은 빛의 흡수와 복사선을 조사해, 물질을 이루는 요소와 성분을 알아낸다. 따라서 대기나 바위의 화학적 성분을 원격으로 탐지하기도 가능하며, 열화상 카메라 스캔은 물체의 정확한 온도를 알려준다. 또 피부 속을 통과하는 빛은 산소와 이산화탄소 수치를 알 수 있을 뿐 아니라 잠재적으로는 혈액 상태까지 측정할 수 있다.

미세한 소리까지 모두 녹음해 분석하면 심장 기능과 호흡도 알 수 있다. 실제로 음파는 반향 정위Echolocation처럼 여러 탐지 기능에 사용될 수 있다. 보낸 신호가 반사되어 오는 정보를 감지함으로 주변 지형을 완전히 파악할 수 있고, 이론적으로는 건물이든 생명체든 그 내부 특징까지 모두 분석할 수 있다.

간단히 말해 스마트폰 정도의 기능으로 작동하는 소형 원격 감지기는 상당한 잠재력을 보인다. SF 장비 중 트라이코더와 비슷한 기기야말로 대부분 우리가 목격하고 있는 기술이다.

홀로덱Holodeck

세상이 점점 디지털화되고 있다는 사실은 분명하다. 증강·가상 현실의 출현으로 우리는 디지털 정보에 완전히 몰두할 수 있게 되었고, 제조는 디지털 디자인과 물리적 물체를 직접 연결하는 추세로 흐르고 있다. 원숙한 나노기술의 최종점은 컴퓨터 소프트웨어처럼 주변 환경을 말 그대로 바꾸는, 프로그램화할 수 있는 물질을 개발해 물리적 세계와 가상 세계의 경계선이 무너지는 상태일 것이다.

SF에서 심심치 않게 등장하는 홀로덱은 특히 〈스타트렉〉 시리즈에 등장해서 유명해진 개념으로, 물리적 현실에 가상 세계를 만들어 준다. 이는 삼차원 이미지인 홀로그램(레아 공주가 오비완에게 보낸 메시지처럼)을 기반으로 한다. 홀로그래피 개념은 1947년, 전자 현미경을 개발하던 영국의 과학자 데니스 가보르Dennis Gabor가 발명했다.

이제는 널리 알려진 홀로그램은 보통 이차원 사진에 전시된 삼차원 이미지로, 사진을 보면 마치 삼차원 공간을 보는 느낌을 받는다. 다음 단계는 삼차원 이미지를 삼차원 공간에 투사하여, 이미지 사이를 걸으면서 물체를 실제처럼 모든 각도에서 보는 효과를 경험할 수 있다. 판 위에 투사되는 이미지를 비롯해, 이 기술은 현재 개발되고 있다.

홀로덱에 한 걸음 더 다가가기 위해서는 사용자를 완전히 둘러싸는 순색 삼차원 이미지가 있어야 하는데, 이는 사용자가 단순히 보는 이미지가 아니라 일부가 되어야 한다. 도전 과제는 홀로그램 이미지를 만들어내는 레이저나 프로젝터를 사용자가 가로막는다는 점이다. 홀로그램 안을 움직이는 사람들의 '그림자'를 피하기 위해 불필요한 중복 요소를 상당히 많이 만들어내야 한다.

지금까지는 새 물리법칙이나 기술의 급진적인 발전 없이도 삼차원의 몰입형 홀로그램을 제작할 수 있었다. 이는 가상현실 환경을 조성하는 것과 유사하지만, 고글을 끼는 대신 이미지가 외부에 존재하는 방식이다. 여러 각도에 프로젝터가 설치된, 홀로그램을 위한 큰 공간도 분명 가능한 방법이다.

이런 홀로덱 버전은 이미지와 음향만 있을 것이다. 원하는 곳에서 들려오는 듯한 소리를 연출하기는 어렵지 않다. 공간을 도시처럼 느끼도록 유도된 시야를 만드는 것과 같은 홀로덱의 다른 측면은 가상현실로도 이미 쉽게 성공할 수 있는 기술이다. 사용자가 가장자리로 가지 못하도록 안내하는 기술은 큰 공간도 필요하고 좀 더 어렵지만, 그래도 가능하다.

이런 종류의 홀로덱에 있는 모든 것은 환영이므로 물리적 실체가 존재하지 않지만, 〈스타트렉〉에 등장하는 진정한 혁신적인 SF 기술은 물리적 실체가 있는 이미지다. SF의 홀로덱은 역장Force Field 과 물질 복제의 결합으로, 가상현실을 이른바 실제 물체로 만들 수 있는 기술로, 리플리케이터나 트랜스포터에 사용되는 기술과 비슷하다.

앞서 우리는 기존 물리 법칙 내에서는 역장이 가능하지 않다는 점을 논의했다. 아인슈타인의 방정식 $E=mc^2$도 마찬가지다. 요점은 에너지를 엄청난 양의 물질로 바꾸는 것은커녕 이것도 불가능하다. 모든 에너지를 물질 자체의 형태로 두는 편이 훨씬 낫다.

따라서 나는 홀로덱 효과를 재생산하는 가장 타당한 방법은 프로그램화 가능한 물질이라고 결론을 내리려 한다. 이 물질이 있으면 가상 세계를 물리적으로 만들어낼 수 있다. 인위적 원근법으로 훨씬 넓은 공간에 있다는 착시 현상을 만들어내고, 사용자 아래에서 바닥이 움직이므로 걸으면서도 공간의 중심에서 벗어나지 않을 수 있다. 빛을 기반으로 한 홀로그램은 세부 정보를 채워 넣고 움직임을 선사하며 무한한 배경을 만들어줄 것이다. 사용자가 물리적으로 상호작용하는 모든 것은 물질로 만들어져 현실을 생생하게 체험하게 할 것이며, 필요시 바람이나 냄새 같은 환경 설정으로 환영은 완벽하게 완성된다.

프로그램화할 수 있는 음식을 만들어낼만큼 정교화되지 않는 이상, 홀로덱 내의 음식과 불노 나른 물질로 만들어질 것이다. 또는 폐기물을 처리하는 시설과 더불어, 실제 음식과 음료가 물질 기반 홀로덱에 쉽게 통합될 수도 있다.

물질 기반 홀로덱을 이루는 기술이 모두 갖춰진다면 굳이 한 공간으로 제한을 둘 필요가 있을까? 우주선의 전체 생활공간을 프로그램화할 수 있는 물질로 만들면 어떨까? 이런 물질의 복잡한 수준에 따라 우주선의 엔진이나 중요한 시스템 같은 첨단 기술은 영구적으로 제작되었을 것이나, 승무원과 승객이 가는 곳은 가상 홀로그램 세계가 될 수 있다. 집이나 건물도 마찬가지다. 우리가 사는 집은 무한한 잠재력이 있는 가상공간이 될지도 모른다.

홀로덱 개념은 사실상 불필요하므로 미래주의 예측의 실패작이자 케케묵은 잔존물이다. 홀로덱을 구현할 수 있다면 한 공간에 이 기술을 가둘 필요가 없지 않은가? 생활공간과 업무공간을 모두 바꾸면 될 테니.

클로킹 장치Cloaking Device와 은폐 기술

우리 대부분은 한 번쯤 '투명'해 지는 능력을 원한 적이 있을 것이다. 타인에게 보이지 않는 능력은 자기 자신, 탱크, 심지어 우주선을 완전히 가릴 때 전략적인 이점이 있다. 은폐 기술은 어느 정도 진전을 보였기에, 최근 몇 년간 과학자들이 해리포터의 투명 망토를 실제로 만들었다고 보도하는 뉴스를 들은 적이 있을 것이다. 물론 과장된 보도이긴 하나, 위장과 은폐를 하는 데 사용할 실질적인 기술이 존재하긴 한다.

이 기술의 한 가지 방법은 '능동 위장 또는 광학 위장Active Camouflage'이다. 우리 등에 카메라를 부착하고, 가슴팍에는 그 카메라가 찍는 영상을 보여주는 모니터가 달려 있다고 상상해보라. (이를 앞에서 본다면) 그럼 가슴팍에 구멍이 난 것 같은 환영을 만들어낼 것이다. 이것이 물체를 은폐하기 위해 물체의 다른 측면 이미지를 투사하는, 능동 위장의 기본 원리다.

이론상 이 기술이 철저하게 만들어진다면 실질적인 은폐를 가능케 할 것이다. 그리고 특히 물체가 움직일 때, 유연한 전자 장치와 화면이 있다면 더욱 강화될 것이며, 보는 사람의 각도까지 안다면 더욱 간단해질 것이다.

다른 방법은 물체 주위로 빛을 굴절하는 수동 위장Passive Camouflage으로 알려져 있다. 메타물질은 이 효과를 구현하는 데 가장 적합한 후보로, '투명 망토' 뉴스가 나올 때마다 다루는 주제이기도 하다. 과학자들은 빛을 굴절하는 특정한 방식 덕분에 거의 투명해지는 메타물질을 개발해냈다. 하지만 (적어도 지금까지는) 이 물질은 특정 파장에서만 작용한다는 한 가지 조건이 있다. 따라서 대체로 여러 파장을 지닌 일반적인 빛(자연광이든 인공조명이든)에는 유용하지 않다.

현재로서 과학자들은 다양한 파장에서 동시에 작용하는 투명 메타물질은 만들어내지 못하며, 이는 어쩌면 영원히 불가능할 수도 있다. 이 접근법에는 또 다른 문제점이 있다. 이 방식으로 은폐된 공간 안에 있는 사람은 보이지 않는 존재가 되는 동시에 그들 또한 공간 외부를 보지 못할 수도 있다. 만약 빛이 당신 주위를 굴절한다면 그 빛을 보지 못하는 것과 같이.

지금까지 메타물질 접근법의 다른 한계점은 아주 작은 물체로만 성공했다는 사실이다. 얼마나 규모를 증가할지는 지켜봐야 하지만 사람 크기 정도도 불가능할 가능성이 크다.

은폐에 실질적으로 성공하려면 더 발전된 기술이 필요한 듯하다. 최근 제시된 이론적인 접근법은 능동 접근법의 다른 형태로, 특정 전자기 양상의 빛을 사용해 비춘 물체를 은폐하는 것이다. 물체 자체도 특별히 광학적 능동 물질로 만들어져야 한다. 그러면 위에서 쏘는 위장 빛이 측면 빛의 분산을 정확하게 보완해 산란을 막고, 측면 빛이 물체를 뚫고 들어가 투명한 효과를 낸다. 이 방법도 아직은 컴퓨터 시뮬레이션으로만 존재하므로 개념 증명조차 쉽지 않을 수 있다.

지금으로서는 앞서 설명한 첫 번째 능동 위장 기술이 가장 실현 가능성이 높다. 하지만 은폐에 필요한 조건은 정확한 빛의 굴절뿐이므로 새로운 물리 법칙을 발견하지 않아도 된다. 미래에는 원숙한 메타물질의 형태 같은, 혁신적인 접근법이 출현하리라 본다.

극저온 동면 기술Cryosleep

다수의 SF는 기나긴 우주여행 동안 잠든 승무원과 승객이 목적지에서 깨어나는 기술을 그린다. 이는 '가사 상태', '극저온 동면', '냉동 수면' 등 다양한 용어가 있지만, 신체 기능이 최소화된 상태에서 오래도록 잠드는 상태라는 점은 같다.

장기 수면 상태에 든 등장인물이 오랜 시간 후에 깨어나는 설정은 민간 전승 이야기에서 깊은 역사를 지닌다. 가장 유명한 이야기는 (적어도 미국에서) 1819년 출간된 워싱턴 어빙Washington Irving의 단편소설 〈립 밴 윙클Rip Van Winkle〉로, 주인공이 하룻밤을 잔 사이 20년이 흘러 독립 전쟁이 끝난 후에 깨어난다는 설정이다. SF에서도 광범위하게 이를 플롯 설정으로 사용하는데, 한 예로 '갱내 가스'를 마시고 잠든 주인공이 500년 후에 깨어나는 이야기를 그린 드라마〈25세기의 벅 로저Buck Roger in the 25th Century〉가 있다.

우주여행을 가능하게 하는 장기 수면을 처음으로 설정한 작가는 아서 C. 클라크로, 1953년 《유년기의 끝Childhood's End》에서 이 개념을 소개했고 1968년 《2001: 스페이스 오디세이》에서 꽃을 피웠다. 저온 수면 상태는 1967년 〈스타트렉〉에서 칸 누니언 싱과 그의 추종자들이 250년의 긴 잠에서 깨어나는 이야기를 그린 '우주의 씨앗Space Seed'이라는 에피소드에도 등장했고, 〈에이리언〉에서도 성간 이동에 사용되었다.

허구 이야기를 제외하고도 장기 수면은 불치병에 걸린 환자를 치료법이 개발될 때까지 극저온 상태로 잠들게 하는, 의학적인 목적으로 사용될 잠재력이 있다. 단순히 미래를 보고자 하는 사람들이 이론적으로 택할 방법이기도 하다.

이 기술은 산 사람을 극저온 수면에 들게 하는 것을 의미하는데, 죽은 사람 전체를(또는 머리와 같은 일부만을) 얼리는 인체 냉동 보존술이라는 기술은 실제로 있다. 이는 훗날 인류가 냉동으로 생긴 세포 손상을 모두 뒤바꾸는 기술을 개발해낸다는 전제에 희망을 건 기술이다.

그렇다면 극저온 동면은 과연 가능할까? 어느 정도는 그렇다. 겨울잠을 자는 동물로 개념은 다소 증명되었으니까. 이 동물들은 신진대사를 감소하고 사실상 잠자도록, 몇 달 동안 저장된 지방으로만 생존하도록, 대사 경로가 진화되었다. 동면 기간 분당 40~50회인 흑곰의 심박수는 8회까지 내려가며, 거의 100일 동안 먹고 마시지 않아도 생존할 수 있다. 그러니 장기 수면은 가능한 이야기다.

이 효과를 인간에게 적용하고 싶다면 자율적 동면이 가능하도록 유전자를 조작해야 한다. 또 의학적으로 동면을 시뮬레이션해보거나 여러 기술을 결합해볼 수도 있다. '크라이오체임버Cryochamber'(액체 질소를 이용해 영하 85~140도를 유지하는 작은 공간으로 현재 의학적인 용도로 사용된다-옮긴이)로 온도와 약품을 이용해 세포가 살아있을 수 있는 최소한의 신진대사와 장기 수면을 유도할 수 있다. 정맥주사나 복부로 연결된 튜브로 영양과 수분을 보충하고 노폐물은 빼내는 방법도 있다. 욕창과 침대앓이를 피하도록 침대는 자동으로 사용자의 자세를 바꾸게끔 프로그램화하고, 활동하지 않아 생기는 근육 손실을 최소화하기 위해 호르몬과 영양분을 주입할 수도 있다.

미래를 여행하는 회의주의자를 위한 안내서

이 인위적 동면이 얼마나 오래 지속될지는 미결로 남아 있다. 한계점이 100일밖에 되지 않아도 아주 유용할 것이다. 동면 주기 사이에 며칠 혹은 몇 주간 깨어있는 시간을 두면, 미래 우주여행에서 승무원들도 교대로 우주선을 관리하고 감시할 수 있으며 기간도 줄일 수 있다.

하지만 이 기술이 수명에 얼마나 영향을 미칠지도 의문점이다. 동면 동안 얼마나 노화가 진행될까? 노화가 정상적으로 이뤄진다면 장기 수면의 이점은 긴 우주여행에서 오는 지루함과 심리적 스트레스를 줄이는 것밖에 없을 것이다. 만약 동면이 제대로 이뤄지지 않는다면 절차에서 오는 스트레스가 오히려 수명을 줄일지도 모른다.

한편 신진대사와 필요한 열량을 낮춰 노화의 속도를 낮출 수 있다면 동면의 이점은 엄청날 것이다. 검증되지는 않았지만, 노화는 신진대사 속도와 비례하는 것으로 보이므로 이는 어느 정도 일리가 있는 이론이다. 신진대사를 줄여 10퍼센트의 속도로만 노화가 진행되면 10년이 걸리는 우주 이동도 사실상 인생의 1년에 불과할 뿐이다.

한편, 수백 년 또는 수천 년이 걸리는 이동이라면 극저온 동면으로 노화 속도를 거의 0에 가깝게 만들어야 한다. 따라서 신진대사를 완전히 멈추고 극저온에서 신체를 보존해야 하며, 냉동 전에는 수분을 제거하고 건조하는 과정도 거쳐야 할 것이다. 이는 완전히 건조 상태가 되었다가 후에 물과 접촉해 다시 원상태로 돌아오는, 완보동물(물곰이라고도 부른다)처럼 자연에서는 발생하는 현상이다.

이런 과정을 인간이 거치기 위해서는 단순한 동면을 모방하는 것이 아닌, 훨씬 더 발전된 기술이 있어야 한다. 인간은 완보동물이 아니다. 따라서 이런 기술은 엄청난 보수와 보존 과정이 필요하므로, 시신을 꽁꽁 얼리는 인체 냉동 보존술의 영역에 포함된다. 세포 수준으로 조직을 보존하고 치료하려면 의학 나노기술이 꼭 필요하게 될 가능성도 있다. 혈액도 보충되어야 하고 심장도 다시 뛰어야 하므로.

동면을 모방한 극저온 수면은 이론적으로 과학기술의 엄청난 약진 없이, 20~30년의 꾸준한 연구로도 성공할 수 있다. 반면 인체 냉동 보존술은 훨씬 발전된 기술이 필요하므로 수백 년, 수천 년이 걸릴 것이다. 게다가 세밀한 뇌 기능과 기억 보존에 관해서도 심각한 한계점이 있기에 현실적으로는 불가능에 가깝다고 본다. 외계인들이 우리 몸뚱이가 보존된 크라이오체임버에 들어올 걱정은 하지 않아도 되겠다.

시간 여행 장치

시간 여행 이야기는 아주 재미있는 데다 반전에 새로운 차원을 더하기도 한다. 우주의 어떤 시간과 공간으로도 바로 갈 수 있는,

닥터의 타디스는 SF에서 가장 멋진 우주선이 아닐까. 심지어 〈백 투 더 퓨처〉의 타임머신 드로리안도 꽤 근사하다.

가고 싶은 곳을 상상하는 것도 무척이나 재미있다. 공룡을 볼 수도, 역사적인 인물을 만날 수도, 달을 형성하고 지구를 변하게 한 충돌을 직접 목격할 수도, 과거 문화를 경험하거나 인류의 미래를 볼 수도 있으니. 시간 여행은 더할 나위 없이 너무나 멋지지만 과연 이론적으로라도 가능한 기술일까?

우리는 이 질문을 미래 여행과 과거 여행 이 두 가지로 나눠야 한다. 미래 여행은 가능하다. 실제로 우리는 초당 1초의 속도로 지금도 여행하고 있다. 심지어 다른 사람에 비해 더 빠른 속도로 여행할 수도 있다.

앞서 살펴본 아인슈타인의 특수 상대성 이론은 시간, 공간, 광속의 관계를 다룬다. 즉, 광속은 기준틀에 상관없이 일정하지만 시간과 공간은 변할 수 있다. 그러므로 상대론적 속도로 빠르게 이동하면 출발지의 시간보다 더 느린 시간을 경험할 수 있다.

계속해서 1g의 가속도를 낼 수 있는 우주선에 타고 10년이 걸리는 왕복 여행을 다녀왔다고 가정하면 지구는 50년이 지나 있을 것이다. 20년이 걸리는 여행이라면 지구는 500년이 지나 있을 것이다. 일정한 가속화 덕분에 광속에 가까운 속도로 이동하는 편도 여행을 따진다면, 우주선의 상대적 시간으로 15년 만에 2백만 광년이 떨어진 안드로메다은하로도 갈 수 있다.

일반 상대성 이론 또한 엄청난 중력에 다가감으로써 상대적 시간 속도를 줄여 미래 여행을 할 방법을 제시한다. 이는 영화〈인터스텔라Interstellar〉에서도 묘사되는데, 블랙홀 주위에서 매슈 매커너히Matthew McConaughey가 며칠을 있을 때 다른 사람들에게는 수십 년의 세월이 흐른다.

이는 미래를 여행하는 유일한 방법으로 알려져 있으며 과학적으로도 정립된 이론이다. 기술적으로 쉽지 않으며 결국 첨단 우주선 개발에 좌우되겠지만 실현 가능성은 분명히 있다. 하지만 미래 여행을 한다면 다시 현재로 돌아올 방법이 있을까? 아마 없으리라.

시트콤〈빅뱅 이론The Big Bang Theory〉에서는 이 이론에 관해 재미있게도 그려냈다. 물리학자인 셸던 쿠퍼는 룸메이트인 레너드에게 준 계약서에 둘 중 한 명이 시간 여행을 발명한다면 특정 시간과 공간에 함께 가야 한다는 조약을 넣는다. 물론 이는 이뤄지지 않았다. 만약 시간 여행이 발명된다면, 아무리 먼 미래라고 해도 이론적으로 그 시간 여행자를 지금 보게 된다고 주장할 수 있다. 그러므로 미래의 사람들을 보지 못한다는 사실은 과거로 여행하는 능력이 불가능하다는 증거다.

이는 증거가 부족하다는 점에 기반을 두므로 대단한 반박은 아니다. 게다가 기술이 있다고 해도, 미래에서 온 사람이란 증거를 찾지 못하는 여러 이론적 근거가 존재한다. 과거로 가는 시간 여행이 법으로 금지되어 있거나 극도로 규제가 심할 수도 있다. 또

시간 여행 기술은 미래에서 온 사람을 숨기는 기술과 공존할 수도 있다.

하지만 물리 법칙이야말로 훨씬 강력한 증거로 작용한다. 물리학자들은 일반적으로 시간 방향을 바꾸는 방법이 없다는 데 동의한다. '시간의 화살'은 엔트로피Entropy로 결정되고, 우주의 총 엔트로피는 늘 증가한다(부분적으로 감소할 수는 있다). 엔트로피를 역전하는 것은 기본 원칙 위배로, 일반적으로 불가능하다고 보는 보존 법칙 위배와 비슷하다.

과거 여행은 일반적인 공간에서 광속보다 빨리 이동하는 것과 비슷해, 무한한 에너지가 필요하다고 주장하는 물리학자들도 있다. 그들이 '무한한 에너지가 필요하다.'고 말할 때는 한 마디로 불가능하다는 의미다.

우주의 법칙이 인과 역설을 막기 위해 과거 여행을 불가능하게 해 놓았다고 주장하는 사람도 있다. 스티븐 호킹은 이를 '연대 보호 가설Chronology Protection Conjecture'이라 부른다. 만약 당신이 과거로 돌아가 할아버지를 죽인다면? 이는 불가능한 인과의 연속적인 사건을 초래하며, 우주는 불가능을 허용할 수 없다. 따라서 결국 역설이다.

하지만 과거 여행이 불가능하다는 이론 외에 시간 여행 역설을 해결할 다른 주장이 또 있다. 러시아 물리학자 이고리 드미트리예비치 노비코프Igor Dmitriyevich Novikov는 1980년대에 사건이 시간 역설을 일으킬 확률은 0이라는, 노비코프의 자체 일관성 원칙Self-Consis-tency Principle을 정립한다. 즉, 당신이 할아버지를 죽이는 사건 또는 당신의 존재가 없어지는 사건이 허용되지 않을 것이라는 의미다. 발버둥을 쳐도 바뀌는 것은 없다. 실질적으로 제시된 방법이 없기에 이는 해결책이라기보다는 미봉책에 가깝다.

가능성 있는 또 다른 해결책은 가지Branching 시간 차원 이론이다. 이 개념에 따르면 과거 시간 여행자가 시간 흐름을 바꾸기 위해 행동해도, 자신의 이야기를 바꾸지는 못하고 새로운 역사의 가지를 뻗어나간다. 자신의 과거로 돌아가지 않고 애초에 다른 차원을 여행할 수도 있다. 이는 자기의 차원으로 돌아가지 않으므로, 다른 차원에서는 역설이 존재하지 않는다는 순수한 가설로 남아 있다.

역설을 제외하고서도 우리는 물리 법칙 내에서 조금의 변화를 줄 공간을 찾아내어야 한다. 이론상으로라도 가능한지 판단하기 위해서는 결국 초광속 여행, 웜홀, 시공간을 통과하는 지름길에 관한 논의로 다시 돌아갈 수밖에 없다. 통과할 수 있는 웜홀은 공간뿐 아니라 시간까지 이동하도록 연결되는, 닫힌 시공간 고리일 수도 있으나 여전히 웜홀의 모든 한계점은 적용된다. 맨눈으로 볼 수 있는 물체가 통과하기는 불가능할 가능성이 높다는 점이 가장 주목할 만한 하다.

더 나아가 웜홀이 만들어진 시간으로만 돌아갈 수 있다는 제한점도 있다. 다시 말해, 웜홀이 만들어지기 전의 시기로는 여행하지 못한다. 다른 사람이 과거에 만들어놓은 웜홀이 있다 해도 당신이 들어간 시점으로만 데려다 줄 수 있다. 어쨌든 통과할 수 있는 웜홀도 불가능하다고 봐야 한다.

한 가지 염두에 둘 점은 양자 중력에 관한 검증된 이론이 나오기 전까지 이 모든 것을 100퍼센트 확실히 결론 낼 수 없다는 것이다. 이런 이론이 우주 법칙에 관한 지식을 완전히 바꾸지는 못하겠지만, 일반 상대성 이론과 양자 효과를 동시에 충족하는 이론이 검증되기 전까지는 무엇도 단언하지 못한다.

SF 기술의 미래

첨단 기술을 자랑하는 SF 기술 중에는 믿을 만한 것도 있고 오늘날 심지어 비슷한 형태로 존재하기도 한다. 하지만 대부분은 SF 기술이라기보다는 마술에 가깝다. SF의 상징 기술이 지닌 큰 문제점은 이들 대부분이 현재 방식으로 익숙한 임무와 목표를 달성하기 위해 미래 첨단 기술을 사용하는 모습을 상상했다는 데 있다. 이를테면 1970년대 사람을 2200년대 우주선에 태우고, 우리에게 익숙한 방식으로 홀로덱을 사용하게 한다.

하지만 미래의 사람들은 다른 욕구와 관습이 있을 테므로 그들을 예측하기란 쉽지 않다. 홀로덱, 성간 이동, 극저온 동면 기술이 가능해질 때면 우리는 유전자가 변형되고 인공지능으로 강화된 사이보그의 모습을 한 채, 디지털화된 현실과 통합된 가상 세계에서 시간을 보내고 있을지도 모른다. 오늘날 기술이 해결하려는 문제는 사라지고, 현재 상황과는 관련이 없는 새로운 문제와 씨름하고 있으리라.

동시대 사람들이 사용한다는 설정을 하는 바람에, 멋진 기술들을 생각해낸 모든 SF의 미래상은 실패했다. 물론 독자들과 관객들을 등장인물에 공감하게끔 하기 위해서는 꼭 필요한 플롯 장치이긴 하나, 기사, 카우보이, 탐험가, 악당들에게 미래의 장난감을 쥐여준 셈이다. 결과적으로 SF 작품들은 우리가 예측하는 미래상을 왜곡하고 말았다.

마찬가지로 첨단 기술로 현재의 문제를 해결하려다 보니 우리는 특정한 작동 방식만을 상상한다. 현실에서는 미래 기술로 전진함에 따라, 생각하지도 못한 방법이 불쑥 나타나고 이것이 새로운 분야들로 뻗어나가 이 세상을 바꾸는데.

29장. 재생/불멸

"죽음은 공학 기술 문제다."

컴퓨터 공학자 바트 코스코Bart Kosko가 한 유명한 말
이다. 기술로써 우리가 불멸의 존재가 되지 못할 근본적, 이론적
이유가 없다고 보는 사람들의 주된 믿음이기도 하다. 여기에서
'불멸'은 정해진 수명의 제약을 받지 않는, 늙지 않음을 의미한다.
물론 불멸의 존재도 극도의 트라우마, 중독, 에너지 손상을 비롯
해 다른 이유로 죽을 수 있지만 노화만으로 죽지는 않는다.

생물학적이든 아니든 어떤 기계도 진정한 불멸의 존재가 되지
못한다는 의견도 있다. 모든 것은 고장이 나고 트라우마, 고통, 쇠
약함이 생기기 마련이므로 결국 스스로 유지하지 못한다. 이것이
이치다. 생명체에게 유전적 변화는 축적될 수밖에 없으며, 기계
역시 수리해서 완벽해질 수는 없다. 수명을 극단적으로 연장할 수
는 있지만 불멸에는 절대 가까워질 수 없다.

불멸에 성공하든 하지 않든 이 두 가지 의견에 독립적으로 인간
은 이를 추구하지 말아야 한다는 세 번째 의견도 있다. 불멸은 인
간과 문명에 나쁜 영향을 미쳐 믿음, 세력 구조, 제도가 굳어진다.

이는 독창성과 발전을 억누르고 인류 정체기를 불러오거나 심지어 문명이 붕괴될수 도 있다. 개인의 수준에서 보더라도 심리적으로 수많은 부정적 영향을 끼칠 가능성이 높다.

이 상충하는 의견은 과학소설의 고전 작품에서도 잘 드러난다. 프랭크 허버트의 소설 《듄Dune》은 수천 년 후의 미래를 그렸지만 대부분 수명은 여전히 80년 정도로 설정되어 있다. 다수 과학소설이 이 양상을 따르는데, 나는 극도의 수명 연장이 불러올 사회적 파문이 작가의 미래상을 복잡하게 뒤바꿔놓을 것이기에 일단 덮어둔 것이 아닐까 추측한다. 대조적으로 기술을 이용해 불멸에 성공한 인간상을 그린 과학소설은 불멸 자체에 초점을 맞춰, 세계관의 일부로 형성되기보다는 그 뒤에 따라오는 사회적 문제에 집중하는 경향이 있다. 잭 밴스Jack Vance의 《영원히 살기 위해To Live Forever》, 그리고 더 최근 소설인 드루 매거리Drew Magary의 《죽음 이후의 세계The Postmortal》가 이를 잘 보여준다.

미래 기술과 그 영향력을 예측하려면 단순히 불멸을 가정하기보다는 미래의 기대 수명과 수명을 어떻게 추론할 것인지 결정할 필요가 있다.

수명 연장의 과학

일단 용어부터 짚고 넘어가자. 기대 수명(평균수명)은 0세를 비롯한 특정 연령에서 시작해 특정 나이까지 생존하는 통계적 가능성이다. 2019년 전 세계인의 기대 수명은 73.4세였고, 기대 수명이 높은 국가로는 홍콩이 85.3세, 일본이 85세였다.

수명은 이른 죽음을 맞는 원인 없이 생명이 사는 기간을 말한다. 어느 한 종이 노화해 죽기 직전까지 사는 기간을 생각하면 된다. 지금까지 인간은 이른 죽음의 원인을 줄임으로써 기대 수명을 높여왔다. 유아 사망률을 낮추는 것만으로도 기대 수명은 높아진다. 하지만 인간 수명이 연장된 것으로는 보이지 않는다. 가능성은 낮았지만 옛 조상들도 오래 살 수 있었다.

그렇다면 간단해 보일지 몰라도 실은 상당히 복잡한, '인간 수명의 궁극적 한계는 무엇인가?'라는 질문에 관해 탐구해보자. 지금껏 가장 오래 살았다고 기록된 사람은 122년 164일을 살고 1997년에 세상을 떠난 프랑스의 잔 칼망Jeanne Calment이다. 현실적인 관점에서 보면 그 나이가 상한선이라고 봐도 무방할 것이다. 2021년의 어느 연구는 생물학적 환원주의 접근법으로 혈액에서 노화의 표지자를 찾아 생명 연장이 불가능한 지점을 추론했다. 연구자들은 150년이 상한선이라고 결론지었다.

다른 접근법을 사용한 2018년의 연구는 연령에 따른 사망 위험률을 조사했다. 죽음이 노화의 필연적인 결과라면 연령대가 높아질수록 위험률도 높아져야 한다. 하지만 연구 결과는 가장 나이가 많은 집단(105세 이상)의 사망 위험률이 거의 오르지 않았고, 그래프상의 이 안정기는 상한선이 없다는 점을 보여주지만 이것이

122세를 넘길지는 알지 못한다.

삶의 질과 안전성 개선 그리고 현대 의학에 힘입어 기대 수명이 증가한다는 점은 의심할 여지가 없다. 모든 사람에게 완벽한 의료 서비스와 안전성이 보장된다면 기대 수명이 수명의 상한선에 이르리라 예상할 수 있을 것이다. 기대 수명의 증가에 발맞춰 과학자들은 수명도 증가했는지 즉, 노화의 속도도 줄어들고 있는지 연구하고 있다. 개선된 영양, 삶의 방식, 의료 서비스가 세포 노화 속도를 줄였을까? 지금의 50세는 정말 과거의 40세일까?

이 질문에 아직 정확한 답은 나오지 않았지만 인간과 다른 영장류를 대상으로 한 2021년 어느 연구는 한 종 내에서 노화의 속도가 '불변한다'는 사실을 알아냈다. 즉, 노화와 수명은 고정되어 있다는 말이다.

그렇다면 오늘날 우리는 인간의 기대 수명에서 어떤 변화를 예상할 수 있을까? 이는 단순히 기술뿐 아니라 사회적, 정치적 체계와도 어느 정도 관련이 있다. 환경오염, 소득 불평등, 근로자 작업 환경, 의료 서비스 접근 가능성 등 이 모든 요인이 지대한 영향을 미친다. 이 모든 사회적 문제를 당장 고칠 수는 없기에, 앞으로도 기대 수명의 범위는 다양하겠지만 가장 수명이 긴 선진국의 기대 수명을 추론해볼 수는 있을 것이다.

수명에 변화를 줄 파격적인 기술이 출현하지 않는다고 가정해 보자. 줄기세포와 유전자 치료법, 기본적인 나노기술과 더불어 의학 기술의 전반적인 측면은 점진적으로 발전할 것이다. 이 시나리오에서 우리는 기대 수명이 서서히 증가해 이번 세기말에는 90대로, 다음 세기에는 100세가 넘을 수도 있다. 가장 수명이 긴 사람들은 122세에 세상을 떠난 칼망의 기록을 깨고 130대에 이를 수도 있다.

최종적인 상한선을 예측하기는 쉽지 않지만 기대수명은 100~120세, 수명은 130~150세에 이르리라 예측해도 바람직할 것이다. 나는 지금부터 100~300년 뒤에 이런 미래가 펼쳐진다는 예측이 적당하다고 본다.

공학적으로 무시 가능한 노화

기대 수명을 최대로 늘리는 방법과 수명 상한선까지 연장하는 방법을 찾아냈다면? 이는 훌륭한 의료 서비스를 제공하는 수준을 넘어 우리의 생물학적 특징을 근본적으로 바꿔야 가능한 일이다. 이는 '공학적으로 무시 가능한 노화를 위한 전략Strategies For Engineered Negligible Senescence, SENS', 즉 노화 과정을 거의 알아차리지 못할 정도로 속도를 줄이는 방법을 연구하는 학자들의 목표다. 이 용어는 '불멸'이나 완벽의 개념을 재치 있게 피하면서도 실질적으로는 목표를 잘 드러낸다.

노화 방지 전략의 가장 열렬한 지지자는 케임브리지 대학의 노화 과학자Biogerontologist인 오브리 드 그레이Aubrey De Grey일 것이다.

그의 목표는 노화에 영향을 미치는 구체적인 생물학적 메커니즘을 확인하고 이를 바꿀 방법을 찾아내는 것으로, 생명을 극도로 연장하는 '공학적' 접근법의 완벽한 사례다. 이 분야를 제대로 다루기에는 너무나 방대하므로 말단소립(텔로미어) 길이라는 대표적인 예시를 하나 살펴보고자 한다. 말단소립은 염색체 끝부분에 뚜껑처럼 붙어 있으며, 세포가 분열하고 염색체를 만들어낼 때마다 아주 조금씩 짧아진다.

모든 세포의 염색체에 붙은 말단 소립을 길게 만드는 방법을 찾아낸다면 노화의 중요한 원인 하나를 줄일 수 있다. 그러나 말단소립의 길이가 노화의 원인인지, 노화의 표지자인지 아직 정확하게 밝혀진 바는 없으므로 길이 연장은 주름을 펴는 수술 정도일지도 모른다. 세포가 실제로 젊어지지는 않지만 젊어 보이게는 할 테니.

세포에 노폐물이 쌓이거나 손상된 DNA를 수리하는 메커니즘의 효율성이 줄어드는 점을 비롯해, 노화를 일으킬 가능성이 있는 다른 생리적인 요소도 아주 많다. 목표는 이런 구체적인 것들을 찾아내고 고쳐, 공학적으로 젊어지는 것이다.

또 다른 방법은 줄기세포나 유전자 조작으로 세포를 재생하게끔 만드는 것이다. 불멸 가능성 지지자들은 삶 자체가 불멸이라는 흥미로운 주장을 제시한다. 생각해보면 우리는 40억 년 전부터 시작된 살아있는 세포에서 유래된 존재다. 다세포 생명체는 6억 년 전부터 존재해왔으니, 세포 수준에서 번식은 재생하는 한 가지 형태다.

줄기세포 치료법과 관련해 앞서 살펴보았듯, 상처를 입으면 스스로 다시 태어남으로써 재생하는 홍해파리Turritopsis Dohrnii가 불멸하는 유일한 동물로 여겨진다. 줄기세포는 배양조직 안에서 불멸하며, 배아 줄기 세포는 생물학적으로 죽지 않는다. 세포가 특정 성체 종류로 분화하면 이들은 특정 기능을 하기 위해, 그리고 번식으로 마구 불어나는 것을 멈추기 위해 불멸을 희생한다.

따라서 죽지 않는 줄기세포로 간을 재생시키면, 간의 노화에 정지 버튼을 누르는 셈이다. 노화가 진행된 모든 간세포를 바꿀 필요 없이, 새 간을 기르면 된다. 가장 극단적인 경우는 홍해파리처럼 완전히 새로운 몸을 다시 기르는 것이지만 이 경우 뇌가 제한점으로 작용한다. 뇌는 곧 자신이므로 만일 뇌를 새로 기른다면 기억이 전혀 없는 복제품을 만드는 셈이다.

뇌는 생물학적 불멸의 궁극적인 제한 요소다. 그러므로 수리 메커니즘으로 뇌를 회복시키고, 줄기세포의 재생 능력으로 몸을 젊어지게 하는 것이 아마 생물학석 불멸에 다가가는 가장 가까운 방법일 것이다. 뇌는 얼마나 오래 살아있을 수 있을까? 기존 의학으로는 현재 수명을 넘기지 못한다. 하시만 유진자 변형이나 나노기술 같은 극단적인 기술이 어떤 활약을 보일 지는 아무도 모른다.

그러나 한 번에 조금씩 시도한다면 뇌를 재생하는 한 가지 방법이 있긴 하다. 췌장을 만들어내듯 새로운 뇌를 뚝딱 길러낼 수는 없지만, 노화하는 뇌세포를 조금씩 대체하는 신경 줄기세포를 만들어낼 수 있다면? 뇌의 동적인 온전함은 유지하면서 서서히 재생이 진행될 수 있을 것이다.

이런 극단적인 생명 연장이 과연 가능할지, 최종적 한계점이 무엇일지 예측하기란 쉽지 않다. 개념적으로는 간단하게 들릴지 모르나 이런 기술이 완성되기까지는 수 세기가 걸릴 수도 있다. 만약 성공한다면 인류의 모습은 어떻게 변할까? 인간은 500년에서 1000년, 아니, 수천 년을 살게 될까?

죽지 않는 인류의 미래

다양한 기술의 발전으로 앞으로 몇 세기 내에, 인간이 어느 정도 삶의 질을 유지하며 원하는 만큼 오랫동안 살 수 있다고 생각해보자. 삶의 질은 생명 연장의 의미이므로 매우 중요한 요소다.

최초의 과학소설이라는, 1726년에 출판된 《걸리버 여행기Gulliver's Travels》는 이 문제를 다룬다. 여행 중 걸리버는 럭낵Luggnagg 섬에서 영원히 죽지 않는 사람들인 스트럴드브럭을 만나는데, 안타깝게도 그들은 영원한 젊음까지 얻지는 못한다. (그러니 요술램프의 요정 지니에게 소원을 빌 때는 말을 조심해서 해야 한다.) 그들은 나이가 들면서 점점 노화했기에 80세가 되면 '법적으로 죽은 상태'로 간주되어 재산을 소유하지 못하고 상속자에게 물려줘야 했다.

우리가 상상하는 미래의 사람들은 무한한 젊음의 활력을 지니기에 수명에 유통기한이 없다. 이것은 과연 득일까 실일까? 이 문제를 두고 양측의 지지자들이 격렬하게 논쟁하지만 내가 보기에는 실제로 엄청난 생명 연장이 성취되기 전까지는 끝나지 않을 토론이 될 듯하다. 물론 득과 실이 동시에 있을 가능성이 높겠지만 이 균형은 개인적 선택과 집단적 정책에 달려있지 않을까.

분명한 이점은 노화에서 오는 점진적인 신체적 장애를 직면하지 않아도 된다는 점이다. 이상적으로 모든 사람은 건강과 어느 정도의 젊음을 유지하다가 갑작스러운 죽음을 맞거나, 충분히 살았다고 느낄 때 자발적으로 삶을 끝낼 것이다. 이런 상황에서 자살은 오명을 벗고 중요한 권리로 여겨지리라.

연장된 삶에서 사람들은 여러 직업을 경험해 지혜와 지식을 쌓으므로 사회에 도움이 될 것이다. 평균 연령이 100세가 넘는 사회는 더 성숙한 자세로 젊음의 열정이 날뛰던 과거를 돌아볼 수도 있다.

삶이 길어지면 법마저 수정되어야 할지노 모른다. 1,000년을 사는 사람에게 '무기 징역'은 현재와 매우 다른 의미로 다가갈 것이며, 사형 역시 지금보다 더욱 야만적인 벌로 간주될 것이다.

다른 여러 계약도 재해석되어야 할 것이다. '죽음이 우리를 갈라놓을 때까지'라는 말은 가장 낭만적인 사람에게조차 비현실적인 맹세일 수 있다. 평생 지속되는 약속이나 의무도 마찬가지다. 어떤 계약, 약속, 처벌, 심지어는 특권도 특정 기간을 넘기지 못한다는 일반적인 법규가 생길지도 모른다. 모든 사람이 100년에 한 번 자기 자신을 연장할 권리를 가져야 할 수도 있다.

'세기 세금'이나 이런 비슷한 제도가 있어야 할지도 모르겠다. 100년마다 재산 전부나 상당 부분을 내놓을 사람이 과연 있을까. 게다가 100년이 넘는 시간 동안 엄청난 재산을 축적한 사람도 많아질 것이다. 모두가 은퇴한다면 일은 누가 할까?

말이 나온 김에 극단적 생명 연장이 불러올, 피하지 못할 부정적인 점도 살펴보자. 젊은 세대는 사회의 노동, 포부, 창의력, 역동성의 큰 부분을 책임진다. 아시모프는 로봇 시리즈에서 부유하고 나이 든, 침체한 세대와 그들을 능가하는 젊은 세대를 그리며 이 문제를 다룬다.

심리적으로 사람들이 수 세기에 이르는 삶을 어떻게 받아들일지 예측하기란 쉽지 않다. 삶을 기뻐할 줄 모르는 권태롭고 냉소적이고 괴팍한 노인들로 변할까? 영화는 모두 뻔하고 예술 작품은 모두 새로울 것이 없으며 정치인들은 속이 훤히 보인다고 느끼게 될까? 끝을 향해 재깍대는 시계가 없다면 우리는 늘 무기력할 것이다. 다음 세기에 해도 되는 일을 굳이 오늘 할 필요가 없으니. 아주 늙은 사람에 관한 새로운 심리학 영역이 등장할 수도 있다. 심리학자들이 극단적 생명 연장의 결과에 관해 어떤 것을 발견할지는 지금으로서 추측할 수밖에 없다.

상상컨대 인구가 가장 큰 영향을 받으리라. 모두가 영생한다면 아이들이 있을 자리는 없을 것이며, 이는 여러 소설에서 주로 아주 어둡게 그려지는 주제다. 넷플릭스 시리즈 〈러브, 데스 + 로봇 Love, Death + Robots〉의 에피소드인 '팝스쿼드Pop Squad'는 아이를 낳는 것이 금지된, 영생의 세계를 배경으로 한다. 불법으로 태어난 아이를 찾아내어 처단하고 부모를 체포하기 위해 경찰력이 투입된다. 관련된 모든 사람에게 당연히 고통스러운 상황으로, 이야기 전반은 영생하는 사회에 따라오는 파문을 다룬다.

소설 《수확자Scythe》에서 닐 셔스터먼Neal Shusterman은 이 문제에 다른 접근법으로 다가간다. 선택된 특권층은 필요할 때 사람을 가려내 죽임으로써 인구를 조절하는 임무를 받는다. 그들이 죽일 사람을 결정하고, 그 결정을 거역해서는 안 된다.

생물학적인 자연사는 없다고 해도 사고, 살인, 자살은 계속해서 일어날 것이므로 사망률이 완전히 무가 되지는 않겠지만, 불멸이 없는 상황보다는 훨씬 낮으리라. 무제한적 인구 과잉을 피하기 위해 세기마다 한 번씩 주점으로 사녀를 낳는 사람을 정히는 방식 따위가 필요하겠지만 어쨌든 출산의 여지는 둘 수 있다.

이런 미래를 더 심도 있게 상상하기 위해서 다른 기술의 영향도 배제할 수 없다. 어쩌면 사람들은 자녀를 낳기 위해 달이나 화성으로 이주해 정착할지도 모른다. 로봇 자녀로 눈을 돌릴 수도, 원하는 만큼 많은 가상 자녀를 얻기 위해 가상 세계로 몰릴 수도 있다.

어쨌든 아이들이 거의 없는 삶은 매우 다를 것이며 개인과 사회에 엄청난 심리적 영향을 끼칠 것이다. 아이를 낳지 못하는 삶을 사는 다수는 200살이 넘도록 살고 싶지 않다고 느낄 수 있으므로 이문제는 어느 정도 자연스럽게 해결될 수도 있다. 그럼 생명 연장 전체 그림의 이점과 단점이 균형을 이루는 평형점이 나타나리라.

생물학적 불사의 영향을 추측하기란 거의 불가능에 가깝다. 불멸이 이뤄질 지점의 인류는 너무나도 진화되었을 터이므로 현재우리의 모습을 그 미래에 집어넣어 상상하기는 쉽지 않다. 기술로완전히 변화된 세상에 사는, 유전적으로 조작된 사이보그가 되어있을 테니(우리가 원한다면). 인류에서 파생된 존재가 아이들을 어떻게 생각할지는 모르겠다. 나는 내 생각이나 하련다.

미래를 여행하는 회의주의자를 위한 안내서

30장. 의식 업로드/매트릭스

"나 이제 쿵후를 할 줄 알아"

앞서 뇌-기계 인터페이스를 논의하며 우리는 생물학적 뇌가 로봇의 몸이나 가상현실에 사는 미래를 살펴보았다. 드라마 〈얼터드 카본Altered Carbon〉은 이를 뒤집어, 생물학적 신체에 사는 디지털 의식에 관한 이야기를 다룬다. 재원이 있는 사람들은 자신의 의식을 '스택Stack'이라는 작은 디스크 같은 컴퓨터에 저장하고 '슬리브Sleeve'라고 하는 수용 신체로 옮길 수 있다. 사람의 본질은 스택이고, 재킷처럼 슬리브는 임시적으로 입는 것일 뿐이다.

만약 생물학적 불멸이 실패한다면, 이런 디지털 방식이 불멸에 다가갈 수 있는 길일까? 이 질문에서는 두 가지를 요소를 고려해야 한다. 우선, 조금 간단한 '디지털 의식은 불멸할까?'부터 이야기해보자. 디지털 정보를 무한정 유지할 수만 있다면 대답은 '가능성이 있다'이다.

기억, 성격, 감정, 자신을 자신답게 하는 모든 정보가 디지털 매개체에 완전히 기록되기만 하면 수많은 가능성이 열린다. 단순히 연결된 수준이 아니라 순수한 디지털 세계의 일부로서 그곳에서 존재할 수 있다. 이는 지금 당신이 숨 쉬며 이 책을 읽고 있는 경험만큼이나 생생할 것이다. 맥스 헤드룸Max Headroon(너무 80년대 느낌이 나긴 하지만) 같은 아바타로 디지털 외부의 사람들과 소통할 수도 있다. 이런 개념은 드라마 〈블랙 미러Black Mirror〉의 에피소드 '샌 주니페로San Junipero'에서 다뤄졌고, 텔레비전 시리즈 〈업로드 Upload〉에서는 더 유머러스하게 그려졌다.

〈얼터드 카본Altered Carbon〉에서처럼 뇌-기계 인터페이스를 반대로 적용해 물리적인 세계에서도 존재할 수 있다. 우리의 디지털 의식은 살덩이뿐인 신체를 꼭두각시처럼 마음대로 조종하면서도 지금 우리가 우리 몸을 느끼듯, 생물학적 신체를 자신처럼 느낄 수도 있다. 신체가 다치거나 낡으면 새로운 신체로 옮겨가면 된다.

변형되지 않은 인간의 신체가 아닌, 영화 〈아바타Avatar〉처럼 생물학적 유기체가 되는 방법도 있다. 그러면 유전자 변형 인간이 될 수도, 바다 안에서 살 수 있는 다른 종류의 신체가 될 수도, 우주 개척지나 다른 세계에 적응하는 방법으로 사용될 수도 있다. 중력이 낮고 대기가 희박한 화성에서 좀 살아보고 싶은가? 걱정하지 마시라. '스택'을 화성인 신체에 넣기만 하면 끝이다. 지구로 다시 돌아오고 싶은가? 지구의 신체로 다시 옮겨 들어가면 된다.

신체에 극단적인 영향을 미치는 환경에 있거나 힘든 기술을 요구하는 일이 있으면 특별히 설계된 로봇으로 들어갈 수도 있다. 앞에서도 말했지만 미래의 로봇 재앙을 두려워하지 않아도 된다.

우리가 로봇이 될 수도 있으니.

다른 두 장소에 동시에 있어야 한다고? 최적화된 슬리브에 삽입할 수 있도록 의식을 복사하고, 나중에 분리된 두 경험을 하나의 의식으로 합치면 된다. 어쩌면 여러 버전을 분리할 필요도 없이 무선으로 모두 연결해 동시에 정보를 공유할 수 있을지도 모른다.

정기적으로 의식을 백업함으로써 죽음의 가능성을 더욱 줄일 수도 있다. 사고가 발생해 의식을 담은 매개체와 신체가 완전히 망가져도 걱정 없다. 백업이 늘 준비되어 있으니.

기술적으로 발달한 문명에서 디지털 실체가 되는 이점은 분명 많다. 그렇다면 '디지털 복제본이 정말 자기 자신일까?'라는 더 어려운 질문을 해야 할 때가 왔다. 이는 '연속성 문제'로 언급되기도 한다.

내가 동의하는 한 가지 관점에서 보자면, 우리는 컴퓨터나 다른 매개로 '의식을 업로드' 하지 못한다. 우리 의식이 뇌에서 컴퓨터로 옮겨질 것처럼 들리므로 오해를 불러일으키는 표현이기 때문이다. 영화 〈프리키 프라이데이Freaky Friday〉같은 일은 벌어지지 않는다는 이야기다. 현실석으로 우리의 의식은 옮겨질 수 없고, 의식은 뇌의 작용이므로 이 둘은 분리되지 못한다. 잘해봐야 뇌의 정보를 컴퓨터로 복사할 수는 있겠지만, 이는 말 그대로 복제일 뿐이다.

어쩌면 이런 것이 중요하지 않을 수도 있다. 어차피 죽는 마당에 적어도 일부는 세상에 남을 테니. 당신은 세상을 떠났지만 어쩌면 가족과 친구들에게는 위안이 될 수도 있다. 디지털 버전의 의식은 계속해서 멋지게 살아갈지도 모르나 어쨌든 당신은 아니다.

디지털 정보 자체가 자기인식이나 의식적인 존재로 간주될 수 있는지를 묻는 난해한 철학적 질문을 할 수 있다. 우리의 복제본은 의식이 있는 존재인가? 아니면 정보를 지닌 육체적 매개와 정보가 결합되어야만 의식이라고 할 수 있을까?

생물학적 뇌는 하드웨어와 소프트웨어로 나뉘지 않는다. 우리 뇌는 정보, 기억, 처리 회로가 하나로 통합된, 축축하고 말랑한 웨트웨어wetware다. 따라서 복제본은 의식이 없지만, 의식을 만들어 낼 수 있는 하드웨어로 부호화된다면 그 복제본도 의식이 될 수 있다는 의미다.

그럼 새로운 매개체로 옮겨진 복제본이 우리인지, 또 다른 복제본일 뿐인지 질문하는 연속성 문제로 다시 돌아오게 된다. 나는 또 다른 복제본일 것으로 생각하지만, 그 경계는 점점 희미해지고 있다.

만약 당신이 진정한 연속성만을 인정하는 순수주의자라고 해도, 의식의 디지털 이동을 가능하게 할 방법이 있을까? 글쎄, 있을지도 모른다.

연속성을 최대화하면서 디지털 이동을 하는 가장 좋은 방법은 새로운 디지털 매개와 생물학적 뇌를 장기적으로 시간을 잡고 인터페이스 하는 것이라고 본다. 디지털 매개에 뇌의 정보를 이동시키기 전, 우리 자신이 우리 뇌라는 전제를 인정한다면 뇌를 바로 제거해버리지는 못한다. 하지만 뇌-기계 인터페이스를 사용해 기억이 없는 인공지능 컴퓨터와 생물학적 뇌를 연결한다면? 이 디지털 뇌는 뇌 강화 장치처럼 작용할 것이다.

본질적으로 우리는 생물학적 뇌와 컴퓨터 뇌가 서로 밀접하게 연결된(좌뇌와 우뇌처럼), 혼합된 의식이 될 것이다. 컴퓨터와 인터페이스는 마치 세 번째 뇌처럼, 뇌가 컴퓨터에 기억을 저장하도록 설계될 것이고 시간이 흐름에 따라 회로의 더 많은 부분을 차지할 수도 있다.

결국 생물학적인 좌뇌와 우뇌는 전적으로 불필요해질 수도 있다. 새로운 뇌의 디지털 요소가 강력하다면 생물학적 요소는 의미가 없어진다. 디지털 뇌로만 살아가는 느낌을 알아보려면 자기 전에 생물학적 뇌를 끄고 실험해보면 된다. 깊은 수면 상태일 때 디지털 뇌만 작동할 것이고, 시간이 지남에 따라 생물학적 뇌가 없어도 차이를 느끼지 못할 것이다. 마침내 완전한 디지털 삶에 들어갈 준비가 되었다는 의미다.

일부 미래주의자들은 뇌의 신경 세포를 서서히 인공 신경 세포로 대체함으로써 이 상태에 더 빨리 도달할 수 있다고 제시한다. 변화를 느끼지 못하도록 인공 신경 세포가 원래 신경 세포처럼 작용하면 마지막에는 모두 디지털로 대체되어 있을 것이다. 이 방법이 연속성을 유지할까? 솔직히 나도 모르지만 내가 제시한, 디지털 매개와 뇌의 인터페이스 방식이 더 나은 듯하다.

어떤 경우든 디지털 인간 의식을 만드는 데는 두 가지 방법이 있다. 연속성을 조금이라도 유지하고 싶다면 서서히 의식을 이동시키는 방법이고, 연속성을 상관하지 않는다면 복제본을 만드는 방법이다. 이것이 성공한다면 인류의 일부는 디지털화 되어, 우리 문명에 엄청난 영향을 미칠 것이다.

이런 변화는 진정한 인간의 정의를 바꿀 것이다. 물리적 신체가 더는 필요하지 않을 테고, 신체의 형태도 점점 중요하지 않게 될 것이다. 생물학적 신체이든 기계적 신체이든 이것마저도 상관없을 것이다.

우리는 프로그램화할 수 있는 물질인 포그렛Foglet으로 만든 몸에서 살 수도 있다. 포그렛으로 된 신체는 주위 환경, 상황, 당장 해야 할 일에 따라 원하는 대로 어떤 형태든 될 수 있다. 심지어 디지털 요소와 인터페이스 된 생물학적 뇌로 존재해도 이는 가능하다. 영화 〈써로게이트Surrogates〉에서 그린 것처럼, 병약한 신체는 안전한 장소에 두고 우리는 첨단 복제품으로 세상을 살아갈 수 있다.

순수하게 생물학적인 뇌의 제약이 없으므로 학습 같은 활동도 급진적으로 변화할 것이다. 필요한 정보나 부분 프로그램을 의식으로 다운받기만 하면 되기 때문이다. 또한 단독 의식에서 집단의식으로, 그리고 수많은 신체로 자연스럽게 옮겨갈 수 있어, 우리

정체성은 옷처럼 언제든 갈아입을 수 있는 모든 물리적 형태와 완전히 분리될 것이다.

우주여행도 훨씬 수월해질 것이다. 우주 머나먼 곳에 당신의 복제품이 필요하면 광속으로 정보를 쏘아 보내기만 하면 된다. 물론 정보 전송도 몇 년이 걸리겠지만 그래도 심우주를 여행하는 가장 빠른 방법이리라. 먼 항성을 여행하는데 신체가 필요해도, 실제 몸을 끌고 가지 않아도 된다. 이동이 수십 년이 걸려도 수면 상태로 들어가면 금방이라고 느낄 것이고, 아니면 가상 세계에서 시간을 보내도 된다.

가상 세계는 다양한 시간 속도를 만들어낼 수도 있다. 무언가를 빨리 해치우고 싶다면 보통 인간의 시간보다 100배 빠른 가상 세계에 들어가면 된다. 이 방법을 사용하면 과학 연구나 창조적인 프로젝트를 빠르게 성취할 수도 있다.

우주를 자유롭게 여행하는, 완전한 디지털화 된 문명은 시간의 집단적 경험을 늦출 수 있다. 이는 필요한 처리 능력을 줄이므로 문명에 지대한 자원을 안겨줄지도 모른다. 더 나아가 이는 우주여행의 모습을 완전히 바꾸는 또 다른 방법이기도 하디. 인간이 일반적으로 경험하는 것보다 1,000분의 1의 속도로 전체 문명이 움직인다면 실제로 100년이 걸리는 성간 여행은 한 달로밖에 느껴지지 않을 것이다. 화성에도 하루 만에 갈 수 있다.

다양한 상대적 인지 속도를 만들 수 있다면 이는 인류에 엄청난 영향을 미칠 것이다. 경쟁자나 적보다 생각 속도가 느린 것은 치명적인 약점이므로, 인지 속도는 치열한 경쟁을 불러일으킬 수 있다. 문명이 상대적 인지 속도를 1,000배 빠르게 한다면 우주는 더욱 큰 곳이라고 느껴질 것이다. 실제로는 짧은 순간에 보내지는 광속 메시지도 달로는 21분, 화성으로는 8일이나 걸려 도착한다고 느낄 것이고, 첨단 로켓으로 한 달밖에 걸리지 않는 화성 여행은 83년이나 걸린다고 느낄 것이다. 어쩌면 이것이 페르미 역설의 궁극적인 답일 수도 있다. 그렇지 않아도 머나먼 성간의 거리가 천 배나 지겹게 느껴질 테니.

지구에서 소통하는 것도 몇 초 또는 몇 분이 지연되므로 따분해진다. 전체 세상이 멈춘 듯, 천 배는 느려진 듯한 기분이 든다. 문명은 어떻게 집단적으로 주관적 시간을 정할까? 여러 집단은 상대적 인지 속도가 달라 결국 서로 분리되고 말까?

디지털 의식의 가능성은 너무나 혁신적이라 그 영향과 결과를 상상하기가 힘든 기술이다. 미래는 어떤 미래주의자의 예측과도 아주 다를 가능성이 높다. 우리는 기껏해야 아주 대략적이고 추상적인 시나리오만을 그릴 수 있을 터이니.

먼 미래의 모든 가능성 중 디지털 의식이야말로 가장 현실적인 시나리오라는 사실을 아는 것도 중요하다. 걸림돌이 되는 물리 법칙도 없고, 기초 과학에서 새로운 발견이나 업적이 없어도 되기 때문이다. 기존 기술이 점진적으로 발전하기만 하면 이번 세기에도 우리는 목표지점에 이를 수 있다.

그러므로 어떤 미래상도 디지털 의식 렌즈를 통해 봐야 한다. 몇백 년 후면, 이 책에서 다룬 다른 모든 기술은 생물학적으로 제약을 받지 않는 사람들이 사용할 것이므로. 이는 우주여행, 생물 조작을 향한 우리의 감정, 모든 기술과 우리의 관계를 바꿀 것이다. 디지털 의식이 성공하기만 하면 우리는 결국 우리의 기술이 될 것이다.

결론

미래는 바로 현재다

과학과 기술의 발달은 인류 문명을 탈바꿈했으며 앞으로도 그럴 것이다. 현재를 있게 한 여러 발전을 살펴보면서 그 미래가 바로 현재라는, 흥미진진한 사실이 생생하게 와 닿았다. 우리는 이미 미래를 살고 있다. 그것도 과거 미래주의자들의 풍부한 상상력을 초월하는 미래에.

제조에 뛰어든 로봇은 전례 없는 생산성을 과시한다. 호주머니에 넣을 수 있는 휴대용 작은 기기로 세계의 모든 정보를 볼 수 있으며 다른 개인이나 무리, 심지어 많은 사람과 의사소통할 수도 있다. 우리는 유전자 변형 작물, 최첨단 태양 에너지, 전기자동차, 과거에는 상상도 하지 못한 특성이 있는 메타물질도 개발해냈다. 마찬가지로 의학 역시 mRNA 백신(체내 특정 항원을 발현시키도록 유도해 그 항원에 대한 면역을 일으키게 하는 의약품–옮긴이), 단일클론 항체 치료, 초기 유전자 치료, 신경질환을 다루는 뇌 치료를 비롯해 무수한 발전을 이룩해냈다.

우리는 과거 과학소설 작가와 미래주의자들이 입을 다물지 못할 정도로 진보한 미래에 살며 인간이라는 하나의 종으로서 대단한 발전을 이루었지만, 기술 유토피아에 도달하지는 못했다. 조상들의 사회적 병폐, 편견, 편협성, 갈등을 모두 물려받은 우리는 조상들보다 현명할지는 몰라도 아직 갈 길이 멀었다.

기술적 측면을 보더라도 우리 앞에는 쉽지 않은 수많은 결정이 놓여 있으며, 그 결정이 미래를 형성할 것이다. 따라서 인류의 미래를 어느 정도 예측하지 않고서는 기술을 예측하지 못한다. 미래의 인간은 어떤 면이 우리와 비슷하거나 다를까? 그들은 어떤 결정을 내릴까?

대략적으로라도 추측이 가능한 기술의 양상도 있다. 점진적으로 꾸준히 발전을 이뤄, 적어도 가까운 미래는 예측이 가능한 기술도 많다. 배터리 에너지 밀도와 로봇의 자동화율은 더 높아질 것이고 컴퓨터의 성능은 더 좋아질 것이며 암 환자의 생존율은 점차 증가할 것이다.

경제적인 요인과 여론의 영향을 받는 기술 양상은 사실상 동전 던지기와 같다. 언제쯤 핵융합 발전이 보편화될까? 사람의 우주여행과 로봇의 우주탐사 중 어느 쪽에 얼마나 투자할까? 유전자 조작에 관한 규제는 얼마나 엄격하게 할까?

세부 사항은 자세히 알지 못하더라도 큰 추세는 예측해볼 수 있다. 우리 사회가 물리적 현실과 정보를 직접 연결하는, 기술의 디지털화로 더 움직이고 있다는 사실은 분명해 보인다. 또 컴퓨터와 강력한 인공지능 알고리즘으로 가동되는 가상의 세계로 옮겨가고 있다.

다른 무엇보다 정보 자체가 가장 중요한 자원이 되고 있다. 유전적 정보를 손에 넣음으로 생물과 그 작용을 제어하는 능력을 더욱 키우고 있으며, 적층 제조와 나노 기술로 가상 세계를 물리적 현실로 만들어내고 있다.

심지어 인간도 더 디지털화, 가상화되어 기기와 더욱 연결될 것이다. 가상/증강 현실과 뇌-기계 인터페이스 기술은 점차 우리를 가상 세계로 빠져들게 할 것이다. 생명과 기계의 경계, 뇌와 컴퓨터의 경계가 점점 옅어지고 더 나아가 언젠가는 사라질 수도 있다.

반대로, 어떤 장애물이 특정 기술의 존재 자체를 없앨지 예측하기는 쉽지 않다. 장애물을 해결할 방법이 없어 무기한으로 지연되는 기술도 있다. 안전하게 수송하기에는 너무 부피가 크다는 이유로 우리는 수소 혁명을 영원히 경험하지 못할 수도 있다. 인간 유전자 조작은 안전 문제로 수십 년 또는 수백 년 동안 보편화되지 못할 수 있고, 핵융합 발전 또한 현재 상상하지 못하는 발전된 물질이 나타나기만을 기다려야 할 수도 있다.

전혀 알려지지 않은, 예측하지 못한 파격적인 기술이 등장할 가능성도 있다. 1960년대 전의 미래주의자들은 아날로그식 미래를 상상했고 이는 실현되지 못했다. 이제 우리의 미래는 디지털이라는 점이 분명하지만 이는 실제로 일어나기 전까지 전혀 예측하지 못한 사실이다. 그러므로 미래의 혁신 기술은 무엇일지 그저 추측할 수밖에 없다.

물리학자들이 과거에는 몰랐던 법칙을 발견한다면 우리는 빛보다 빠른 속도로 우주를 탐험하게 될지도 모른다. 현재는 알려지지 않은 에너지원을 발견해, 미래의 에너지 기반 시설에 관한 모든 예측을 무력하게 만들게 될 수도 있다. 심지어 신체를 완전히 재생하는 유전자 변형 법칙을 발견할 수도 있다.

그렇다고 이런 것들이 실현되도록 목이 빠지게 기다리지는 않을 것이지만 만약 실현된다면 이는 살아가는 능력을 개선할 뿐만 아니라 삶 자체를 바꿀 것이다. 갑자기 오래된 타협 요인들은 사라지고 새로운 가능성을 맞이하리라.

실현될 확률이 높기에 어느 정도 예측이 가능한 혁신도 있지만, 시기와 결과를 예측하기는 쉽지 않다. 인공 일반 지능을 예로 들어보자. 다가올 미래라는 사실은 모두 안다. 50년 후일지, 100년 후가 될지는 모르지만 언젠가 우리는 인간만큼 똑똑한 인공지능을 만들어낼 것이고 그 이후로 몇십만, 몇백만 배 똑똑한 인공지능이 나타나는 것은 시간문제다.

인공 일반 지능의 출현은 모든 상황이 연계된 문제다. 너무나 많은 가능성이 있기에 그다음 벌어질 일을 상상하기란 거의 불가능하다. 우리는 그런 인공지능에 얼마나 큰 권한과 자율성을 부여할까? 우리는 그들을 어떻게 사용할 것이며, 이런 질문이 과연 의

미가 있을까? 인간이 인공지능과 융합되어 기술과 유기체의 혼성체가 되는 수준은 어느 정도일까? 사회는 어떻게 대응할까?

기술의 함정이 무엇인지도 반드시 고려해야 한다. 우리는 이미 지구 온난화라는 커다란 과제를 직면하고 있으며 이는 현재와 미래에 내릴 결정에 영향을 끼칠 것이다. 일부 미래주의자들은 기술의 발전으로 마구 불어나는 인구 성장이 영화 〈소일렌트 그린 Soylent Green〉과(역설적이게도 2022년을 배경으로 한 영화다) 많은 과학소설의 예측처럼 우리 삶에 '인구 과잉 재앙'을 불러올 것이라고 우려한다. 아니면 삶의 질이 높아지고 빈곤층이 감소해 인구 과잉은 별문제가 아니게 될지도 모른다.

미래의 사회와 기술을 예상할 자유가 있기에 우리는 낙관주의자가 될 수도, 비관주의자가 될 수도 있다. 흘러온 역사를 보자면 현실은 그 중간 어디쯤이 될 것이다. 진정한 발전과 개선에는 끈질기게 심각한 문제가 따라오기 마련이므로.

결국 가장 중요한 변수는 기술 자체가 아니라 사람이다. 우리의 정치, 윤리, 사법, 직업 집단이 단순히 기술의 발전보다 더 큰 영향력을 미칠 것이기 때문이다. 기술 자체는 우리를 구제해주지 못하며, 기술을 어떻게 사용할지는 우리에게 달렸다. 창조와 파괴, 자유와 속박, 계몽과 통제 중 무엇을 택할 것인가? 우리의 선택들이 미래를 만들어낼 것이다.

궁극적으로 기술은 사람보다 예측하기가 수월하므로 비판적 사고, 철학, 심리학에서 미래의 가장 큰 중요한 발전이 이뤄질 것이다. 미래의 사람들은 우리가 아니다. 그들은 누구일까?

미래는 우리가 현재 상상하는 모습과 완전히 다를 것이며, 우리를 구식으로 어쩌면 야만적으로 볼 사람들의 세상이 될 것이라는 점만은 확실하다. 미래는 우리 생각이 미치지 못한 것들이 현실화될 것이다.

하루하루 그저 충실하게 미래를 다듬어 나가자. 더디지만 우리는 결국 그곳에 도달할 테니까.

참고문헌

1부. 미래를 소개하다

1장. 미래주의 – 예측한 날들은 지나갔다

- Irving, Richard, Gil Mellé, and Hal Mooney. The Six Million Dollar Man. USA, 1973.

- Mann, Adam. "This is the Way the Universe Ends: Not with a Whimper, but a Bang."

- Science, August 11, 2020. https://www.science.org/content/article/way- universe- ends -not- whimper- bang.

- Scott, Ridley, Vangelis & Vangelis. Blade Runner. USA, 1982.

- Spielberg, Steven, John Williams, and John Neufeld, C. P. Minority Report. USA, 2002.

2장. 미래에 관한 간략한 역사

- Asimov, Isaac. "Visit to the World's Fair of 2014." New York Times, August 16, 1964.

- https://archive.nytimes.com/www.nytimes.com/books/97/03/23/life-times/asi-v-fair.html.

- "The City of the Future (1935)." https://www.youtube.com/watch?v=UZUMo_QYbB0.Driving.

- "Despite Repeated Attempts, Turbine Cars Just Never Took Flight." March 16, 2018.

- https://driving.ca/auto- news/news/the- troubled- history-of-the- tur- bine- car.

- "From 1956: A Future Vision of Driverless Cars." https://www.you- tube.com/watch?v=F2iRDYnzwtk.

- "Retro 1920's Future— What the Future Will Look Like!" https://www. youtube.com/watch?v=oXXSUzbKxZ4.

- Saad, Lydia. "The '40-Hour' Workweek Is Actually Longer— by Sev- en Hours." Gallup.

- August 29, 2014. https://news.gallup.com/poll/175286/hour- work- week- actually- longer -seven- hours.aspx.

- Ward, Marguerite. "A Brief History of the 8-Hour Workday, Which Changed How

- Americans Work." May 3, 2017. https://www.cnbc.com/2017/05/03/ how- the - 8 -hour- workday- changed- how- americans- work.html.

- "Year 1999 AD." https://www.youtube.com/watch?v=TAELQX7EvPo.

3장. 미래주의의 과학

- Asimov, Isaac. Foundation. New York, NY: Gnome Press, 1951.

- Bell, Wendel. Foundations of Futures Studies: History, Purposes, and Knowledge. Vol. 1.

- New York, NY: Routledge, 2003.

- Cronkite, Walter. "Walter Cronkite in the Home Office of 2001 (1967)."

https://www.youtube.com/watch?v=V6DSu3lfRlo.

- Kurzweil, Ray. The Age of Spiritual Machines: When Computers Exceed Human Intelligence.

- New York, NY: Viking, 1999.

- Samuel, Lawrence. "A Brief History of the Future." Psychology Today, January 27, 2020.

- https://www.psychologytoday.com/us/blog/future- trends/202001/ brief- history-the- future.

- Sherden, William. The Fortune Sellers: The Big Business of Buying and Selling Predictions.

- New York, NY: Wiley, 1999.

- Twain, Mark. "From the 'London Times' of 1904." 1898. https:/// files/3251/3251-h/3251-h.htm#link2H_4_0009.

- Vanderbilt, Tom. "Why Futurism Has a Cultural Blindspot." Nautilus. September 10,

- 2015. https://nautil.us/issue/28/2050/why- futurism- has-a-cultural- blindspot.

- Watkins, John Elfreth, Jr. "What May Happen in the Next Hundred Years." Women's

- Home Journal, 1900. https://www.flickr.com/photos/jon- brown17/2571144135/sizes/o/in/photostream/.

2부. 내일을 만들 오늘의 기술

4장. 유전자 조작

- AIEA. Plant Breeding and Genetics: http://www- naweb.iaea.org/nafa/pbg/.

- Boyer, Herbert W., and Stanley N. Cohen. Science History Institute. https://www.sci encehistory.org/historical- profile/herbert-w-boyer-and- stanley-n-cohen.

- Human Genome Project. https://www.genome.gov/human- genome-project.

- Cyranoski, David, and Heidi Ledford. "Genome- Edited Baby Claim Provokes International

- Outcry." Nature News, November 26, 2018.

- Novella, Steven. CRISPR vs Talen. Science- Based Medicine. January 27, 2021. https://sciencebasedmedicine.org/crispr-vs-talen/.

- Nunez, J. K. et al. "Genome- Wide Programmable Transcriptional Memory by CRISPRBased

- Epigenome Editing." Cell 184, no. 9 (April 29, 2021).

- Sanders, Robert. "FDA Approves First Test of CRISPR to Correct Genetic Defect Causing

- Sickle Cell Disease." March 30, 2021. https://news.berkeley.edu/2021/03 /30/fda- approves- first- test-of-crispr-to-correct- genetic- defect- causing- sickle- cell –disease/.

5장. 줄기세포 기술

- "Estimated Number of Organ Transplantations Worldwide in 2019." Statista. 2019.

- https://www.statista.com/statistics/398645/global- estimation-of-organ- transplan tations/.

- Merkle, F., S. Ghosh, N. Kamitaki et al. "Human Pluripotent Stem Cells Recurrently

- Acquire and Expand Dominant Negative P53 Mutations." Nature 545 (2017): 229–233. https://doi.org/10.1038/nature22312.

- "Organ, Eye and Tissue Donation Statistics." Donate Life. 2021. https://www.donatelife.net/statistics/.

- Watts, G. "Georges Mathé." Lancet 376, no. 9753 (2010): 1640. https://doi.org/10.1016/s0140- 6736(10)62088-0.

- Zakrzewski, W., M. Dobrzy큐ski, M. Szymonowicz et al. "Stem Cells: Past, Present, and Future." Stem Cell Research & Therapy 10, no. 68 (2019). https://doi.org/10.1186/s13287- 019- 1165-5.

6장. 뇌-기계 인터페이스

- Clynes, Manfred, and Nathan Kline. "Cyborgs and Space." Astronautics. September 1960.

- Koralek, A., X. Jin, J. Long II et al. "Corticostriatal Plasticity Is Necessary for Learning

- Intentional Neuroprosthetic Skills." Nature 483, (2012): 331– 335. https://doi.org/10.1038/nature10845.

- Obaid, Abdulmalik et al. "Massively Parallel Microwire Arrays Integrated with CMOS

- Chips for Neural Recording." Science Advances 6, no. 12 (March 2020): eaay2789.

- Warneke, Brett et al. "Smart Dust: Communicating with a Cubic- Millimeter Computer."

- Computer 34 (2001): 44– 51.

7장. 로봇 공학

- Argotc, Linda, and Paul Goodman. "Investigating the Implementation of Robotics."

- The Robotics Institute Carnegie Mellon University, Carnegie- Mellon University, Feb. 1984, www.ri.cmu.edu.

- Barron, J. P., and P. E. Easterling. "Hesiod." The Cambridge History of Classical Literature: Greek Litorature. Cambridge, UK: Cambridge University Press, 1985.

- Čapek, K., and W. Mann. R.U.R. Rossum's Universal Robots: RUR (Rossumovi Univerzalni Roboti)— A Fantastic Melodrama in Three Acts and an Epilogue. Independently published, 2021.

- Edwards, David. "Amazon Now Has 200,000 Robots Working in Its Warehouses."

- Robotics & Automation News. January 21, 2020. robotics and auto mation news.com/2020/01/21/amazon- now- has- 200000- robots-working-in-its- ware houses/28840.

- Frumer, Yulia. "The Short, Strange Life of the First Friendly Robot." IEEE Spectrum (May 2020).

- Garykmcd. "The Brain Center at Whipple's." The Twilight Zone (TV Episode 1964).

- IMDb. November 1967. www.imdb.com/title/tt0734633/?ref_=ttep_ep33.

- "How Robots Change the World— What Automation Really Means for Jobs, Productivity and Regions." Oxford Economics. Accessed August 11, 2021. www.oxfordeconomics.

- com/recent- releases/how- robots- change- the- world.

- "IFR Presents World Robotics Report 2020." IFR International Federation of Robotics.

- Accessed January 24, 2022. ifr.org/ifr- press- releases/news/record-2.7-million-robots- work-in-factories- around- the- globe.

- Leonard, M. "Each Industrial Robot Displaces 1.6 Workers: Report." March 3, 2020.

- https://www.supplychaindive.com/news/industrial- robot- displaces-16-workers/573248/.

- Mayor, A. Gods and Robots: Myths, Machines, and Ancient Dreams of Technology. Princeton, NJ: Princeton University Press, 2018a.

- Mayor, A. Gods and Robots: Myths, Machines, and Ancient Dreams of Technology. Princeton,

- NJ: Princeton University Press, 2018b.

- Mayor, A. "When Robot Assassins Hunted Down Their Own Makers in an Ancient Indian Legend." March 18, 2019. https://qz.com/india/1574936/robots- guarded -buddhas- relics-in-ancient- indian-mythology/.

- McFadden, C. "The History of Robots: From the 400 BC Archytas to the Boston

- Dynamics' Robot Dog." July 8, 2020. https://interestingengineering.com/the- his tory-of-robots- from- the- 400-bc-archytas-to-the- boston- dynamics- robot- dog.

- Morris, Andrea. "Prediction: Sex Robots Are The Most Disruptive Technology

- We Didn't See Coming." Forbes, September 26, 2018. www.forbes.com/sites/andreamorris/2018/09/25/prediction- sex- robots- are-the- most- disruptive- technology-we-didnt- see- coming/?sh=1a-60464d6a56.

- Shashkevich, Alex. "Mythical Fantasies About Artificial Life." Stanford University.

- March 6, 2019. https://news.stanford.edu/2019/02/28/ancient-myths- reveal- early-fantasies- artificial- life/.

- Smith, Aaron, and Janna Anderson. "AI, Robotics, and the Future of Jobs." Pew Research Center: Internet, Science & Tech. August 6,

2020. www.pewresearch.org/internet/2014/08/06/future-of-jobs.

8장. 양자 컴퓨팅

- Arute, F., K. Arya, R. Babbush et al. "Quantum Supremacy Using a Programmable

- Superconducting Processor." Nature 574 (2019): 505– 510. https:// doi.org/10.1038/s41586- 019- 1666-5.

- Benioff, Paul. "The Computer as a Physical System: A Microscopic Quantum Mechanical

- Hamiltonian Model of Computers as Represented by Turing Machines." Journal of Statistical Physics 22, no. 5 (1980): 563– 591. doi:10.1007/bf01011339.

- "Beyond Qubits: Next Big Step to Scale up Quantum Computing." Science Daily. 2021. https://www.sciencedaily.com/releases/2021/02/210202113837.htm.Cho, Adrian. "No Room For Error." Science. 2020. https://www.sciencemag.org/news/2020/07/biggest-flipping- challenge- quantum- computing.

- Dr. Strangelove, Or, How I Learned to Stop Worrying and Love the Bomb. Culver City, CA: Columbia TriStar Home Entertainment, 2004.

- Einstein, Albert. The Born- Einstein Letters: Correspondence Between Albert Einstein, and Max and Hedwig Born from 1916 to 1955, Letter to Max Born, March 1948. London: Walker & Company, 1971, 158.

- Feynman, R. P. "Simulating physics with computers." Internation-

미래를 여행하는 회의주의자를 위한 안내서

al Journal of Theoretical Physics 21 (1982): 467– 488. https://doi. org/10.1007/BF02650179.

- Greig, Jonathan. "6 Experts Share Quantum Computing Predictions for 2021." Tech Republic. 2020. https://www.techrepublic.com/article/6-experts- share- quantum -computing- predictions- for- 2021/.

- Schumacher, Benjamin. "Quantum Coding." Physical Review A 51 (1995): 2738. https://journals.aps.org/pra/abstract/10.1103/PhysRevA.51.2738.

- Steinhardt, Allan. "Radar in the Quantum Limit." Formerly DARPA's Chief Scientist, Fellow Answered June 30, 2016 "What could I do with a quantum computer that had one billion qubits?"

9장. 인공지능

- Branwen, G. GPT-3 Creative Fiction. June 19, 2020. https://www. gwern.net/GPT -3#why- deep- learning- will- never- truly-x.

- Cellan- Jones, B. R. "Stephen Hawking Warns Artificial Intelligence Could End Mankind."

- BBC News. December 2, 2014. https://www.bbc.com/news/technology-30290540.

- "Computer AI passes Turing Test in 'world first.' " BBC News. June 9, 2014. https://www.bbc.com/news/technology- 27762088.

- Good, I. J. "Speculations Concerning the First Ultraintelligent Machine." Advances in Computers 6 (1965): 31ff.

- Kaplan, Andreas, and Haenlein, Michael. "Siri, Siri, in My Hand: Who's the Fairest in the Land? On the Interpretations, Illustrations, and Implications of Artificial Intelligence." Business Horizons 62, no. 1 (January 2019): 15– 25. doi:10.1016/j.bushor.2018.08.004.

- McCulloch, Warren S., and Walter Pitts. "A Logical Calculus of the Ideas Immanent in Nervous Activity." Bulletin of Mathematical Biophysics 5 (1943): 115– 133. doi:10.1007/bf02478259.

- Müller, Karsten, Jonathan Schaeffer, and Vladimir Kramnik. Man vs. Machine: Challenging Human Supremacy at Chess. Gardena, CA: Russell Enterprises, Inc., 2018.

- Musk, Elon. "Blasting Off in Domestic Bliss." New York Times, 2020. https://www.nytimes.com/2020/07/25/style/elon- musk- maureen-dowd.html.

- Turing, A. M. "I.— Computing Machinery and Intelligence." Mind LIX, no. 236(October 1950): 433– 460. https://doi.org/10.1093/mind/LIX.236.433.

10장. 자율 주행 자동차와 다른 교통수단

- "Flying Cars Will Undermine Democracy and the Environment." American Progress.2020. https://www.americanprogress.org/issues/economy/reports /2020 /05 /28 /481 148/flying- cars- will- undermine-democracy- environment/.

- "Global EV Outlook 2021." IEA. 2021. https://www.iea.org/reports/global-ev-outlook-2021/trends- and- developments-in-electric- vehicle- markets.

- Morando, Mark Mario, Qingyun Tian, Long T. Truong, and Hai L. Vu. "Studying the Safety Impact of Autonomous Vehicles Using Simulation- Based Surrogate Safety Measures." Journal of Advanced Transportation, 2018: 6135183, 22.04.2018.

- "Road Traffic Injuries and Deaths—A Global Problem." CDC. 2020. https://www.cdc.gov/injury/features/global- road- safety/index.html.

- "Ships Moved More Than 11 Billion Tonnes of Our Stuff Around the Globe Last Year, and It's Killing the Climate. This Week Is a Chance to Change." The Conversation. 2021. https://theconversation.com/ships- moved- more- than -11 -billion -tonnes -of - our- stuff- around- the- globe- last- year- and- its- killing- the- climate -this -week - is -a -chance -to -change -150078.

- Vaucher, Jean. "History of Ships Prehistoric Craft." Umontreal. 2014. http://www.iro.umontreal.ca/~vaucher/History/Ships/Prehistoric_Craft/index.html.

- "What Happened to Blimps?" Global Herald, 2021. https://theglobal-herald.com/news/what-happened-to-blimps/.

- "World Vehicle Population Rose 4.6% in 2016." Wards Intelligence. 2017. https://wardsintelligence.informa.com/WI058630/World- Vehicle- Population- Rose-46-in-2016.

11장. 이차원 소재 그리고 미래를 만들 재료

- "Concrete Needs to Lose Its Colossal Carbon Footprint." Nature 597 (2021): 593– 594. https://www.nature.com/articles/d41586- 021-02612-5.

- "Global Crude Steel Output Increases by 4.6% in 2018." Worldsteel Association. 2019. https://www.worldsteel.org/media- centre/press- releases/2019/Global- crude- steel-output- increases-by-4.6-in-2018.html.

- "The Global Natural Stone Market Was Valued at $35,120.1 Million in 2018, and Is Projected to Reach $48,068.4 Million by 2026, Growing at a CAGR of 3.9% from 2019 to 2026." GlobeNewswire. 2020. https://www.globenewswire.com/news- release/2020/01/16/1971569/0/en/The- global- natural- stone-market- was - valued-at-35-120-1-million-in-2018- and-is-projected-to-reach-48-068-4-million-by-2026- growing-at-a-CAGR-of-3-9-from- 2019-to-2026.html.

- Harmand, S., J. Lewis, C. Feibel et al. "3.3-Million- Year- Old Stone Tools from Lomekwi 3, West Turkana, Kenya." Nature 521 (2015): 310– 315. https://doi.org/10.1038/nature14464.

12장. 가상현실/증강현실/혼합현실

- "The Cinema of the Future." Mycours. 1955. http://mycours.es/gamedesign2016/files/2016/09/sensorama- the- cinema-of-future-morton.pdf.

- "Google Glass Advice: How to Avoid Being a Glasshole." Guardian. 2014. https://www.theguardian.com/technology/2014/feb/19/google- glass- advice- smartglasses- glasshole.

- "Mark in the Metaverse." The Verge. 2021. https://www.theverge.com/22588022/mark-zuckerberg- facebook- ceo- metaverse- interview.

- "Worldwide Spending on Augmented and Virtual Reality Forecast." IDC. 2020.https://www.idc.com/getdoc.jsp?containerId=prUS47012020.

13장. 웨어러블 기술

- "The Invention of Spectacles | Encyclopedia.Com." Encyclopedia. com. Accessed January 24, 2022. www.encyclopedia.com/science/ encyclopedias- almanacs- transcripts -and- maps/invention- spectacles.

14장. 적층 제조

- Alexandrea P. "The Complete Guide to Fused Deposition Modeling (FDM) in 3D Printing." 3D Natives. September 3, 2019. www.3dnatives.com/en/fused- deposition- modeling100420174.

- Balter, Michael. "World's Oldest Stone Tools Discovered in Kenya." American Association for the Advancement of Science. April 14, 2015. www.science.org/content/article/world-s-oldest- stone- tools- discovered- kenya.

- "Bone Tools." The Smithsonian Institution's Human Origins Program. June 25, 2020. humanorigins.si.edu/evidence/behavior/getting- food/ bone- tools.

- "Chuck Hull Invents Stereolithography or 3D Printing and Produces the First Commercial 3D Printer: History of Information." HistoryofInformation.com. Accessed January 25, 2022. www.historyofinformation.com/detail.php?id=3864.

- "François Willeme Invents Photosculpture: Early 3D Imaging: History of Information." Accessed January 25, 2022. www.historyofinformation.com/detail.php?id=3876.

- Gaget, Lucie. "3D Printing Creators: Meet Jean Claude André." 3D Printing Blog: Tutorials, News, Trends and Resources | Sculpteo. October 10, 2018. www.sculpteo.com/blog/2018/10/10/interview-meet- one-of-the-3d-printing- creators- jean -claude- andre.

- "Injection Molding Market Size, Share and Growth Analysis Report." Bcc Research.

- May 2021. https://www.bccresearch.com/market- research/plastics/injection- molding- global- markets- and- technologies.html.

- Lawton, C. "The World's First Castings." The C.A. Lawton Co. March 2, 2021. calawton.com/the- worlds- first- castings.

- Lonjon, Capucine. "Discover the History of 3D Printer." 3D Printing Blog: Tutorials, News, Trends and Resources | Sculpteo. March 1, 2017. www.sculpteo.com/blog/2017/03/01/whos- behind- the-three- main-3d-printing- technologies.

- Marchant, Jo. "A Journey to the Oldest Cave Paintings in the World." Smithsonian Magazine, January 6, 2016. www.smithsonianmag.com/history/journey- oldest- cave - paint ings- world- 180957685.

- "A Record of Firsts— Wake Forest Institute for Regenerative Medicine." Wake Forest School of Medicine. Accessed January 25, 2022. school.wakehealth.edu/Research/Institutes- and- Centers/Wake- Forest- Institute- for- Regenerative- Medicine/Research/A-Record-of-Firsts.

- 쾳lusarczyk, Paweł. "Carl Deckard— Father of the SLS Method and One of the Pioneers of 3D Printing Technologies, Died. . . ." 3D Printing Center. January 12, 2020.

- 3dprintingcenter.net/carl- deckard- father-of-the- sls- method- and-one-of-the -pioneers-of-3d-printing- technologies- died.

- Statista. "3D Printing Industry— Worldwide Market Size 2020– 2026." Statista. October 8, 2021. www.statista.com/statistics/315386/global- market- for-3d-printers.

- "What Is a Lathe Machine? History, Parts, and Operation." Bright Hub Engineering.

- December 12, 2009. www.brighthubengineering.com/manufacturing-technol

- ogy/59033- what-is-a-lathe- machine- history- parts- and- operation.

- Williams, Nancy. "The Invention of Injection Molding." Fimor North America | Harkness Industries. February 27, 2017. harknessindustries.com/invention- injection-mold ing-2.

15장. 미래의 농력 공급원

- "Archaeologists Find Earliest Evidence of Humans Cooking With Fire." Discover Magazine, 2013. https://www.discovermagazine.com/the- sciences/archaeologists- find - earliest- evidence-of-humans-cooking- with- fire.

- Berna, F. et al. Microstratigraphic Evidence of in Situ Fire in the Acheulean Strata of Wonderwerk Cave, Northern Cape Province,

South Africa. Proceedings of the National Academy of Sciences, 109, no. 20 (2012): E1215– E1220. https://doi.org/10.1073/pnas.1117620109.

- "Energy." Economist Intelligence. 2021. https://www.eiu.com/industry/energy.

- England, P. C., P. Molnar, and F. M. Richter. "Kelvin, Perry and the Age of the Earth."

- American Scientist 95, no. 4 (2007): 342. https://doi.org/10.1511/2007.66.3755.

- "IMF Estimates Global Fossil Fuel Subsidies at $8.1 Trillion as UN Urges Green Energy Push." Helenic Shipping News. 2021. https://www.hellenicshippingnews.com/imf- estimates- global- fossil- fuel- subsidies-at-8-1-trillion-as-un-urges- green -energy- push/.

- KamLAND Collaboration. "Partial Radiogenic Heat Model for Earth Revealed by Geoneutrino Measurements." Nature Geoscience 4, (2011): 647– 651. https://doi.org/10.1038/ngeo1205.

- "A Look at Agricultural Productivity Growth in the United States, 1948– 2017." USDA. 2021. https://www.usda.gov/media/blog/2020/03/05/look- agricultural- productiv ity -growth- united- states- 1948- 2017.

- "Lost in Transmission: How Much Electricity Disappears between a Power Plant and Your Plug?" Insider Energy. 2015. http://insideenergy.org/2015/11/06/lost-in-transmission- how- much- electricity- disappears- between-a-power- plant- and- your- plug/.

- "Smarter Use of Nuclear Waste." Scientific American. 2009. https://

www.scientificamerican.com/article/smarter- use-of-nuclear- waste/.

- "Space- Based Solar Power." Energy.gov. 2014. https://www.energy. gov/articles/space -based- solar- power.

- "Tidal Power— U.S. Energy Information Administration (EIA)." Energy Information Association. 2021. https://www.eia.gov/energyexplained/ hydropower/tidal- power.php.

- "Who Discovered Electricity?" Universe Today. 2014. https://www. universetoday .com/82402/who- discovered- electricity/.

16장. 핵융합

- "Advantages of Fusion." ITER. Accessed January 25, 2022. www.iter. org/sci/Fusion.

- Arnoux, Robert. "Who Invented Fusion?" ITER. February 12, 2014. www.iter.org/newsline/-/1836.

- Ball, P. "Laser Fusion Experiment Extracts Net Energy from Fuel." Nature, 2014. https://doi.org/10.1038/nature.2014.14710.

- "The Birth of the Laser and ICF." Lawrence Livermore National Laboratory. Accessed January 26, 2022. www.llnl.gov/archives/1960s/lasers.

- Clery, Daniel. "The Bizarre Reactor That Might Save Nuclear Fusion." Science.org.

- October 21, 2015. www.science.org/content/article/bizarre- reactor-might- save -nuclear -fusion.

- "DOE Explains . . . Tokamaks." Energy.gov. Accessed January 25, 2022. www.energy.gov/science/doe- explainstokamaks.

- Mott, Vallerie. "Isotopes of Hydrogen | Introduction to Chemistry." Courses.Lumenlearning.com. Accessed January 25, 2022. courses. lumenlearning.com/introchem/chapter/isotopes-of-hydrogen.

- Paisner, J. A., and J. R. Murray. "National Ignition Facility for Inertial Confinement Fusion." OSTI.gov. October 8, 1997. www.osti.gov/biblio/631098.

- "Physics of Uranium and Nuclear Energy— World Nuclear Association." World -Nuclear.Org, Nov. 2020. www.world- nuclear.org/information- library/nuclear- fuel - cycle/introduction/physics-of-nuclear-energy.aspx.

- Power. "Fusion Power: Watching, Waiting, as Research Continues." POWER Magazine. December 3, 2018. www.powermag.com/fusion-power- watching- waiting -as -research- continues.

- "Uranium Enrichment | Enrichment of Uranium— World Nuclear Association." World -Nuclear.org. September 2020. www.world- nuclear.org/information- library/nuclear -fuel- cycle/conversion- enrichment-and- fabrication/uranium- enrichment.aspx.

- "Uranium Quick Facts." Depleted UF6. Accessed January 25, 2022. web.evs.anl.gov/uranium/guide/facts.

17장. 원숙한 나노기술

- Drexler, E. Engines of Creation: The Coming Era of Nanotechnology. Anchor Library of Science, 1987.

- Feynman, R. P. "There's Plenty of Room at the Bottom." Reson 16, no. 890 (2011). https://doi.org/10.1007/s12045- 011- 0109-x.

18장. 합성 생명체

- Gibson, D. G. et al. "Creation of a Bacterial Cell Controlled by a Chemically Synthesized Genome." Science 329, no. 5987 (2010):

52– 56. https://doi.org/10.1126/science.1190719.

- Hutchison, Clyde A., III et al. "Design and Synthesis of a Minimal Bacterial Genome." Science 351, no. 6280 (March 2016).

- Malyshev, Denis A. et al. "Romesberg: A Semi- Synthetic Organism with an Expanded Genetic Alphabet." Nature 509 (May 2014): 385– 388.

- Scott, R. Alien. London: Twentieth Century Fox, 1979.

19장. 상온 초전도체

- Bardeen, J., L. N. Cooper, and J. R. Schrieffer. "Theory of Superconductivity." Physical Review, 108, no. 5 (1957): 1175– 1204. https://doi.org/10.1103/physrev.108.1175.

- Hutchison, Clyde A., III et al. "Design and Synthesis of a Minimal Bacterial Genome."

- Science 351, no. 6280 (March 25, 2016). doi: 10.1126/science.aad6253. Erratum in: ACS Chemical Biology 11, no. 5 (May 20, 2016):1463. PMID: 27013737.

- Koot, Martijn, and Fons Wijnhoven. "Usage Impact on Data Center Electricity Needs: A System Dynamic Forecasting Model." Science Direct. June 1, 2021. www.sciencedirect.com/science/article/pii/S0306261921003019.

- "Nobel Prizes 2021." NobelPrize.org. Accessed January 26, 2022. www.nobelprize.org/prizes/physics/1972/summary.

- O'Neill, M. "Prototype Microprocessor Developed Using Superconductors— 80 Times More Energy Efficient." SciTechDaily. January 3, 2021. https://scitechdaily.com/prototype- microprocessor- developed- using- superconductors-80-times- more -energy- efficient/.

- Snider, Elliot. "Superconductivity Warms Up." Nature Electronics. November 17, 2020.

- https://www.nature.com/articles/s41928- 020- 00507-3.

- Snider, Elliot et al. "Room- Temperature Superconductivity in a Carbonaceous Sulfur Hydride." Nature 586 (October 15, 2020).

- Strickland, J. "How Much Energy Does the Internet Use?" HowStuffWorks. July 27, 2020. https://computer.howstuffworks.com/internet/basics/how- much- energy- does -internet- use.htm.

- van Delft, Dirk, and Peter Kes. "The Discovery of Superconductivity." Physics Today 63 (January 9, 2010). https://physicstoday.scitation.org/doi/10.1063/1.3490499. van Delft, Dirk, and Peter Kes. "The Discovery of Superconductivity." Europhysicsnews.org. Accessed January 26, 2022. www.europhysicsnews.org/articles/epn /pdf/2011/01/epn2011421p21.pdf.

20장. 우주 엘리베이터

- Artsutanov, Y. "To the Cosmos by Electric Train." 1960. liftport.com. Young Person's Pravda.

- "The Orbital Tower: A Spacecraft Launcher Using the Earth's Rotational Energy."

- U.S. Air Force Flight Dynamics Laboratory. 1975. http://www.star-tech- inc.com/papers/tower/tower.pdf.

- Tsiolkovsky, K. E. "Speculations about earth and sky and on vesta." Moscow, Izdvo ANSSSR, 1959 (first published in 1895).

4부. 우주여행의 미래

21장. 핵열추진 및 최첨단 로켓

- Magee, J. G., Jr. "High Flight." Arlingtoncemetery.net. 1941. http://www.arlingtoncemetery.net/highflig.htm.

- "Why Chemical Rockets and Interstellar Travel Don't Mix." Scientific American. 2017. https://blogs.scientificamerican.com/life- unbounded/why- chemical- rockets- and -interstellar- travel- dont- mix/.

22장. 솔라 세일과 레이저 추진

- Bussard, Robert W. "Galactic Matter and Interstellar Flight." Acta Astronautica 6(1960): 179– 195.

- Chernov, D. Man- Made Catastrophes and Risk Information Concealment: Case Studies of Major Disasters and Human Fallibility. Zurich: Springer, 2016.

- Marx, G. "Interstellar Vehicle Propelled by Laser Beam," Nature 211 (July 1966): 22– 23.

- Penoyre, Z., and E. Sandford. "The Spaceline: A Practical Space Elevator Alternative Achievable with Current Technology." arXiv:1908.09339 [astro-ph.IM] (2019).

- Pettit, D. "The Tyranny of the Rocket Equation." NASA. 2012. https://www.nasa.gov/mission_pages/station/expeditions/expedition30/tyranny.html.

- Schattschneider, P., and A. Jackson. "The Fishback Ramjet Revisited." ScienceDirect.

- February 1, 2022. https://www.sciencedirect.com/science/article/pii/S009 457 6521005804#!.

23장. 우주 정착

- Appelbaum, Joseph, and Dennis J. Flood. "Solar Radiation on Mars." Ntrs.Nasa.Gov. November 1989. ntrs.nasa.gov/api/citations/19890018252/downloads /198 9001 8252 .pdf.

- Cain, Fraser. "What Is a Space Elevator?" Universe Today. October 10, 2013. www.universetoday.com/105441/what-is-a-space- elevator.

- Clément, Gilles et al. "History of Artificial Gravity." Ntrs.Nasa.gov. Accessed January 26, 2022. ntrs.nasa.gov/api/citations/20070001009/downloads/20070001009.pdf.

- David, Leonard. "Living Underground on the Moon: How Lava Tubes Could Aid Lunar Colonization." Space.com. July 30, 2019. www.space.com/moon- colonists -lunar- lava- tubes.html.

- Howell, Elizabeth. "Axiom's 1st Private Crew Launch to Space Station Delayed to March." Space.com. January 20, 2022. www.space.com/axiom-1-launch- delay -march -2022.

- Howell, Elizabeth. "International Space Station: Facts, History and Tracking." Space.com. October 13, 2021. www.space.com/16748-international- space- station.html.

- Mathewson, Samantha. "How Recycled Astronaut Pee Boosts Chances for Future Deep- Space Travel." Space.com. November 16, 2016. www.space.com/34688- recycled- astronaut- pee- boosts- deep- space- travel.html.

- National Space Society. "The Colonization of Space— Gerard K. O'Neill, Physics Today, 1974." National Space Society. March 29, 2018. space.nss.org/the- colonization-of-space- gerard-k-o-neill- physics- today- 1974.

- Rundback, Barbara. "The Stanford Torus as a Vision of the Future." The Rockwell Center for American Visual Studies. November 14, 2016. rockwellcenter.org/student -research/the- stanford- to- rus-as-a-vision-of-the- future.

- Salisbury, F. B., J. I. Gitelson, and G. M. Lisovsky. "Bios-3: Siberian Experiments in Bioregenerative Life Support." Bioscience 47, no. 9 (October 1997): 575– 85. PMID: 11540303.

- Sarbu, Ioan, and Calin Sebarchievici. "Solar Radiation— an Overview | ScienceDirect Topics." ScienceDirect. 2017. www.sciencedirect. com/topics/engineering/solar -radiation.

- Spry, Jeff. "Company Plans to Start Building Private Voyager Space Station with Artificial Gravity in 2025." Space.com. February 25, 2021. www.space.com/orbital-assembly- voyager- space- station- artificial- gravity- 2025.

- Sutter, Paul. "Lost in Space without a Spacesuit? Here's What Would Happen (Podcast)."

- Space.com. July 28, 2015. www.space.com/30066- what- happens-to-unprotected- body-in-outer- space.html.

24장. 다른 세계의 지구화

- "Altitude Physiology." High Altitude Doctor. Accessed January 29, 2022. http://www.altitudemedicine.org/physiology.

- Buis, Alan. "Earth's Magnetosphere: Protecting Our Planet from Harmful Space Energy." NASA. November 16, 2021. https://climate.nasa.gov/news/3105/earths-magnetosphere- protecting- our- planet- from- harmful- space- energy/.Hughes, David Y., and Harry M. Geduld. A Critical Edition of The War of the Worlds: H.G. Wells's Scientific Romance. Bloomington and Indianapolis: Indiana University Press, 1993.

- Jenkins, D. R. "Dressing for Altitude." NASA. 2012. https://www.nasa.gov/pdf/683215main_DressingAltitude- ebook.pdf.

- Mehta, Jatan. "Can We Make Mars Earth- Like Through Terraforming?" Planetary Society. April 19, 2021. https://www.planetary.org/articles/can-we-make- mars -earth -like- through- terraforming.

- Space.com Staff. "17 Billion Earth- Size Alien Planets Inhabit Milky Way." Space.com. January 7, 2013. https://www.space.com/19157-billions- earth- size- alien- planets -aas221.html.

- Steigerwald, B. "Mars Terraforming Not Possible Using Present- Day Technology."

- NASA. July 30, 2018. https://www.nasa.gov/press- release/goddard/2018/mars- terraforming/.

- "Venus." NASA. (n.d.). Accessed January 29, 2022. https://solarsystem.nasa.gov/planets/venus/overview/.

- Vilekar, S. A. "Performance Evaluation of Staged Bosch Process for CO2 Reduction to Produce Life Support Consumables." NASA. (n.d.). Accessed January 29, 2022.

- https://ntrs.nasa.gov/api/citations/20120015344/downloads/20120015344.pdf.

5부. SF의 기술, 가능한 것과 불가능한 것은?

25장. 상온 핵융합과 자유 에너지

- Ball, P. "Lessons from Cold Fusion, 30 Years On." Nature. May 27, 2019. https://www.nature.com/articles/d41586- 019- 01673-x.

- Gibney, E. "Google Revives Controversial Cold- Fusion Experiments." Nature. May 27, 2019. https://www.nature.com/articles/d41586-019- 01683-9.

- Scientific American. "FOLLOW-UP: What Is the "Zero- Point Energy" (or 'Vacuum Energy') in Quantum Physics? Is It Really Possible That We Could Harness This Energy?" Scientific American. August 18, 1997. https://www.scientificamerican.com/article/follow-up-what-is-the- zer/.

26장. 초광속 여행/소통

- American Physical Society. "Travel through Wormholes Is Possible, but Slow." ScienceDaily.

- April 15, 2019. Accessed January 25, 2022. www.sciencedaily.com/releases/2019/04/190415090853.htm.

- Barr, S. "Folding Space— AAP. Ask A Physicist." 2015. https://wiki.physics.udel.edu/AAP/Folding_space.

- Obousy, Richard K., and Gerald Cleaver. "Putting the Warp into Warp Drive." Cornell University. 2008. https://arxiv.org/abs/0807.1957v2.

27장. 인공중력/반중력

- Borchert, M. J. et al. "A 16-Parts- Per- Trillion Measurement of the Antiproton-to-Proton Charge- Mass Ratio." Nature 601, no. 7891 (2022): 53– 57. doi:10.1038/s41586- 021- 04203-w.

- Motl, Luboš. "Is It Theoretically Possible to Shield Gravitational Fields or Waves?" Stack Exchange. 2011. https://physics.stackexchange.com/q/2809.

- Wheeler, J. A. Geons, Black Holes and Quantum Foam. New York, NY: W. W. Norton & Company, 2000.

28장. 트랜스포터, 트랙터 빔, 광선검, SF의 다양한 장비

- Haskin, B. War of the Worlds. Paramount Studios, 1953.

29장. 재생/불멸

- Alexander, Vaiserman, and Dmytro Krasnienkov. "Telomere Length as a Marker of Biological Age: State-of-the- Art, Open Issues, and Future Perspectives." Frontiers in Genetics (January 2021).

- Barbi, E. et al. "The Plateau of Human Mortality: Demography of Longevity Pioneers." Science 360 (2018): 1459– 1461.

- Colchero, F. et al. "The long Lives of Primates and the 'Invariant Rate of Ageing'

- Hypothesis." Nature Communications 12, no. 3666 (2021). https://doi.org/10.1038/s41467- 021- 23894-3.

- Pyrkov, T. V. et al. "Longitudinal Analysis of Blood Markers Reveals Progressive Loss of Resilience and Predicts Human Lifespan Limit." Nature Communications 12, no. 2765 (2021). https://doi.org/10.1038/s41467-021-23014-1.

30장. 의식 업로드/매트릭스

- Morgan, R. Altered Carbon. London: Gollancz, 2018.

결론

- Fleischer, Richard, and Fred Myrow. Soylent Green. USA, 1973.

미래는 먼 곳에 있지 않다.

지금 이 순간,

우리는 미래를 빚어가고 있다.

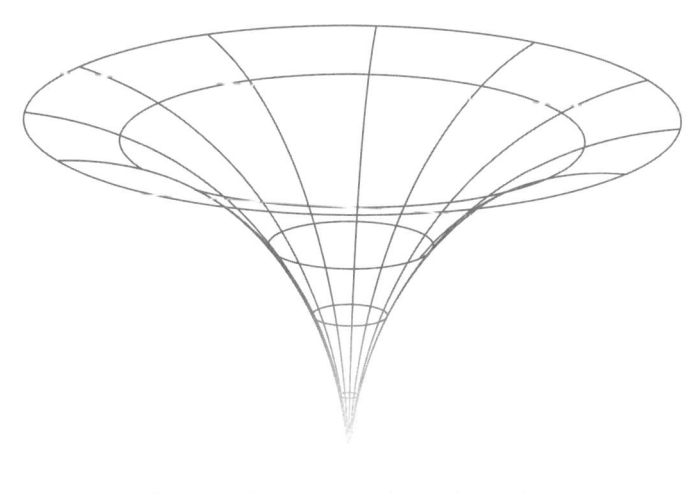

미래를 여행하는 회의주의자를 위한 안내서

초판 1쇄 인쇄 2025년 7월 18일
초판 1쇄 발행 2025년 7월 30일

지은이 스티븐 노벨라, 밥 노벨라, 제이 노벨라
옮긴이 서미나
펴낸이 고영성

책임편집 유형일 ┃ **저작권** 주민숙

펴낸곳 주식회사 상상스퀘어
출판등록 2021년 4월 29일 세2021-000070호
주소 경기 성남시 분당구 성남대로43번길 10, 하나EZ타워 3층 307호 상상스퀘어
팩스 02-6499-3031
이메일 publication@sangsangsquare.com
홈페이지 www.sangsangsquare-books.com

ISBN 979-11-94368-52-6 (03500)